# Exos résolus 3e

# Maths

Josyane **CUREL**
*Professeur agrégé de Mathématiques*
Paul **FAUVERGUE**
*Inspecteur Général Honoraire de Mathématiques*
André **SARNETTE**
*Professeur agrégé de Mathématiques*



hachette
ÉDUCATION

**Conception graphique**

**Couverture :** Mélissa Chalot
**Intérieur :** Karine Nayé

**Composition et mise en pages**

STDI

**Dessins techniques**

STDI



I.S.B.N. 978-2-01-701297-9

www.hachette-education.com

# PRÉFACE

Vous êtes élève de troisième.

Ce livre vous propose plus de **320 exercices corrigés**, conçus pour vous aider à acquérir, par l'entraînement, toutes les notions du programme du cycle 4, en particulier celles qui sont exigibles à partir de la classe de troisième.

Il constitue, à ce titre, une excellente préparation à la partie mathématique de l'épreuve scientifique du brevet des collèges.

Il constitue aussi une efficace préparation au passage en classe de seconde.

L'ouvrage est découpé en **15 chapitres**. Chacun d'eux comprend :

■ **Un résumé du cours**, qui rappelle les définitions, les propriétés et les formules essentielles.

■ **De nombreux énoncés d'exercices**, classés par thème et, à l'intérieur de chaque thème, selon l'ordre de difficulté croissante suivant :

★ Exercice de base
★★ Exercice nécessitant davantage de méthode et de réflexion
★★★ Exercice plus difficile faisant appel à des situations plus complexes

Une durée indicative du temps de résolution (de 5 min à 15 min) figure avant chaque exercice. Ce temps a été estimé pour un élève de bon niveau ; il doit donc vous permettre de situer votre niveau d'entraînement.

Une rubrique « **SUJETS DU BREVET** » propose des exercices faisant intervenir les mathématiques dans des situations plus concrètes, comme celles qui figurent dans la nouvelle épreuve scientifique du Brevet de collège.

■ **Des solutions détaillées et commentées** pour chaque exercice.

Ce manuel entre dans une collection appelée « **Exos RÉSOLUS** ». À ce titre, les solutions des exercices constituent le cœur du livre.

C'est en faisant des exercices variés que l'on acquiert une certaine aisance dans la recherche, une certaine familiarité avec les méthodes et de bonnes habitudes de rédaction des réponses.

Si vous n'arrivez pas à résoudre un exercice, ne vous précipitez pas sur la solution. Prenez le temps de revoir d'abord le cours, puis de bien relire l'énoncé.

Pour progresser, il convient de ne consulter la solution proposée qu'après avoir cherché pendant assez de temps. Une lecture trop hâtive du corrigé d'un exercice ne permet pas de déceler ses propres faiblesses, ni d'apprendre à les surmonter.

Les auteurs.

# SOMMAIRE

Index des mots-clés ........ 6

## Nombres et calculs


### 1 Quotients – Puissances – Racines carrées

Le cours ........ 9
Exercices ........ 11
Sujets de type Brevet ........ 15
Corrigés ........ 17

### 2 Diviseurs – Multiples – Fractions irréductibles

Le cours ........ 21
Exercices ........ 23
Sujets de type Brevet ........ 27
Corrigés ........ 28

### 3 Calcul littéral – Réduire – Développer – Factoriser

Le cours ........ 35
Exercices ........ 37
Sujets de type Brevet ........ 41
Corrigés ........ 42

### 4 Équations – Inéquations

Le cours ........ 47
Exercices ........ 49
Sujets de type Brevet ........ 53
Corrigés ........ 54

### 5 Problèmes – Résolution algébrique

Le cours ........ 63
Exercices ........ 64
Sujets de type Brevet ........ 67
Corrigés ........ 70


## Organisation et gestion de données – Fonctions


### 6 Fonction linéaire

Le cours ........ 79
Exercices ........ 81
Sujets de type Brevet ........ 85
Corrigés ........ 86

### 7 Fonction affine – Autres fonctions numériques

Le cours ........ 93
Exercices ........ 96
Sujets de type Brevet ........ 101
Corrigés ........ 104

### 8 Statistique

Le cours ........ 113
Exercices ........ 115
Sujets de type Brevet ........ 119
Corrigés ........ 120

### 9 Probabilité

Le cours ........ 125
Exercices ........ 127
Sujets de type Brevet ........ 131
Corrigés ........ 132

## Grandeurs et mesures – Espace et géométrie


### 10 Grandeurs et mesures

Le cours ........................................ 137
Exercices ........................................ 139
Sujets de type Brevet ........................................ 142
Corrigés ........................................ 144

### 11 Triangle rectangle – Trigonométrie

Le cours ........................................ 149
Exercices ........................................ 151
Sujets de type Brevet ........................................ 155
Corrigés ........................................ 157

### 12 Configuration de Thalès – Homothétie – Triangles semblables

Le cours ........................................ 167
Exercices ........................................ 171
Sujets de type Brevet ........................................ 176
Corrigés ........................................ 178

### 13 Parallélogramme – Translation

Le cours ........................................ 187
Exercices ........................................ 190
Sujets de type Brevet ........................................ 195
Corrigés ........................................ 196

### 14 Cercle et disque – Rotation

Le cours ........................................ 205
Exercices ........................................ 208
Sujets de type Brevet ........................................ 213
Corrigés ........................................ 214

### 15 Géométrie dans l'espace

Le cours ........................................ 221
Exercices ........................................ 226
Sujets de type Brevet ........................................ 232
Corrigés ........................................ 233

# INDEX DES MOTS CLÉS


## A

Abscisse (espace) 225

Accroissement (fonction) 93

Affine (fonction) 93

Agrandissement 169

Angle au centre 205, 215

Aléatoire (probabilité) 125

Altitude (espace) 225

Antécédent (fonction) 79, 95

Arc de cercle 205

Axe d'un cône 223

Axe d'un cylindre 222

## B

Boule 224

## C

Caractère (statistique) 113

Carré 187, 207

Cercle 205

Coefficient (proportionnalité) 79

Coefficient (fonction affine) 94

Cône de révolution 223

Coordonnées d'un point (espace) 225

Coordonnées géographiques 225

Cosinus 150

Côté adjacent 150

Côté opposé 150

Courbe représentative (fonction) 95

Cylindre 222

## D

Débit (calcul) 138

Dénombrement 126

Densité de population (calcul) 138

Développer 36

Différence (relatifs) 9

Dispersion (statistique) 114

Disque 205

Distance d'un point à un plan 221

Dividende 21

Diviseur 21

Diviseurs communs 21

Division euclidienne 21

## E

Écriture décimale 9

Écriture fractionnaire 9

Écriture littérale 9

Écriture scientifique 9

Effectif (statistique) 113

Égalité de Pythagore 149

Énergie électrique (calcul) 137

Éventualité (probabilité) 125

Équateur 225

Équation 47

Équation-produit 47

Équilatéral (triangle) 207

Équiprobabilité 125

Étendue (statistique) 114

Expérience aléatoire 125

Exposant (puissance) 10

Expression algébrique 35

Événement (probabilité) 126

## F

Factoriser 36

Fonction affine 93

Fonction constante 93

Fonction linéaire 79, 93

Fonction numérique 95

Formule (tableur) 113

Fraction 10

Fraction irréductible 22

Fréquence (statistique) 113

## G

Génératrice d'un cône 223

Génératrice d'un cylindre 222

Géométrie dans l'espace 221
Grandeur produit 137
Grandeur quotient 138

H

Hauteur d'un cône 223
Hauteur d'un cylindre 222
Hauteur d'une pyramide 223
Hexagone régulier 207
Homothétie 169
Hypoténuse 149

I

Identités remarquables 36
Image (fonction) 79, 95
Inéquation 48
Inverse d'un nombre 9
Irréductible (fraction) 22
Issue (probabilité) 125

L

Latitude 225
Linéaire (fonction) 79, 93
Longitude 225
Losange 187

M

Masse volumique (calcul) 138
Médiane (statistique) 114
Méridien terrestre 225
Mise en équation (problème) 63
Moyenne (statistique) 114
Multiples communs 22
Multiples 21

N

Nombre premier 21
Nombres premiers entre eux 21
Notation scientifique 9

O

Opposé d'un nombre 9
Ordonnée (espace) 225
Ordonnée à l'origine 94

P

Parallèle terrestre 225
Parallélogramme 187
Parallélépipède rectangle 222
PGCD 21
Plans parallèles 221
Plus grand commun diviseur 21
Plus petit commun multiple 22
Polygone régulier 207
Population (statistique) 113
Pourcentage 80
PPCM 22
Premier (nombre) 21
Premier entre eux (nombres) 21
Probabilité 125
Problèmes (résolution algébrique) 63
Proportionnalité 79
Puissance (d'un nombre) 10
Pythagore (théorème) 149
Pyramide 223

Q

Quotient 9, 10

R

Racine carrée 10
Réciproque (Pythagore) 149
Réciproque (Thalès) 168
Rectangle 187
Rectangle (triangle) 149
Réduction (géométrie) 169
Réduction (somme algébrique) 35
Règle des signes 36
Relations trigonométriques 150
Représentation graphique 80, 94, 95
Résolution algébrique (problèmes) 63
Reste (division euclidienne) 21
Rotation 206

S

Secteur de disque 205
Sens des aiguilles d'une montre 206
Série statistique 113
Sinus 150
Somme algébrique 35
Sphère 224
Statistique 113

Suites proportionnelles 79

## T

Tableur (usage) 113

Tangente (cercle) 205

Tangente (trigonométrie) 150

Tester (un résultat) 36

Thalès (théorème) 167

Théorème de Pythagore 149

Théorème de Thalès 167

Transposer 47

Translation 188

Triangle (milieux et parallèles) 168

Triangle équilatéral 207

Triangle rectangle 149

Triangles semblables 170

Trigonométrie 150

## V

Valeur numérique 35

Vitesse moyenne (calcul) 138

Volume (unités) 137

Volume (boule) 224

Volume (cône) 223

Volume (pyramide) 223

# Quotients – Puissances Racines carrées

# 1

# LE COURS

## Généralités

- Tout nombre décimal (entier ou non) a plusieurs écritures.

| 123,45 | s'écrit aussi | $\frac{12\,345}{100}$ | ou | $1{,}2345 \times 10^2$. |
|---|---|---|---|---|
| ↑ Écriture décimale | | ↑ Écriture fractionnaire | | ↑ Notation scientifique |

La **notation scientifique** d'un décimal positif est de la forme $a \times 10^p$ avec $1 \leqslant a < 10$ et $p$, entier relatif. Pour un nombre décimal négatif on a : $-10 < a \leqslant -1$.

$43\,000 = 4{,}3 \times 10^4$ et $1 \leqslant 4{,}3 < 10$ ; $-980\,000 = -9{,}8 \times 10^5$ et $-10 < -9{,}8 \leqslant -1$.

- Dans une **séquence de calcul** :
– en l'absence de parenthèses, on commence par effectuer les puissances, puis les multiplications (et divisions), puis, en dernier les additions (et soustractions) ;
– s'il y a des parenthèses, les calculs dans les parenthèses sont prioritaires.

- Un nombre relatif quelconque (décimal ou non) est souvent désigné par une lettre (**écriture littérale**).
– Si $a$ désigne un nombre relatif, $-a$ désigne **l'opposé de $a$** et on a : $\boldsymbol{a + (-a) = 0}$.
Lorsque $a$ est positif, $-a$ est négatif ; lorsque $a$ est négatif, $-a$ est positif.
**La différence** de deux nombres s'obtient en ajoutant au premier l'opposé du second :
$\boldsymbol{a - b = a + (-b)}$.
– Si $a$ désigne un nombre relatif non nul, $\frac{1}{a}$ désigne **l'inverse de $a$** ; on a : $\boldsymbol{a \times \frac{1}{a} = 1}$.
Lorsque $a$ est positif, $\frac{1}{a}$ est positif ; lorsque $a$ est négatif, $\frac{1}{a}$ est négatif.
**Le quotient** de deux nombres s'obtient en multipliant le premier par l'inverse du second : $\boldsymbol{a : b = \frac{a}{b} = a \times \frac{1}{b}}$.

## Puissances

- $a$ étant un nombre relatif non nul et $n$ un entier naturel, on a :

$$a^n = a \times a \times \ldots \times a \ (n \text{ facteurs si } n \geqslant 2)\ ;\ a^1 = a \text{ et } a^0 = 1.$$

$a^n$ est une **puissance** de $a$ ; $n$ est l'**exposant**.

- $a$ étant un nombre relatif non nul et $n$ un entier relatif, $a^n$ et $a^{-n}$ sont des nombres inverses :

$$a^1 \times a^{-1} = 1\ ;\ a^{-1} = \frac{1}{a^1} = \frac{1}{a}\ ;\ a^2 \times a^{-2} = 1\ ;\ a^{-2} = \frac{1}{a^2}.$$

- $a$ et $b$ étant des nombres relatifs non nuls, $m$ et $n$ des entiers relatifs, on a :

$$a^n \times a^m = a^{n+m}\ ;\ (a^n)^m = a^{n \times m}\ ;\ a^n : a^m = a^{n-m}.$$

$$(a \times b)^n = a^n \times b^n\ ;\ \left(\frac{a}{b}\right)^n = \frac{a^n}{b^n}.$$

## Quotients

- L'écriture fractionnaire $\frac{a}{b}$ désigne le **quotient** de $a$ par $b$ ; elle n'a de sens que si $b$ est différent de zéro ; lorsque $a$ et $b$ sont des entiers naturels, $\frac{a}{b}$ est une **fraction**.

- Les nombres figurant en dénominateur étant tous différents de zéro, on a :

$$\frac{a}{b} = \frac{a \times k}{b \times k}\ ;\ \frac{a}{b} = \frac{a : k}{b : k}\ ;$$

si $\frac{a}{b} = \frac{c}{d}$, alors $ad = bc$ (égalité des produits en croix)

réciproquement : si $ad = bc$, alors $\frac{a}{b} = \frac{c}{d}$ ;

$$\frac{a}{c} + \frac{b}{c} = \frac{a+b}{c}\ ;\ \frac{a}{c} - \frac{b}{c} = \frac{a-b}{c}\ ;$$

$$\frac{a}{b} \times \frac{c}{d} = \frac{ac}{bd}\ ;\ \frac{a}{b} : \frac{c}{d} = \frac{a}{b} \times \frac{d}{c} = \frac{ad}{bc}.$$

## Racines carrées

- Le nombre $a$ étant positif, l'écriture $\sqrt{a}$ désigne le nombre positif dont le carré est $a$.

$\sqrt{a}$ est la **racine carrée** de $a$ ; par définition : $\left(\sqrt{a}\right)^2 = a$ ; on a aussi : $\sqrt{a^2} = a$.

- Les nombres $a$ et $b$ étant positifs, on a :

$$\sqrt{a} \times \sqrt{b} = \sqrt{a \times b}\ ;\ \frac{\sqrt{a}}{\sqrt{b}} = \sqrt{\frac{a}{b}}\ (b \neq 0).$$

# EXERCICES

## Tester ses connaissances

### 1

(corrigé p. 17)

Donner la notation scientifique de 12 300 et de 0,0037.
Donner l'écriture décimale de $2{,}5 \times 10^{-3}$ et de $3{,}8 \times 10^{5}$.

### 2

(corrigé p. 17)

Compléter le tableau dans lequel $-a$ désigne l'opposé de $a$ et $a^{-1}$ l'inverse de $a$.

| $a$ | 5 | – 2 | 2,5 | – 10 | $\frac{1}{2}$ | $-\frac{1}{3}$ | 0 |
|---|---|---|---|---|---|---|---|
| $-a$ | … | … | … | … | … | … | … |
| $a^{-1}$ | … | … | … | … | … | … | … |

### 3

(corrigé p. 17)

On donne $a = -1{,}6$, $b = 2{,}5$ et $c = -0{,}4$
Calculer $a + bc$ ; $(a + b)c$ ; $a - bc$ ; $(a - b)c$ (résultat sous forme décimale).

### 4

(corrigé p. 17)

Compléter le tableau donnant les puissances de 2 sous forme décimale.

| $n$ | – 3 | – 2 | – 1 | 0 | 1 | 2 | 3 | 4 |
|---|---|---|---|---|---|---|---|---|
| $2^n$ | … | … | … | … | … | … | … | … |

### 5

(corrigé p. 17)

Écrire sous forme d'une puissance de 3 chacun des nombres suivants :

$3^4 \times 3^2$ ; $3^{-3} \times 3^4$ ; $3^{-2} \times 3^{-5}$ ; $(3^4)^2$ ; $(3^4)^{-2}$ ; $\frac{3^5}{3^2}$ ; $\frac{3^2}{3^5}$.

### 6

(corrigé p. 17)

Effectuer (résultat sous forme de fraction) :

$\frac{3}{7}+\frac{2}{7}$ ; $\frac{3}{7}-\frac{2}{7}$ ; $\frac{3}{7}\times\frac{2}{7}$ ; $\frac{3}{7}:\frac{2}{7}$ ; $\frac{5}{12}+\frac{3}{4}$ ; $\frac{5}{12}-\frac{3}{4}$ ; $\frac{5}{12}\times\frac{3}{4}$ ; $\frac{5}{12}:\frac{3}{4}$.

### 7

(corrigé p. 17)

Calculer mentalement : $(\sqrt{7})^2$ ; $(\sqrt{2{,}5})^2$ ; $\sqrt{16}$ ; $\sqrt{100}$ ; $\sqrt{1\,600}$.

exercices

## S'entraîner

### Puissances

**8** ★ 5 min (corrigé p. 17)

Soit $a = 5{,}9 \times 10^5$ et $b = 2{,}6 \times 10^5$.
Donner la notation scientifique de $a + b$, de $a - b$ et de $a \times b$.

**9** ★ 5 min (corrigé p. 18)

Soit un programme de calcul :

> Choisir un nombre de départ
> Multiplier par 3
> Élever au carré

1° Quel nombre obtient-on si on choisit – 2 au départ ?

2° Quel nombre a-t-on choisi au départ si le résultat obtenu est 81 ?

**10** ★ 5 min (corrigé p. 18)

Écrire sous forme d'une seule puissance de $a$.

$M = a^3 \times a^5$ ; $N = a^{-4} \times a^2$ ; $P = (a^3)^2$ ; $Q = (a^{-3})^{-4}$ ; $R = \dfrac{a^4}{a^3}$ ; $S = \dfrac{a^3}{a^4}$.

**11** ★★ 5 min (corrigé p. 18)

Soit $A = 2\,a^2b$, $B = 2\,ab^2$ et $C = (2ab)^2$.
Calculer $A$, $B$ et $C$ pour $a = -3$ et $b = 5$.

**12** ★★ 10 min (corrigé p. 18)

Soit $D = 3x^2 + 4x - 7$.

Calculer $D$ pour $x = 5$, puis pour $x = -\dfrac{5}{3}$.

**13** ★★ 10 min (corrigé p. 18)

Léo dit : « *Lorsque j'effectue* $\dfrac{10^{12}+1}{10^{12}}$ *ma calculatrice affiche 1, mais je pense que c'est faux !* »
Expliquer pourquoi Léo a raison et donner l'écriture décimale du résultat exact.

**14** ★★ 5 min (corrigé p. 18)

Cocher la bonne réponse.

1° Le produit de 22 facteurs tous égaux à – 7 est :

❒ $-7^{22}$ ❒ $-7 \times 22$ ❒ $(-7)^{22}$ ❒ $22 \times (-7)$

2° $2^{12}$ est le double de :

❒ $2^6$ ❒ $2^{11}$ ❒ $2^{10}$

## Quotients

**15** ★ 5 min (corrigé p. 18)

Calculer (résultat sous forme simplifiée) :

$A=\frac{3}{7}\times\frac{7}{3}+\frac{2}{3}$ ; $B=\frac{7}{4}+\frac{3}{4}\times\frac{5}{7}$ ; $C=\frac{3}{5}\times\frac{5}{7}+\frac{4}{9}\times\frac{9}{7}$.

**16** ★ 10 min (corrigé p. 18)

Calculer (résultat sous forme simplifiée) :

$D=\dfrac{\frac{2}{3}-1}{\frac{2}{3}+1}$ ; $E=\dfrac{3-\frac{1}{5}}{3+\frac{1}{5}}$ ; $F=\dfrac{\frac{2}{3}-\frac{7}{5}}{\frac{4}{3}-\frac{9}{5}}$.

**17** ★★ 10 min (corrigé p. 19)

Sachant que $a=\frac{3}{5}$ ; $b=-\frac{2}{3}$, $c=\frac{2}{5}$ et $d=-\frac{5}{3}$, calculer :

$G=ab+cd$ ; $H=ad-bc$ ; $I=\dfrac{a+b}{c+d}$ ; $J=\dfrac{a-c}{b-d}$.

**18** ★ 5 min (corrigé p. 19)

L'aire $\mathscr{A}$ d'un trapèze est donnée par la formule $\mathscr{A}=\dfrac{B+b}{2}\times h$.

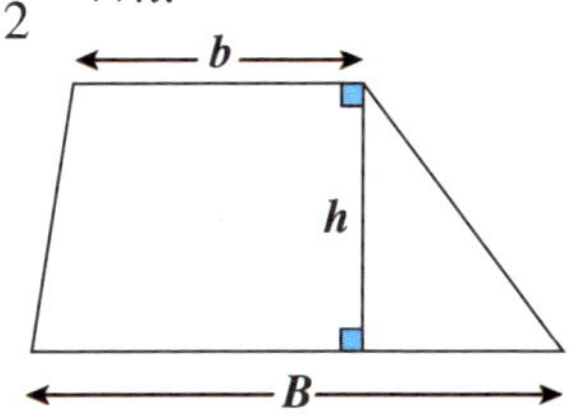


1° Calculer l'aire d'un trapèze avec :
$B = 6$ cm, $b = 4$ cm et $h = 3$ cm.

2° Calculer l'aire d'un trapèze avec :
$B = 6{,}3$ m, $b = 4{,}2$ m et $h = 1{,}8$ m.

**19** ★★ 5 min (corrigé p. 19)

Cocher la bonne réponse (résultat simplifié).

1° $\frac{3}{7}-\frac{2}{7}\times\frac{5}{2}$ est égal à :

❐ $\frac{5}{14}$ ❐ $-\frac{2}{7}$ ❐ $-\frac{4}{14}$

2° $\dfrac{\frac{1}{2}-\frac{1}{3}}{\frac{1}{2}+\frac{1}{3}}$ est égal à :

❐ $\frac{5}{36}$ ❐ $\frac{6}{30}$ ❐ $\frac{1}{5}$

exercices

## Racine carrée

**20** ★ 5 min (corrigé p. 19)

Écrire plus simplement :

$(\sqrt{5})^2$ ; $(\sqrt{2{,}8})^2$ ; $\left(\sqrt{\dfrac{3}{7}}\right)^2$ ; $\sqrt{9}$ ; $\sqrt{81}$ ; $\sqrt{\dfrac{16}{25}}$.

**21** ★ 10 min (corrigé p. 19)

**1°** Compléter la table des carrés des entiers de 11 à 19.

| $n$ | 11 | 12 | 13 | 14 | 15 | 16 | 17 | 18 | 19 |
|---|---|---|---|---|---|---|---|---|---|
| $n^2$ | 121 | … | … | … | … | … | … | … | … |

**2°** En déduire : $\sqrt{196}$ ; $\sqrt{225}$ ; $\sqrt{289}$ ; $\sqrt{324}$.

**3°** Donner un encadrement à une unité près de $\sqrt{200}$ et de $\sqrt{300}$.

**22** ★ 10 min (corrigé p. 19)

Calculer la mesure de l'hypoténuse d'un triangle $ABC$, rectangle en $A$, dans chacun des cas suivants :

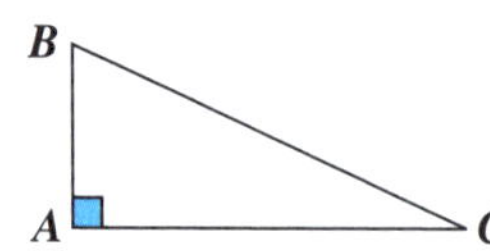


**1°** $AB = 10$ cm et $AC = 12$ cm (résultat arrondi à 1 mm près).

**2°** $AB = 38$ m et $AC = 52$ m (résultat arrondi à 1 dm près).

Dans un triangle rectangle, le carré de l'hypoténuse est égal à la somme des carrés des deux autres côtés (théorème de Pythagore).

**23** ★★ 10 min (corrigé p. 19)

**1°** En utilisant l'égalité $\sqrt{a \times b} = \sqrt{a} \times \sqrt{b}$, on a : $\sqrt{8} = \sqrt{4 \times 2} = \sqrt{4} \times \sqrt{2} = 2\sqrt{2}$.
Montrer de même que $\sqrt{18}$ ; $\sqrt{32}$ et $\sqrt{50}$ peuvent s'écrire sous la forme $k\sqrt{2}$ avec $k$ entier naturel.

**2°** Montrer que la somme de deux de ces nombres peut aussi s'écrire sous la forme d'un produit de $\sqrt{2}$ par un entier naturel.

**24** ★★ 5 min (corrigé p. 20)

Cocher la bonne réponse.

**1°** $(3\sqrt{5})^2$ est égal à :

❒ $\sqrt{15}$ ❒ 45 ❒ 15 ❒ 6,7

**2°** $(\sqrt{7})^4$ et égal à :

❒ 49 ❒ $\sqrt{28}$ ❒ 2 401 ❒ $\sqrt{2\,401}$

# SUJETS DU BREVET

## 25 ★★ 15 min

(corrigé p. 20)

Pour chaque question, trois réponses sont proposées.
Une seule d'entre elles est exacte.
Cocher la bonne réponse.

**1°** Soit $a = 3,4 \times 10^5$ et $b = 6,1 \times 10^{-3}$.
La notation scientifique du produit $a \times b$ est :

❒ $20,74 \times 10^2$ ❒ $2,074 \times 10^3$ ❒ $2,074 \times 10^8$

**2°** Le produit $\left(\frac{1}{2}+\frac{1}{4}\right)\left(\frac{1}{2}-\frac{1}{4}\right)$ est égal à :

❒ $\frac{4}{8}$ ❒ $\frac{3}{16}$ ❒ $-\frac{3}{16}$

**3°** La somme $\left(1-\frac{1}{2}\right)^2+\left(1+\frac{1}{2}\right)^2$ est égale à :

❒ $\frac{7}{4}$ ❒ 2 ❒ $\frac{5}{2}$

**4°** Lorsqu'on remplace $x$ par $-10$, la valeur numérique de $2x^3 + 3x^2 - x + 1$ est égale à :

❒ – 1 689 ❒ 2 291 ❒ 11

**5°** Lorsqu'on remplace $a$ par $-5$ et $b$ par $-2$ dans le produit $a^2\,b^3$, le résultat est :

❒ – 200 ❒ 60 ❒ 200

**6°** Soit $N = (3\sqrt{5})^2$.
Le nombre $N^2$ est égal à :

❒ 45 ❒ 15 ❒ 2 025

## 26 ★★ 5 min

(corrigé p. 20)

La vitesse de la lumière est 300 000 km/s. La lumière met environ 8 min 30 s pour nous parvenir du soleil.
Quelle est la distance de la Terre au Soleil (résultat en notation scientifique) ?

## 27 ★★ 5 min

(corrigé p. 20)

Les continents occupent $\frac{5}{17}$ de la superficie de la Terre.

**1°** L'Océan Pacifique recouvre la moitié de la surface restante.
Quelle fraction de la superficie totale de la Terre occupe-t-il ?

**2°** Sachant que la superficie de l'Océan Pacifique est de $1,8 \times 10^8$ km$^2$, déterminer la superficie de la Terre.

**3°** Vérifier que la superficie de la Terre, calculée avec la formule $S = 4\pi R^2$ et un rayon de 6 400 km est proche du résultat obtenu à la question précédente.

## 28 ★★ 10 min (corrigé p. 20)

Une gélule est constituée de deux demi-sphères identiques de diamètre 9,5 mm et d'une partie cylindrique d'une hauteur de 16,6 mm comme l'indique le croquis ci-contre.

> Volume d'un cylindre de rayon $R$ et de hauteur $h$ :
> $$V = \pi \times R^2 \times h.$$
> Volume d'une sphère de rayon $R$ :
> $$V = \frac{4}{3} \times \pi \times R^3.$$

**1°** Montrer que le volume $V$ d'une gélule est tel que $V = \pi R^2 \times \dfrac{3h + 4R}{3}$.

**2°** Calculer le volume arrondi au $mm^3$ d'une telle gélule.

**3°** La gélule contient un médicament de masse volumique de $6{,}15 \times 10^{-4}$ g/mm$^3$.
Quelle est la masse de médicament contenu dans une gélule ?

## 29 ★★ 10 min (corrigé p. 20)

Un aquarium a la forme d'une sphère de rayon $R$, coupée en sa partie supérieure : c'est une « *calotte sphérique* ». La hauteur totale de l'aquarium est $h$.

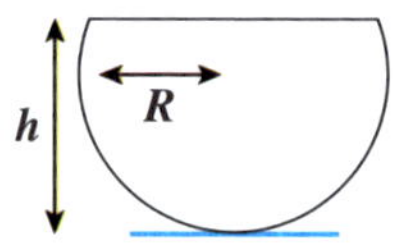


> Le volume $V$ d'une calotte sphérique est donné par la formule :
> $$V = \frac{\pi}{3} h^2 (3R - h).$$

**1°** On sait que $R = 10$ cm et $h = 18$ cm.
Montrer que la valeur exacte du volume, en cm$^3$, de l'aquarium est $1\,296\pi$.

**2°** Donner la valeur approchée du volume de l'aquarium au litre près.

# CORRIGÉS

**1** 12 300 = $\mathbf{1{,}23 \times 10^4}$ ; 0,0037 = $\mathbf{3{,}7 \times 10^{-3}}$.
$2{,}5 \times 10^{-3}$ = **0,002 5** ; $3{,}8 \times 10^5$ = **380 000**.

Forme $m \times 10^p$ avec $1 \leqslant m < 10$. On détermine $m$, puis $p$ en déplaçant la virgule.

**2**

| $a$ | 5 | – 2 | 2,5 | – 10 | $\frac{1}{2}$ | $-\frac{1}{3}$ | 0 |
|---|---|---|---|---|---|---|---|
| $-a$ | – 5 | 2 | – 2,5 | 10 | $-\frac{1}{2}$ | $\frac{1}{3}$ | 0 |
| $a^{-1}$ | 0,2 | – 0,5 | 0,4 | – 0,1 | 2 | – 3 | |

L'opposé de 0 est 0. 0 n'a pas d'inverse.

**3** $a + bc = -1{,}6 + 2{,}5 \times (-0{,}4) = -1{,}6 + (-1) = \mathbf{-2{,}6}$ ;
$(a + b)c = (-1{,}6 + 2{,}5) \times (-0{,}4) = 0{,}9 \times (-0{,}4) = \mathbf{-0{,}36}$;
$a - bc = -1{,}6 - 2{,}5 \times (-0{,}4) = -1{,}6 - (-1) = \mathbf{-0{,}6}$ ;
$(a - b)c = (-1{,}6 - 2{,}5) \times (-0{,}4) = -4{,}1 \times (-0{,}4) = \mathbf{1{,}64}$.

En l'absence de calculs entre parenthèses, la multiplication est effectuée en priorité.

**4**

| $n$ | – 3 | – 2 | – 1 | 0 | 1 | 2 | 3 | 4 |
|---|---|---|---|---|---|---|---|---|
| $2^n$ | 0,125 | 0,25 | 0,5 | 1 | 2 | 4 | 8 | 16 |

**5** $3^4 \times 3^2 = \mathbf{3^6}$ ; $3^{-3} \times 3^4 = \mathbf{3}$ ; $3^{-2} \times 3^{-5} = \mathbf{3^{-7}}$ ;
$(3^4)^2 = \mathbf{3^8}$ ; $(3^4)^{-2} = \mathbf{3^{-8}}$ ; $\frac{3^5}{3^2} = \mathbf{3^3}$ ; $\frac{3^2}{3^5} = \mathbf{3^{-3}}$.

$3^{-3} \times 3^4 = 3^1 = 3$
$3^{-3}$ est l'inverse de $3^3$.

**6** $\frac{3}{7} + \frac{2}{7} = \mathbf{\frac{5}{7}}$ ; $\frac{3}{7} - \frac{2}{7} = \mathbf{\frac{1}{7}}$ ; $\frac{3}{7} \times \frac{2}{7} = \mathbf{\frac{6}{49}}$ ; $\frac{3}{7} : \frac{2}{7} = \frac{3}{7} \times \frac{7}{2} = \mathbf{\frac{3}{2}}$ ;
$\frac{5}{12} + \frac{3}{4} = \frac{5}{12} + \frac{9}{12} = \mathbf{\frac{14}{12}} = \mathbf{\frac{7}{6}}$ ; $\frac{5}{12} - \frac{3}{4} = \frac{5}{12} - \frac{9}{12} = \mathbf{-\frac{4}{12}} = \mathbf{-\frac{1}{3}}$ ;
$\frac{5}{12} \times \frac{3}{4} = \frac{3 \times 5}{3 \times 4 \times 4} = \mathbf{\frac{5}{16}}$ ; $\frac{5}{12} : \frac{3}{4} = \frac{5}{12} \times \frac{4}{3} = \frac{5 \times 4}{4 \times 3 \times 3} = \mathbf{\frac{5}{9}}$.

Pour diviser on multiplie par l'inverse. Le résultat final doit être simplifié.

**7** $(\sqrt{7})^2 = \mathbf{7}$ ; $(\sqrt{2{,}5})^2 = \mathbf{2{,}5}$ ; $\sqrt{16} = \sqrt{4^2} = \mathbf{4}$ ; $\sqrt{100} = \sqrt{10^2} = \mathbf{10}$ ;
$\sqrt{1\,600} = \sqrt{16 \times 100} = \sqrt{16} \times \sqrt{100} = 4 \times 10 = \mathbf{40}$.

On a aussi $1\,600 = 40^2$ et $\sqrt{40^2} = 40$.

**8** $a + b = 5{,}9 \times 10^5 + 2{,}6 \times 10^5$ ; on factorise $10^5$ ;
$a + b = (5{,}9 + 2{,}6) \times 10^5 = \mathbf{8{,}5 \times 10^5}$.
$a - b = 5{,}9 \times 10^5 - 2{,}6 \times 10^5$ ; on factorise $10^5$ ;
$a - b = (5{,}9 - 2{,}6) \times 10^5 = \mathbf{3{,}3 \times 10^5}$.
$a \times b = (5{,}9 \times 2{,}6) \times (10^5 \times 10^5) = 15{,}34 \times 10^{10}$
$= \mathbf{1{,}534 \times 10^{11}}$.

Pour l'addition et la soustraction, les nombres $a$ et $b$ doivent être écrits avec la même puissance de 10.

corrigés

**9** 1° **On obtient 36** car $-2 \overset{\times 3}{\longmapsto} -6 \overset{\text{au carré}}{\longmapsto} 36$

2° **On avait choisi 3 ou – 3** car 81 est le carré de 9 mais aussi de – 9.
$3 \underset{:3}{\longleftarrow} 9 \longleftarrow 81$ ; $-3 \underset{:3}{\longleftarrow} -9 \longleftarrow 81$

**10** $\boldsymbol{M = a^8}$ ; $\boldsymbol{N = a^{-2}}$ ; $\boldsymbol{P = a^6}$ car $3 \times 2 = 6$ ; $\boldsymbol{Q = a^{12}}$ car $-3 \times (-4) = 12$ ;
$\boldsymbol{R = a}$ car $4 - 3 = 1$ et $a^1 = a$ ; $\boldsymbol{S = \frac{1}{a}}$ car $3 - 4 = -1$ et $a^{-1} = \frac{1}{a}$.

**11** Soit $\boldsymbol{A = 90}$ car $2 \times (-3)^2 \times 5 = 90$ ;
$\boldsymbol{B = -150}$ car $2 \times (-3) \times 5^2 = -150$ ;
$\boldsymbol{C = 900}$ car $[2 \times (-3) \times 5]^2 = (-30)^2 = 900$.

En l'absence de parenthèses, la puissance a priorité sur la multiplication.

**12** Pour $x = 5$, on a : $\boldsymbol{D = 88}$ car $3 \times 5^2 + 4 \times 5 - 7 = 75 + 20 - 7 = 88$.
Pour $x = -\frac{5}{3}$, on a : $\boldsymbol{D = -\frac{16}{3}}$
car $3 \times \left(-\frac{5}{3}\right)^2 + 4 \times \left(-\frac{5}{3}\right) - 7 = \frac{25}{3} - \frac{20}{3} - \frac{21}{3} = -\frac{16}{3}$.

$3 \times \left(-\frac{5}{3}\right)^2 = 3 \times \frac{25}{9} = \frac{3 \times 25}{3 \times 3} = \frac{25}{3}$.
On simplifie avant de multiplier.

**13** $\frac{A}{B} = 1$ si et seulement si $A = B$ ; ici : $A = 10^{12} + 1$ et $B = 10^{12}$ ; on a : $A \neq B$.
**Léo a raison** le quotient ne peut pas être égal à 1 (la calculatrice a arrondi à 1 car le quotient dépasse la capacité d'écran).

$\frac{10^{12}+1}{10^{12}} = 1\,000\,000\,000\,001 : 1\,000\,000\,000\,000 = \mathbf{1{,}000\,000\,000\,001}$.

**14** 1° $(-7)^{22}$.

2° $\mathbf{2^{11}}$ car $2^{11} \times 2^1 = 2^{11+1} = 2^{12}$.

$(-7)^{22}$ est positif car l'exposant est pair. $-7^{22}$ est l'opposé de $7^{22}$, c'est un nombre négatif.

**15** $\boldsymbol{A = \frac{5}{3}}$ car $\frac{3}{7} \times \frac{7}{3} + \frac{2}{3} = 1 + \frac{2}{3} = \frac{5}{3}$ ;

$\boldsymbol{B = \frac{16}{7}}$ car $\frac{7}{4} + \frac{3}{4} \times \frac{5}{7} = \frac{7}{4} + \frac{15}{28} = \frac{49}{28} + \frac{15}{28} = \frac{64}{28} = \frac{16}{7}$ ;

$\boldsymbol{C = 1}$ car $\frac{3}{5} \times \frac{5}{7} + \frac{4}{9} \times \frac{9}{7} = \frac{3}{7} + \frac{4}{7} = \frac{7}{7} = 1$.

**16** $\boldsymbol{D = -\frac{1}{5}}$ car $\left(\frac{2}{3} - \frac{3}{3}\right) : \left(\frac{2}{3} + \frac{3}{3}\right) = \left(-\frac{1}{3}\right) : \frac{5}{3} = \left(-\frac{1}{3}\right) \times \frac{3}{5} = -\frac{1}{5}$ ;

$\boldsymbol{E = \frac{7}{8}}$ car $\left(\frac{15}{5} - \frac{1}{5}\right) : \left(\frac{15}{5} + \frac{1}{5}\right) = \frac{14}{5} : \frac{16}{5} = \frac{14}{5} \times \frac{5}{16} = \frac{14}{16} = \frac{7}{8}$ ;

$\boldsymbol{F = \frac{11}{7}}$ car $\left(\frac{10}{15} - \frac{21}{15}\right) : \left(\frac{20}{15} - \frac{27}{15}\right) = -\frac{11}{15} : \left(-\frac{7}{15}\right) = -\frac{11}{15} \times \left(-\frac{15}{7}\right) = \frac{11}{7}$.

$\frac{a}{b} : \frac{c}{d} = \frac{a}{b} \times \frac{d}{c}$.
On multiplie par l'inverse

**17** $G = -\mathbf{\frac{16}{15}}$ car $\frac{3}{5}\times\left(-\frac{2}{3}\right)+\frac{2}{5}\times\left(-\frac{5}{3}\right)=-\frac{2}{5}+\left(-\frac{2}{3}\right)=-\frac{6}{15}+\left(-\frac{10}{15}\right)=-\frac{16}{15}$ ;

$H = -\mathbf{\frac{11}{15}}$ car $\frac{3}{5}\times\left(-\frac{5}{3}\right)-\left(-\frac{2}{3}\right)\times\frac{2}{5}=-1+\frac{4}{15}=-\frac{11}{15}$ ;

$I = \mathbf{\frac{1}{19}}$ car $\left[\frac{3}{5}+\left(-\frac{2}{3}\right)\right]:\left[\frac{2}{5}+\left(-\frac{5}{3}\right)\right]=-\frac{1}{15}:\left(-\frac{19}{15}\right)=-\frac{1}{15}\times\left(-\frac{15}{19}\right)=\frac{1}{19}$ ;

$J = \mathbf{\frac{1}{5}}$ car $\left(\frac{3}{5}-\frac{2}{5}\right):\left[-\frac{2}{3}-\left(-\frac{5}{3}\right)\right]=\frac{1}{5}:\left(-\frac{2}{3}+\frac{5}{3}\right)=\frac{1}{5}:1=\frac{1}{5}$.

**18** 1° $A = \mathbf{15\ cm^2}$ car $\frac{6+4}{2}\times 3 = 15$.

2° $A = \mathbf{9{,}45\ m^2}$ car $\frac{6{,}3+4{,}2}{2}\times 1{,}8 = 9{,}45$.

> On peut rédiger avec des grandeurs :
> $\frac{6\text{ cm}+4\text{ cm}}{2}\times 3\text{ cm} = 15\text{ cm}^2$.
> $\frac{6{,}3\text{ m}+4{,}2\text{ m}}{2}\times 1{,}8\text{ m} = 9{,}45\text{ m}^2$.

**19** 1° $-\mathbf{\frac{2}{7}}$ car $\frac{3}{7}-\frac{2}{7}\times\frac{5}{2}=\frac{3}{7}-\frac{5}{7}=-\frac{2}{7}$.

2° $\mathbf{\frac{1}{5}}$ car $\left(\frac{3}{6}-\frac{2}{6}\right):\left(\frac{3}{6}+\frac{2}{6}\right)=\frac{1}{6}:\frac{5}{6}=\frac{1}{6}\times\frac{6}{5}=\frac{1}{5}$.

> On pense à simplifier avant d'effectuer les multiplications au numérateur et au dénominateur :
> $\frac{2}{7}\times\frac{5}{2}=\frac{2\times 5}{7\times 2}=\frac{5}{7}$ ; $\frac{1}{6}\times\frac{6}{5}=\frac{1\times 6}{6\times 5}=\frac{1}{5}$.

**20** $(\sqrt{5})^2 = \mathbf{5}$ ; $(\sqrt{2{,}8})^2 = \mathbf{2{,}8}$ ; $\left(\sqrt{\frac{3}{7}}\right)^2 = \mathbf{\frac{3}{7}}$ ;

$\sqrt{9} = \mathbf{3}$ car $9 = 3^2$ ; $\sqrt{81} = \mathbf{9}$ car $81 = 9^2$ ;

$\sqrt{\frac{16}{25}} = \mathbf{\frac{4}{5}}$ car $\frac{16}{25}=\frac{4^2}{5^2}=\left(\frac{4}{5}\right)^2$.

> Par définition, avec $a$ positif, $(\sqrt{a})^2 = a$.
> Lorsque $a$ est positif, on a aussi $\sqrt{a^2} = a$.
> Si $a$ est négatif, $\sqrt{a^2}$ existe mais n'est pas égal à $a$ ($\sqrt{a^2}$ est égal à l'opposé de $a$).

**21** 1°

| $n$ | 11 | 12 | 13 | 14 | 15 | 16 | 17 | 18 | 19 |
|---|---|---|---|---|---|---|---|---|---|
| $n^2$ | 121 | **144** | **169** | **196** | **225** | **256** | **289** | **324** | **361** |

2° $\sqrt{196} = \mathbf{14}$ ; $\sqrt{225} = \mathbf{15}$ ; $\sqrt{289} = \mathbf{17}$ ; $\sqrt{324} = \mathbf{18}$.

3° $\mathbf{14 < \sqrt{200} < 15}$ et $\mathbf{17 < \sqrt{300} < 18}$.

> Si des nombres positifs sont rangés par ordre croissant, leurs carrés sont aussi rangés par ordre croissant.

**22** 1° $BC^2 = AB^2 + AC^2$ ; $BC^2 = 10^2 + 12^2 = 244$ ; $\mathbf{BC = \sqrt{244}\ cm}$ ; $\mathbf{BC \approx 15{,}6\ cm}$.

2° $BC^2 = AB^2 + AC^2$ ; $BC^2 = 38^2 + 52^2$ ; $BC^2 = 4\,148$ ; $\mathbf{BC = \sqrt{4\,148}\ m}$ ; $\mathbf{BC \approx 64{,}4\ m}$.

**23** 1° $\sqrt{18} = \sqrt{9\times 2} = \sqrt{9}\times\sqrt{2} = \mathbf{3\sqrt{2}}$ ; $\sqrt{32} = \sqrt{16\times 2} = \sqrt{16}\times\sqrt{2} = \mathbf{4\sqrt{2}}$ ;
$\sqrt{50} = \sqrt{25\times 2} = \sqrt{25}\times\sqrt{2} = \mathbf{5\sqrt{2}}$.

2° $\sqrt{18}+\sqrt{32} = 3\sqrt{2}+4\sqrt{2} = (3+4)\sqrt{2} = \mathbf{7\sqrt{2}}$.
$\sqrt{18}+\sqrt{50} = 3\sqrt{2}+5\sqrt{2} = (3+5)\sqrt{2} = \mathbf{8\sqrt{2}}$.
$\sqrt{32}+\sqrt{50} = 4\sqrt{2}+5\sqrt{2} = (4+5)\sqrt{2} = \mathbf{9\sqrt{2}}$.

> On sait que $a\times b + a\times c = a\times(b+c)$.
> C'est la propriété de distributivité qui permet la factorisation de $\sqrt{2}$.

corrigés

**24** 1° **45** car $(3\sqrt{5})^2 = 3^2 \times (\sqrt{5})^2 = 9 \times 5 = 45$.

2° **49** car $(\sqrt{7})^4 = [(\sqrt{7})^2]^2 = 7^2 = 49$.

On utilise deux propriétés des puissances : $(ab)^2 = a^2b^2$ et $(a^2)^2 = a^4$.

**25** Il suffisait d'encadrer la réponse exacte.

- $(3{,}4 \times 10^5)(6{,}1 \times 10^{-3}) = \mathbf{2{,}074 \times 10^3}$.
- $\left(\frac{1}{2}+\frac{1}{4}\right)\left(\frac{1}{2}-\frac{1}{4}\right) = \frac{3}{4} \times \frac{1}{4} = \mathbf{\frac{3}{16}}$.
- $\left(1-\frac{1}{2}\right)^2 + \left(1+\frac{1}{2}\right)^2 = \left(\frac{1}{2}\right)^2 + \left(\frac{3}{2}\right)^2 = \frac{1}{4} + \frac{9}{4} = \frac{10}{4} = \mathbf{\frac{5}{2}}$.
- $2(-10)^3 + 3(-10)^2 - (-10) + 1 = -2\,000 + 300 + 10 + 1 = \mathbf{-1\,689}$.
- $(-5)^2 \times (-2)^3 = 25 \times (-8) = \mathbf{-200}$.
- $N = (3\sqrt{5})^2 = 3^2 \times (\sqrt{5})^2 = 9 \times 5 = 45$ ; $N^2 = 45^2 = \mathbf{2\,025}$.

**26** 8 min 30 s = 510 s ; $300\,000 \times 510 = 153\,000\,000$.

**La distance de la Terre au Soleil est $1{,}53 \times 10^8$ km.**

**27** 1° Continents : $\frac{5}{17}$ ; reste : $\frac{12}{17}$ ; Océan Pacifique : $\frac{1}{2} \times \frac{12}{17}$ soit $\frac{6}{17}$.

**L'Océan Pacifique représente $\frac{6}{17}$ de la superficie totale du globe.**

2° Soit $S$ la superficie totale de la Terre (unité : km²).

On a $\frac{6}{17} \times S = 1{,}8 \times 10^8$ ; $S = 1{,}8 \times 10^8 : \frac{6}{17} = 1{,}8 \times 10^8 \times \frac{17}{6} = \mathbf{5{,}1 \times 10^8\ km^2}$.

3° Avec $R = 6\,400$ km et $S = 4\pi R^2$ on trouve : $S = 514\,718\,540$ km² soit environ **$5{,}1 \times 10^8$ km²**.

**28** 1° Les deux demi-sphères ont le même volume qu'une sphère de rayon $R$.
Le volume de la gélule est la somme du volume du cylindre et de celui de la sphère :

$V = \pi R^2 h + \frac{4}{3}\pi R^3$ ; on peut factoriser $\pi R^2$ ;

$V = \pi R^2 \left(h + \frac{4}{3}R\right) = \mathbf{\pi R^2 \times \frac{3h + 4R}{3}}$.

2° $R = 9{,}5 : 2 = 4{,}75$ et $h = 16{,}6$ ;

$V = \pi \times 4{,}75^2 \times \frac{3 \times 16{,}6 + 4 \times 4{,}75}{3}$.

**Soit un volume total arrondi à 1 626 mm³.**

On peut aussi calculer :
– le volume du cylindre : $\pi \times 4{,}75^2 \times 16{,}6 \approx 375\pi$ ;
– le volume de la boule : $\frac{4}{3} \times \pi \times 4{,}75^3 \approx 143\pi$ ;
– le volume total : $518\pi$ soit environ 1 627 mm³.

3° **Une gélule contient environ 1 g de médicament** car $V \times 6{,}15 \times 10^{-4} \approx 9\,997 \times 10^{-4}$ ;
$9\,997 \approx 10^4$ et $10^4 \times 10^{-4} = 1$.

Si on utilise l'arrondi de $V$ : $1\,626 \times 6{,}15 \times 10^{-4} \approx 9\,999{,}9 \times 10^{-4}$.

**29** 1° $V = \frac{\pi}{3} \times 18^2(3 \times 10 - 18)$ ; $V = 108 \times 12 \times \pi$ ; $\mathbf{V = 1\,296\pi}$ (unité : cm³).

2° **L'aquarium a une capacité d'environ 4 L** car $1\,296\pi \approx 4\,072$ ;
$4\,072$ cm³ $= 4{,}072$ dm³ soit environ 4 L car 1 L = 1 dm³.

# Diviseurs – Multiples Fractions irréductibles

2

# LE COURS

## Division euclidienne

- Dans une **division euclidienne**, le dividende, le diviseur (différent de 0), le quotient et le reste sont tous des nombres entiers.

$$\begin{array}{rr|ll} \text{dividende} \rightarrow & D & d & \leftarrow \text{diviseur} \\ \hline \text{reste} \rightarrow & r & q & \leftarrow \text{quotient} \end{array}$$

$D = d \times q + r$ **avec** $0 \leqslant r < d$.

$$\begin{array}{r|l} 64 & 5 \\ \hline 14 & 12 \\ 4 & \end{array}$$

$64 = 5 \times 12 + 4$ avec $0 \leqslant 4 < 5$.

- Si le reste d'une division euclidienne est égal à 0, alors $D = d \times q$.
On dit alors que : « $D$ **est un multiple de** $d$ » ou « $D$ **est divisible par** $d$ » ou encore que « $d$ **est un diviseur de** $D$ ».

## Nombres premiers

- Un nombre autre que 1 qui n'est divisible que par 1 et par lui-même est un **nombre premier** : 2 – 3 – 5 – 7 – 11 – 13 – 17 – 19 – 23 – 29 – 31 … sont des nombres premiers.

- Tout nombre non premier peut s'écrire de manière unique sous forme d'un produit de facteurs premiers : $280 = 28 \times 10 = 4 \times 7 \times 2 \times 5 = 2^2 \times 7 \times 2 \times 5 = 2^3 \times 5 \times 7$.
$2^3 \times 5 \times 7$ est la **décomposition en produit de facteurs premiers** de 280.

## Diviseurs communs – PGCD

- Les diviseurs de 24 sont 1 ; 2 ; 3 ; 4 ; 6 ; 8 ; 12 et 24 ; ceux de 18 sont 1 ; 2 ; 3 ; 6 ; 9 et 18. Les nombres 1 ; 2 ; 3 ; 6, communs aux deux listes, sont les **diviseurs communs** à 24 et à 18.
Le plus grand est 6 ; on dit que 6 est le « **plus grand commun diviseur** » de 24 et de 18 ; on écrit : **PGCD(24 ; 18) = 6**.

- L'ensemble des diviseurs communs de deux nombres entiers est l'ensemble des diviseurs de leur PGCD.

- Si 1 est l'unique diviseur commun à $a$ et à $b$, on a **PGCD($a$ ; $b$) = 1** et on dit que $a$ et $b$ sont des **nombres premiers entre eux**.

- On peut trouver le PGCD de deux nombres de plusieurs façons.
- En écrivant la liste des diviseurs de chacun (exemple précédent avec 24 et 18).
- En utilisant la propriété : « si $d$ est un diviseur de $a$ et de $b$, alors $d$ est un diviseur de leur différence ».

*Exemple* : Si $d$ est un diviseur de 123 et de 124, alors $d$ est un diviseur de $124 - 123$ (c'est-à-dire 1) ; par suite PGCD(123 ; 124) = 1 et 123 et 124 sont premiers entre eux.

- En utilisant la propriété : « si $a > b$ et $d$ est un diviseur de $a$ et de $b$, alors $d$ est un diviseur de $b$ et du reste $r$ de la division euclidienne de $a$ par $b$ ».

*Exemple* : Division euclidienne de 348 par 280 : $348 = 280 \times 1 + 68$

Division euclidienne de 280 par 68 : $280 = 68 \times 4 + 8$

Division euclidienne de 68 par 8 : $68 = 8 \times 8 + 4$

Division euclidienne de 8 par 4 : $8 = 4 \times 2 + 0$

Le dernier reste non nul est **4** ; PGCD(348 ; 280) = **4**.
Cette suite de divisions euclidiennes constitue l'algorithme d'Euclide.

- En utilisant la propriété : « La décomposition en produit de facteurs premiers de PGCD($a$ ; $b$) est constituée par les facteurs premiers communs aux décompositions de $a$ et de $b$ (chaque facteur premier étant affecté du plus petit des deux exposants) ».

*Exemple* : $a = 2^3 \times 3^2 \times 5 \times 7$ ; $b = 2^2 \times 3^4 \times 7 \times 11$ ; PGCD($a$ ; $b$) $= 2^2 \times 3^2 \times 7 = 252$.

## Fraction irréductible

- Une **fraction est irréductible** lorsque le PGCD du numérateur et du dénominateur est égal à 1 (les deux termes sont premiers entre eux).
- Pour trouver la fraction irréductible égale à une fraction donnée, il suffit de diviser les deux termes par leur PGCD.

## Multiples communs

- Les premiers multiples de 8 sont : **0** ; 8 ; 16 ; **24** ; 32 ; 40 ; **48** ; 56 ; 64 ; 72 …

Les premiers multiples de 6 sont : 0 ; 6 ; 12 ; 18 ; **24** ; 30 ; 36 ; 42 ; **48** ; 54 …
Les nombres **0** ; **24** ; **48** ; … communs aux deux listes sont des **multiples communs** à 8 et à 6 ; le plus petit multiple commun **non nul** est **24** ; on dit que **24** est le « plus petit commun multiple de 8 et de 6 » ; on écrit : PPCM(8 ; 6) = **24**.

- La détermination du PPCM est très utile lors de la comparaison, du calcul de la somme ou de la différence, de deux fractions n'ayant pas le même dénominateur.
- On a : PPCM($a$ ; $b$) $\times$ PGCD($a$ ; $b$) $= a \times b$.

*Exemple* : PPCM(8 ; 6) = 24 ; PGCD(8 ; 6) = 2 ;
PPCM(8 ; 6) $\times$ PGCD(8 ; 6) $= 24 \times 2 = 48 = 8 \times 6$.

# EXERCICES

## Tester ses connaissances

### 1

(corrigé p. 28)

*Pour savoir si un nombre entier est divisible par 2, par 5 ou par 10, il suffit de considérer son chiffre des unités. Pour savoir si un nombre entier est divisible par 3 ou par 9, il suffit de considérer la somme des chiffres de ce nombre.*

1° Les nombres 3 726 et 41 505 sont-ils divisibles par 2, par 3, par 5, par 9, par 10 ?

2° Tout nombre divisible par 5 est divisible par 10. ❐ Vrai ❐ Faux
Tout nombre divisible par 9 est divisible par 3. ❐ Vrai ❐ Faux

### 2

(corrigé p. 28)

1° Vérifier que $391 = 17 \times 23$. Nommer quatre diviseurs de 391.

2° Expliquer pourquoi 17 n'est pas un diviseur de 392.

### 3

(corrigé p. 28)

Calculer la différence entre 143 et 141. En déduire PGCD(143 ; 141).

### 4

(corrigé p. 28)

1° Effectuer la division euclidienne de 325 par 273.

2° En utilisant l'algorithme d'Euclide, calculer PGCD(325 ; 273).

### 5

(corrigé p. 28)

Vérifier que $2^2 \times 3^2 \times 7 = 252$ et $2^3 \times 3 \times 7^2 = 1\,176$.
Calculer PGCD(252 ; 1 176).

### 6

(corrigé p. 29)

Montrer que $\frac{123}{119}$ est une fraction irréductible.

### 7

(corrigé p. 29)

Rendre irréductible chacune des fractions suivantes : $\frac{143}{141}$ ; $\frac{325}{273}$ et $\frac{252}{1\,176}$.

### 8

(corrigé p. 29)

1° Écrire les six premiers multiples de 16 et les six premiers multiples de 24.

2° Déterminer PPCM(16 ; 24), puis comparer $\frac{7}{16}$ et $\frac{13}{24}$.

# S'entraîner

## Multiples et diviseurs

**9** ★ 5 min (corrigé p. 30)

**1°** Vérifier que l'on a $13 \times 7 + 8 = 99$.

**2°** Cocher les affirmations exactes.

❒ La division euclidienne de 99 par 13 a pour reste 8.
❒ La division euclidienne de 99 par 7 a pour reste 8.
❒ La division euclidienne de 99 par 7 a pour reste 1.

**10** ★ 5 min (corrigé p. 30)

**1°** Justifier l'affirmation suivante : 60 est divisible par 2, par 3, par 4, par 5 et par 6.

**2°** Écrire la liste des diviseurs 60.

**11** ★ 5 min (corrigé p. 30)

On a réparti des œufs dans des boîtes de 12. Toutes les boîtes sont remplies et il ne reste pas d'œufs. On sait qu'il y avait entre 450 et 460 œufs.
Combien de boîtes a-t-on remplies ?

**12** ★★★ 5 min (corrigé p. 30)

Démontrer la propriété suivante :
« *Si a est un diviseur de b et b un diviseur de c, alors a est un diviseur de c* ».

## Nombres premiers

**13** ★ 5 min (corrigé p. 30)

Donner la décomposition en produit de facteurs premiers de tous les nombres entiers strictement inférieurs à 12 qui ne sont pas premiers.

**14** ★ 5 min (corrigé p. 30)

**1°** Vérifier que l'on a $12 = 2^2 \times 3$ et $18 = 2 \times 3^2$.

**2°** En déduire la décomposition en produit de facteurs premiers du produit de 12 par 18.

**15** ★★ 5 min (corrigé p. 30)

**1°** Déterminer la décomposition en produit de facteurs premiers de 6, de 10, puis de 60.

**2°** En déduire la décomposition en produit de facteurs premiers de 420.

## Diviseurs communs - PGCD

**16** ★ 5 min (corrigé p. 30)

1° Déterminer la liste des diviseurs de 12, celle des diviseurs de 15 et celle des diviseurs de 18.

2° En déduire PGCD(12 ; 15) ; PGCD(15 ; 18) ; PGCD(12 ; 18).

**17** ★ 5 min (corrigé p. 31)

1° Déterminer les diviseurs de 8.

2° En déduire PGCD(50 ; 42).

**18** ★★ 10 min (corrigé p. 31)

1° Pour la division euclidienne de 306 par 90, la calculatrice affiche $q = 3$ et $r = 36$. Quelle division euclidienne doit-on effectuer ensuite pour poursuivre l'algorithme d'Euclide donnant le PGCD de 306 et 90 ?

2° Quel est le PGCD de 306 et 90 ?

**19** ★ 5 min (corrigé p. 31)

Soit $a = 2^3 \times 3^2 \times 5^3$ et $b = 2^4 \times 5^2 \times 7$. Calculer PGCD($a$ ; $b$).

**20** ★★ 10 min (corrigé p. 31)

Soit $a = 3^3 \times 5^2 \times 7 \times 11^2$ et $b = 495$.

1° Déterminer la décomposition en produit de facteurs premiers de 495.

2° En déduire PGCD($a$ ; $b$).

**21** ★ 5 min (corrigé p. 31)

Les nombre suivants sont-ils premiers entre eux ?

1° 420 et 385. 2° 96 et 351. 3° 197 et 38.

**22** ★★ 5 min (corrigé p. 31)

Cocher la bonne réponse.

1° Si $a$ est premier et $b$ est premier ($a \neq b$), alors $a$ et $b$ sont premiers entre eux.
❒ Vrai ❒ Faux

2° Si $a$ est premier et $b$ n'est pas un multiple de $a$, alors $a$ et $b$ sont premiers entre eux.
❒ Vrai ❒ Faux

3° Si $a$ et $b$ sont premiers entre eux, alors $a$ est premier ou $b$ est premier.
❒ Vrai ❒ Faux

## Fraction irréductible

**23** ★ 5 min (corrigé p. 32)

Trouver la fraction irréductible égale à :

1° $\frac{27}{36}$ 2° $\frac{56}{40}$ 3° $\frac{49}{63}$

**24** ★★ 5 min (corrigé p. 32)

Deux des fractions suivantes sont irréductibles.
Dire lesquelles et justifier la réponse.

❒ $\frac{478}{476}$ ❒ $\frac{478}{479}$ ❒ $\frac{479}{477}$

**25** ★★ 5 min (corrigé p. 32)

Soient $a = 2^2 \times 3^3 \times 5$ et $b = 2^3 \times 3^2 \times 7$.
Écrire la fraction irréductible égale à $\frac{a}{b}$.

**26** ★★ 10 min (corrigé p. 32)

1° Calculer PGCD(924 ; 780).

2° Rendre irréductible la fraction $\frac{9\,240}{7\,800}$.

## Multiples communs

**27** ★ 10 min (corrigé p. 32)

1° Écrire les multiples de 12 et les multiples de 15 inférieurs à 100.

2° Quel est le plus petit commun multiple de 12 et de 15 ?

3° Comparer $\frac{25}{12}$ et $\frac{31}{15}$.

4° Effectuer $\frac{25}{12} + \frac{31}{15}$ (résultat irréductible).

**28** ★★ 10 min (corrigé p. 33)

1° Calculer PGCD(60 ; 72).

2° On sait que PGCD($a$ ; $b$) × PPCM($a$ ; $b$) = $a \times b$.
En déduire PPCM(60 ; 72).

3° Calculer $\frac{1}{60} - \frac{1}{72}$.

# SUJETS DU BREVET

**29** ★★ 10 min (corrigé p. 33)

Une mairie veut faire carreler un local rectangulaire de 8 m de long et 6,5 m de large avec des dalles de forme carrée de même dimension juxtaposées sans joint. Les dalles disponibles ont pour côté 25 cm, 30 cm, 40 cm ou 50 cm.

1° Calculer PGCD(800 ; 650).

2° On souhaite poser les dalles sans découpe. Quelles dimensions peut-on choisir ?

3° Combien de dalles doit-on commander dans chaque cas ?

**30** ★★ 10 min (corrigé p. 33)

Léo a utilisé sa calculatrice pour simplifier la fraction $\frac{3\,990}{3\,420}$. Il a obtenu $\frac{133}{114}$.

1° La fraction obtenue est-elle irréductible ?

2° En déduire PGCD(3 990 ; 3 420).

**31** ★★ 10 min (corrigé p. 34)

Après avoir simplifié la fraction $\frac{a}{b}$ successivement par 10, puis par 5, et enfin par 9, Léa a obtenu la fraction $\frac{21}{28}$.

1° Quelle était l'écriture initiale de la fraction $\frac{a}{b}$ ?

2° La fraction $\frac{21}{28}$ est-elle l'écriture irréductible de $\frac{a}{b}$ ?

3° Cocher la bonne réponse et justifier la réponse.

❒ PGCD($a$ ; $b$) = 450

❒ PGCD($a$ ; $b$) = 3 150

**32** ★★ 10 min (corrigé p. 34)

Soit $a$ et $b$ deux entiers tels que $a = 2^3 \times 3^4 \times 5^2$ et $b = 2^2 \times 5^3 \times 7$.

1° Déterminer PGCD($a$ ; $b$).

2° Quelle est la décomposition en produits de facteurs premiers de $a^2$ et de $b^2$ ?

3° Est-il vrai que PGCD($a^2$ ; $b^2$) = [PGCD($a$ ; $b$)]$^2$ ?

# CORRIGÉS

**1** 1° **3 726 est divisible par 2** car le chiffre des unités (6) est pair.
**3 726 est divisible par 3 et par 9** car $3 + 7 + 2 + 6 = 18$ qui est divisible par 3 et par 9.
**41 505 est divisible par 5** car il se termine par 5 ;
**41 505 est divisible par 3 mais pas par 9** car $4 + 1 + 5 + 0 + 5 = 15$ (15 est un multiple de 3 ; 15 n'est pas un multiple de 9).

- Pour qu'un nombre soit divisible par 2, il suffit que le chiffre des unités soit 0 ; 2 ; 4 ; 6 ou 8 (chiffre pair).
- Pour qu'un nombre soit divisible par 5, il suffit que le chiffre des unités soit 0 ou 5.
- Pour qu'un nombre soit divisible par 10, il suffit que le chiffre des unités soit 0.

2° **Faux** (contre exemple : 41 505 est divisible par 5 et pas par 10).
**Vrai** (si la somme des chiffres est un multiple de 9, c'est aussi un multiple de 3).

**2** 1° $17 \times 23 = 391$ ; 17 est un diviseur de 391 ; 23 est aussi un diviseur de 391. On a aussi $1 \times 391 = 391$ ; 1 est un diviseur de 391 et 391 est aussi un diviseur de 391. **1 ; 17 ; 23 ; 391 sont quatre diviseurs de 391**.

2° $392 = 17 \times 23 + 1$ et $0 \leqslant 1 < 17$ ; la division euclidienne de 392 par 17 a pour reste 1 ; **17 n'est pas un diviseur de 392**.
De même, $392 = 23 \times 17 + 1$ et $0 \leqslant 1 < 23$ ; la division euclidienne de 392 par 23 a pour reste 1 et 23 n'est pas un diviseur de 392.

**3** $143 - 141 = 2$. Tout diviseur de 143 et 141 est diviseur de 2.
Le nombre 2 est premier et n'a que deux diviseurs (1 et 2) ; 2 n'est pas un diviseur de 143 ; 1 est le seul diviseur commun à 143 et 141.
**PGCD(143 ; 141) = 1** ; 143 et 141 sont premiers entre eux.

Cette méthode est efficace lorsque la différence obtenue a peu de diviseurs.

**4** 1° **$325 = 273 \times 1 + 52$ et $0 \leqslant 52 < 273$.**

2° On poursuit les divisions successives (algorithme d'Euclide) :
$273 = 52 \times 5 + 13$ et $0 \leqslant 13 < 52$.
$52 = 13 \times 4 + 0$ et $0 \leqslant 0 < 13$.
13 est le dernier reste non nul. **PGCD(325 ; 273) = 13**.

**5** $2^2 \times 3^2 \times 7 = 4 \times 9 \times 7 = 252$ ;
$2^3 \times 3 \times 7^2 = 8 \times 3 \times 49 = 1\,176$.
**PGCD(252 ; 1 176) = $2^2 \times 3 \times 7 = 84$.**

2, 3 et 7 sont les facteurs premiers communs.
Pour 2 on prend l'exposant 2 car $2 < 3$.
Pour 3 on prend l'exposant 1 car $1 < 2$.
Pour 7 on prend l'exposant 1 car $1 < 2$.

**6** On a : 123 – 119 = 4.
Tout diviseur de 123 et de 119 doit être un diviseur de 4, c'est-à-dire 1 ; 2 ou 4.
123 n'est pas divisible par 2 car le chiffre des unités est impair ; 123 n'est pas divisible par 4 car tout nombre divisible par 4 est divisible par 2. Le seul diviseur commun de 123 et 119 est 1.

$\mathbf{\frac{123}{119}}$ **est une fraction irréductible**.

> Si $a$ est un diviseur de $b$ et $b$ un diviseur de $c$, alors $a$ est un diviseur de $c$. 2 est un diviseur de 4 ; si 4 était un diviseur de 123, alors 2 serait un diviseur de 123.

**7** • $\mathbf{\frac{143}{141}}$ **est irréductible** car 143 – 141 = 2 ; tout diviseur de 143 et 141 doit être un diviseur de 2 (c'est-à-dire 1 ou 2) ; 143 n'est pas divisible par 2 car le chiffre des unités est impair ; 1 est donc le seul diviseur commun.

• Pour $\frac{325}{273}$ on peut calculer PGCD(325 ; 273) avec l'algorithme d'Euclide.

$325 = 273 \times 1 + 52$ et $0 \leqslant 52 < 273$ ;
$273 = 52 \times 5 + 13$ et $0 \leqslant 13 < 52$.
$52 = 13 \times 4 + 0$ et $0 \leqslant 0 < 4$ ;
PGCD(325 ; 273) = 13 (dernier reste non nul).

$\mathbf{\frac{325}{273} = \frac{325 : 13}{273 : 13} = \frac{25}{21}}$ (irréductible).

> Le diviseur et le reste de l'étape précédente deviennent le dividende et le diviseur de l'étape suivante.

• Pour $\frac{252}{1\,176}$ on peut calculer PGCD(1 176 ; 252) avec l'algorithme d'Euclide.

$1\,176 = 252 \times 4 + 168$ et $0 \leqslant 168 < 252$ ;
$252 = 168 \times 1 + 84$ et $0 \leqslant 84 < 168$.
$168 = 84 \times 2 + 0$ et $0 \leqslant 0 < 84$ ;
PGCD(252 ; 1 176) = 84 (dernier reste non nul).

$\mathbf{\frac{252}{1176} = \frac{252 : 84}{1176 : 84} = \frac{3}{14}}$ (irréductible).

> Lorsqu'on divise $a$ et $b$ par PGCD($a$ ; $b$), on obtient une fraction irréductible égale à $\frac{a}{b}$.

**8** 1° $\mathbf{M_{16} = \{0 ; 16 ; 32 ; 48 ; 64 ; 80 \ldots\}}$
et $\mathbf{M_{24} = \{0 ; 24 ; 48 ; 72 ; 96 ; 120 \ldots\}}$.

2° **PPCM(16 ; 24) = 48**.

Pour comparer $\frac{7}{16}$ et $\frac{13}{24}$ on les écrit avec le plus petit dénominateur commun (48).

$\frac{7}{16} = \frac{7 \times 3}{16 \times 3} = \frac{21}{48}$ ; $\frac{13}{24} = \frac{13 \times 2}{24 \times 2} = \frac{26}{48}$.

On a : $\frac{21}{48} < \frac{26}{48}$, d'où : $\mathbf{\frac{7}{16} < \frac{13}{24}}$.

> 384, qui est le produit de 16 par 24, est aussi un multiple commun à 16 et 24, mais ce n'est pas le plus petit (non nul).

corrigés

**9** 1° **$13 \times 7 + 8 = 99$** car $13 \times 7 = 91$ et $91 + 8 = 99$.

2° **La division euclidienne de 99 par 13 a pour reste 8** car $99 = 13 \times 7 + 8$ et $0 \leqslant 8 < 13$.
**La division euclidienne de 99 par 7 a pour reste 1** car $99 = 7 \times 14 + 1$ et $0 \leqslant 1 < 7$.

> On a $99 = 13 \times 7 + 8$, mais 8 n'est pas le reste de la division euclidienne de 99 par 7 car $8 > 7$.

**10** 1° **$60 = 2 \times 30$** (2 et 30 sont des diviseurs de 60) ;
**$60 = 3 \times 20$** (3 et 20 sont deux diviseurs de 60) ;
**$60 = 4 \times 15$** (4 et 15 sont deux diviseurs de 60) ;
**$60 = 5 \times 12$** (5 et 12 sont deux diviseurs de 60) ;
**$60 = 6 \times 10$** (6 et 10 sont deux diviseurs de 60).

> 60 admet un grand nombre de diviseurs. Une heure, c'est-à-dire 60 min est divisible par 2 (demi-heure), par 3 (tiers d'heure), par 4 (quart d'heure), par 5, par 6 …

2° Après 6, il reste à vérifier que 7, 8 et 9 ne sont pas des diviseurs de 60.
D'où : **$D_{60} = \{1 ; 2 ; 3 ; 4 ; 5 ; 6 ; 10 ; 12 ; 15 ; 20 ; 30 ; 60\}$**.

**11** Puisqu'il ne reste pas d'œufs, le nombre d'œufs est un multiple de 12 compris entre 450 et 460. On effectue la division euclidienne de 450 par 12.
$450 = 12 \times 37 + 6$ et $0 \leqslant 6 < 12$ ; 450 n'est pas un multiple de 12.
Avec 6 œufs de plus, le quotient augmente de 1 et le reste devient 0 ; $456 = 12 \times 38 + 0$ ; le multiple de 12 suivant est 468 car $456 + 12 = 468$ et $468 = 12 \times 39$.
Le seul multiple de 12 compris entre 450 et 460 est $12 \times 38$, c'est-à-dire 456.
**Il y avait 456 œufs et on a rempli 38 boîtes.**

**12** Dire que $a$ est un diviseur de $b$, c'est dire qu'il existe un entier naturel $k$ tel que $b = k \times a$ ; dire que $b$ est un diviseur de $c$, c'est dire qu'il existe un entier naturel $k'$ tel que $c = k' \times b$.
Par suite, $c = k' \times (k \times a) = (k' \times k) \times a$, c'est-à-dire ***a* est un diviseur de *c***.

**13** 2 est premier ; 3 est premier ; **$4 = 2^2$** ; 5 est premier ; **$6 = 2 \times 3$** ; 7 est premier ; **$8 = 2^3$** ; **$9 = 3^2$** ; **$10 = 2 \times 5$** ; 11 est premier.

**14** 1° **$12 = 2^2 \times 3$** car $2^2 = 4$ et $4 \times 3 = 12$ ; **$18 = 2 \times 3^2$** car $3^2 = 9$ et $2 \times 9 = 18$.

2° $12 \times 18 = 2^2 \times 3 \times 2 \times 3^2$ ; **$12 \times 18 = 2^3 \times 3^3$** soit **$216 = 2^3 \times 3^3$**.

**15** 1° **$6 = 2 \times 3$** ; **$10 = 2 \times 5$** par suite $60 = 6 \times 10 = 2 \times 3 \times 2 \times 5$ ; **$60 = 2^2 \times 3 \times 5$**.

2° $420 = 60 \times 7$ ; par suite : **$420 = 2^2 \times 3 \times 5 \times 7$**.

**16** 1° **$D_{12} = \{1 ; 2 ; 3 ; 4 ; 6 ; 12\}$** ;
**$D_{15} = \{1 ; 3 ; 5 ; 15\}$** ; **$D_{18} = \{1 ; 2 ; 3 ; 6 ; 9 ; 18\}$**.

2° **PGCD(12 ; 15) = 3** ;
**PGCD(15 ; 18) = 3 ; PGCD(12 ; 18) = 6.**

> Les diviseurs vont deux par deux.
> $12 = 1 \times 12$ ; $12 = 2 \times 6$ ; $12 = 3 \times 4$.
> $15 = 1 \times 15$ ; $15 = 3 \times 5$.
> $18 = 1 \times 18$ ; $18 = 2 \times 9$ ; $18 = 3 \times 6$.

**17** 1° $\mathbf{D_8 = \{1 ; 2 ; 4 ; 8\}}$ car $8 = 1 \times 8 = 2 \times 4$.

2° $50 - 42 = 8$ ; un diviseur commun à 50 et à 42 est un diviseur de 8 ; 4 et 8 ne divisent pas 50 (ni 42), donc **PGCD(50 ; 42) = 2**.

**18** 1° **On doit effectuer la division euclidienne de 90 par 36** (reste de la division euclidienne de 306 et 90) ; $90 = 36 \times 2 + 18$ et $0 \leqslant 18 < 36$.
On a : PGCD(306 ; 90) = PGCD(90 ; 36).

2° On effectue la division euclidienne de 36 par 18 ; $36 = 18 \times 2 + 0$.
18 est le dernier reste non nul ; **PGCD(306 ; 90) = 18**.

**19** **PGCD(*a* ; *b*) = 200** car $2^3 \times 5^2 = 8 \times 25 = 200$.
*Remarque* : on a : $a = 9\,000$ et $b = 2\,800$ ; PGCD(9 000 ; 2 800) = 200.

**20** 1° 495 est visiblement divisible par 5 ; $495 = 5 \times 99$ ; 99 est visiblement divisible par 9 (c'est-à-dire $3^2$) ; $99 = 9 \times 11$ ; 11 est premier.
D'où : $\mathbf{b = 3^2 \times 5 \times 11}$.

2° $a = 3^3 \times 5^2 \times 7 \times 11^2$ et $b = 3^2 \times 5 \times 11$ ;
PGCD($a$ ; $b$) $= 3^2 \times 5 \times 11$ ;
**PGCD(*a* ; *b*) = 495**.

Dans ce cas, PGCD($a$ ; $b$) = $b$.
On a : $a = (3^2 \times 5 \times 11) \times (3 \times 5 \times 7 \times 11)$ ;
$a = b \times 1\,155$ ; $a$ est un multiple de $b$.

**21** 1° **420 et 385 ne sont pas premiers entre eux** car tous deux sont divisibles par 5.

2° **96 et 351 ne sont pas premiers entre eux** car tous deux sont divisibles par 3 (on a : $9 + 6 = 15$ et $3 + 5 + 1 = 9$.)

On peut aussi calculer le PGCD :
PGCD(420 ; 385) = 5
PGCD(96 ; 351) = 3.

3° **197 et 38 sont premiers entre eux** car on a :
$197 = 38 \times 5 + 7$ et $0 \leqslant 7 < 38$ ;
$38 = 7 \times 5 + 3$ et $0 \leqslant 3 < 7$ ;
$7 = 3 \times 2 + 1$ et $0 \leqslant 1 < 3$ ; $3 = 1 \times 3 + 0$ et $0 \leqslant 0 < 3$.
PGCD(197 ; 38) = 1 (dernier reste non nul).

On peut aussi remarquer que $38 = 2 \times 19$ (produit de facteurs premiers) et 197 n'est divisible ni par 2 ni par 19.

**22** 1° **Vrai** Si $a$ et $b$ sont premiers ($a \neq b$) on a $D_a = \{1 ; a\}$ et $D_b = \{1 ; b\}$ ; on en déduit PGCD($a$ ; $b$) = 1, c'est-à-dire $a$ et $b$ sont premiers entre eux.

2° **Vrai** Si $a$ est premier on a $D_a = \{1 ; a\}$ ; si $b$ n'est pas un multiple de $a$, alors $a$ n'est pas un diviseur de $b$ et le seul diviseur commun est 1 ; PGCD($a$ ; $b$) = 1 ; $a$ et $b$ sont donc premiers entre eux.

3° **Faux** Un contre exemple suffit.
15 et 16 sont premiers entre eux car PGCD(15 ; 16) = 1, mais aucun des deux n'est premier car $D_{15} = \{1 ; 3 ; 5 ; 15\}$ et $D_{16} = \{1 ; 2 ; 4 ; 8 ; 16\}$.

corrigés

**23** 1° $\frac{27}{36} = \mathbf{\frac{3}{4}}$ (on a simplifié par 9 et PGCD(3 ; 4) = 1).

2° $\frac{56}{40} = \mathbf{\frac{7}{5}}$ (on a simplifié par 8 et PGCD(7 ; 5) = 1).

3° $\frac{49}{63} = \mathbf{\frac{7}{9}}$ (on a simplifié par 7 et PGCD(7 ; 9) = 1).

Dans les trois cas, la connaissance des tables de multiplication (par 9, par 8 et par 7) suffit pour effectuer les simplifications.

**24** $\frac{478}{479}$ est irréductible car 479 – 478 = 1 et PGCD(478 ; 479) = 1.
$\frac{479}{477}$ est irréductible car 479 – 477 = 2 et 2 n'est pas un diviseur de 479 et de 477.

$\frac{478}{476}$ est visiblement simplifiable par 2.

**25** $\frac{a}{b} = \frac{2^2 \times 3^3 \times 5}{2^3 \times 3^2 \times 7} = \frac{2^2 \times 3^2 \times 3 \times 5}{2^2 \times 2 \times 3^2 \times 7}$ ; on peut simplifier par $2^2$ et par $3^2$.

$\frac{a}{b} = \frac{3 \times 5}{2 \times 7}$ ; $\boldsymbol{\frac{a}{b} = \frac{15}{14}}$ (irréductible).

**26** 1° **PGCD(924 ; 780) = 12** car
924 = 780 × 1 + 144 et 0 ⩽ 144 < 780 ;
780 = 144 × 5 + 60 et 0 ⩽ 60 < 144 ;
144 = 60 × 2 + 24 et 0 ⩽ 24 < 60 ;
60 = 24 × 2 + **12** et 0 ⩽ 12 < 24 ;
24 = 12 × 2 + **0** et 0 ⩽ 0 < 12 ; PGCD(924 ; 780) = 12 (dernier reste non nul).

2° $\frac{9\,240}{7\,800} = \frac{924}{780}$ (simplification par 10) ;

$\frac{924}{780} = \frac{924 : 12}{780 : 12} = \frac{77}{65}$ ;

$\mathbf{\frac{9\,240}{7\,800} = \frac{77}{65}}$.

$\frac{77}{65}$ est irréductible puisqu'on a divisé le numérateur et le dénominateur par PGCD(924 ; 780).

**27** 1° $M_{12}$ = {0 ; 12 ; 24 ; 36 ; 48 ; **60** ; 72 ; 84 ; 96 …} ;
$M_{15}$ = {0 ; 15 ; 30 ; 45 ; **60** ; 75 ; 90 …}.

2° **PPCM(12 ; 15) = 60**.

3° $\frac{25}{12} = \frac{25 \times 5}{12 \times 5} = \frac{125}{60}$ et $\frac{31}{15} = \frac{31 \times 4}{15 \times 4} = \frac{124}{60}$.

On a $\frac{124}{60} < \frac{125}{60}$ ; on en déduit : $\mathbf{\frac{31}{15} < \frac{25}{12}}$.

La calculatrice confirme ce résultat.
$\frac{25}{12} \approx 2{,}0833\ldots$ et $\frac{31}{15} \approx 2{,}0666\ldots$
$2{,}06 < \frac{31}{15} < 2{,}07 < 2{,}08 < \frac{25}{12} < 2{,}09$.

4° $\frac{25}{12}+\frac{31}{15}=\frac{125}{60}+\frac{124}{60}=\frac{249}{60}$.

$\frac{249}{60}$ est visiblement simplifiable par 3 car $2+4+9=15$ et $6+0=6$.

$\frac{249}{60}=\frac{83}{20}$ qui est irréductible car :
$83=20\times 4+3$ et $0\leqslant 3<20$ ; $20=3\times 6+2$ et $0\leqslant 2<3$ ;
$3=2\times 1+1$ et $0\leqslant 1<2$ ; $2=1\times 2+0$ et $0\leqslant 0<2$.
PGCD(83 ; 20) = 1 (dernier reste non nul).

$\mathbf{\frac{25}{12}+\frac{31}{15}=\frac{83}{20}}$.

La calculatrice confirme ce résultat.
$\frac{25}{12}+\frac{31}{15}=\frac{249}{60}$, puis $\frac{83}{20}$.

**28** 1° $60=2^2\times 3\times 5$ et $72=2^3\times 3^2$.
Par suite : **PGCD(60 ; 72) = $\mathbf{2^2\times 3}$** ;
**PGCD(60 ; 72) = 12**

2° PGCD(60 ; 72) × PPCM(60 ; 72) = 60 × 72.
**PPCM(60 ; 72) = 360** car :

$$\frac{60\times 72}{\text{PGCD}(60\,;72)}=\frac{60\times 72}{12}=\frac{60\times 6\times 12}{12}=60\times 6=360.$$

On peut aussi écrire le début de la liste des multiples de 60, puis de ceux 72.
0 – 60 – 120 – 180 – 240 – 300 – 360 …
0 – 72 – 144 – 216 – 288 – 360 …

3° $\mathbf{\frac{1}{60}-\frac{1}{72}=\frac{1}{360}}$ car $\frac{1}{60}-\frac{1}{72}=\frac{6}{360}-\frac{5}{360}=\frac{1}{360}$ (irréductible).

**29** 1° **PGCD(800 ; 650) = 50** car on a :
$800=650\times 1+150$ et $0\leqslant 150<650$ ; $650=150\times 4+50$ et $0\leqslant 50<150$ ;
$150=50\times 3+0$ et $0\leqslant 0<50$ ; 50 est le dernier reste non nul.

2° Les dimensions des dalles sont exprimées en centimètres ; avec cette unité, les dimensions du rectangle sont 800 et 650.
Pour qu'il n'y ait pas de découpe, le côté du carré doit être un entier diviseur de la longueur et de la largeur, c'est-à-dire de 800 et de 650.
PGCD(800 ; 650) = 50.
Les dalles de 50 cm sont les plus grandes parmi les dimensions disponibles.
Les dalles de 25 cm de côté conviendraient aussi.

3° **Avec des dalles de 50 cm de côté, il faut 208 dalles** car
800 : 50 = 16 ; 650 : 50 = 13 et 16 × 13 = 208.
**Avec des dalles de 25 cm de côté, il faut 832 dalles** car
800 : 25 = 32 ; 650 : 25 = 26 et 32 × 26 = 832.

**30** 1° PGCD(133 ; 114) = 19 car 133 – 114 = 19 (nombre premier). Tout diviseur commun de 133 et 114 doit être un diviseur de 19 (1 ou 19) ; 133 et 114 sont divisibles par 19 (133 = 19 × 7 et 114 = 19 × 6). $\mathbf{\frac{133}{114}}$ **n'est pas une fraction irréductible**.

corrigés

**2°** On a $\frac{3\,990}{3\,420} = \frac{133}{114} = \frac{7}{6}$ (après simplification par 19).

On a : 3 990 : 7 = 570 et 3 420 : 6 = 570.

$\frac{3\,990}{3\,420}$ a été simplifiée par 570 et on a obtenu une fraction irréductible : $\frac{7}{6}$.

Par suite, **PGCD(3 990 ; 3 420) = 570**.

**31** **1°** $\boldsymbol{\frac{a}{b} = \frac{9\,450}{12\,600}}$ car $\frac{21 \times 9 \times 5 \times 10}{28 \times 9 \times 5 \times 10} = \frac{9\,450}{12\,600}$.

**2°** 21 = 7 × 3 et 28 = 7 × 4 ; 21 et 28 sont deux multiples de 7 ; PGCD(21 ; 28) = 7 ; la fraction $\frac{21}{28}$ est simplifiable par 7 ; $\frac{21}{28} = \frac{3}{4}$.

$\boldsymbol{\frac{21}{28}}$ **n'est pas l'écriture irréductible de** $\boldsymbol{\frac{a}{b}}$.

**3°** On a : $\frac{9\,450}{12\,600} = \frac{21}{28} = \frac{3}{4}$ (fraction irréductible) ; on a simplifié successivement par 10, par 5, par 9 et par 7, c'est-à-dire par 10 × 5 × 9 × 7 = 3 150.

D'où : **PGCD(*a* ; *b*) = 3 150**.

> Autre solution de la question 3.
> On a : $\frac{9\,450}{12\,600} = \frac{21}{28} = \frac{3}{4}$.
> 9 450 : 3 = 3 150 ; 12 600 : 4 = 3 150 ;
> PGCD(9 450 ; 12 600) = 3 150.

**32** **1°** **PGCD(*a* ; *b*) = $\boldsymbol{2^2 \times 5^2}$ = 100**.

**2°** $a^2 = (2^3 \times 3^4 \times 5^2)^2 = 2^6 \times 3^8 \times 5^4$.

$b^2 = (2^2 \times 5^3 \times 7)^2 = 2^4 \times 5^6 \times 7^2$.

**3°** PGCD($a^2$ ; $b^2$) = $2^4 \times 5^4$ = 16 × 625 = 10 000 ;

[PGCD($a$ ; $b$)]$^2$ = 100$^2$ = 10 000.

Par suite : **PGCD($\boldsymbol{a^2}$ ; $\boldsymbol{b^2}$) = [PGCD(*a* ; *b*)]$\boldsymbol{^2}$**.

> Quels que soient les entiers *a* et *b*, on a :
> PGCD($a^2$ ; $b^2$) = [PGCD($a$ ; $b$)]$^2$.

# Calcul littéral – Réduire Développer – Factoriser

# 3

# LE COURS

## Expression algébrique

**• Valeur numérique d'une expression algébrique**

Dans une **expression algébrique**, certains nombres peuvent être représentés par des lettres (on dit aussi que l'on a une **expression littérale**).

Par exemple, $3x + 7$ ; $x^2 - 5x + 8$ et $(3x + 3)(2x - 1)$ sont des expressions algébriques dans lesquelles la lettre $x$ est la **variable**. Si on remplace la variable par un nombre, on obtient une **valeur numérique de l'expression algébrique**.

Avec $x = 10$, $3x + 7$ prend la valeur 37 ; $x^2 - 5x + 8$ prend la valeur 58 et $(3x + 3)(2x - 1)$ prend la valeur 627.

**• Réduction d'une somme algébrique**

Soit $S = 2x^2 - 4x + 5 + 3x - 2$.

On peut transformer cette suite d'additions et de soustractions en une suite d'additions : $S = 2x^2 + (-4x) + 5 + 3x + (-2)$ car on sait que « *pour soustraire un nombre, on ajoute son opposé* ».

$S$ est alors une **somme algébrique** de cinq termes : $+ 2x^2$ ; $- 4x$ ; $+ 5$ ; $+ 3x$ et $- 2$.

L'ordre des termes peut être modifié et on peut regrouper les termes semblables ce qui permet de **réduire la somme algébrique**.

$S = 2x^2 - 4x + 3x + 5 - 2$ ; $S = 2x^2 - x + 3$ (la somme algébrique de cinq termes a été réduite à une somme algébrique de trois termes : $2x^2$ ; $- x$ et $+ 3$).

**• Addition de deux sommes algébriques**

$A = 2x^2 - x + 7$ et $B = - 5x^2 + 4x$ sont deux sommes algébriques réduites.

En juxtaposant les trois termes de la première et les deux termes de la seconde on obtient la somme $A + B$.

$A + B = 2x^2 - x + 7 - 5x^2 + 4x$, soit, après réduction, $A + B = - 3x^2 + 3x + 7$.

**• Soustraction de deux sommes algébriques**

Pour retrancher une somme algébrique, on ajoute son opposé.

L'opposé de $B$, que l'on note $- B$, est obtenu en remplaçant chaque terme de $B$ par son opposé : $- B = 5x^2 - 4x$.

$A - B = A + (- B) = 2x^2 - x + 7 + 5x^2 - 4x$, soit, après réduction, $A - B = 7x^2 - 5x + 7$.

- **Multiplication de deux sommes algébriques**

Pour multiplier deux sommes algébriques :
- on multiplie tous les termes de l'une par chaque terme de l'autre en appliquant la règle des signes,
- on réduit éventuellement la somme algébrique obtenue.

$(3x + 7)(-x + 2) = -3x^2 - 7x + 6x + 14$
$= -3x^2 - x + 14$ après réduction.

Règle des signes

$(+a) \times (+b) = +ab$
$(-a) \times (-b) = +ab$
$(+a) \times (-b) = -ab$
$(-a) \times (+b) = -ab$

## Identités remarquables

- Quels que soient $A$ et $B$, on a :

$(A + B)(A - B) = A^2 - B^2$
$(A + B)^2 = A^2 + B^2 + 2AB$
$(A - B)^2 = A^2 + B^2 - 2AB$

- Lues de gauche à droite, ces identités remarquables permettent de développer. **Développer**, c'est remplacer un produit par une somme égale pour toute valeur attribuée aux lettres.

$(2x + 7)(2x - 7) = 4x^2 - 49$.
$(3x + 4)^2 = 9x^2 + 24x + 16$.
$(5x - 3)^2 = 25x^2 - 30x + 9$.

- Lues de droite à gauche, ces identités remarquables permettent de factoriser. **Factoriser**, c'est remplacer une somme par un produit égal pour toute valeur attribuée aux lettres.

$4x^2 - 81 = (2x + 9)(2x - 9)$.
$25x^2 + 40x + 16 = (5x + 4)^2$.
$49x^2 - 140x + 100 = (7x - 10)^2$.

- Il est toujours bon de **tester le résultat** d'un développement ou d'une factorisation en remplaçant la variable (ou les variables) par quelques valeurs numériques.

- Testons l'identité $(5x - 7)(5x + 7) = 25x^2 - 49$ avec $x = 10$ (par exemple).

– Premier membre : $(5 \times 10 - 7)(5 \times 10 + 7) = 43 \times 57 = 2\,451$.
– Second membre : $25 \times 10^2 - 49 = 2\,500 - 49 = 2\,451$.
Si les valeurs numériques obtenues sont différentes, il faut revoir les calculs.

- Testons l'identité $25x^2 - 70x + 49 = (5x - 7)^2$ avec $x = 10$ (par exemple).

– Premier membre : $25 \times 10^2 - 70 \times 10 + 49 = 2\,500 - 700 + 49 = 1\,849$.
– Second membre : $(5 \times 10 - 7)^2 = 43^2 = 1\,849$.
Si les valeurs numériques obtenues sont différentes, il faut revoir les calculs.

# EXERCICES

## Tester ses connaissances

**1** (corrigé p. 42)

On appelle $S$ la somme algébrique $-3x^2 + 5x - 2$.
Calculer la valeur numérique de $S$ pour $x = 5$, puis pour $x = -5$.

**2** (corrigé p. 42)

Soient $S$ et $S'$ deux sommes algébriques telles que $S = 5x - 7$ et $S' = -2x + 9$.

1° Calculer $S + S'$.

2° Quels sont les termes de $-S'$ ? Calculer $S - S'$.

3° Quels sont les termes de $-S$ ? Calculer $S' - S$.

**3** (corrigé p. 42)

1° Développer $A$ et $B$ tels que $A = 3x(x - 1)$ et $B = -5x(x + 3)$.

2° Calculer $A + B$ et $A - B$.

**4** (corrigé p. 42)

1° Développer $(-4x + 3)(x^2 - 7)$.

2° Tester le résultat en remplaçant $x$ par 10.

**5** (corrigé p. 42)

1° Développer $(x + 12)(x - 12)$.

2° Développer $(x + 12)^2$.

3° Développer $(x - 12)^2$.

**6** (corrigé p. 42)

Factoriser $7x - 49$ ; $x^2 + 5x$ ; $3(x + 1) + x(x + 1)$.

**7** (corrigé p. 42)

1° Factoriser $16x^2 - 9$, puis tester le résultat en remplaçant $x$ par 2.

2° Factoriser $16x^2 + 24x + 9$, puis tester le résultat en remplaçant $x$ par 2.

3° Factoriser $16x^2 - 24x + 9$, puis tester le résultat en remplaçant $x$ par 2

**8** (corrigé p. 43)

Cocher la bonne réponse : ❒ $(\sqrt{5} + 1)(\sqrt{5} - 1) = 24$ ❒ $(\sqrt{5} + 1)(\sqrt{5} - 1) = 4$
Cocher la bonne réponse : ❒ $(\sqrt{5} + 1)^2 = 6 + 2\sqrt{5}$ ❒ $(\sqrt{5} + 1)^2 = 6$

exercices

## S'entraîner

### Expression algébrique

**9** ★ 5 min (corrigé p. 43)

Calculer la valeur numérique de $x^2 + 8x - 9$ pour $x = 0$, pour $x = 1$ et pour $x = 2$.

**10** ★ 5 min (corrigé p. 43)

Lorsqu'on remplace $x$ par 10, les expressions algébriques $2x^2 - 5x + 6$ et $3x^2 - 14x - 4$ ont la même valeur numérique.

❒ Vrai ❒ Faux

**11** ★ 10 min (corrigé p. 43)

Réduire la somme algébrique $4x^2 - 5x + 3x^2 + 2x - 9$, puis calculer sa valeur numérique lorsqu'on remplace $x$ par $-5$.

**12** ★ 10 min (corrigé p. 43)

Soient $A = x^2 - 5x$ et $B = 2x + 8$ deux sommes algébriques.

1° Calculer $A + B$.

2° Calculer $A - B$.

3° Calculer $A \times B$.

**13** ★ 10 min (corrigé p. 43)

Soit $E = x(4x - 1)$ et $F = 3x(7 - x)$.

1° Développer $E$ et $F$.

2° Calculer $E + F$.

3° Calculer $E - F$.

**14** ★★ 10 min (corrigé p. 43)

1° Vérifier que $(x + 4)(3x - 7) = 3x^2 + 5x - 28$.

2° Développer $(x + 4)(3x - 7)(2x - 1)$.

**15** ★★★ 10 min (corrigé p. 44)

Soit $G = 6x^2 - 9x$ et $H = 4x - 6$.

1° Factoriser $G$ et $H$.

2° Factoriser $(6x^2 - 9x) + (4x - 6)$.

## Identités remarquables - Développer

**16** ★ 5 min (corrigé p. 44)

Développer : $(3x + 2)(3x - 2)$ ; $(0{,}5x - 1{,}5)(0{,}5x + 1{,}5)$ ; $\left(\frac{1}{2}x + \frac{1}{3}\right)\left(\frac{1}{2}x - \frac{1}{3}\right)$.

**17** ★★ 10 min (corrigé p. 44)

1° Développer : $\left(\frac{3}{4}x + \frac{4}{3}\right)\left(\frac{3}{4}x - \frac{4}{3}\right)$ ; $\left(\frac{7}{8}x + \frac{5}{7}\right)\left(\frac{7}{8}x - \frac{5}{7}\right)$.

2° Développer : $(x + \sqrt{2})(x - \sqrt{2})$ ; $(x^2 + 7)(x^2 - 7)$.

**18** ★ 5 min (corrigé p. 44)

Développer, puis tester avec $x = 10$ :
$(7x + 5)^2$ ; $(7x - 5)^2$ ; $(7x + 5)(7x - 5)$.

**19** ★★ 10 min (corrigé p. 44)

1° Développer : $(9x + 5)^2$ ; $(2{,}5x + 0{,}4)^2$ ; $\left(\frac{2}{7}x + \frac{5}{3}\right)^2$ ; $(x + \sqrt{5})^2$.

2° Développer : $(5x - 7)^2$ ; $(1{,}5x - 0{,}2)^2$ ; $\left(\frac{7}{8}x - \frac{3}{5}\right)^2$ ; $(x - \sqrt{7})^2$.

**20** ★★ 5 min (corrigé p. 44)

1° Développer et réduire : $(3x - 1)^2 - (5x + 3)(x - 4)$.

2° Tester le résultat en remplaçant $x$ par 10.

**21** ★★ 10 min (corrigé p. 44)

On considère le programme de calcul suivant :

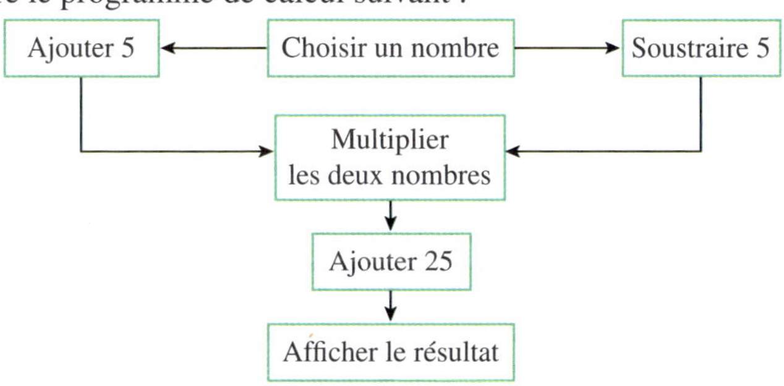


1° Quel nombre obtient-on si on choisit au départ le nombre 10 ?

2° Quel nombre obtient-on si on choisit au départ le nombre $a$ ?

3° Léo affirme qu'il y a deux nombres qui donnent un résultat affiché égale à 144. Est-ce vrai ?

## Identités remarquables – Factoriser

**22** ★ 5 min (corrigé p. 45)

Factoriser $x^2 - 9$ ; $9x^2 - 1$ ; $16x^2 - 25$.
Tester les résultats en remplaçant $x$ par 10.

**23** ★★ 5 min (corrigé p. 45)

Factoriser : $x^2 - \frac{1}{4}$ ; $\frac{25}{16}x^2 - 1$ et $0{,}16x^2 - 0{,}49$.

**24** ★★ 10 min (corrigé p. 45)

1° Factoriser $(x + 4)^2 - 25$, puis tester le résultat avec $x = 10$.

2° Factoriser $(3x - 1)^2 - (2x + 5)^2$, puis tester le résultat avec $x = 10$.

**25** ★★ 5 min (corrigé p. 45)

Factoriser : $x^2 + 4x + 4$ et $4x^2 + 20x + 25$.

**26** ★★ 5 min (corrigé p. 45)

Factoriser : $4x^2 - 4x + 1$ et $9x^2 - 12x + 4$.

**27** ★★★ 15 min (corrigé p. 45)

Soit $S = (2x + 9)^2 - (5x - 2)^2$.

1° Développer $(2x + 9)^2$ et $(5x - 2)^2$, puis réduire $S$.

2° Factoriser $(2x + 9)^2 - (5x - 2)^2$.

3° Calculer la valeur numérique de $S$ pour $x = 0$, pour $x = 1$ et pour $x = \sqrt{2}$.

**28** ★★★ 15 min (corrigé p. 46)

Soit $S = (2x - 3)^2 - 25$.

1° Développer et réduire $S$.

2° Factoriser $(2x - 3)^2 - 25$.

3° Résoudre chacune des équations $2x + 2 = 0$ et $2x - 8 = 0$.
Vérifier que les solutions trouvées sont toutes deux des solutions de l'équation $4x^2 - 12x - 16 = 0$.

# SUJETS DU BREVET

## 29 ★★★ 15 min (corrigé p. 46)

On propose les deux programmes de calcul suivants.

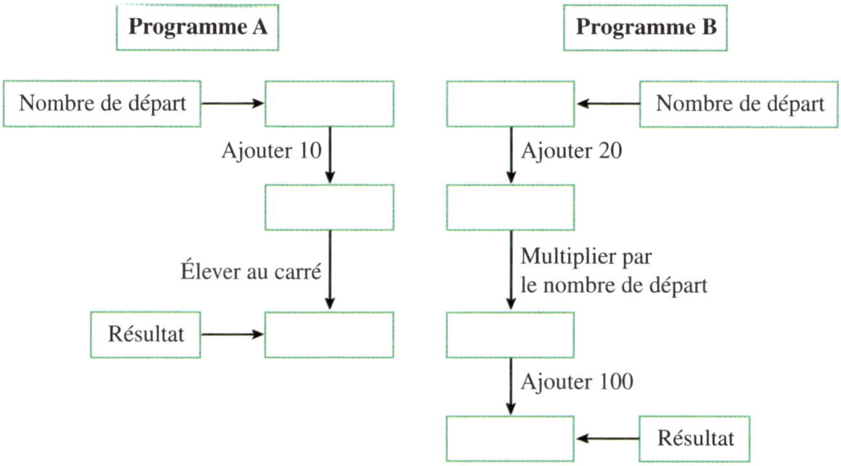


**1°** Montrer que si on choisit 5 comme nombre de départ, les deux programmes donnent le même résultat.

**2°** Avec le programme A, quel nombre faut-il choisir au départ pour que le résultat obtenu soit 0 ? Ce nombre donne-t-il aussi 0 avec le programme B ?

**3°** Le professeur affirme que ces deux programmes donnent toujours le même résultat, quel que soit le nombre choisi au départ. A-t-il raison ?

## 30 ★★★ 15 min (corrigé p. 46)

On a ouvert une feuille de calcul d'un tableur et effectué une première ligne de calcul.

| | **A** | **B** | **C** | **D** | **E** |
|---|---|---|---|---|---|
| **1** | $n$ | $A = 2n + 1$ | $B = 2n + 3$ | $A \times B$ | $A \times B + 1$ |
| **2** | 1 | 3 | 5 | 15 | 16 |
| **3** | 2 | | | | |
| **4** | 3 | | | | |

**1°** Quelle formule a été saisie dans chacune des cellules B2, C2, D2 et E2 ?
En étendant la formule saisie en B2, quels nombres trouvera-t-on dans les cellules B3 et B4 ?

**2°** Compléter ce tableau, avec ou sans tableur.

**3°** Expliquer pourquoi les nombres obtenus dans la colonne E sont tous des multiples de 4.

sujets du Brevet

# CORRIGÉS

**1** Pour $x = 5$, on a : $-3 \times 5^2 + 5 \times 5 - 2 = -75 + 25 - 2 = \mathbf{-52}$.
Pour $x = -5$, on a : $-3 \times (-5)^2 + 5 \times (-5) - 2 = -75 - 25 - 2 = \mathbf{-102}$.

**2** 1° $S + S' = 5x - 7 - 2x + 9$, soit après réduction : $\mathbf{S + S' = 3x + 2}$.

2° **$-S'$ est la somme de $+2x$ et $-9$.**
$S - S' = 5x - 7 + 2x - 9$, soit après réduction : $\mathbf{S - S' = 7x - 16}$.

Soustraire c'est ajouter l'opposé.

3° **$-S$ est la somme de $-5x$ et $+7$.**
$S' - S = -2x + 9 - 5x + 7$, soit après réduction : $\mathbf{S' - S = -7x + 16}$.

**3** 1° $A = 3x(x - 1) = \mathbf{3x^2 - 3x}$ ;
$B = -5x(x + 3) = \mathbf{-5x^2 - 15x}$.

On utilise la propriété de distributivité : $A(B - C) = AB - AC$ et $A(B + C) = AB + AC$.

2° $A + B = 3x^2 - 3x - 5x^2 - 15x$,
soit après réduction $\mathbf{A + B = -2x^2 - 18x}$.
$A - B = 3x^2 - 3x + 5x^2 + 15x$, soit après réduction $\mathbf{A - B = 8x^2 + 12x}$.

**4** 1° $(-4x + 3)(x^2 - 7) = \mathbf{-4x^3 + 3x^2 + 28x - 21}$.

2° Premier membre : $-37 \times 93 = \mathbf{-3\,441}$.
Second membre : $-4\,000 + 300 + 280 - 21 = \mathbf{-3\,441}$.

Si les résultats sont différents, il faut reprendre les calculs.

**5** 1° $(x + 12)(x - 12) = x^2 - 12^2 = \mathbf{x^2 - 144}$.

2° $(x + 12)^2 = x^2 + 2 \times x \times 12 + 12^2 = \mathbf{x^2 + 24x + 144}$.

3° $(x - 12)^2 = x^2 - 2 \times x \times 12 + 12^2 = \mathbf{x^2 - 24x + 144}$.

**6** $7x - 49 = 7 \times x - 7 \times 7 = 7(x - 7)$ ;
$x^2 + 5x = x \times x + 5 \times x = x(x + 5)$ ;
$3(x + 1) + x(x + 1) = (x + 1)(3 + x)$.

On met en évidence le facteur commun et on utilise la propriété de distributivité : $AB - AC = A(B - C)$ et $AB + AC = A(B + C)$

**7** 1° On reconnaît une différence de deux carrés : $16x^2 - 9 = (4x)^2 - 3^2$.
On sait que $A^2 - B^2 = (A + B)(A - B)$ ; d'où : $\mathbf{16x^2 - 9 = (4x + 3)(4x - 3)}$.
Avec $x = 2$ : premier membre : $16 \times 4 - 9 = \mathbf{55}$ ; second membre : $11 \times 5 = \mathbf{55}$.

2° Pour $16x^2 + 24x + 9$, on pense à l'identité de la forme $A^2 + 2AB + B^2 = (A + B)^2$.
On voit que $16x^2$ est le carré de $4x$ et 9 celui de 3 ; on vérifie que le double produit est bien $24x$ ($2 \times 4x \times 3 = 24x$). D'où : $\mathbf{16x^2 + 24x + 9 = (4x + 3)^2}$.
Avec $x = 2$ : premier membre : $16 \times 4 + 24 \times 2 + 9 = \mathbf{121}$ ; second membre : $11^2 = \mathbf{121}$.

3° Pour $16x^2 - 24x + 9$, on pense à l'identité de la forme $A^2 - 2AB + B^2 = (A - B)^2$ ; avec $A^2 = (4x)^2$ et $B^2 = 3^2$ ; d'où $A = 4x$ et $B = 3$ ; on vérifie que le double produit est bien $24x$ ($2 \times 4x \times 3 = 24x$). D'où : $\mathbf{16x^2 - 24x + 9 = (4x - 3)^2}$.
Avec $x = 2$ : premier membre : $16 \times 4 - 24 \times 2 + 9 = \mathbf{25}$ ; second membre : $5^2 = \mathbf{25}$.

**8** $(\sqrt{5}+1)(\sqrt{5}-1) = (\sqrt{5})^2 - 1^2 = 5 - 1 = \mathbf{4}$.
$(\sqrt{5}+1)^2 = (\sqrt{5})^2 + 2 \times \sqrt{5} \times 1 + 1^2 = 5 + 2\sqrt{5} + 1 = \mathbf{6 + 2\sqrt{5}}$.

**9** Pour $x = 0$, on a : $0^2 + 8 \times 0 - 9 = \mathbf{-9}$.
Pour $x = 1$, on a : $1^2 + 8 \times 1 - 9 = \mathbf{0}$.
Pour $x = 2$, on a : $2^2 + 8 \times 2 - 9 = \mathbf{11}$.

**10** **Vrai**
Avec $x = 10$, $2x^2 - 5x + 6$ a pour valeur numérique **156** car $2 \times 10^2 - 5 \times 10 + 6 = 156$.
Avec $x = 10$, $3x^2 - 14x - 4$ a pour valeur numérique **156** car $3 \times 10^2 - 14 \times 10 - 4 = 156$.

> 10 est solution de l'équation : $2x^2 - 5x + 6 = 3x^2 - 14x - 4$.

**11** $4x^2 - 5x + 3x^2 + 2x - 9$ est la somme de cinq termes : $+4x^2$ ; $-5x$ ; $+3x^2$ ; $+2x$ et $-9$ ;
On peut changer l'ordre des termes pour regrouper les termes semblables ;
$4x^2 - 5x + 3x^2 + 2x - 9 = 4x^2 + 3x^2 - 5x + 2x - 9 = \mathbf{7x^2 - 3x - 9}$.
Si on remplace $x$ par $-5$ dans la somme initiale on a :
$4 \times (-5)^2 - 5 \times (-5) + 3 \times (-5)^2 + 2 \times (-5) - 9 = 100 + 25 + 75 - 10 - 9 = \mathbf{181}$.
Si on remplace $x$ par $-5$ dans la somme réduite on a :
$7 \times (-5)^2 - 3 \times (-5) - 9 = 175 + 15 - 9 = \mathbf{181}$.

> Réduire ne change pas la valeur numérique, pour toute valeur attribuée à $x$.

**12** On a : $A = x^2 - 5x$ et $B = 2x + 8$.

1° $A + B = x^2 - 5x + 2x + 8$, soit après réduction : $\mathbf{A + B = x^2 - 3x + 8}$.

2° $A - B = A + (-B) = x^2 - 5x - 2x - 8$, soit après réduction : $\mathbf{A - B = x^2 - 7x - 8}$.

3° $A \times B = (x^2 - 5x)(2x + 8) = 2x^3 - 10x^2 + 8x^2 - 40x$ ;
soit après réduction : $\mathbf{A \times B = 2x^3 - 2x^2 - 40x}$.

**13** 1° $\mathbf{E = 4x^2 - x}$ ; $\mathbf{F = 21x - 3x^2}$.

2° $E + F = 4x^2 - x + 21x - 3x^2$, soit après réduction :
$\mathbf{E + F = x^2 + 20x}$.

3° $E - F = E + (-F) = 4x^2 - x - 21x + 3x^2$,
soit après réduction : $\mathbf{E - F = 7x^2 - 22x}$.

> On peut tester les résultats, par exemple en remplaçant $x$ par 2.
> $E = 14$ et $F = 30$.
> $E + F = 4 + 40 = 44$.
> $E - F = 28 - 44 = -16$.

**14** 1° $(x + 4)(3x - 7) = 3x^2 + 12x - 7x - 28 = \mathbf{3x^2 + 5x - 28}$.

2° On a déjà effectué le produit des deux premiers facteurs.
$(x + 4)(3x - 7)(2x - 1) = (3x^2 + 5x - 28)(2x - 1)$.
On multiplie tous les termes de la première somme par chaque terme de la seconde (six termes avant réduction) :
$(3x^2 + 5x - 28)(2x - 1) = 6x^3 + 10x^2 - 56x - 3x^2 - 5x + 28$
$= \mathbf{6x^3 + 7x^2 - 61x + 28}$.

> On peut tester les résultats, par exemple en remplaçant $x$ par 10.
> Produit initial : $14 \times 23 \times 19 = 6\,118$.
> Somme réduite :
> $6\,000 + 700 - 610 + 28 = 6\,118$.

corrigés

**15** 1° $G = 6x^2 - 9x = \mathbf{3x(2x - 3)}$ ; $H = 4x - 6 = \mathbf{2(2x - 3)}$.

2° $(6x^2 - 9x) + (4x - 6) = 3x(2x - 3) + 2(2x - 3)$.
$\mathbf{(6x^2 - 9x) + (4x - 6) = (2x - 3)(3x + 2)}$.

La question 1 permet de mettre en évidence le facteur commun $(2x - 3)$.

**16** $(3x + 2)(3x - 2) = \mathbf{9x^2 - 4}$ ;
$(0,5x - 1,5)(0,5x + 1,5) = \mathbf{0,25x^2 - 2,25}$ ; $\left(\frac{1}{2}x + \frac{1}{3}\right)\left(\frac{1}{2}x - \frac{1}{3}\right) = \mathbf{\frac{1}{4}x^2 - \frac{1}{9}}$.

**17** 1° $\left(\frac{3}{4}x + \frac{4}{3}\right)\left(\frac{3}{4}x - \frac{4}{3}\right) = \mathbf{\frac{9}{16}x^2 - \frac{16}{9}}$ ; $\left(\frac{7}{8}x + \frac{5}{7}\right)\left(\frac{7}{8}x - \frac{5}{7}\right) = \mathbf{\frac{49}{64}x^2 - \frac{25}{49}}$.

2° $(x + \sqrt{2})(x - \sqrt{2}) = \mathbf{x^2 - 2}$ ; $(x^2 + 7)(x^2 - 7) = \mathbf{x^4 - 49}$.

$(\sqrt{a})^2 = a$ ; d'où : $(\sqrt{2})^2 = 2$
$(a^n)^m = a^{nm}$ ; d'où : $(a^2)^2 = a^4$.

**18** $(7x + 5)^2 = \mathbf{49x^2 + 70x + 25}$.
Avec $x = 10$ : premier membre : $75^2 = \mathbf{5\ 625}$ ;
second membre : $4\ 900 + 700 + 25 = \mathbf{5\ 625}$.
$(7x - 5)^2 = \mathbf{49x^2 - 70x + 25}$.
Avec $x = 10$ : premier membre : $65^2 = \mathbf{4\ 225}$ ;
second membre : $4\ 900 - 700 + 25 = \mathbf{4\ 225}$.
$(7x + 5)(7x - 5) = \mathbf{49x^2 - 25}$.
Avec $x = 10$ : premier membre : $75 \times 65 = \mathbf{4\ 875}$ ; second membre : $4\ 900 - 25 = \mathbf{4\ 875}$.

Si un test donne deux résultats différents, il faut refaire les calculs (y compris ceux du test).

**19** 1° $(9x + 5)^2 = \mathbf{81x^2 + 90x + 25}$ ;
$(2,5x + 0,4)^2 = \mathbf{6,25x^2 + 2x + 0,16}$ ;
$\left(\frac{2}{7}x + \frac{5}{3}\right)^2 = \mathbf{\frac{4}{49}x^2 + \frac{20}{21}x + \frac{25}{9}}$ ;
$(x + \sqrt{5})^2 = \mathbf{x^2 + 2\sqrt{5}x + 5}$.

$(ab)^2 = a^2 b^2$ ; d'où : $(9x)^2 = 9^2 x^2 = 81x^2$.
$\left(\frac{a}{b}\right)^2 = \frac{a^2}{b^2}$ ; d'où : $\left(\frac{2}{7}\right)^2 = \frac{2^2}{7^2} = \frac{4}{49}$.
$(\sqrt{a})^2 = a$ ; d'où : $(\sqrt{5})^2 = 5$.

2° $(5x - 7)^2 = \mathbf{25x^2 - 70x + 49}$ ; $(1,5x - 0,2)^2 = \mathbf{2,25x^2 - 0,6x + 0,04}$ ;
$\left(\frac{7}{8}x - \frac{3}{5}\right)^2 = \mathbf{\frac{49}{64}x^2 - \frac{21}{20}x + \frac{9}{25}}$ ; $(x - \sqrt{7})^2 = \mathbf{x^2 - 2\sqrt{7}x + 7}$.

**20** 1°
$$\begin{aligned}(3x - 1)^2 - (5x + 3)(x - 4) &= 9x^2 - 6x + 1 - [5x^2 + 3x - 20x - 12]\\ &= 9x^2 - 6x + 1 - 5x^2 - 3x + 20x + 12\\ &= \mathbf{4x^2 + 11x + 13}.\end{aligned}$$

2° En remplaçant $x$ par 10 on a : premier membre : $29^2 - 53 \times 6 = \mathbf{523}$ ;
second membre : $400 + 110 + 13 = \mathbf{523}$.

**21** 1° **On obtient 100** car $(10 + 5)(10 - 5) + 25 = 15 \times 5 + 25 = 100$.

2° Si le nombre choisi au départ est $a$, **le résultat affiché est $a^2$** car on a :
$(a + 5)(a - 5) + 25 = a^2 - 25 + 25 = a^2$.

3° Pour que le résultat obtenu soit 144, il faut avoir $a^2 = 144$.
$-12$ et $+12$ sont deux nombres opposés dont le carré est 144.
**Léo a raison ; le nombre choisi au départ peut être – 12 ou + 12.**

**22** • $x^2 - 9 = \mathbf{(x + 3)(x - 3)}$.
Avec $x = 10$, premier membre : $100 - 9 = \mathbf{91}$ ; second membre : $13 \times 7 = \mathbf{91}$.
• $9x^2 - 1 = \mathbf{(3x + 1)(3x - 1)}$.
Avec $x = 10$, premier membre : $900 - 1 = \mathbf{899}$ ; second membre : $31 \times 29 = \mathbf{899}$.
• $16x^2 - 25 = \mathbf{(4x + 5)(4x - 5)}$.
Avec $x = 10$, premier membre : $1\,600 - 25 = \mathbf{1\,575}$ ; second membre : $45 \times 35 = \mathbf{1\,575}$.

**23** $x^2 - \frac{1}{4} = \left(x + \frac{1}{2}\right)\left(x - \frac{1}{2}\right)$ ;
$\frac{25}{16}x^2 - 1 = \left(\mathbf{\frac{5}{4}x + 1}\right)\left(\mathbf{\frac{5}{4}x - 1}\right)$ ;
$0{,}16x^2 - 0{,}49 = \mathbf{(0{,}4x + 0{,}7)(0{,}4x - 0{,}7)}$.

Si on teste les résultats avec $x = 2$, on a :
$4 - \frac{1}{4} = \mathbf{\frac{15}{4}}$ et $\frac{5}{2} \times \frac{3}{2} = \mathbf{\frac{15}{4}}$.
$\frac{25}{4} - 1 = \mathbf{\frac{21}{4}}$ et $\frac{14}{4} \times \frac{6}{4} = \mathbf{\frac{21}{4}}$.
$0{,}64 - 0{,}49 = \mathbf{0{,}15}$ et $1{,}5 \times 0{,}1 = \mathbf{0{,}15}$.

**24** 1° $(x + 4)^2 - 25 = (x + 4)^2 - 5^2 = (x + 4 + 5)(x + 4 - 5) = \mathbf{(x + 9)(x - 1)}$.
Avec $x = 10$, premier membre : $14^2 - 25 = \mathbf{171}$ ; second membre : $19 \times 9 = \mathbf{171}$.

2° $(3x - 1)^2 - (2x + 5)^2 = [(3x - 1) + (2x + 5)][(3x - 1) - (2x + 5)] = \mathbf{(5x + 4)(x - 6)}$.
Avec $x = 10$, premier membre : $29^2 - 25^2 = \mathbf{216}$ ; second membre : $54 \times 4 = \mathbf{216}$.

**25** Dans ces deux expressions on reconnaît une expression de la forme $a^2 + 2ab + b^2$.
On sait que $a^2 + 2ab + b^2 = (a + b)^2$.
Pour la première, $a = x$, $b = 2$ et $2ab = 4x$ ; d'où : $x^2 + 4x + 4 = \mathbf{(x + 2)^2}$.
Pour la seconde, $a = 2x$, $b = 5$ et $2ab = 20x$ ; d'où : $4x^2 + 20x + 25 = \mathbf{(2x + 5)^2}$.

**26** Dans ces deux expressions on reconnaît une expression de la forme $a^2 - 2ab + b^2$.
On sait que $a^2 - 2ab + b^2 = (a - b)^2$.
Pour la première, $a = 2x$, $b = 1$ et $2ab = 4x$. D'où : $4x^2 - 4x + 1 = \mathbf{(2x - 1)^2}$.
Pour la seconde, $a = 3x$, $b = 2$ et $2ab = 12x$. D'où : $9x^2 - 12x + 4 = \mathbf{(3x - 2)^2}$.

**27** 1° $(2x + 9)^2 = \mathbf{4x^2 + 36x + 81}$ ;
$(5x - 2)^2 = \mathbf{25x^2 - 20x + 4}$.
$S = (2x + 9)^2 - (5x - 2)^2$ ;
$S = (4x^2 + 36x + 81) - (25x^2 - 20x + 4)$ ;
$S = 4x^2 + 36x + 81 - 25x^2 + 20x - 4$ ;
$\mathbf{S = -21x^2 + 56x + 77}$.

Il est toujours bon de tester les résultats, par exemple avec $x = 10$ :
• Expression initiale : $S = 29^2 - 48^2 = \mathbf{-1\,463}$.
• Après développement et réduction :
$S = -2\,100 + 560 + 77 = \mathbf{-1\,463}$.
• Après factorisation :
$S = 77 \times (-19) = \mathbf{-1\,463}$.

2° $S = (2x + 9)^2 - (5x - 2)^2$ ;
$S = [(2x + 9) + (5x - 2)][(2x + 9) - (5x - 2)]$ ;
$S = [2x + 9 + 5x - 2][2x + 9 - 5x + 2]$ ;
$\mathbf{S = (7x + 7)(-3x + 11)}$.

3° Pour $x = 0$ on a : $\mathbf{S = 77}$ (car $-21 \times 0^2 + 56 \times 0 = 0$).
Pour $x = 1$, on a : $S = \mathbf{112}$ (car $-21 + 56 + 77 = 112$).
Pour $x = \sqrt{2}$, on a : $\mathbf{S = 35 + 56\sqrt{2}}$ (car $-21 \times (\sqrt{2})^2 = -42$ et $77 - 42 = 35$).

corrigés

**28** 1° $S = 4x^2 - 12x + 9 - 25$ ; $S = \mathbf{4x^2 - 12x - 16}$.

2° $S = (2x - 3)^2 - 25$ ; $S = (2x - 3)^2 - 5^2$ ;
$S = [(2x - 3) + 5][(2x - 3) - 5]$ ; $\mathbf{S = (2x + 2)(2x - 8)}$.

3° $2x + 2 = 0$ s'écrit $2x = -2$, puis $x = -1$ ;
$-1$ est donc solution de l'équation $2x + 2 = 0$.
$-1$ est solution de l'équation $4x^2 - 12x - 16 = 0$
car $4 \times (-1)^2 - 12 \times (-1) - 16 = 0$ (égalité : $0 = 0$).
$2x - 8 = 0$ s'écrit $2x = 8$, puis $x = 4$ ;
4 est donc solution de l'équation $2x - 8 = 0$.
4 est solution de l'équation $4x^2 - 12x - 16 = 0$
car $4 \times 4^2 - 12 \times 4 - 16 = 0$ (égalité : $0 = 0$).

> Si on développe et réduit le produit $(2x + 2)(2x - 8)$, on obtient $4x^2 - 12x - 16$.

> L'équation $4x^2 - 12x - 16 = 0$ devient, après factorisation du premier membre, $(2x + 2)(2x - 8) = 0$.
> Tout nombre qui annule un des facteurs est solution de l'équation-produit $(2x + 2)(2x - 8) = 0$, donc de l'équation $4x^2 - 12x - 16 = 0$.

**29** 1° Programme A : $5 \xmapsto{+10} 15 \xmapsto{\text{au carré}} \mathbf{225}$

Programme B : $5 \xmapsto{+20} 25 \xmapsto{\times 5} 125 \xmapsto{+100} \mathbf{225}$

2° Si on appelle $a$ le nombre choisi au départ, le programme A donne $(a + 10)^2$.
Pour obtenir 0, il faut avoir $(a + 10)^2 = 0$ ; seul 0 a pour carré 0 ; il faut donc avoir $a + 10 = 0$ c'est-à-dire $\mathbf{a = -10}$.

Programme A : $-10 \xmapsto{+10} 0 \xmapsto{\text{au carré}} \mathbf{0}$

Programme B : $-10 \xmapsto{+20} 10 \xmapsto{\times(-10)} -100 \xmapsto{+100} \mathbf{0}$

3° Si on appelle $a$ le nombre choisi au départ, le programme A donne $(a + 10)^2$.
Le programme B donne $a(a + 20) + 100$ soit $a^2 + 20a + 100$ soit encore $(a + 10)^2$.
**Les deux programmes donnent toujours le même résultat**.

**30** 1° Dans la cellule B2, on a saisi la formule **= A2 * 2 + 1**.
Dans la cellule C2, on a saisi la formule **= A2 * 2 + 3**.
Dans la cellule D2, on a saisi la formule **= B2 * C2**.
Dans la cellule E2, on a saisi la formule **= D2 + 1**.
Dans les cellules B3 et B4, on trouve respectivement **5** et **7**.

2°

| | A | B | C | D | E |
|---|---|---|---|---|---|
| **1** | $n$ | $A = 2n + 1$ | $B = 2n + 3$ | $A \times B$ | $A \times B + 1$ |
| **2** | 1 | 3 | 5 | 15 | 16 |
| **3** | 2 | **5** | **7** | **35** | **36** |
| **4** | 3 | **7** | **9** | **63** | **64** |

3° Dans la colonne E, on a : $(2n + 1)(2n + 3) + 1$ soit, après développement et réduction : $4n^2 + 8n + 4$.
Après factorisation du nombre 4, on a :
$4n^2 + 8n + 4 = 4(n^2 + 2n + 1)$.
Si on appelle $k$ le nombre entier $n^2 + 4n + 1$, les nombres figurant dans la colonne E sont de la forme $4 \times k$ ; **ce sont tous des multiples de 4**.

> On peut remarquer que les trois nombres de la colonne $E$ sont tous des carrés.
> Ceci n'est pas étonnant car : $4n^2 + 8n + 4 = (2n + 2)^2$.

# Équations – Inéquations

# 4

# LE COURS

## Équation du premier degré à une inconnue

• Une **équation du premier degré à une inconnue** est une équation qui, après transformations, peut se ramener à la forme $ax = b$, dans laquelle $a$ et $b$ sont des nombres connus et **$x$ est l'inconnue**.

Les transformations permises (celles qui ne changent pas les solutions) sont :

• développer, réduire ou factoriser dans les deux membres ;

• ajouter une même somme algébrique aux deux membres ;

• multiplier ou diviser les deux membres par un même nombre non nul.

**Si $a$ est différent de zéro, alors l'équation $ax = b$ a pour solution $\frac{b}{a}$.**

*Exemple* : Soit à résoudre l'équation $4(x + 7) - 4 = -2(3x + 1) + 5$.

On développe : $4x + 28 - 4 = -6x - 2 + 5$.

On réduit : $4x + 24 = -6x + 3$.

On ajoute – 24 aux deux membres (il y avait + 24 au premier membre, il apparaît – 24 au second ; on dit que l'**on transpose** + 24).

$$4x = -6x + 3 - 24.$$

On ajoute $+ 6x$ aux deux membres (il y avait $- 6x$ au second membre, il apparaît $+ 6x$ au premier ; on dit que l'**on transpose** $- 6x$).

$$4x + 6x = +3 - 24.$$

On réduit : $10x = -21$.

Cette équation est de la forme $ax = b$ ; **la solution** est $-\frac{21}{10}$ ou – 2,1.

*Vérification* : On remplace $x$ par – 2,1 dans chacun des deux membres de l'équation : premier membre : $4 \times 4{,}9 - 4 = 15{,}6$ ; second membre : $-2 \times (-5{,}3) + 5 = 15{,}6$.

**On obtient une égalité** : 15,6 = 15,6 ;

– 2,1 est bien solution de l'équation.

## Équation-produit

Soit l'équation $(2x + 7)(3x - 5) = 0$. Le premier membre est un produit de deux facteurs du premier degré ; le second membre est nul : c'est une équation-produit.

**Chaque valeur qui annule un des facteurs est solution de l'équation-produit.**

$2x + 7 = 0$ a pour solution $-\frac{7}{2}$ ; $3x - 5 = 0$ a pour solution $\frac{5}{3}$.

Les solutions de l'équation $(2x + 7)(3x - 5) = 0$ sont $-\frac{7}{2}$ et $\frac{5}{3}$.

## Inéquation du premier degré à une inconnue

Une **inéquation du premier degré à une inconnue** est une inéquation qui, après transformations, peut se ramener à l'une des quatre formes :

$$ax < b\ ;\ ax > b\ ;\ ax \leqslant b\ ;\ ax \geqslant b\ ;$$

($a$ et $b$ sont des nombres connus et $x$ **est l'inconnue**).

Les transformations permises (celles qui ne changent pas les solutions) sont :
- développer, réduire ou factoriser dans les deux membres ;
- ajouter une même somme algébrique aux deux membres ;
- multiplier ou diviser les deux membres par un même nombre $k$ non nul :

– **sans changer le signe d'inégalité si $k$ est strictement positif** ;
– **en changeant le signe d'inégalité si $k$ est strictement négatif**.

*Exemple :* Soit à résoudre l'inéquation $3(2x + 1) - 4x > 5(x - 2) + 1$.
– On développe : $6x + 3 - 4x > 5x - 10 + 1$.
– On réduit : $2x + 3 > 5x - 9$.
– On ajoute $-5x$ et $-3$ aux deux membres : $2x + 3 - 5x - 3 > 5x - 9 - 5x - 3$.
– On réduit : $-3x > -12$
– On divise les deux membres par $-3$ (nombre strictement négatif) et on change le signe d'inégalité (le signe « > » est remplacé par le signe « < ») :

$x < \frac{-12}{-3}$, c'est-à-dire $x < \frac{12}{3}$ soit $x < 4$.

Les solutions sont tous *les nombres strictement inférieurs à 4*.

**• Représentation graphique des solutions**

• On représente les solutions de l'inéquation $3(2x + 1) - 4x > 5(x - 2) + 1$ sur une droite graduée.

Les solutions sont les abscisses des points colorés (demi-droite d'origine $A$, non compris son origine $A$).

• Si l'inéquation à résoudre est $3(2x + 1) - 4x \geqslant 5(x - 2) + 1$, l'inéquation obtenue après transformations est $x \leqslant 4$ ; les solutions sont alors *le nombre 4 et tous les nombres strictement inférieurs à 4*.

Les solutions sont les abscisses des points colorés (demi-droite d'origine $A$, y compris son origine $A$).

# EXERCICES

## Tester ses connaissances

**1** (corrigé p. 54)

Compléter le tableau par Vrai ou Faux.

| Équation | 0 est solution | – 2 est solution | 3 est solution |
|---|---|---|---|
| $3x = -6$ | Faux | Vrai | Faux |
| $2x + 3 = 9$ | … | … | … |
| $2x + 5 = x + 5$ | … | … | … |
| $(x + 2)(x - 3) = 0$ | … | … | … |

**2** (corrigé p. 54)

Résoudre les équations.

1° $3x = 12$ ; $-4x = 20$ ; $-5x = -15$.

2° $3x - 4 = 5$ ; $3x = x - 1$ ; $3x = 0$.

**3** (corrigé p. 54)

Résoudre les équations.

1° $2x - 5 = x - 12$.

2° $3(x - 4) = 5(2x + 1)$.

**4** (corrigé p. 54)

1° Résoudre les équations $2x + 3 = 0$ et $5x - 4 = 0$.

2° En déduire les solutions de l'équation $(2x + 3)(5x - 4) = 0$.

**5** (corrigé p. 55)

Résoudre les inéquations.
$5x < 10$ ; $3x \geqslant -12$ ; $-4x > 12$ ; $-6x \leqslant -18$.

**6** (corrigé p. 55)

Résoudre les inéquations et représenter graphiquement les solutions sur une droite graduée.

1° $5x + 4 > -3x - 16$.

2° $3(x - 2) \leqslant 2(x + 3)$.

## S'entraîner

### Équation du premier degré à une inconnue

**7** ★ 5 min (corrigé p. 55)

Résoudre : $7x - 4 = 17$ ; $-3{,}6x + 1{,}3 = 8{,}5$.

**8** ★ 5 min (corrigé p. 56)

Résoudre : $3x - 4 = 5x + 1$ ; $5(x - 1) = 3x + 4$.

**9** ★★ 5 min (corrigé p. 56)

Résoudre : $\frac{1}{2}(4x + 6) = \frac{1}{4}(4x - 12)$ ; $\frac{1}{3}x - \frac{3}{4} = \frac{3}{4}x + \frac{1}{3}$.

**10** ★★ 10 min (corrigé p. 56)

1° Résoudre :

$$2(3x + 5) + 3(2x - 5) = 4(5x - 9) - 5(4x + 9).$$

2° Résoudre :

$$\frac{1}{3}(4x + 3) = \frac{1}{4}(3x + 4).$$

**11** ★★ 10 min (corrigé p. 57)

Voici un programme de calcul.

> Choisir un nombre.
> Lui soustraire 5
> Multiplier le résultat par 5
> Ajouter 25
> Soustraire le nombre de départ

1° Quel nombre obtient-on si on choisit au départ le nombre 12 ?

2° Quel nombre a-t-on choisi au départ si on obtient le nombre 12 ?

3° Si on connaît le nombre obtenu, un programme simple permet de trouver le nombre choisi au départ.
Quel est ce programme ?

**12** ★★ 10 min (corrigé p. 57)

1° Il existe une solution commune aux deux équations suivantes :
$2(x - 3) = 8$ et $x^2 - 6x - 7 = 0$.
Quelle est cette solution ?

2° Justifier l'affirmation suivante : Il n'existe pas de solution commune aux deux équations suivantes :

$$3(x - 1) = 6 \text{ et } x^2 - 6x - 7 = 0.$$

## Équation-produit

**13** ★ 5 min (corrigé p. 57)

Résoudre $(3x + 6)(x - 2) = 0$.

**14** ★ 5 min (corrigé p. 57)

Résoudre $3x(5x + 4) = 0$.

**15** ★ 10 min (corrigé p. 57)

1° Factoriser $5x^2 - 7x$.

2° Résoudre l'équation $5x^2 - 7x = 0$.

**16** ★★ 10 min (corrigé p. 58)

1° Factoriser $2(x - 3)^2 + (5x - 2)(x - 3)$.

2° Résoudre l'équation $2(x - 3)^2 + (5x - 2)(x - 3) = 0$.

**17** ★★ 10 min (corrigé p. 58)

1° Factoriser $(2x + 1)^2 - (5x - 2)^2$.

2° Résoudre l'équation $(2x + 1)^2 - (5x - 2)^2 = 0$.

**18** ★★★ 15 min (corrigé p. 58)

Soit $A(x) = 9(3x + 2)^2 - 4(5x - 1)^2$.

1° Développer et réduire $A(x)$.

2° Factoriser $A(x)$.

3° Résoudre l'équation $A(x) = 0$.

**19** ★ 10 min (corrigé p. 59)

*Une équation de la forme $x^2 = k$ avec $k \geqslant 0$ peut s'écrire $x^2 - k = 0$ soit $x^2 - (\sqrt{k})^2 = 0$, puis après factorisation du premier membre : $(x + \sqrt{k})(x - \sqrt{k}) = 0$ ; cette équation-produit a deux solutions : $-\sqrt{k}$ et $+\sqrt{k}$.*
Résoudre chacune des équations : $x^2 = 49$ ; $x^2 = 7$ et $x^2 = 0$.

**20** ★★★ 10 min (corrigé p. 59)

1° Montrer que l'équation $(x - 2)^2 - 4(1 - x) = 0$ peut se ramener à une équation de la forme $x^2 = k$ avec $k \geqslant 0$. Résoudre cette équation.

2° Résoudre l'équation $(3x - 2)^2 = 10 - 3(4x - 1)$.

exercices

## Inéquation du premier degré à une inconnue

**21** ★ 5 min (corrigé p. 59)

Compléter le tableau suivant avec Vrai ou Faux.

| Inéquation | – 1 est solution | 0 est solution | 1 est solution |
|---|---|---|---|
| $2x < 2$ | Vrai | Vrai | Faux |
| $2x > -2$ | … | … | … |
| $-2x > 2$ | … | … | … |
| $-2x > -2$ | … | … | … |

**22** ★ 5 min (corrigé p. 59)

Vérifier que 8 est solution de l'inéquation $-5(x+6)+8(x+3) > 2x+1$.

**23** ★ 5 min (corrigé p. 59)

1° Résoudre les inéquations $3x > -7$ ; $-5x < 12$ ; $-8x > -7$.

2° Résoudre les inéquations $\frac{2}{3}x > \frac{5}{6}$ ; $-\frac{5}{3}x < \frac{7}{9}$ ; $-\frac{3}{7}x \leqslant -\frac{7}{6}$.

**24** ★ 5 min (corrigé p. 60)

Résoudre $3(2x-1)-5x < 0$ et représenter les solutions sur une droite graduée.

**25** ★ 5 min (corrigé p. 60)

Résoudre $4(3x+1) > 5(2x-1)$ et représenter les solutions sur une droite graduée.

**26** ★★ 10 min (corrigé p. 60)

1° Résoudre l'inéquation : $3x-5 \leqslant x+3$.

2° Résoudre l'inéquation : $4x-2 \leqslant 6x+4$.

3° Représenter les solutions des deux inéquations sur une même droite graduée et donner la liste des nombres entiers relatifs qui sont solutions des deux inéquations.

**27** ★★★ 10 min (corrigé p. 61)

On cherche s'il existe des nombres entiers tels que $-3 \leqslant 3(x+1) \leqslant 12$.
Pour cela, on doit résoudre l'inéquation $-3 \leqslant 3(x+1)$ et l'inéquation $3(x+1) \leqslant 12$, puis chercher s'il y a des solutions communes aux deux inéquations.

1° Résoudre ces deux inéquations.

2° Donner la liste des entiers relatifs qui sont solutions des deux inéquations.

**28** ★★★ 10 min (corrigé p. 61)

Soit $E(x) = (2x-3)^2 - (x+1)(4x-5)$.

1° Développer et réduire $E(x)$.

2° Résoudre l'inéquation $E(x) \geqslant 3$.

3° Peut-on en déduire les solutions de l'inéquation $E(x) < 3$ ?

# SUJETS DU BREVET

## 29 ★★ 15 min

(corrigé p. 62)

On propose les deux programmes de calcul suivants.

| **Programme A** | **Programme B** |
|---|---|
| Choisir un nombre | Choisir un nombre |
| Soustraire 3 à ce nombre | Ajouter 3 à ce nombre |
| Multiplier le résultat par 2 | Diviser le résultat par 2 |
| Afficher le résultat | Afficher le résultat |

1° Compléter le tableau suivant :

| **Nombre choisi** | **– 3** | **– 2** | **– 1** | **0** | **1** | **2** | **3** |
|---|---|---|---|---|---|---|---|
| **Programme A** | – 12 | … | … | … | … | … | … |
| **Programme B** | 0 | … | … | … | … | … | … |

2° Léa affirme qu'il n'y a qu'un nombre qui donne le même résultat avec les deux programmes.
A-t-elle raison ?

3° Léo affirme qu'il y a des nombres pour lesquels le programme A donne un résultat strictement supérieur au programme B.
A-t-il raison ?

## 30 ★★★ 15 min

(corrigé p. 62)

On a ouvert une feuille de calcul pour calculer les valeurs numériques de chacune des expressions algébriques $7x - 10$ et $-4x + 15$ pour $x$ entier de 0 à 5.

| | **A** | **B** | **C** | **D** | **E** | **F** | **G** |
|---|---|---|---|---|---|---|---|
| **1** | $x$ | 0 | 1 | 2 | 3 | 4 | 5 |
| **2** | $7x - 10$ | … | … | … | … | … | … |
| **3** | $-4x + 15$ | … | … | … | … | … | … |

1° Quelle formule doit-on saisir, puis étendre vers la droite, dans chacune des cellules B2 et B3 ? Compléter ce tableau, avec ou sans tableur.

2° Au vu du tableau, quelle conjecture peut-on faire sur le nombre qu'il faudrait saisir pour obtenir la même valeur numérique avec ces deux expressions algébriques ?

3° Résoudre l'équation $7x - 10 = -4x + 15$.
Que peut-on en conclure pour la conjecture faite à la question précédente ?

# CORRIGÉS

**1**

| Équation | 0 est solution | – 2 est solution | 3 est solution |
|---|---|---|---|
| **$3x = -6$** | Faux | **Vrai** | Faux |
| **$2x + 3 = 9$** | Faux | Faux | **Vrai** |
| **$2x + 5 = x + 5$** | **Vrai** | Faux | Faux |
| **$(x + 2)(x - 3) = 0$** | Faux | **Vrai** | **Vrai** |

Il suffit de tester la solution proposée.
On peut aussi résoudre chacune des équations.
Pour l'équation-produit, on résout : $x + 2 = 0$ et $x - 3 = 0$.

**2** 1° $3x = 12$ a pour solution $\frac{12}{3}$ c'est-à-dire **4**.

$-4x = 20$ a pour solution $\frac{20}{-4}$ c'est-à-dire **– 5**.

$-5x = -15$ a pour solution $\frac{-15}{-5}$ ou $\frac{15}{5}$, c'est-à-dire **3**.

L'équation $ax = b$, $(a \neq 0)$ a pour solution le nombre $\frac{b}{a}$.

2° $3x - 4 = 5$ devient $3x = 5 + 4$, puis $3x = 9$ ;
**la solution est 3**.
$3x = x - 1$ devient $3x - x = -1$, puis $2x = -1$ ;

**la solution est $\frac{-1}{2}$ ou – 0,5**.

$3x = 0$ a pour solution $\frac{0}{3}$, c'est-à-dire **0**.

On se ramène à la forme $ax = b$.

**3** 1° $2x - 5 = x - 12$.
On transpose : $2x - x = -12 + 5$.
On réduit : $x = -7$ ; **la solution est – 7**.

2° $3(x - 4) = 5(2x + 1)$.
On développe : $3x - 12 = 10x + 5$.
On transpose $3x - 10x = 5 + 12$.
On réduit : $-7x = 17$ ; **la solution est $-\frac{17}{7}$**.

On ajoute $-x$ et $+5$ aux deux membres :
On dit aussi que :
- « on transpose $x$ du second membre vers le premier » ; il y avait $x$ dans le second membre, il apparaît $-x$ dans le premier.
- « on transpose $-5$ du premier membre vers le second » ; il y avait $-5$ dans le premier membre, il apparaît $+5$ dans le second.

**4** 1° $2x + 3 = 0$ devient $2x = -3$ ; **la solution est $\frac{-3}{2}$ ou – 1,5**.

$5x - 4 = 0$ devient $5x = 4$ ; **la solution est $\frac{4}{5}$ ou 0,8**.

2° L'équation $(2x + 3)(5x - 4) = 0$ a **deux solutions : – 1,5 et 0,8**.

**5** • L'inéquation $5x < 10$ s'écrit $x < \frac{10}{5}$ c'est-à-dire $x < 2$ ; **tous les nombres strictement inférieurs à 2 sont solutions**.

• L'inéquation $3x \geqslant -12$ ; s'écrit $x \geqslant \frac{-12}{3}$ c'est-à-dire $x \geqslant -4$ ; **le nombre – 4 et tous les nombres strictement supérieur à – 4 sont solutions**.

• L'inéquation $-4x > 12$ s'écrit $x < \frac{12}{-4}$ c'est-à-dire $x < -3$ ; **tous les nombres strictement inférieurs à – 3 sont solutions**.

• L'inéquation $-6x \leqslant -18$ s'écrit $x \geqslant \frac{-18}{-6}$ c'est-à-dire $x \geqslant 3$ ; **le nombre 3 et tous les nombres strictement supérieurs à 3 sont solutions**.

**6** **1°** Résolvons $5x + 4 > -3x - 16$.

On transpose $-3x$ du second membre vers le premier (cela revient à ajouter $3x$ aux deux membres) ; on transpose $+4$ du premier membre vers le second (cela revient à ajouter $-4$ aux deux membres) ; on obtient :

$5x + 3x > -16 - 4$ ; $8x > -20$ ; $x > \frac{-20}{8}$ soit $x > -2{,}5$.

**Tous les nombres strictement supérieurs à – 2,5 sont solutions** ;
d'où la représentation graphique des solutions :

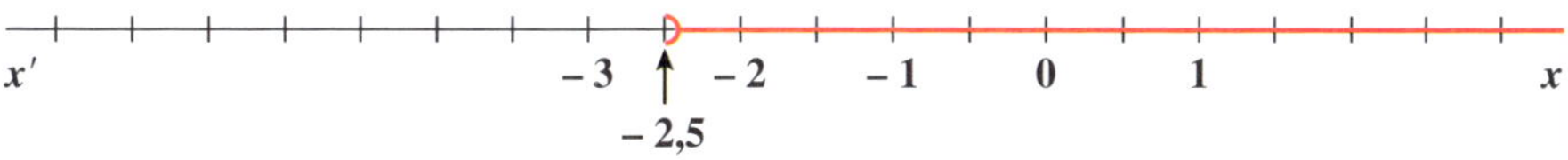


**2°** Résolvons $3(x - 2) \leqslant 2(x + 3)$.

On développe dans chaque membre : $3x - 6 \leqslant 2x + 6$.

On transpose $2x$ du second membre vers le premier (cela revient à ajouter $-2x$ aux deux membres) ; on transpose $-6$ du premier membre vers le second (cela revient à ajouter $+6$ aux deux membres) ; on obtient :

$3x - 2x \leqslant 6 + 6$ ; $x \leqslant 12$. **Le nombre 12 et tous les nombres strictement inférieurs à 12 sont solutions** ; d'où la représentation graphique des solutions :

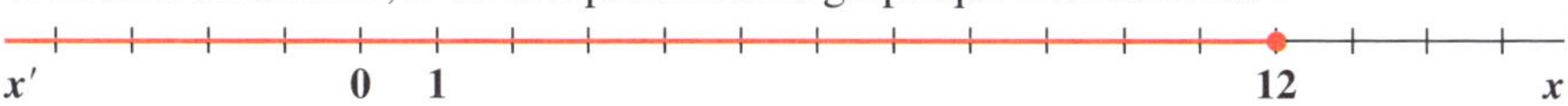


**7** • Résolvons l'équation $7x - 4 = 17$ (1)

$7x = 17 + 4$ (2)

$7x = 21$

**La solution est $\frac{21}{7}$, soit 3**.

• Résolvons l'équation $-3{,}6x + 1{,}3 = 8{,}5$.

On transpose $+1{,}3$ :

$-3{,}6x = 8{,}5 - 1{,}3$ ; $-3{,}6x = 7{,}2$.

**La solution est $\frac{7{,}2}{-3{,}6}$, soit – 2**.

> Quand on passe de (1) à (2), c'est comme si – 4 disparaissait du premier membre et + 4 apparaissait au second membre.
> On dit que l'on a transposé – 4 au second membre, mais en le remplaçant par son opposé.

**8** • Résolvons l'équation $3x - 4 = 5x + 1$.
On transpose $-4$ et $5x$ (cela revient à ajouter $+4$ et $-5x$ aux deux membres) :
$3x - 5x = 1 + 4$ ; $-2x = 5$ ; **la solution est $\frac{5}{-2}$, c'est-à-dire – 2,5**.
• Résolvons l'équation $5(x - 1) = 3x + 4$.
On développe : $5x - 5 = 3x + 4$.
On transpose : $5x - 3x = 4 + 5$.
On réduit : $2x = 9$ ; **la solution est $\frac{9}{2}$, c'est-à-dire 4,5**.

**9** • Résolvons l'équation $\frac{1}{2}(4x + 6) = \frac{1}{4}(4x - 12)$.
On développe : $2x + 3 = x - 3$.
On transpose : $2x - x = -3 - 3$.
On réduit : $x = -6$.
**La solution est – 6.**

On vérifie en remplaçant $x$ par $-6$ dans chacun des deux membres.
$\frac{1}{2}[4 \times (-6) + 6] = -9$.
$\frac{1}{4}[4 \times (-6) - 12] = -9$.

• Résolvons l'équation $\frac{1}{3}x - \frac{3}{4} = \frac{3}{4}x + \frac{1}{3}$.

On transpose : $\frac{1}{3}x - \frac{3}{4}x = \frac{1}{3} + \frac{3}{4}$

On réduit : $-\frac{5}{12}x = \frac{13}{12}$.

$x = \frac{13}{12} : \left(-\frac{5}{12}\right)$ ; $x = \frac{13}{12} \times \left(-\frac{12}{5}\right)$ ; $x = -\frac{13}{5}$.

**La solution est $-\frac{13}{5}$.**

Pour l'addition et la soustraction, il faut d'abord écrire les fractions avec un dénominateur commun.
$\frac{1}{3}x - \frac{3}{4}x = \left(\frac{1}{3} - \frac{3}{4}\right)x = \left(\frac{4}{12} - \frac{9}{12}\right)x = -\frac{5}{12}x$
$\frac{1}{3} + \frac{3}{4} = \frac{4}{12} + \frac{9}{12} = \frac{13}{12}$.

**10** 1° Résolvons l'équation $2(3x + 5) + 3(2x - 5) = 4(5x - 9) - 5(4x + 9)$.
On développe : $6x + 10 + 6x - 15 = 20x - 36 - 20x - 45$.
On réduit : $12x - 5 = -81$.
On transpose : $12x = -76$.

**La solution est $\frac{-76}{12}$, soit $-\frac{19}{3}$** après simplification par 4.

2° Résolvons l'équation $\frac{1}{3}(4x + 3) = \frac{1}{4}(3x + 4)$.

On développe : $\frac{4}{3}x + 1 = \frac{3}{4}x + 1$.

On transpose : $\frac{4}{3}x - \frac{3}{4}x = 1 - 1$.

$\frac{4}{3}x - \frac{3}{4}x = \left(\frac{4}{3} - \frac{3}{4}\right)x = \left(\frac{16}{12} - \frac{9}{12}\right)x = \frac{7}{12}x$.

On réduit : $\frac{7}{12}x = 0$

**La solution est 0** car on a : $x = 0 : \frac{7}{12}$ ; $x = 0 \times \frac{12}{7}$ ; $x = 0$.

**11** 1° On a : $12 \longmapsto 7 \longmapsto 35 \longmapsto 60 \longmapsto 48$.
Si on choisit au départ le nombre 12, **on obtient 48**.

2° Si on appelle $x$ le nombre choisi au départ, on a :
$x \longmapsto x - 5 \longmapsto 5(x - 5) \longmapsto 5(x - 5) + 25 \longmapsto 5(x - 5) + 25 - x$.
soit après réduction $4x$.
Pour obtenir le nombre 12, **on doit choisir au départ le nombre 3** car l'équation $4x = 12$ a pour solution 3.

3° Le programme pour trouver le nombre de départ connaissant le résultat est :

**Choisir un nombre**
**Diviser ce nombre par 4**

**12** 1° On sait résoudre l'équation $2(x - 3) = 8$.
$2x - 6 = 8$ ; $2x = 14$ ; $x = 7$ ; 7 et la solution de la première équation.
On vérifie si 7 est une solution de la seconde équation.
On remplace $x$ par 7 dans l'équation $x^2 - 6x - 7 = 0$ :
$7^2 - 6 \times 7 - 7 = 0$ (égalité : $0 = 0$).
**7 est la solution commune à ces deux équations**.

$7x^2 - 6x - 7 = 0$ est une équation du second degré que l'on ne sait pas résoudre en Troisième.

2° On sait résoudre l'équation $3(x - 1) = 6$.
$3x - 3 = 6$ ; $3x = 9$ ; $x = 3$ ; 3 est la solution de la première équation.
3 n'est pas solution de la seconde équation car $3^2 - 6 \times 3 - 7 = -16$ et $-16 \neq 0$.
**Les deux équations n'ont pas de solution commune**.

**13** Résolvons l'équation-produit $(3x + 6)(x - 2) = 0$. Chaque valeur qui annule un des facteurs est solution de l'équation.
L'équation $3x + 6 = 0$ s'écrit $3x = -6$ ;
elle a pour solution $\frac{-6}{3}$, c'est-à-dire $-2$.
L'équation $x - 2 = 0$ a pour solution 2.
**$-2$ et 2 sont les solutions de l'équation $(3x + 6)(x - 2) = 0$.**

Si on développe et réduit le premier membre, l'équation s'écrit $3x^2 - 12 = 0$ soit $3x^2 = 12$ ou $x^2 = 4$. $-2$ et 2 sont les deux solutions de l'équation $x^2 = 4$.

**14** Résolvons l'équation-produit $3x(5x + 4) = 0$.
Chaque valeur qui annule un des facteurs est solution de l'équation.
L'équation $3x = 0$ a pour solution 0.
L'équation $5x + 4 = 0$ s'écrit $5x = -4$ ; elle a pour solution $-\frac{4}{5}$ soit $-0{,}8$.
**$-0{,}8$ et 0 sont les solutions de l'équation $3x(5x + 4) = 0$.**

**15** 1° $5x^2 - 7x = \mathbf{x(5x - 7)}$.

2° L'équation $5x^2 - 7x = 0$ s'écrit $x(5x - 7) = 0$.
Chaque valeur qui annule un des facteurs est solution de l'équation.
L'équation $x = 0$ a pour solution 0 ; l'équation $5x - 7 = 0$ a pour solution $\frac{7}{5}$ soit 1,4.
**L'équation $5x^2 - 7x = 0$ a pour solutions 0 et 1,4.**

corrigés

**16** 1° $2(x-3)^2 + (5x-2)(x-3) = (x-3)[2(x-3) + (5x-2)]$
$= \mathbf{(x-3)(7x-8)}$.

Le facteur commun $(x-3)$ est visible dans chacun des termes de cette somme.

2° Après factorisation du premier membre, l'équation $2(x-3)^2 + (5x-2)(x-3) = 0$ s'écrit : $(x-3)(7x-8) = 0$ ; c'est une équation-produit.
Chaque valeur qui annule un des facteurs est solution de l'équation.
L'équation $x - 3 = 0$ a pour solution 3 ; l'équation $7x - 8 = 0$ a pour solution $\frac{8}{7}$.
**$\frac{8}{7}$ et 3 sont les solutions de l'équation $2(x-3)^2 + (5x-2)(x-3) = 0$.**

**17** 1° $(2x+1)^2 - (5x-2)^2 = [(2x+1) + (5x-2)][(2x+1) - (5x-2)]$
$= \mathbf{(7x-1)(-3x+3)}$.

Le premier membre est de la forme $A^2 - B^2$.
On sait que :
$A^2 - B^2 = (A+B)(A-B)$.

2° Résolvons l'équation $(2x+1)^2 - (5x-2)^2 = 0$.
Après factorisation du premier membre, elle devient : $(7x-1)(-3x+3) = 0$.
Chaque valeur qui annule un des facteurs est solution de l'équation.
L'équation $7x - 1 = 0$ a pour solution $\frac{1}{7}$ ; l'équation $-3x + 3 = 0$ a pour solution 1.
**$\frac{1}{7}$ et 1 sont les solutions de l'équation $(2x+1)^2 - (5x-2)^2 = 0$.**

**18** Soit $A(x) = 9(3x+2)^2 - 4(5x-1)^2$.

1° $A(x) = 9(9x^2 + 12x + 4) - 4(25x^2 - 10x + 1)$
$= 81x^2 + 108x + 36 - 100x^2 + 40x - 4$
$= -19x^2 + 148x + 32$.

2° $A(x) = 3^2(3x+2)^2 - 2^2(5x-1)^2$
$= [3(3x+2)]^2 - [2(5x-1)]^2$
$= (9x+6)^2 - (10x-2)^2$
$= [(9x+6) + (10x-2)][(9x+6) - (10x-2)]$
$= (19x+4)(-x+8)$.

On transforme l'écriture pour obtenir un premier membre de la forme $A^2 - B^2$.

3° L'équation $A(x) = 0$ peut être résolue en 3° sous la forme $(19x+4)(-x+8) = 0$.
Chaque valeur qui annule un des facteurs est solution de l'équation.
L'équation $19x + 4 = 0$ a pour solution $\frac{-4}{19}$ ; l'équation $-x + 8 = 0$ a pour solution 8.
**$-\frac{4}{19}$ et 8 sont les solutions de l'équation $A(x) = 0$.**

On peut vérifier que 8 est bien une solution de l'équation $-19x^2 + 148x + 32 = 0$.
En effet $-19 \times 64 + 148 \times 8 + 32 = 0$ donne l'égalité $0 = 0$.
On peut faire de même pour $-\frac{4}{19}$ avec ou sans calculatrice.

**19** L'équation : $x^2 = 49$ **a deux solutions : – 7 et 7**.
L'équation $x^2 = 7$ **a deux solutions :** $-\sqrt{7}$ **et** $\sqrt{7}$.
L'équation $x^2 = 0$ **a une seule solution : 0**.

> $x^2 = 49$ s'écrit $(x + 7)(x - 7) = 0$.
> $x^2 = 7$ s'écrit $(x + \sqrt{7})(x - \sqrt{7}) = 0$.

**20** 1° $(x - 2)^2 - 4(1 - x) = 0$ s'écrit $x^2 - 4x + 4 - 4 + 4x = 0$ soit $x^2 = 0$.
Cette équation admet **une seule solution : 0**.

2° L'équation $(3x - 2)^2 = 10 - 3(4x - 1)$ peut s'écrire :
$9x^2 - 12x + 4 = 10 - 12x + 3$ ; $9x^2 - 12x + 4 = 13 - 12x$ ; $9x^2 = 9$ ; $x^2 = 1$.
**Cette équation a deux solutions : – 1 et 1**.

> On peut vérifier que 1 est bien une solution de l'équation $(3x - 2)^2 = 10 - 3(4x - 1)$
> $(3 - 2)^2 = 1$ et $10 - 3 \times 3 = 1$ (égalité : 1 = 1).
> Pour – 1, on obtient $(-5)^2 = 25$ et $10 + 15 = 25$ (égalité : 25 = 25).

**21**

| Inéquation | – 1 est solution | 0 est solution | 1 est solution |
|---|---|---|---|
| $2x < 2$ | **Vrai** | **Vrai** | Faux |
| $2x > -2$ | Faux | **Vrai** | **Vrai** |
| $-2x > 2$ | Faux | Faux | Faux |
| $-2x > -2$ | **Vrai** | **Vrai** | Faux |

**22** On remplace $x$ par 8 dans chaque membre de l'inéquation.
Premier membre : $-5(8 + 6) + 8(8 + 3) = -5 \times 14 + 8 \times 11 = 18$.
Deuxième membre : $2 \times 8 + 1 = 17$.
On a $18 > 17$ ; **8 est donc solution de l'inéquation** $-5(x + 6) + 8(x + 3) > 2x + 1$.

**23** 1° $3x > -7$ s'écrit $x > \frac{-7}{3}$ ; **tous les nombres strictement supérieurs à** $-\frac{7}{3}$ **sont solutions de l'inéquation**.

$-5x < 12$ s'écrit $x > \frac{12}{-5}$ ; **tous les nombres strictement supérieurs à** $-\frac{12}{5}$ **(ou – 2,4) sont solutions de l'inéquation**.

> Lorsqu'on divise les deux membres par – 5 (on multiplie par $-\frac{1}{5}$, qui est négatif), on doit changer le signe d'inégalité.

$-8x > -7$ s'écrit $x < \frac{-7}{-8}$ ; **tous les nombres strictement inférieurs à** $\frac{7}{8}$ **(ou 0,875) sont solutions de l'inéquation**.

2° $\frac{2}{3}x > \frac{5}{6}$ ; s'écrit $x > \frac{5}{6} : \frac{2}{3}$ c'est-à-dire $x > \frac{5}{6} \times \frac{3}{2}$ ou $x > \frac{5}{4}$ ; **tous les nombres strictement supérieurs à** $\frac{5}{4}$ **(ou 1,25) sont solutions de l'inéquation**.

corrigés

$-\frac{5}{3}x < \frac{7}{9}$ s'écrit $x > \frac{7}{9} : \left(-\frac{5}{3}\right)$ ou $x > \frac{7}{9} \times \left(-\frac{3}{5}\right)$ ou $x > -\frac{7}{15}$.

**Tous les nombres strictement supérieurs à $-\frac{7}{15}$ sont solutions de l'inéquation.**

$-\frac{3}{7}x \leqslant -\frac{7}{6}$ s'écrit $x \geqslant -\frac{7}{6} : \left(-\frac{3}{7}\right)$ ou $x \geqslant -\frac{7}{6} \times \left(-\frac{7}{3}\right)$ ou $x \geqslant \frac{49}{18}$.

**$\frac{49}{18}$ et tous les nombres strictement supérieurs à $\frac{49}{18}$ sont solutions de l'inéquation.**

**24** Résolvons l'inéquation $3(2x - 1) - 5x < 0$.
On développe le premier membre : $6x - 3 - 5x < 0$.
On réduit le premier membre : $x - 3 < 0$.
On transpose : $x < 3$.
**Tous les nombres strictement inférieurs à 3 sont solutions de l'inéquation.**
D'où la représentation graphique des solutions :

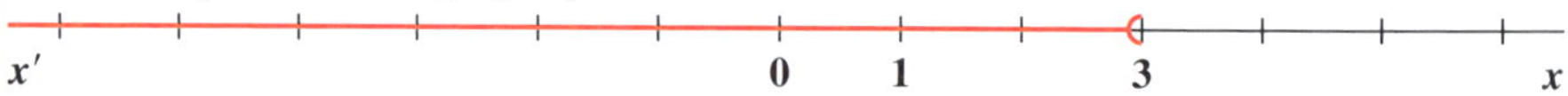


**25** Résolvons l'inéquation $4(3x + 1) > 5(2x - 1)$.
On développe les deux membres : $12x + 4 > 10x - 5$.
On transpose : $12x - 10x > -5 - 4$.
On réduit : $2x > -9$.
On divise les deux membres par 2 (positif) : $x > \frac{-9}{2}$ ou $x > -4{,}5$.

Transposer revient ici à ajouter aux deux membres $-10x$, puis $-4$.

**Tous les nombres strictement supérieurs à – 4,5 sont solutions de l'inéquation.**
D'où la représentation graphique des solutions :

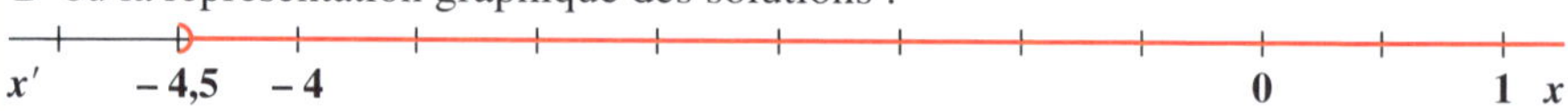


**26** 1° Résolvons l'inéquation $3x - 5 \leqslant x + 3$.
On a : $3x - x \leqslant 3 + 5$ ; $2x \leqslant 8$ ; $x \leqslant 4$.
**Le nombre 4 et tous les nombres strictement inférieurs à 4 sont solutions de l'inéquation.**

2° Résolvons l'inéquation $4x - 2 \leqslant 6x + 4$.
On a : $4x - 6x \leqslant 4 + 2$ ; $-2x \leqslant 6$ ; $x \geqslant \frac{6}{-2}$ (car – 2 est négatif) ; $x \geqslant -3$.

**Le nombre – 3 et tous les nombres strictement supérieurs à – 3 sont solutions de l'inéquation.**

3° On représente les solutions des deux inéquations sur la même droite graduée.
(Trait rouge pour $3x - 5 \leqslant x + 3$ et trait bleu pour $4x - 2 \leqslant 6x + 4$.)

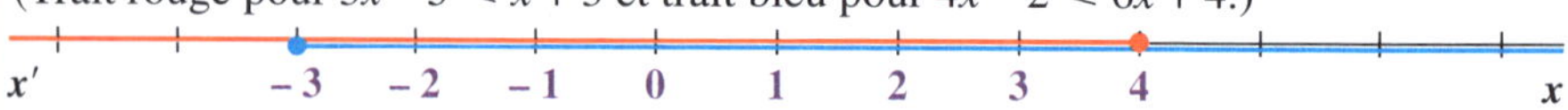


**Les entiers relatifs – 3 ; – 2 ; – 1 ; 0 ; 1 ; 2 ; 3 et 4 sont solutions des deux inéquations.**

**27** 1° On résout séparément les deux inéquations.

• Résolvons l'inéquation $-3 \leqslant 3(x+1)$.
On développe le second membre : $-3 \leqslant 3x+3$.
On transpose : $-3-3 \leqslant 3x$.
On réduit : $-6 \leqslant 3x$ ce qui s'écrit aussi $3x \geqslant -6$, puis $x \geqslant -2$.
**Le nombre – 2 et tous les nombres strictement supérieurs à – 2 sont solutions de cette inéquation.**

• Résolvons l'inéquation $3(x+1) \leqslant 12$.
On développe le premier membre : $3x+3 \leqslant 12$.
On transpose : $3x \leqslant 12-3$.
On réduit : $3x \leqslant 9$ soit $x \leqslant 3$.
**Le nombre 3 et tous les nombres strictement inférieurs à 3 sont solutions de cette inéquation.**

2° On représente les solutions sur une même droite (en rouge pour l'une et en bleu pour l'autre).

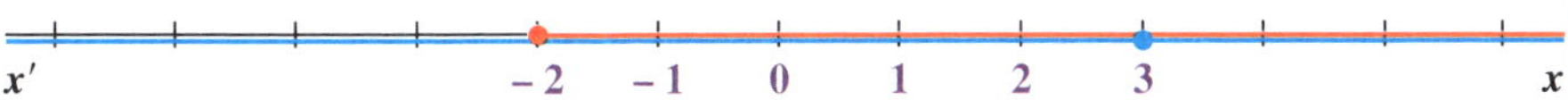


**Six nombres entiers relatifs sont solutions des deux inéquations : – 2 ; – 1 ; 0 ; 1 ; 2 et 3.**

**28** Soit $E(x) = (2x-3)^2 - (x+1)(4x-5)$.

1° On développe chaque produit : $E(x) = (4x^2 - 12x + 9) - (4x^2 - x - 5)$.
Pour soustraire $4x^2 - x - 5$, on ajoute l'opposé de chacun des termes : $-4x^2 + x + 5$.
$E(x) = 4x^2 - 12x + 9 - 4x^2 + x + 5$.
On réduit : $E(x) = -11x + 14$.

2° L'inéquation $E(x) \geqslant 3$ s'écrit $-11x + 14 \geqslant 3$, puis $-11x \geqslant -11$ et enfin $x \leqslant 1$.
**Le nombre 1 et tous les nombres strictement inférieurs à 1 sont solutions de cette inéquation.**

On divise les deux membres par – 11 (qui est négatif) et on change le signe d'inégalité.

3° Les solutions de l'inéquation $E(x) < 3$ sont tous les nombres pour lesquels on n'a pas $E(x) \geqslant 3$, c'est-à-dire tous les nombres qui ne sont pas solutions de l'inéquation $-11x + 14 \geqslant 3$.
**Tous les nombres strictement supérieurs à 1 sont solutions de cette inéquation.**
On peut représenter sur une droite graduée les solutions des deux inéquations.
En rouge les solutions de $E(x) \geqslant 3$ et en bleu les solutions de $E(x) < 3$.

**29** **1°** On complète le tableau :

| **Nombre choisi** | **– 3** | **– 2** | **– 1** | **0** | **1** | **2** | **3** |
|---|---|---|---|---|---|---|---|
| **Programme A** | **– 12** | **– 10** | **– 8** | **– 6** | **– 4** | **– 2** | **0** |
| **Programme B** | **0** | **0,5** | **1** | **1,5** | **2** | **2,5** | **3** |

**2°** Si on appelle $x$ le nombre choisi au départ, on a :

Programme A : $x \longmapsto x - 3 \longmapsto 2(x - 3)$.

Programme B : $x \longmapsto x + 3 \longmapsto \frac{1}{2}(x + 3)$.

Diviser par 2 c'est multiplier par $\frac{1}{2}$ ou 0,5.

Les deux programmes donnent le même résultat si on a $2(x - 3) = 0{,}5(x + 3)$.
**Léa a raison** car cette équation s'écrit $2x - 6 = 0{,}5x + 1{,}5$ ; $2x - 0{,}5x = 1{,}5 + 6$ ; $1{,}5x = 7{,}5$ ; la solution est $\frac{7{,}5}{1{,}5}$, c'est-à-dire 5.

**Le seul nombre pour lequel les deux programmes donnent le même résultat est 5 (les deux programmes donnent 4)**.

**3°** Dans ce tableau, le programme A ne donne jamais un résultat strictement supérieur à celui du programme B. Pour savoir s'il y a des nombres pour lesquels cela se produit, il faut résoudre l'inéquation $2(x - 3) > 0{,}5(x + 3)$.
On a : $2x - 6 > 0{,}5x + 1{,}5$ ; $2x - 0{,}5x > 1{,}5 + 6$ ; $1{,}5x > 7{,}5$ ; $x > 5$.
Tous les nombres strictement supérieurs à 5 sont solutions de l'inéquation.
**Léo a raison**, car il y a une infinité de nombres pour lesquels le programme A donne un résultat strictement supérieur à celui du programme B.

**30** **1°** Dans la cellule B2, on doit saisir la formule **= 7 * B1 – 10**.
Dans la cellule B3, on doit saisir la formule **= – 4 * B1 + 15**.
On obtient :

| | **A** | **B** | **C** | **D** | **E** | **F** | **G** |
|---|---|---|---|---|---|---|---|
| **1** | $x$ | 0 | 1 | 2 | 3 | 4 | 5 |
| **2** | $7x - 10$ | **– 10** | **– 3** | **4** | **11** | **18** | **25** |
| **3** | $-4x + 15$ | **15** | **11** | **7** | **3** | **– 1** | **– 5** |

**2°** Au vu du tableau, on peut conjecturer que **l'on aurait une même valeur numérique pour un nombre qui serait compris entre 2 et 3** car :
– jusqu'à 2 la valeur numérique de $7x - 10$ est inférieure à celle de $-4x + 15$ ;
– à partir de 3 la valeur numérique de $7x - 10$ est supérieure à celle de $-4x + 15$ ;

**3°** $7x - 10 = -4x + 15$ ; $7x + 4x = 15 + 10$ ; $11x = 25$ ; la solution de l'équation est $\frac{25}{11}$ ; la division de 25 par 11 montre que l'on a : $2 < \frac{25}{11} < 3$.
Conclusion : **ce qui a été conjecturé à la question précédente est vrai**.

# Problèmes Résolution algébrique 5

# LE COURS

## Exemple de problème du premier degré à une inconnue

*Dans un triangle ABC, l'angle $\hat{A}$ mesure 117° et l'angle $\hat{C}$ est le double de l'angle $\hat{B}$. Déterminer les mesures des angles $\hat{B}$ et $\hat{C}$.*

## Quatre étapes de la résolution algébrique d'un problème

- **Choix de l'inconnue**

On utilise une lettre (souvent $x$) pour désigner le nombre que l'on choisit comme inconnue.
On précise les unités et les conditions imposées à l'inconnue.
*On désigne par x la mesure en degré de l'angle $\hat{B}$.*
*On a : $0 < x < 180$ (car la somme des angles d'un triangle est égale à 180°).*

- **Mise en équation**

On traduit les renseignements fournis dans l'énoncé pour aboutir, selon le cas, à une équation ou une inéquation.
*On sait que $\hat{C}$ est le double de $\hat{B}$, donc la mesure de $\hat{C}$ est égale à 2x.*
*On sait que la somme des angles d'un triangle est égale à 180° ; pour le triangle ABC, on obtient l'équation : $117 + x + 2x = 180$.*

- **Résolution algébrique**

On résout ce qui a été « mis en équation ».
*L'équation $117 + x + 2x = 180$ s'écrit $117 + 3x = 180$ ; $3x = 180 - 117$ ; $3x = 63$.*
*La solution est $\frac{63}{3}$, c'est-à-dire 21.*

- **Retour à l'énoncé**

Le retour à l'énoncé permet d'interpréter ce qui a été obtenu par la résolution algébrique en tenant compte des conditions imposées.
*On a $0 < 21 < 180$ donc $\hat{B} = 21°$ et $\hat{C} = 42°$ car $21 \times 2 = 42$.*
*On vérifie : $117° + 21° + 42° = 180°$.*

# EXERCICES

## Tester ses connaissances

**1** *(corrigé p. 70)*

Dans la cour de la ferme, il y a des poules et des lapins.
On a compté 40 têtes et 106 pattes.
Combien y a-t-il de poules ?

**2** *(corrigé p. 70)*

Soit un programme de calcul :

> Choisir un nombre
> Multiplier ce nombre par 2
> Ajouter 5 au produit obtenu
> Multiplier par 3 la somme obtenue
> Afficher le résultat

Quel nombre faut-il choisir pour avoir 87 à l'affichage final ?

**3** *(corrigé p. 70)*

Un élève a eu cinq notes et sa moyenne est égale à 11. Il se souvient des quatre dernières notes : 13 ; 8,5 ; 12 et 15 et a oublié la première.
Quelle est la note oubliée ?

**4** *(corrigé p. 70)*

Quatre nombres entiers successifs peuvent se noter $n$ ; $n + 1$ ; $n + 2$ et $n + 3$.
Quatre nombres entiers successifs ont pour somme 110.
Quels sont ces nombres ?

**5** *(corrigé p. 71)*

Une tige métallique de 140 cm a été partagée en deux parties de longueur inégale.
Avec l'une on forme un carré et avec l'autre on forme un triangle équilatéral.

Le côté du triangle est égal à celui du carré.
Quelle est l'aire du carré ?

# S'entraîner

## Équations du premier degré à une inconnue

**6** ★ 5 min (corrigé p. 71)

Trois nombres entiers pairs consécutifs ont pour somme 180.
Quels sont ces trois nombres ?

**7** ★★ 5 min (corrigé p. 71)

À chaque coin d'un carré on a découpé un carré de côté 3 cm.



Les figures ne sont pas aux dimensions



Quelle doit être la mesure du côté du carré initial pour que l'aire de la partie restante soit le quart de celle du carré initial ?

**8** ★★ 5 min (corrigé p. 72)

On considère le programme de calcul suivant :

Choisir un nombre
L'élever au carré
Ajouter 1
Afficher le nombre obtenu

1° Quel nombre obtient-on si on choisit 10 ?

2° Quel nombre doit-on choisir pour obtenir 170 ?

**9** ★★ 10 min (corrigé p. 72)

Un paysagiste a acheté un lot de 40 arbustes constitué de lilas et de magnolias coûtant respectivement 25 € et 32 € pièce.
Le montant de la facture s'élève à 1 154 €.
Combien a-t-il acheté d'arbres de chaque sorte ?

**10** ★★★ 10 min (corrigé p. 72)

Pour assister à un match de handball, on a le choix entre des places de catégorie A à 12 € et des places de catégorie B à 20 €.
Pour 350 spectateurs, la recette a été de 6 040 €.

1° Calculer le nombre de spectateurs ayant occupé une place de catégorie A.

2° Quelle aurait été la recette de ce match si on avait diminué de 10 % le prix des places en catégorie A et augmenté de 10 % le prix des places en catégorie B ?

## Inéquations du premier degré à une inconnue

**11** ★ 10 min (corrigé p. 73)

Une salle de spectacles propose deux tarifs.
Plein tarif : 9,50 € par séance.
Tarif abonné : 5,60 € par séance avec un abonnement annuel de 21 €.
À combien de spectacles faut-il assister dans l'année pour qu'il soit avantageux de s'abonner ?

**12** ★★ 10 min (corrigé p. 73)

Un carré *ABCD* a 6 cm de côté.
Le segment joignant le sommet *A* à un point *M* du côté [*CD*] partage le carré en un triangle *ADM* et un trapèze rectangle *ABCM*.

1° Calculer l'aire du triangle et l'aire du trapèze dans le cas où $DM = 2{,}4$ cm.

2° Où faut-il placer *M* pour que l'aire du triangle soit strictement inférieure au tiers de celle du trapèze ?

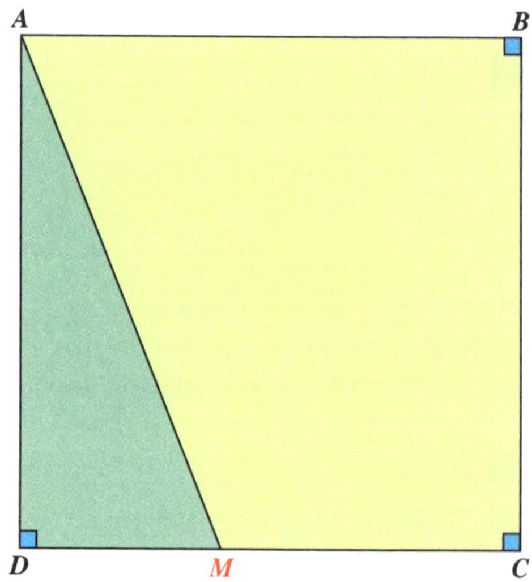


**13** ★★ 10 min (corrigé p. 74)

Le « modèle luxe » d'un véhicule coûte 2 000 € de plus que le « modèle standard ».
On vend le « modèle luxe » avec une remise de 8 % et son prix est alors inférieur à celui du « modèle standard ».
Que peut-on en déduire pour le prix du « modèle luxe » avant la remise de 8 % ?

**14** ★★ 10 min (corrigé p. 74)

On a deux programmes de calcul :

| **Programme A** | **Programme B** |
| --- | --- |
| Choisir un nombre | Choisir un nombre |
| Ajouter 2 à ce nombre | Ajouter 3 à ce nombre |
| Multiplier par 2 la somme | Multiplier par 3 la somme |
| Afficher le résultat | Afficher le résultat |

1° Vérifier que si on choisit le nombre – 3, le programme B donne un résultat supérieur à celui du programme A.

2° On cherche un nombre entier négatif tel que le programme B donne un résultat strictement supérieur à celui du programme A.
Comment faut-il choisir ce nombre ?

# SUJETS DU BREVET

**15** ★ 5 min (corrigé p. 74)

Dans un parking, il y a des motos (2 roues) et des voitures (4 roues).
On compte 28 véhicules et 80 roues.
Cocher la bonne réponse et justifier l'affirmation choisie.
❒ Il y a 20 voitures.
❒ Il y a 16 voitures.
❒ Il y a 12 voitures.

**16** ★ 5 min (corrigé p. 75)

90% de la hauteur d'un iceberg est sous la surface de l'eau.
Quelle est la hauteur totale d'un iceberg dont la partie visible est haute de 35 m ?

**17** ★ 5 min (corrigé p. 75)

Dans un établissement scolaire, trois élèves sur cinq sont demi-pensionnaires, trois élèves sur dix sont pensionnaires et 72 sont externes.
Quel est le nombre d'élèves de cet établissement ?

**18** ★★ 10 min (corrigé p. 75)

Pour payer une facture de 390 €, on utilise des billets de 10 € et des billets de 20 €.

1° Combien de billets de 10 € doit-on donner si on n'utilise que des billets de 10 € ?
Combien de billets de 20 € doit-on donner si on utilise le plus grand nombre de billets de 20 € ?

2° En réalité, on a donné 27 billets, les uns de 10 €, les autres de 20 €.
Combien de billets de chaque sorte a-t-on donnés ?

**19** ★★ 10 min (corrigé p. 76)

On appelle $x$ la mesure, en mm, du côté d'un carré.
On trace un triangle équilatéral dont la mesure du côté a 15 mm de plus que le côté du carré.
Quelle valeur faut-il donner à $x$ pour que le périmètre du carré soit strictement supérieur à celui du triangle équilatéral ?

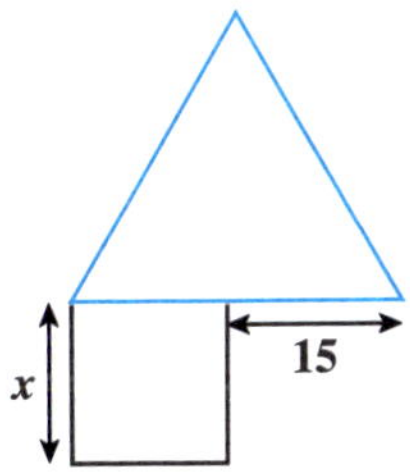


sujets du Brevet

## 20 ★★ 10 min

(corrigé p. 76)

Avant les soldes un pantalon et une chemise coûtaient en tout 135 €.
Après réduction de 20 % sur le prix du pantalon et de 30 % sur celui de la chemise, la dépense est de 103,50 €.
Quel était le prix du pantalon avant la remise ?

## 21 ★★★ 10 min

(corrigé p. 77)

Deux personnes veulent acheter une propriété.
La première possède les $\frac{4}{7}$ du prix de cette propriété et la seconde possède les $\frac{5}{9}$ de ce prix.

**1°** Chacune possède plus de la moitié du prix de cette propriété.

❒ Vrai ❒ Faux

Ensemble, elles possèdent plus que le prix de cette propriété.

❒ Vrai ❒ Faux

**2°** Ces personnes s'associent pour acheter cette propriété ; il leur reste alors 36 000 €.
Quel est le coût de cette propriété ?

## 22 ★★★ 10 min

(corrigé p. 77)

On veut chercher si l'équation $2x^2 - 5x + 9 = x^2 - 5x + 25$ admet une solution entière comprise entre 0 et 6.
À l'aide d'un tableur, on a construit un tableau donnant les valeurs numériques de chacun des deux membres de l'équation pour les entiers compris entre 0 et 6.

| | A | B | C | D | E | F | G | H |
|---|---|---|---|---|---|---|---|---|
| 1 | $x$ | 0 | 1 | 2 | 3 | 4 | 5 | 6 |
| 2 | $2x^2 - 5x + 9$ | 9 | … | … | … | … | … | … |
| 3 | $x^2 - 5x + 25$ | 25 | … | … | … | … | … | … |

**1°** Quelles formules a-t-on saisies, puis étirées vers la droite, dans les cellules B2 et B3 ?

**2°** Compléter le tableau (avec ou sans tableur).

**3°** Ce tableau met en évidence une solution entière de l'équation :

$$2x^2 - 5x + 9 = x^2 - 5x + 25.$$

Quelle est cette solution ?

**4°** Montrer que cette équation peut s'écrire sous la forme $x^2 - k = 0$ avec $k$ positif.
En déduire qu'il existe une seconde solution pour l'équation :

$$2x^2 - 5x + 9 = x^2 - 5x + 25.$$

## 23 ★★★ 10 min

(corrigé p. 78)

$ABC$ est un triangle rectangle en $A$ avec $AC = 3$ cm et $AB = 4$ cm.
Soit $I$ un point dont la position peut varier sur le segment $[AC]$.
La parallèle à $(AB)$ passant par $I$ coupe $[BC]$ en $J$.
La parallèle à $(AC)$ passant par $J$ coupe $[AB]$ en $K$.

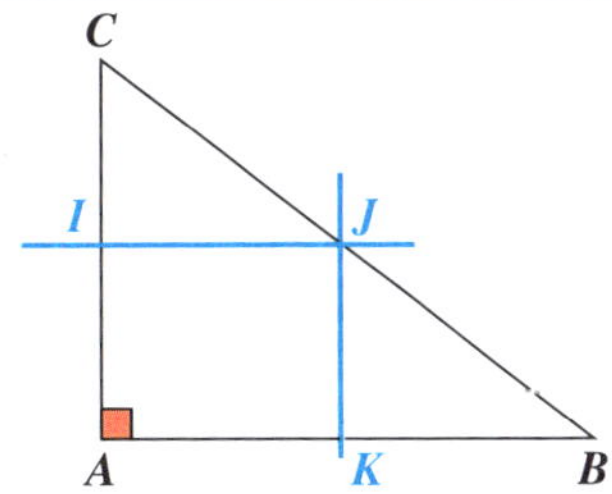


1° Démontrer que $AIJK$ est un rectangle.

2° Dans le cas où $AI = 1{,}5$ cm, calculer $IJ$, puis le périmètre et l'aire de $AIJK$.

3° Où devrait-on placer le point $I$ sur $[AC]$ pour que $AIJK$ soit un carré ?
Quels seraient alors le périmètre et l'aire de ce carré ?

## 24 ★★★ 10 min

(corrigé p. 78)

**Partie 1** On veut utiliser un tableur pour calculer des valeurs numériques d'une expression algébrique de degré 2 (l'exposant de la variable est 2). On ouvre une feuille de calcul.

| | | A | B | C | D | E | F | G | H |
|---|---|---|---|---|---|---|---|---|---|
| 1 | $x$ | 0 | 1 | 2 | 3 | 4 | 5 | 6 | 7 |
| 2 | $x^2 - 5x + 6$ | … | … | … | … | … | … | … | … |

1° Quelle formule faut-il saisir dans la cellule A2, puis étirer vers la droite pour obtenir les valeurs numériques de $x^2 - 5x + 6$ ?

2° Compléter le tableau (avec ou sans tableur).
Que peut-on en déduire pour les solutions de l'équation $x^2 - 5x + 6 = 6$ ?

**Partie 2** Le nombre $x$ est un nombre variable strictement supérieur à 3.
Le rectangle $ABCD$ a pour longueur $x - 2$ et pour largeur $x - 3$.

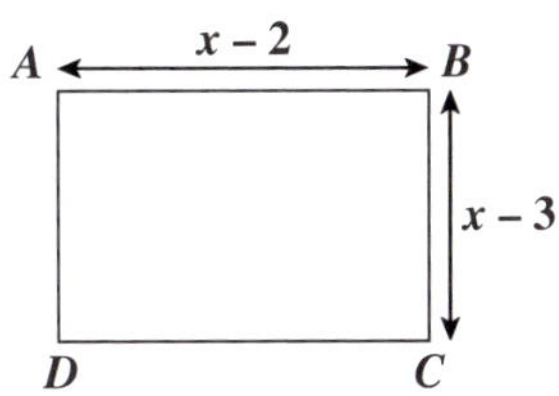


1° Exprimer en fonction de $x$ l'aire du rectangle $ABCD$.

2° Pour quelle valeur de $x$ cette aire est-elle égale à 6 ?

sujets du Brevet

# CORRIGÉS

**1** Soit $x$ le nombre de poules ($x$ est un entier naturel).
Il y a en tout 40 têtes (chaque animal a une tête) le nombre de lapins est $40 - x$.
Une poule a deux pattes et un lapin en a quatre ; en fonction de $x$, le nombre total de pattes est $2x + 4(40 - x)$.
On doit résoudre l'équation $2x + 4(40 - x) = 106$.
On développe et on réduit : $2x + 160 - 4x = 106$ ; $160 - 2x = 106$.
On transpose : $160 - 106 = 2x$ ; $2x = 54$ ; la solution est $\frac{54}{2}$, c'est-à-dire 27.
**Il y a 27 poules.**
*Vérification* : il y a 13 lapins et $2 \times 27 + 4 \times 13 = 106$.

La vérification permet de valider tous les calculs.

**2** Soit $x$ le nombre choisi au départ (nombre relatif quelconque). Le programme donne :

$$x \xmapsto{\times 2} 2x \xmapsto{+5} 2x + 5 \xmapsto{\times 3} 3(2x + 5).$$

Après développement, le résultat final est $6x + 15$.
On doit résoudre l'équation $6x + 15 = 87$ ; $6x = 87 - 15$ ; $6x = 72$.
La solution est $\frac{72}{6}$, c'est-à-dire 12.
**Le nombre choisi au départ est 12.**
*Vérification* : $12 \xmapsto{\times 2} 24 \xmapsto{+5} 29 \xmapsto{\times 3} 87$.

**3** Soit $x$ la première note ; on doit avoir $0 \leqslant x \leqslant 20$.
En fonction de $x$, la moyenne est $\frac{x + 13 + 8,5 + 12 + 15}{5}$, soit $\frac{1}{5}(x + 48,5)$.
On doit résoudre l'équation $\frac{1}{5}(x + 48,5) = 11$.
On peut multiplier les deux membres par 5 ; on a : $x + 48,5 = 55$.
$x = 55 - 48,5$ ; $x = 6,5$.
**La note oubliée est 6,5.**
*Vérification* : $\frac{6,5 + 13 + 8,5 + 12 + 15}{5} = \frac{55}{5} = 11$.

55 est le total des cinq notes.

**4** Soit $n$ le premier des quatre nombres ; $n$ est un entier naturel.
Les suivants sont $n + 1$ ; $n + 2$ et $n + 3$.
En fonction de $n$, la somme des nombres est :
$n + (n + 1) + (n + 2) + (n + 3)$ ; soit, après réduction : $4n + 6$.
On doit résoudre l'équation $4n + 6 = 110$ ; $4n = 110 - 6$ ; $4n = 104$.
La solution est $\frac{104}{4}$ soit 26.
**Les quatre nombres sont 26 ; 27 ; 28 ; 29.**
*Vérification* : $26 + 27 + 28 + 29 = 110$.

Pour des entiers naturels, il est d'usage d'appeler $n$ l'inconnue.

**5** On appelle $x$ la mesure, en cm, du côté du carré ($x > 0$).
Le côté du triangle équilatéral est aussi égal à $x$.
Le périmètre du carré est égal à $4x$ et celui du triangle est égal à $3x$.
La somme des deux périmètres doit être égale à la longueur de la tige.
On doit résoudre l'équation : $4x + 3x = 140$. On réduit : $7x = 140$.
La solution est 20 car $140 : 7 = 20$.
*Vérification* : $4 \times 20 + 3 \times 20 = 140$.
Le côté du carré a pour mesure 20 cm.
**L'aire du carré a pour mesure 400 cm²** car $20^2 = 400$.

**6** Soit $x$ le premier des trois nombres pairs ; $x$ est un entier naturel.
Les deux suivants sont $x + 2$ et $x + 4$.
En fonction de $x$, la somme des trois est :
$x + (x + 2) + (x + 4)$ soit $3x + 6$ après réduction.
On doit résoudre l'équation $3x + 6 = 180$ ;
$3x = 180 - 6$ ; $3x = 174$.
La solution est $\frac{174}{3}$, c'est-à-dire 58 (c'est un entier naturel pair).
**Les trois nombres sont 58 ; 60 et 62.**
*Vérification* : $58 + 60 + 62 = 180$.

Dans ce cas, on peut aussi choisir comme inconnu le second nombre.
Les trois nombres sont $x - 2$ ; $x$ et $x + 2$.
Après réduction, la somme est $3x$.
On résout l'équation $3x = 180$ (solution 60).
Les trois nombres sont 58 ; 60 et 62.

**7** Soit $x$ la mesure en cm du côté du carré initial ; $x$ est un nombre supérieur à 6.
En fonction de $x$, l'aire du carré est $x^2$.
L'aire de la partie restante est $x^2 - 4 \times 3^2$, soit $x^2 - 36$.
L'aire doit être égale au quart de l'aire initiale.
On doit résoudre l'équation $x^2 - 36 = \frac{1}{4} x^2$.
On transpose : $x^2 - \frac{1}{4} x^2 = 36$ ; $\frac{3}{4} x^2 = 36$ ;
$x^2 = 36 : \frac{3}{4}$ ; $x^2 = 36 \times \frac{4}{3}$ ; $x^2 = 48$.
Cette équation a deux solutions : $-\sqrt{48}$ et $\sqrt{48}$.
Seule la solution positive convient pour ce problème de géométrie.
**Le côté du carré initial est égal à $\sqrt{48}$ cm (soit environ 6,9 cm).**
*Vérification* :
Aire du carré initial : 48 cm²
car $(\sqrt{48})^2 = 48$.
Aire de la partie restante : 12 cm²
car $48 - 4 \times 9 = 12$.
12 cm² est bien le quart de 48 cm².

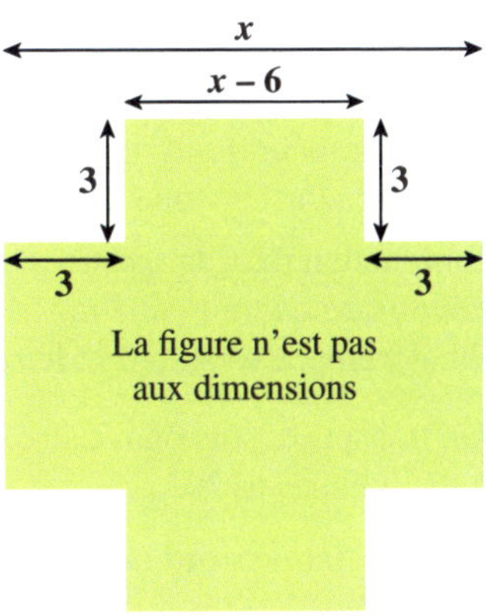


La vérification doit être faite avec la valeur exacte.
Avec 6,9 le carré initial a pour aire 47,61 cm² et la partie restante 11,61 cm².
11,61 n'est pas exactement le quart de 47,61.

Corrigés

**8** 1° Si le nombre choisi est 10, **le résultat est 101** car : $10 \longmapsto 100 \longmapsto 101$.

2° Appelons $x$ le nombre choisi au départ.
On a : $x \longmapsto x^2 \longmapsto x^2 + 1$. Pour obtenir 170, on doit avoir $x^2 + 1 = 170$.
On transpose : $x^2 + 1 - 170 = 0$ ; $x^2 - 169 = 0$ ; $x^2 - 13^2 = 0$.
On factorise le premier membre : $(x + 13)(x - 13) = 0$.
C'est une équation-produit ; chaque valeur qui annule un des facteurs est une solution.
$x + 13 = 0$ donne $x = -13$ et $x - 13 = 0$ donne $x = 13$.
L'équation admet deux solutions : – 13 et 13.

On peut aussi résoudre l'équation $x^2 = 169$ (elle a deux solutions – 13 et 13).

**Pour obtenir 170, on doit choisir au départ le nombre – 13 ou le nombre 13**.
*Vérification* : $-13 \longmapsto 169 \longmapsto 170$ ; $13 \longmapsto 169 \longmapsto 170$.

**9** Soit $x$ le nombre de lilas achetés ; $x$ est un nombre entier naturel.
Le nombre de magnolias achetés est $40 - x$ ; la dépense totale est $25x + 32(40 - x)$.
On doit résoudre l'équation $25x + 32(40 - x) = 1\,154$.
On développe et on réduit le premier membre : $1\,280 - 7x = 1\,154$.
On transpose : $1\,280 - 1\,154 = 7x$ ; $7x = 126$.
La solution est $\frac{126}{7}$ soit 18.

**Le paysagiste a acheté 18 lilas et 22 magnolias** car $40 - 18 = 22$.
*Vérification* : $18 \times 25 + 22 \times 32 = 1\,154$.

**10** 1° Soit $x$ le nombre de spectateurs ayant acheté une place de catégorie A ($x$ est un entier naturel inférieur à 350). On en déduit que $350 - x$ est le nombre de spectateurs ayant acheté une place de catégorie B.
En fonction de $x$, la recette est $12x + 20(350 - x)$.
On doit résoudre l'équation $12x + 20(350 - x) = 6\,040$.
On développe et on réduit le premier membre : $-8x + 7\,000 = 6\,040$.
On transpose, puis on réduit : $7\,000 - 6\,040 = 8x$ ; $960 = 8x$ ; $x = \frac{960}{8}$.
La solution est 120.

**120 spectateurs ont acheté une place de catégorie A.**
*Vérification* : $350 - 120 = 230$ ; $12 \times 120 + 20 \times 230 = 6\,040$.

2° Pour la catégorie A.
Réduction : 1,20 € car $12 \times \frac{10}{100} = 1{,}2$.
Prix d'une place : 10,80 € car $12 - 1{,}20 = 10{,}80$.
Pour la catégorie B.
Augmentation : 2 € car $20 \times \frac{10}{100} = 2$.
Prix d'une place : 22 € car $20 + 2 = 22$.
**La recette aurait été de 6 356 €** car $10{,}8 \times 120 + 22 \times 230 = 6\,356$.

Diminuer de 10 %, c'est multiplier le prix initial par 0,9 car $p - \frac{10}{100}p = p(1 - 0{,}1) = 0{,}9p$.
Ici : $12 \times 0{,}9 = 10{,}8$.
Augmenter de 10 %, c'est multiplier le prix initial par 1,1 car $p + \frac{10}{100}p = p(1 + 0{,}1) = 1{,}1p$.
Ici : $20 \times 1{,}1 = 22$.

**11** Soit $x$ le nombre de spectacles auxquels on assiste dans l'année.
$x$ est un nombre entier naturel.
En fonction de $x$, la dépense est de $9{,}5x$ sans abonnement et de $5{,}6x + 21$ avec abonnement.
Il est plus avantageux de s'abonner si $5{,}6x + 21 < 9{,}5x$.
Résolvons cette inéquation.
On transpose, puis on réduit : $21 < 9{,}5x - 5{,}6x$ ; $21 < 3{,}9x$.
L'inéquation s'écrit aussi $3{,}9x > 21$ soit $x > \frac{21}{3{,}9}$.
Les solutions sont tous les nombres entiers strictement supérieurs à $\mathbf{\frac{21}{3{,}9}}$.
La division de 21 par 3,9 donne environ 5,38 donc : $5 < \frac{21}{3{,}9} < 6$.
**Il faut assister à 6 spectacles ou plus** dans l'année pour que l'abonnement soit avantageux pour le spectateur.

**12** 1° L'aire $\mathscr{A}_1$ du triangle rectangle $ADM$ est telle que $\mathscr{A}_1 = \frac{AD \times DM}{2}$.
Avec $AD = 6$ et $DM = 2{,}4$, on a : $\mathscr{A}_1 = \frac{6 \times 2{,}4}{2}$ ; $\mathscr{A}_1 = 7{,}2$.
**L'aire du triangle est 7,2 cm²**.
L'aire du trapèze est égale à la différence entre l'aire du carré et l'aire du triangle.
**L'aire du trapèze est 28,8 cm²** car $6^2 - 7{,}2 = 28{,}8$.

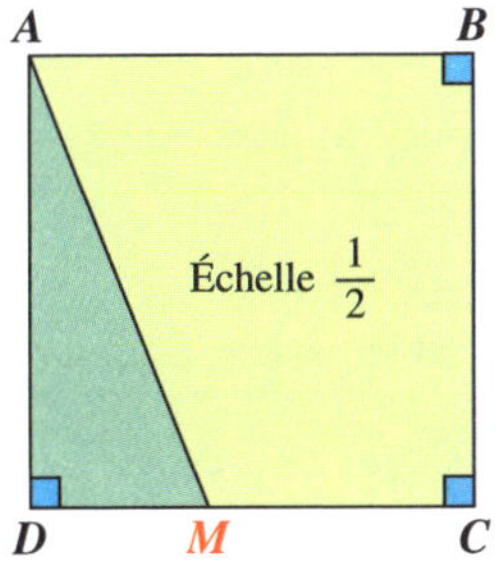


2° Soit $x$ la mesure en cm de $DM$. On doit avoir $0 < x < 6$.
Avec $AD = 6$ et $DM = x$, $\mathscr{A}_1 = \frac{6 \times x}{2}$ soit $\mathscr{A}_1 = 3x$.
L'aire du trapèze est alors égale à $36 - 3x$.
L'aire du triangle est inférieure au tiers de celle du trapèze si on a : $3x < \frac{1}{3}(36 - 3x)$.

L'aire de ce trapèze est égale à l'aire du carré diminuée de celle du triangle rectangle.

On développe le second membre : $3x < 12 - x$.
On transpose, puis on réduit : $3x + x < 12$ ; $4x < 12$.
On divise les deux membres par 4 (qui est positif) : $x < 3$.
Les solutions de l'inéquation sont tous les nombres strictement inférieurs à 3.
La distance doit être positive et, dans ce problème, inférieure à 6.
Les solutions qui conviennent sont les nombres $x$ tels que $0 < x < 3$.
**La distance *DM* doit être strictement comprise entre 0 cm et 3 cm.**

corrigés

**13** Soit $x$ le prix en euros du « *modèle luxe* » ; le « *modèle standard* » coûte $x - 2\,000$ ; il faut avoir $x > 2\,000$.

Pour le « *modèle luxe* », la remise est $\frac{8}{100}x$ et le coût après remise est $x - 0{,}08x$, soit $0{,}92x$.

Dire que le prix du « *modèle luxe* » avec une remise de 8 % est inférieur à celui du « *modèle standard* », c'est dire que $0{,}92x < x - 2\,000$.

On transpose, puis on réduit $2\,000 < x - 0{,}92x$ ; $2\,000 < 0{,}08x$, c'est-à-dire $0{,}08x > 2\,000$.

On divise les deux membres par 0,08 (qui est positif) : $x > \frac{2\,000}{0{,}08}$ ; $x > 25\,000$.

> L'équation $0{,}08x > 2\,000$ traduit le fait que la remise doit être supérieure à la différence de prix.

Les solutions de l'inéquation sont les nombres strictement supérieurs à 25 000.

**Avant remise, le « *modèle luxe* » coûtait plus de 25 000 €.**

*Vérification* :

Prenons pour prix initial, par exemple, 26 000 € pour le « *modèle luxe* » et 24 000 € pour le « *modèle standard* ».

Après remise le modèle luxe coûte 23 920 € (car $26\,000 \times 0{,}92 = 23\,920$) soit 80 € de moins que le modèle standard.

**14** **1°** Si on choisit le nombre – 3 le programme B donne 0 car $(-3 + 3) \times 3 = 0$.

Le programme A donne – 2 car $(-3 + 2) \times 2 = -2$.

**Le programme B donne un résultat supérieur à celui du programme A** car $0 > -2$.

**2°** Soit $x$ le nombre choisi (l'énoncé impose que $x$ soit un entier négatif).

Programme A : $x \longmapsto x + 2 \longmapsto 2(x + 2)$.

Programme B : $x \longmapsto x + 3 \longmapsto 3(x + 3)$.

Le programme B donne un résultat supérieur à celui du programme A lorsque l'on a : $3(x + 3) > 2(x + 2)$.

On développe dans les deux membres : $3x + 9 > 2x + 4$.

On transpose, puis on réduit : $3x - 2x > 4 - 9$ ; $x > -5$.

Les solutions de l'inéquation sont tous les nombres strictement supérieurs à – 5.

Le nombre cherché doit être un entier négatif strictement supérieur à – 5.

**On a le choix entre – 4, – 3, – 2, – 1 ou 0.**

> Le nombre 0 est à la fois positif et négatif.

**15** **Il y a 12 voitures.**

Soit $x$ le nombre de voitures ($x$ entier naturel) ;
le nombre de motos est $28 - x$.

Une voiture a quatre roues et une moto en a deux.

En fonction de $x$, le nombre de roues est $4x + 2(28 - x)$.

On doit résoudre l'équation $4x + 2(28 - x) = 80$.

On développe, puis on réduit : $4x + 56 - 2x = 80$ ; $2x + 56 = 80$.

On transpose, puis on réduit : $2x = 80 - 56$ ; $2x = 24$.

La solution est $\frac{24}{2}$, c'est-à-dire 12.

Donc 12 voitures et 16 motos, soit 80 roues car $4 \times 12 + 2 \times 16 = 80$.

**16** Soit $x$ la hauteur totale (en m) de cet iceberg.

Sous l'eau il y a 90 % de la hauteur totale, soit $\frac{90}{100}x$ ou $0{,}9x$.
La partie visible est donc $x - 0{,}9x$ soit $0{,}1x$.
On doit résoudre l'équation $0{,}1x = 35$.
La solution est 350 car $35 : 0{,}1 = 350$.
**Cet iceberg a une hauteur totale de 350 m**.

*Vérification* :
$350 \times \frac{90}{100} = 315$ et $350 - 315 = 35$.

**17** Soit $x$ le nombre d'élèves ; $x$ est un nombre entier naturel.
En fonction de $x$, le nombre de demi-pensionnaires est $\frac{3}{5}x$ et le nombre de pensionnaires est $\frac{3}{10}x$.
On doit résoudre l'équation $\frac{3}{5}x + \frac{3}{10}x + 72 = x$.
On réduit : $\frac{9}{10}x + 72 = x$.
On transpose, puis on réduit : $72 = x - \frac{9}{10}x$ ; $72 = \frac{1}{10}x$.
La solution est 720 car $72 : \frac{1}{10} = 72 \times \frac{10}{1} = 720$.

$\frac{3}{5} + \frac{3}{10} = \frac{6}{10} + \frac{3}{10} = \frac{9}{10}$.
$1 - \frac{9}{10} = \frac{10}{10} - \frac{9}{10} = \frac{1}{10}$.

**Il y a 720 élèves dans cet établissement**.

*Vérification* :
$\frac{3}{5} \times 720 = 432$ ; $\frac{3}{10} \times 720 = 216$ et $432 + 216 + 72 = 720$.

**18** 1° Si on n'utilise que des billets de 10 €, on devra donner **39 billets de 10 €** car $390 : 10 = 39$.
Si on donne le plus grand nombre de billets de 20 €, on devra donner **19 billets de 20 € et 1 billet de 10 €** car la division euclidienne de 390 par 20 a pour quotient 19 et pour reste 10.

2° Soit $x$ le nombre de billets de 10 € ; $x$ est un nombre entier naturel inférieur à 27.
On a donné $27 - x$ billets de 20 €.
En fonction de $x$, la dépense est $10x + 20(27 - x)$.
On doit résoudre l'équation $10x + 20(27 - x) = 390$.
On développe, puis on réduit : $10x + 540 - 20x = 390$ ; $-10x + 540 = 390$.
On transpose, puis on réduit : $-10x = 390 - 540$ ; $-10x = -150$.
La solution est 15 car $\frac{-150}{-10} = \frac{150}{10} = 15$.
**On a donné 15 billets de 10 € et 12 billets de 20 €**.

*Vérification* :
$15 \times 10 + 12 \times 20 = 390$.

**19** On appelle $x$ la mesure en mm du côté d'un carré ; $x$ est un nombre positif.
La mesure, en mm, du côté du triangle équilatéral est égal à $x + 15$.

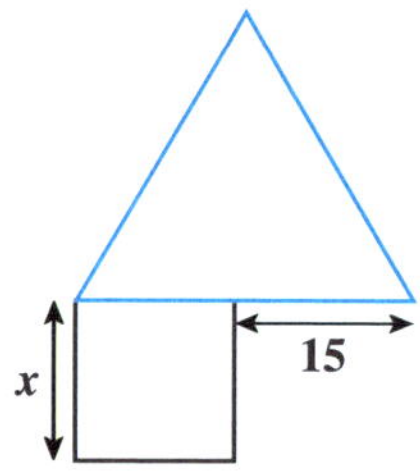


En fonction de $x$, le périmètre du carré est $4x$ et celui du triangle équilatéral est $3(x + 15)$.
Pour que le périmètre du carré soit strictement supérieur à celui du triangle, il faut avoir : $4x > 3(x + 15)$.
Résolvons cette inéquation.
On développe le second membre : $4x > 3x + 45$.
On transpose, puis on réduit : $4x - 3x > 45$ ; $x > 45$.
Les solutions sont tous les nombres strictement supérieurs à 45.

**Le côté du carré doit être strictement supérieur à 45 mm**.
*Vérification* :
(en prenant, par exemple, 46 mm pour le côté du carré).
Périmètre du carré : 184 mm car $46 \times 4 = 184$.
Périmètre du triangle : 183 mm car $(46 + 15) \times 3 = 61 \times 3 = 183$.

**20** Soit $x$ le prix initial en euros du pantalon ; $x$ est un nombre positif inférieur à 135.
Le prix initial en euros de la chemise est $135 - x$.
Après remise de 20 %, le pantalon coûte $0,8x$
car $x - \frac{20}{100}x = x(1 - 0,2) = 0,8x$.
Après remise de 30 %, la chemise coûte
$0,7(135 - x)$
car $(135 - x) - \frac{30}{100}(135 - x) = (135 - x)(1 - 0,3)$, soit $0,7(135 - x)$.

Il est bon de retenir qu'une remise de 20 % revient à multiplier le prix initial par 0,8 et une remise de 30 % revient à multiplier le prix initial par 0,7.

En fonction de $x$, la dépense totale après remise est de $0,8x + 0,7(135 - x)$.
On doit résoudre l'équation $0,8x + 0,7(135 - x) = 103,5$.
On développe, puis on réduit : $0,8x + 94,5 - 0,7x = 103,5$ ; $0,1x + 94,5 = 103,5$.
On transpose, puis on réduit : $0,1x = 103,5 - 94,5$ ; $0,1x = 9$.
La solution est 90 car $9 : 0,1 = 90$.
**Avant remise, le pantalon coûtait 90 €**.
*Vérification* :
Le pantalon coûtait 90 € et la chemise 45 €.
Après remise, on doit payer 103,5 € car $90 \times \frac{80}{100} + 45 \times \frac{70}{100} = 103,5$.

**21** 1° **Ces deux affirmations sont vraies.**

$\mathbf{\frac{4}{7} > \frac{1}{2}}$ car $\frac{8}{14} > \frac{7}{14}$ ; $\mathbf{\frac{5}{9} > \frac{1}{2}}$ car $\frac{10}{18} > \frac{9}{18}$.

$\mathbf{\frac{4}{7} + \frac{5}{9} > 1}$ car $\frac{36}{63} + \frac{35}{63} = \frac{71}{63}$ et $\frac{71}{63} > 1$.

> $\frac{71}{63} > 1$ car $\frac{71}{63} > \frac{63}{63}$ et $71 > 63$.
> Avec des nombres positifs, si le numérateur est supérieur au dénominateur, le quotient est supérieur à 1.

2° Soit $x$ le coût de cette propriété ; $x$ est un nombre positif.

La première personne possède $\frac{4}{7}x$ et la seconde possède $\frac{5}{9}x$, soit au total $\frac{71}{63}x$.

Si on retranche de ce total le coût de la propriété, il reste 36 000 €.

On doit résoudre l'équation $\frac{71}{63}x - x = 36\,000$.

On réduit : $\frac{71}{63}x - \frac{63}{63}x = 36\,000$ ; $\frac{8}{63}x = 36\,000$.

La solution est 283 500 car $36\,000 : \frac{8}{63} = 36\,000 \times \frac{63}{8} = 283\,500$.

**Cette propriété coûte 283 500 €.**

*Vérification* : $283\,500 \times \frac{4}{7} = 162\,000$ ; $283\,500 \times \frac{5}{9} = 157\,500$ ;

$(162\,000 + 157\,500) - 283\,500 = 36\,000$.

**22**

1° Dans la cellule B2, on a saisi la formule **= 2*B1^2 – 5*B1 + 9** qui a ensuite été étirée (ou copiée) vers la droite.
Dans la cellule B3, on a saisi la formule **= B1^2 – 5*B1 + 25** qui a ensuite été étirée (ou copiée) vers la droite.

| 2° | A | B | C | D | E | F | G | H |
|---|---|---|---|---|---|---|---|---|
| 1 | $x$ | 0 | 1 | 2 | 3 | 4 | 5 | 6 |
| 2 | $2x^2 - 5x + 9$ | 9 | **6** | **7** | **12** | **21** | **34** | **51** |
| 3 | $x^2 - 5x + 25$ | 25 | **21** | **19** | **19** | **21** | **25** | **31** |

3° Dans la colonne F on voit que la valeur numérique des deux expressions est la même (on lit 21 dans les cellules F2 et F3).
**4 est donc une solution de l'équation $2x^2 - 5x + 9 = x^2 - 5x + 25$.**

4° L'équation $2x^2 - 5x + 9 = x^2 - 5x + 25$ s'écrit :
$2x^2 - 5x + 9 - x^2 + 5x - 25 = 0$ (on a transposé tous les termes dans le premier membre) ; $x^2 - 16 = 0$ (après réduction) ; $(x + 4)(x - 4) = 0$.
Chaque valeur qui annule un des facteurs est solution de cette équation-produit.
$x + 4 = 0$ lorsque $x = -4$ et $x - 4 = 0$ lorsque $x = 4$.
**L'équation $2x^2 - 5x + 9 = x^2 - 5x + 25$ admet une seconde solution : – 4.**

corrigés

**23** 1° Par construction, on a : $(IJ)//(AB)$ et $(JK)//(AC)$ ; le quadrilatère $AIJK$, qui a ses côtés opposés parallèles, est un parallélogramme.
Ce parallélogramme a un angle droit ($\hat{A} = 90°$),
***AIJK* est donc un rectangle**.

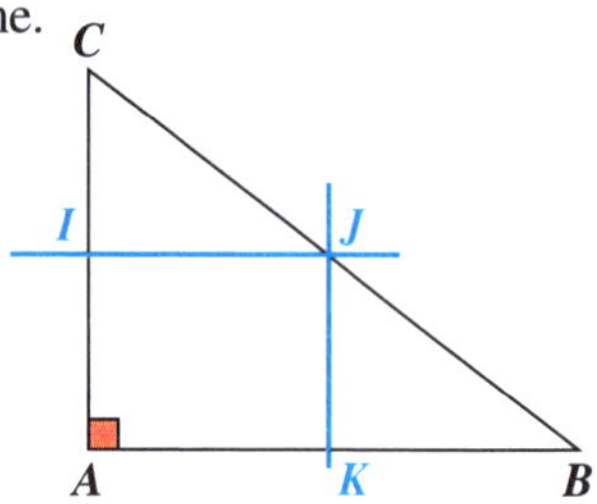


2° Dans le triangle $ABC$, on a : $I \in [CA]$, $J \in [CB]$ et $(IJ)//(AB)$.

D'après le théorème de Thalès on a : $\frac{CI}{CA} = \frac{CJ}{CB} = \frac{IJ}{AB}$

avec $CI = CA - AI = 1{,}5$ cm.

On en déduit : $\frac{1{,}5}{3} = \frac{IJ}{4}$ ; $3IJ = 1{,}5 \times 4$ ; $IJ = \frac{6}{3}$ ; $\boldsymbol{IJ = 2}$ **cm**.

**Périmètre du rectangle : 7 cm** car $2(1{,}5 + 2) = 7$.

**Aire du rectangle : 3 cm²** car $1{,}5 \times 2 = 3$.

3° Pour que $AIJK$ soit un carré il suffit que deux côtés consécutifs du rectangle $AIJK$ soient égaux. On doit donc avoir $AI = IJ$.

Soit $x$ la distance $AI$ ; on doit avoir $0 < x < 3$ ; la distance $IJ$ est égale à $x$ et la distance $CI$ est alors égale à $3 - x$ et avec le théorème de Thalès on a :

$\frac{CI}{CA} = \frac{IJ}{AB}$ ; $\frac{3-x}{3} = \frac{x}{4}$.

L'égalité des produits en croix donne : $4(3 - x) = 3x$.

On développe, puis on transpose : $12 - 4x = 3x$ ; $12 = 3x + 4x$.

On réduit : $12 = 7x$ ; la solution est $\frac{12}{7}$.

La condition $0 < x < 3$ est satisfaite car $0 < \frac{12}{7} < \frac{21}{7}$.

***AIJK* est un carré lorsque la distance *AI* est égale à $\boldsymbol{\frac{12}{7}}$ cm**.

**Périmètre : $\boldsymbol{\frac{48}{7}}$ cm** car $\frac{12}{7} \times 4 = \frac{48}{7}$. **Aire : $\boldsymbol{\frac{144}{49}}$ cm²** car $\left(\frac{12}{7}\right)^2 = \frac{144}{49}$.

**24** **Partie 1**

1° Dans la cellule A2, on doit saisir la formule **= A1^2 – 5*A1 + 6**.

2°

| | | A | B | C | D | E | F | G | H |
|---|---|---|---|---|---|---|---|---|---|
| **1** | $x$ | 0 | 1 | 2 | 3 | 4 | 5 | 6 | 7 |
| **2** | $x^2 - 5x + 6$ | **6** | **2** | **0** | **0** | **2** | **6** | **12** | **20** |

L'équation $x^2 - 5x + 6 = 6$ a **deux solutions** : **0** (colonne A) et **5** (colonne F).

**Partie 2**

1° L'aire du rectangle $ABCD$ est $(x - 2)(x - 3)$ soit après développement $x^2 - 5x + 6$.

2° Cette aire est-elle égale à 6 lorsque $x$ est solution de l'équation $x^2 - 5x + 6 = 6$.
La partie A donne deux solutions : 0 et 5 ; seule la solution 5 convient car on doit avoir $x > 3$. **Cette aire est égale à 6 lorsque $\boldsymbol{x = 5}$.**

*Vérification* :
Longueur : 3 (car $5 - 2 = 3$) ; largeur 2 (car $5 - 3 = 2$) ; aire : 6 (car $3 \times 2 = 6$).

# Fonction linéaire

# 6

# LE COURS

## Définition. Notation et vocabulaire

Le nombre $a$ est un nombre relatif constant et $x$ un nombre relatif variable.
La relation qui, au nombre variable $x$ fait correspondre le nombre $y$ obtenu en multipliant $x$ par $a$ est appelée **fonction linéaire** de coefficient $a$.

- On peut la noter « $x \longmapsto y$ tel que $y = ax$ » ou plus simplement « $x \longmapsto ax$ ».
($\longmapsto$ se lit « *a pour image* ».)
Si on nomme $f$ cette fonction, on écrit $f(x) = ax$.
($f(x)$ se lit « $f$ de $x$ ».)

- Le **programme de calcul** suivant définit la fonction linéaire $f$ telle que $x \longmapsto -3x$.

> Choisir un nombre
> Multiplier ce nombre par – 3
> Afficher le résultat

Avec ce programme, si on choisit 2, on obtient le nombre – 6 car $-3 \times 2 = -6$.
Le nombre – 6 est l'**image** de 2 ; le nombre 2 est l'**antécédent** de – 6.

- Pour une fonction linéaire de coefficient $a$, si l'on considère une suite de valeurs données à $x$ et la suite de leurs images, on obtient deux **suites proportionnelles de coefficient** $\boldsymbol{a}$.
Pour la fonction linéaire $f$ telle que $x \longmapsto -3x$, on a :

| $x$ | – 3 | – 2 | – 1 | 0 | 1 | 2 | 3 |
|---|---|---|---|---|---|---|---|
| $f(x)$ | 9 | 6 | 3 | 0 | – 3 | – 6 | – 9 |

× (– 3)

Les nombres de la seconde ligne sont proportionnels à ceux de la première ligne (le **coefficient de proportionnalité** est – 3).
Les nombres de la première ligne sont proportionnels à ceux de la seconde ligne $\left(\text{le } \textbf{coefficient de proportionnalité} \text{ est } \frac{1}{-3} \text{ ou } -\frac{1}{3}\right)$.

## Détermination d'une fonction linéaire

• **Une fonction linéaire est déterminée dès que l'on connaît le coefficient $a$.**
La connaissance de $a$ suffit pour calculer l'image ou l'antécédent de n'importe quel nombre.
Si $a = -3$, on a $f(x) = -3x$.
– **L'image** de 50 est – 150 car $-3 \times 50 = -150$.
– **L'antécédent** de 240 est – 80 ; – 80 est la solution de l'équation $-3x = 240$.

• **Une fonction linéaire est déterminée dès que l'on connaît un nombre non nul et son image car cela suffit pour calculer le coefficient.**
Soit $f$ la fonction linéaire telle que 2 a pour image – 3.
Le coefficient $a$ est tel que $a \times 2 = -3$ ; d'où : $a = -1{,}5$ et $f(x) = -1{,}5x$.

## Représentation graphique d'une fonction linéaire

Dans un repère d'origine $O$, la représentation graphique d'une fonction linéaire est une droite sécante en $O$ avec l'axe des ordonnées.

La fonction linéaire $f$ telle que $f(x) = -1{,}5x$ est représentée par la droite $D$.
Cela veut dire :
– si un point $M(x ; y)$ est tel que $y = -1{,}5x$, alors $M$ est situé sur la droite $D$ ;
– si un point $M(x ; y)$ est situé sur la droite $D$, alors on a : $y = -1{,}5x$.
On dit que « *la relation $y = -1{,}5x$ caractérise les points de la droite D* ».

Un point distinct de l'origine du repère suffit pour tracer la droite $D$.

La droite $D$, représentant la fonction linéaire $f$ telle que $f(x) = -1{,}5x$ passe par $O(0 ; 0)$ et par le point $A(2 ; -3)$.
**L'image** de – 4 se lit sur l'axe $y'y$ ; c'est 6 (flèches vertes).
**L'antécédent** de 3 se lit sur l'axe $x'x$ ; c'est – 2 (flèches violettes).

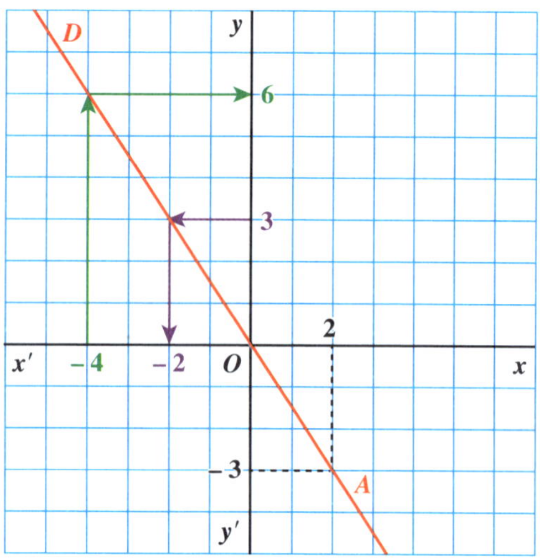


## Augmentation ou diminution en pourcentage

• Augmenter un nombre de $n$ % c'est multiplier ce nombre par $1 + \frac{n}{100}$.
*Exemple* : Un objet coûte 20 € ; après une augmentation de 5 %, il coûte 21 € car $1 + 0{,}05 = 1{,}05$ et $20 \times 1{,}05 = 21$.
• Diminuer un nombre de $n$ % c'est multiplier ce nombre par $1 - \frac{n}{100}$.
*Exemple* : Un objet coûte 50 € ; après une diminution de 8 %, il coûte 46 € car $1 - 0{,}08 = 0{,}92$ et $50 \times 0{,}92 = 46$.

# EXERCICES

## Tester ses connaissances

### 1

(corrigé p. 86)

Soit $f$ la fonction linéaire telle que $f(x) = -4x$.
Compléter le tableau :

| $x$ | $-3$ | $-2$ | $-1$ | $0$ | $1$ | $2$ | $3$ |
|---|---|---|---|---|---|---|---|
| $f(x)$ | … | … | … | … | … | … | … |



### 2

(corrigé p. 86)

Soit un programme de calcul :

> Choisir un nombre
> Multiplier ce nombre par 1,8
> Afficher le résultat

1° Quelle est la fonction linéaire associée à ce programme ?

2° Quelles sont les images respectives de – 4,5 et de 4,5 ?

3° Quel est l'antécédent de 4,5 ?

### 3

(corrigé p. 86)

La fonction linéaire $f$ est telle que $f(x) = -\frac{2}{3}x$.

1° Quelles sont les images respectives de $-\frac{3}{4}$ et de $\frac{3}{4}$ ?

2° Quel est l'antécédent de $\frac{5}{3}$ ?

### 4

(corrigé p. 86)

Déterminer la fonction linéaire $f$ de coefficient $a$ dans chacun des cas suivants.

| | $a$ | $f(x)$ |
|---|---|---|
| **5 a pour image – 10** | | |
| **$-7 \longmapsto 21$** | | |
| **$f(-4) = 16$** | | |
| **30 a pour antécédent 3** | | |

### 5

(corrigé p. 86)

Représenter dans un même repère d'origine $O$ les fonctions linéaires $f$ et $g$ telles que $f(x) = -2x$ et $g(x) = 0{,}5x$.

## S'entraîner

### Vocabulaire et détermination

**6** ★ 5 min (corrigé p. 87)

Une fonction linéaire est telle que $x \longmapsto y$ avec $y = -0{,}8x$.
Compléter la phrase suivante.
Pour cette fonction linéaire, le coefficient est … ; l'image de 5 est … ; le nombre – 6 a pour image … ; l'antécédent de 16 est … ; – 24 a pour antécédent … .

**7** ★ 10 min (corrigé p. 87)

Soient $f$ et $g$ deux fonctions linéaires telles que $f(x) = 2{,}5x$ et $g(x) = -0{,}4x$.
Compléter les tableaux.

| $x$ | – 3,4 | – 2,5 | – 1,6 | 0 | 1,3 | 2,4 | 3,5 |
|---|---|---|---|---|---|---|---|
| $f(x)$ | … | … | … | … | … | … | … |

| $x$ | – 3,4 | – 2,5 | – 1,6 | 0 | 1,3 | 2,4 | 3,5 |
|---|---|---|---|---|---|---|---|
| $g(x)$ | … | … | … | … | … | … | … |

**8** ★ 10 min (corrigé p. 87)

Un automobiliste a payé 80 € pour 64 L de carburant.

1° Compléter le tableau de proportionnalité.

| Quantité (L) | 10 | 20 | 30 | 40 | 64 |
|---|---|---|---|---|---|
| Prix à payer (€) | … | … | … | … | 80 |

2° On appelle $x$ le nombre de litres de carburant et $y$ le prix à payer.
La relation $x \longmapsto y$ est-elle une fonction linéaire ?

**9** ★★ 5 min (corrigé p. 87)

Déterminer la fonction linéaire dans chacun des cas suivants :

1° 2,5 a pour image – 15.

2° L'image de $\frac{2}{3}$ est 12.

3° 0,5 a pour antécédent – 2.

4° L'antécédent de $\frac{1}{5}$ est $\frac{3}{8}$.

**10** ★★ 5 min (corrigé p. 87)

Cocher l'affirmation exacte et justifier la réponse.

❒ Pour une fonction linéaire, deux nombres opposés ont la même image.
❒ Pour une fonction linéaire, deux nombres opposés ont des images opposées.

## Représentation graphique

**11** ★ 5 min (corrigé p. 87)

1° Représenter graphiquement la fonction linéaire $f$ telle que $f(x) = -0{,}4x$.

2° Lire sur le graphique l'ordonnée du point $B$ ayant pour abscisse 3 et l'abscisse du point $C$ ayant pour ordonnée $-2{,}4$.

**12** ★ 10 min (corrigé p. 88)

Représenter dans un même repère cartésien les fonctions linéaires $f$ et $g$ telles que $f(x) = \frac{2}{3}x$ et $g(x) = -\frac{3}{2}x$.

**13** ★★ 10 min (corrigé p. 88)

Soit $f$ la fonction linéaire telle que $f(x) = -0{,}6\,x$ et $D$ sa représentation graphique.

1° Justifier l'affirmation suivante : les points $A(2\,;-1{,}2)$, $B(5\,;-3)$, $C(-5{,}5\,;3{,}3)$ sont trois points de la droite $D$.

2° Quelle est l'ordonnée du point de $D$ ayant pour abscisse 1,5 ?

3° Quelle est l'abscisse du point de $D$ ayant pour ordonnée $-1{,}8$ ?

**14** ★★ 10 min (corrigé p. 88)

Les droites ($OA$) et ($OB$) sont les représentations graphiques de deux fonctions linéaires. Déterminer ces fonctions linéaires.

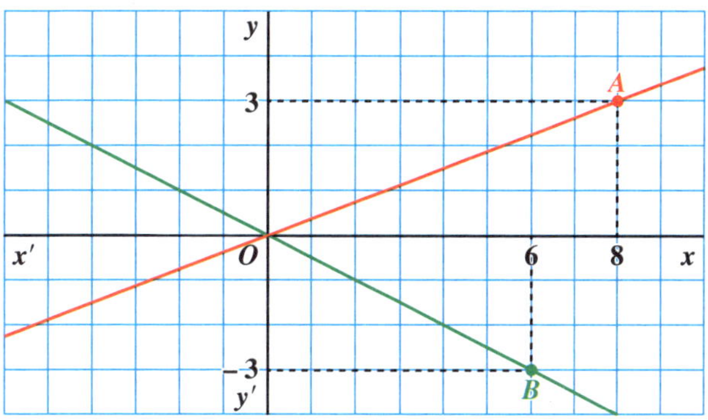


**15** ★★★ 10 min (corrigé p. 89)

Soient $A(1{,}5\,;3{,}5)$ et $B(4{,}5\,;10{,}5)$ deux points dans un repère cartésien d'origine $O$. Justifier l'affirmation suivante : les points $O$, $A$ et $B$ sont situés sur une même droite.

**16** ★★★ 15 min (corrigé p. 89)

1° Placer dans un repère cartésien d'origine $O$ les points $A(4\,;5)$ et $B(4\,;3)$.

2° Quelle est l'abscisse du point $C$ de la droite ($OA$) ayant la même ordonnée que $B$ ? Quelle est l'ordonnée du point $D$ de la droite ($OB$) ayant la même abscisse que $C$ ?

exercices

## Variation en pourcentage

**17** ★ 10 min (corrigé p. 90)

Une entreprise décide d'augmenter de 4 % le prix de tous les objets fabriqués.

1° Compléter le tableau suivant.

| **Prix initial (€)** | **100** | **200** | **250** | **280** | **300** | **320** |
|---|---|---|---|---|---|---|
| **Augmentation (€)** | 4 | … | … | … | … | … |
| **Prix final (€)** | 104 | … | … | … | … | … |

2° Cocher la bonne réponse et justifier.
Si on appelle $x$ le prix initial, le prix final $y$ est tel que :

❐ $y = 0{,}04x$

❐ $y = 1{,}04x$.

**18** ★ 10 min (corrigé p. 90)

Un pays décide de diminuer de 10 % la vitesse maximale autorisée sur les routes.

1° Compléter le tableau suivant.

| **Vitesse initiale (km/h)** | **50** | **70** | **90** | **110** | **130** |
|---|---|---|---|---|---|
| **Diminution (km/h)** | 5 | … | … | … | … |
| **Vitesse finale (km/h)** | 45 | … | … | … | … |

2° Cocher la bonne réponse et justifier.
Si on appelle $x$ l'ancienne vitesse maximale autorisée et $y$ la nouvelle vitesse maximale autorisée, on a :

❐ $y = 0{,}1x$

❐ $y = 0{,}9x$

**19** ★★ 10 min (corrigé p. 90)

1° Après une augmentation de 15 %, la production d'une entreprise atteint 2 500 tonnes.
Quelle était sa production initiale ?

2° Après une diminution de 8 %, la consommation d'eau d'une famille est de 90 $m^3$.
Quelle était la consommation précédente de cette famille ?

**20** ★★ 10 min (corrigé p. 91)

1° Un coureur a parcouru 20 km en 1 h 12 min. Il calcule qu'il a mis exactement 10 % de moins que l'année précédente sur le même parcours.
Quelle était sa performance précédente ?

2° Un autre concurrent a aussi parcouru les 20 km en 1 h 12. Il calcule qu'il a mis 20 % de plus que l'année précédente sur le même parcours.
Quelle était sa performance précédente ?

# SUJETS DU BREVET

## 21 ★★ 15 min

(corrigé p. 91)

1° En utilisant le graphique ci-dessous, répondre aux questions suivantes :

a) Quel volume de glace obtient-on à partir de 5 L d'eau liquide ?

b) Quel volume d'eau liquide faut-il mettre à geler pour obtenir 3,5 L de glace ?

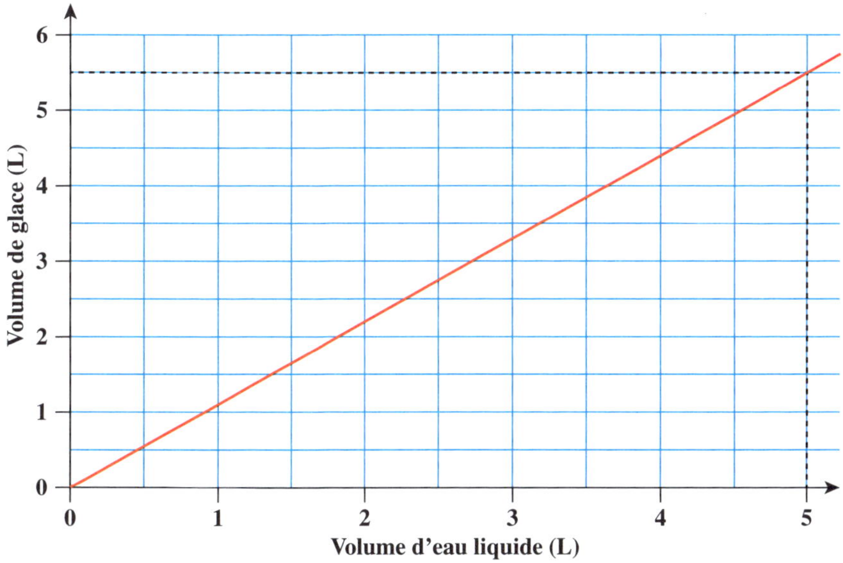


2° Cette représentation graphique montre que le volume de glace est proportionnel au volume d'eau. Quelle est la fonction linéaire représentée par ce graphique ? Calculer le volume d'eau liquide nécessaire pour obtenir 3,5 L de glace.

## 22 ★★★ 15 min

(corrigé p. 92)

On appelle « *distance de réaction* » la distance parcourue par un véhicule entre le moment où le conducteur voit l'obstacle et le moment où il va freiner.

On admet que la distance de réaction $y$ (en mètres) se calcule en fonction de la vitesse $x$ du mobile (en km/h) avec la formule $y = \frac{5}{18}x$.

1° Compléter le tableau.

| $x$ (km/h) | 45 | 54 | 72 | 90 | 108 |
|---|---|---|---|---|---|
| $y$ (m) | … | … | … | … | … |

2° Représenter la fonction linéaire $f$ telle que $f(x) = \frac{5}{18}x$.

3° À quelle vitesse la distance de réaction est-elle égale à 35 m ?

# CORRIGÉS

## 1

| $x$ | $-3$ | $-2$ | $-1$ | $0$ | $1$ | $2$ | $3$ |
|---|---|---|---|---|---|---|---|
| $f(x)$ | 12 | 8 | 4 | 0 | $-4$ | $-8$ | $-12$ |

$\times(-4)$

## 2

1° La fonction linéaire associée à ce programme est $x \longmapsto y$ avec $\boldsymbol{y = 1{,}8x}$.

2° **L'image de – 4,5 est – 8,1** car $1{,}8 \times (-4{,}5) = -8{,}1$.
**L'image de 4,5 est 8,1** car $1{,}8 \times 4{,}5 = 8{,}1$.

3° **L'antécédent de 4,5 est 2,5** car l'équation $1{,}8x = 4{,}5$ a pour solution $\dfrac{4{,}5}{1{,}8}$ soit 2,5.

## 3

1° **L'image de** $\boldsymbol{-\dfrac{3}{4}}$ **est** $\boldsymbol{\dfrac{1}{2}}$ car $-\dfrac{2}{3} \times \left(-\dfrac{3}{4}\right) = \dfrac{1}{2}$ après simplifications.

**L'image de** $\boldsymbol{\dfrac{3}{4}}$ **est** $\boldsymbol{-\dfrac{1}{2}}$ car $-\dfrac{2}{3} \times \dfrac{3}{4} = -\dfrac{1}{2}$ après simplifications.

2° **L'antécédent de** $\boldsymbol{\dfrac{5}{3}}$ **est** $\boldsymbol{-\dfrac{5}{2}}$ car l'équation $-\dfrac{2}{3}x = \dfrac{5}{3}$ a pour solution
$\dfrac{5}{3} : \left(-\dfrac{2}{3}\right) = \dfrac{5}{3} \times \left(-\dfrac{3}{2}\right)$ soit, après simplification, $-\dfrac{5}{2}$.

## 4

| | $a$ | $f(x)$ |
|---|---|---|
| **5 a pour image – 10** | $-2$ | $x \longmapsto -2x$ |
| $\boldsymbol{-7 \longmapsto 21}$ | $-3$ | $x \longmapsto -3x$ |
| $\boldsymbol{f(-4) = 16}$ | $-4$ | $x \longmapsto -4x$ |
| **30 a pour antécédent 3** | 10 | $x \longmapsto 10x$ |

On a :
$\dfrac{-10}{5} = -2$ ;
$\dfrac{21}{-7} = -3$ ;
$\dfrac{16}{-4} = -4$ ;
$\dfrac{30}{3} = 10$.

## 5

La droite $D_1$ représentant la fonction $f$ telle que $f(x) = -2x$ passe par l'origine du repère et le point $A(2\,;-4)$.

La droite $D_2$ représentant la fonction $g$ telle que $g(x) = 0{,}5x$ passe par l'origine du repère et le point $B(4\,;2)$.

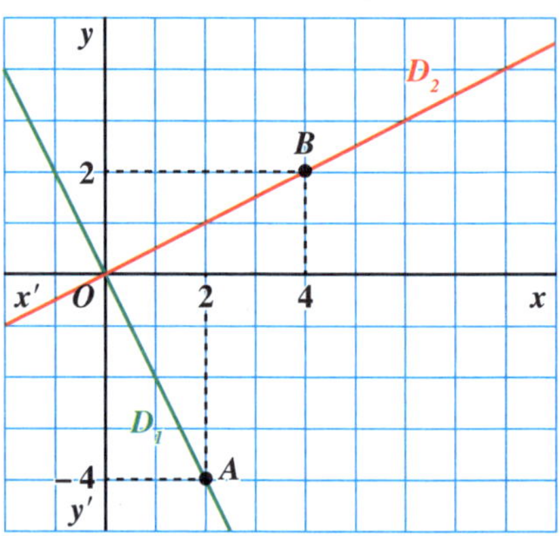

**6** Pour cette fonction linéaire, le coefficient est **– 0,8** ; l'image de 5 est **– 4** ; le nombre – 6 a pour image **4,8** ; l'antécédent de 16 est **– 20** ; – 24 a pour antécédent **30**.

**7**

| $x$ | – 3,4 | – 2,5 | – 1,6 | 0 | 1,3 | 2,4 | 3,5 |
|---|---|---|---|---|---|---|---|
| $f(x)$ | – 8,5 | – 6,25 | – 4 | 0 | 3,25 | 6 | 8,75 |

× 2,5

| $x$ | – 3,4 | – 2,5 | – 1,6 | 0 | 1,3 | 2,4 | 3,5 |
|---|---|---|---|---|---|---|---|
| $g(x)$ | 1,36 | 1 | 0,64 | 0 | – 0,52 | – 0,96 | – 1,4 |

× (– 0,4)

**8** 1° Le coefficient de proportionnalité est 1,25 car 80 : 64 = 1,25.

1,25 est le prix en euro de 1 litre de ce carburant.

| Quantité (L) | 10 | 20 | 30 | 40 | 64 |
|---|---|---|---|---|---|
| Prix à payer (€) | 12,5 | 25 | 37,5 | 50 | 80 |

× 1,25

2° **La relation $x \longmapsto y$ est une fonction linéaire** de coefficient 1,25.
On a : $y = 1{,}25x$.

**9** 1° La fonction linéaire a pour coefficient – 6 car – 15 : 2,5 = – 6.
**Cette fonction linéaire est telle que $f(x) = -6x$.**

2° La fonction linéaire a pour coefficient 18 car $12 : \frac{2}{3} = 12 \times \frac{3}{2} = 18$.
**Cette fonction linéaire est telle que $f(x) = 18x$.**

3° La fonction linéaire a pour coefficient – 0,25 car 0,5 : (– 2) = – 0,25.
**Cette fonction linéaire est telle que $f(x) = -0{,}25x$.**

4° La fonction linéaire a pour coefficient $\frac{8}{15}$ car $\frac{1}{5} : \frac{3}{8} = \frac{1}{5} \times \frac{8}{3} = \frac{8}{15}$.

**Cette fonction linéaire est telle que $f(x) = \frac{8}{15}x$.**

**10** **Pour une fonction linéaire, deux nombres opposés ont des images opposées**.
Si on note $a$ le coefficient, $x$ un nombre quelconque et $-x$ l'opposé de ce nombre on a :
$x \longmapsto ax$ et $-x \longmapsto a \times (-x)$ ;
La règle des signes donne :
$a \times (-x) = -ax$ (opposé de $ax$).

Les exercices 1 et 2 donnent des exemples d'application de cette règle générale.

**11** 1° La fonction linéaire telle que $f(x) = -0{,}4x$ est représentée par la droite $D$ passant par l'origine du repère et par le point $A(5 ; -2)$ car $-0{,}4 \times 5 = -2$.

corrigés

**2° L'ordonnée de $B$ est – 1,2** (flèches rouges).
**L'abscisse de $C$ est 6** (flèches vertes).

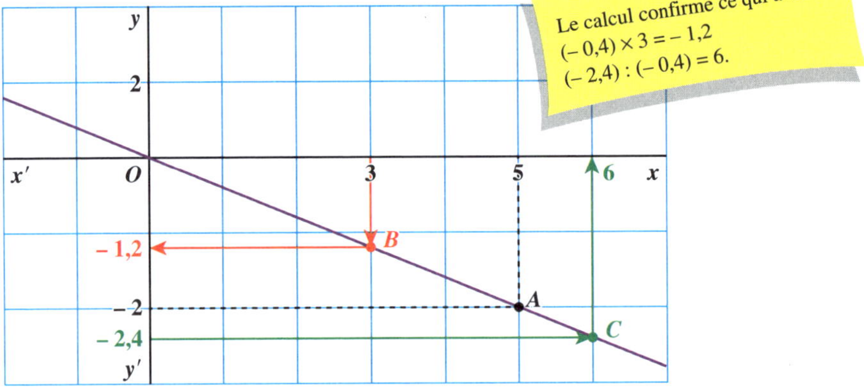


**12** La droite $d$, représentant la fonction linéaire $f$ telle que $f(x) = \frac{2}{3}x$ passe par l'origine du repère et le point $A(3 ; 2)$.

La droite $\delta$, représentant la fonction linéaire $g$ telle que $g(x) = -\frac{3}{2}x$ passe par l'origine du repère et le point $B(2 ; -3)$.

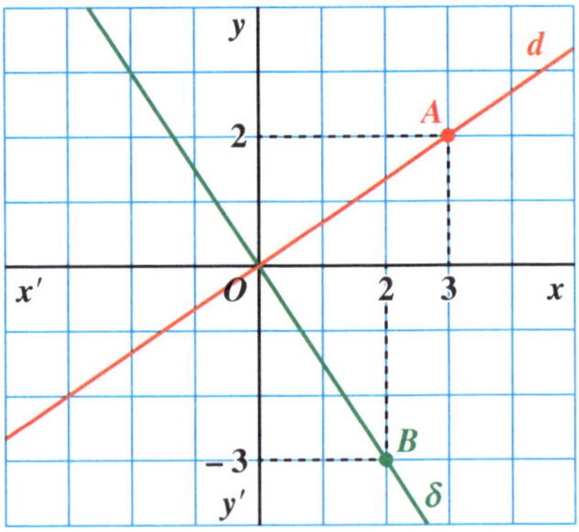


**13** 1° Pour cette fonction linéaire, on a : $f(x) = -0,6x$.
Si on remplace $x$ par l'abscisse de $A$, on obtient $y = -1,2$ car $(-0,6) \times 2 = -1,2$ ;
le point $A(2 ; -1,2)$ appartient donc à la droite $D$.
Si on remplace $x$ par l'abscisse de $B$, on obtient $y = -3$ car $(-0,6) \times 5 = -3$ ;
le point $B(5 ; -3)$ appartient donc à la droite $D$.
Si on remplace $x$ par l'abscisse de $C$, on obtient $y = 3,3$ car $(-0,6) \times (-5,5) = 3,3$ ;
le point $C(-5,5 ; 3,3)$ appartient donc à la droite $D$.

**2° Le point de la droite $D$ ayant pour abscisse 1,5 a pour ordonnée – 0,9**
car $(-0,6) \times 1,5 = -0,9$.

**3° Le point de la droite $D$ ayant pour ordonnée – 1,8 a pour abscisse 3**
car l'équation $-0,6x = -1,8$ a pour solution 3.

**14** Le point $A$ a pour coordonnées (8 ; 3) ; la fonction linéaire représentée par la droite $(OA)$ doit être telle que $8 \longmapsto 3$.

Son coefficient est $\frac{3}{8}$, c'est-à-dire 0,375.

**La droite $(OA)$ représente la fonction linéaire $f$ telle que $f(x) = 0{,}375x$.**
Le point $B$ a pour coordonnées $(6 ; -3)$ ; la fonction linéaire représentée par la droite $(OB)$ doit être telle que $6 \longmapsto -3$ ;
son coefficient est $\frac{-3}{6}$, soit $-0{,}5$.
**La droite $(OB)$ représente la fonction linéaire $g$ telle que $g(x) = -0{,}5x$.**

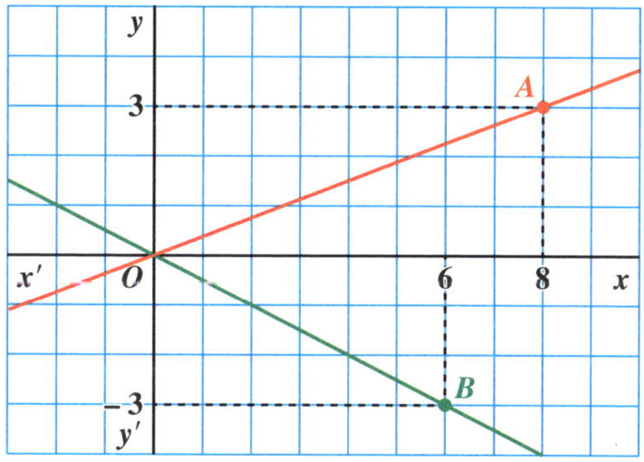


En plaçant les points $A$ et $B$ dans un repère d'origine $O$, on peut **conjecturer** que les points sont alignés.
Reste à le démontrer.

**15** La droite $(OA)$ représente une fonction linéaire telle que $1{,}5 \longmapsto 3{,}5$.

Le coefficient est $\frac{3{,}5}{1{,}5}$, soit $\frac{7}{3}$ après simplification.

La fonction linéaire représentée par $(OA)$ est telle que $y = \frac{7}{3}x$.

Si on remplace $x$ par l'abscisse du point $B$, on obtient $y = 10{,}5$

car $\frac{7}{3} \times 4{,}5 = 10{,}5$ ; le point $B(4{,}5 ; 10{,}5)$ appartient donc à la droite $(OA)$.

**Les points $O$, $A$ et $B$ sont donc sur une même droite (on dit qu'ils sont alignés).**

**16** 1° On place les points $A$ et $B$ tels que $A(4 ; 5)$ et $B(4 ; 3)$.

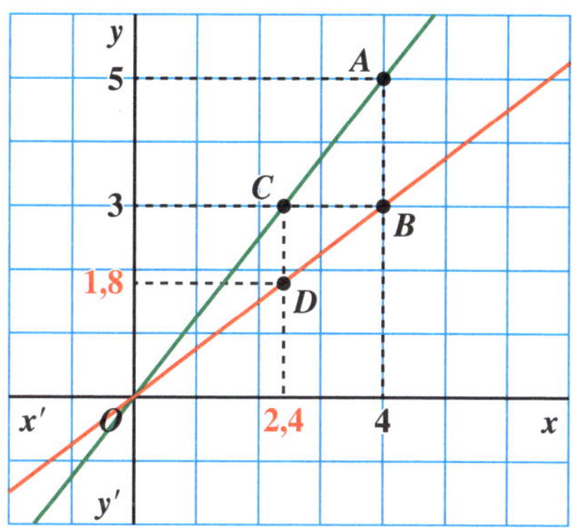


2° On trace la droite $(OA)$ et on place le point $C$.
La droite $(OA)$ représente la fonction linéaire telle que $4 \longmapsto 5$ ; son coefficient est $\frac{5}{4}$, soit $1{,}25$ ; cette fonction est telle que $y = 1{,}25x$. Les coordonnées des points de la droite $(OA)$ sont telles que $y = 1{,}25x$.
Le point $C$ est sur la droite $(OA)$ et son ordonnée est 3 (même ordonnée que $B$).
L'abscisse de $C$ est solution de l'équation $3 = 1{,}25x$ ; **l'abscisse de $C$ est 2,4.**
On trace la droite $(OB)$ et on place le point $D$.
La droite $(OB)$ représente la fonction linéaire telle que $4 \longmapsto 3$ ; son coefficient est $\frac{3}{4}$, soit $0{,}75$ ; cette fonction est telle que $y = 0{,}75x$. Les coordonnées des points de la droite $(OB)$ sont telles que $y = 0{,}75x$. Le point $D$ est sur la droite $(OB)$ et a pour abscisse 2,4 (même abscisse que $C$). **L'ordonnée de $D$ est 1,8** car $0{,}75 \times 2{,}4 = 1{,}8$.

**17** 1°

| Prix initial (€) | 100 | 200 | 250 | 280 | 300 | 320 |
|---|---|---|---|---|---|---|
| Augmentation (€) | 4 | 8 | 10 | 11,2 | 12 | 12,8 |
| Prix final (€) | 104 | 208 | 260 | 291,2 | 312 | 332,8 |

$\times 0{,}04$

2° $\mathbf{y = 1{,}04x}$.
Si on appelle $x$ le prix initial, l'augmentation est $0{,}04x$ et le prix final est $x + 0{,}04x$.
D'où : $y = x + 0{,}04x$ ; $y = x(1 + 0{,}04)$ ; $y = 1{,}04x$.

Le prix final s'obtient en ajoutant l'augmentation au prix initial ou en multipliant le prix initial par 1,04.

**18** 1°

| Vitesse initiale (km/h) | 50 | 70 | 90 | 110 | 130 |
|---|---|---|---|---|---|
| Diminution (km/h) | 5 | 7 | 9 | 11 | 13 |
| Vitesse finale (km/h) | 45 | 63 | 81 | 99 | 117 |

$\times 0{,}10$

2° $\mathbf{y = 0{,}9x}$.
Si on appelle $x$ la vitesse maximale autorisée initiale, la diminution est $0{,}1x$ et la vitesse maximale autorisée finale est $x - 0{,}1x$.
D'où : $y = x - 0{,}1x$ ; $y = x(1 - 0{,}1)$ ; $y = 0{,}9x$.

Vitesse finale s'obtient en retranchant la diminution à la vitesse initiale ou en multipliant la vitesse initiale par 0,9.

**19** 1° Si on appelle $x$ la production initiale, l'augmentation est $0{,}15x$ et la production finale $x + 0{,}15x$, soit $1{,}15x$.
On résout l'équation $1{,}15x = 2\,500$ ; $x = \dfrac{2\,500}{1{,}15}$ ;
soit une **production initiale d'environ 2 174 tonnes**.

Si $x$ est la quantité initiale et $y$ la quantité finale, une augmentation de 15 % se traduit par $y = 1{,}15x$ ; on en déduit : $x = \dfrac{y}{1{,}15}$.

2° Si on appelle $x$ la consommation précédente, la diminution est $0{,}08x$ et la consommation finale $x - 0{,}08x$, soit $0{,}92x$.
On résout l'équation $0{,}92x = 90$ ; $x = \dfrac{90}{0{,}92}$ ;
soit une **consommation initiale d'environ 97,8 m$^3$ d'eau**.

Si $x$ est la quantité initiale et $y$ la quantité finale, une diminution de 8 % se traduit par $y = 0{,}92x$ ; on en déduit : $x = \dfrac{y}{0{,}92}$.

**20** 1° Soit $x$ la durée du parcours l'année précédente et $y$ la durée actuelle on a : $y = x - 0{,}1x$, soit $y = 0{,}9x$.

1 h 12 min = 72 min ; on résout l'équation $72 = 0{,}9x$ ; $x = \frac{72}{0{,}9}$ ; $x = 80$.

**L'année précédente il avait mis 80 min, soit 1 h 20 min.**

2° Soit $x$ la durée du parcours l'année précédente et $y$ la durée actuelle on a : $y = x + 0{,}2x$ soit $y = 1{,}2x$.

1 h 12 min = 72 min ; on résout l'équation $72 = 1{,}2x$ ; $x = \frac{72}{1{,}2}$ ; $x = 60$.

**L'année précédente il avait mis 60 min, soit 1 h.**

**21** 1° a) Sur la représentation graphique, le point d'abscisse 5 a pour ordonnée 5,5 (flèches violettes).

**Avec 5 L d'eau liquide, on obtient 5,5 L de glace.**

b) Le point d'ordonnée 3,5 a une abscisse comprise entre 3 et 3,5 (flèches vertes).

**Pour obtenir 3,5 L de glace il faut geler environ 3,2 L d'eau.**

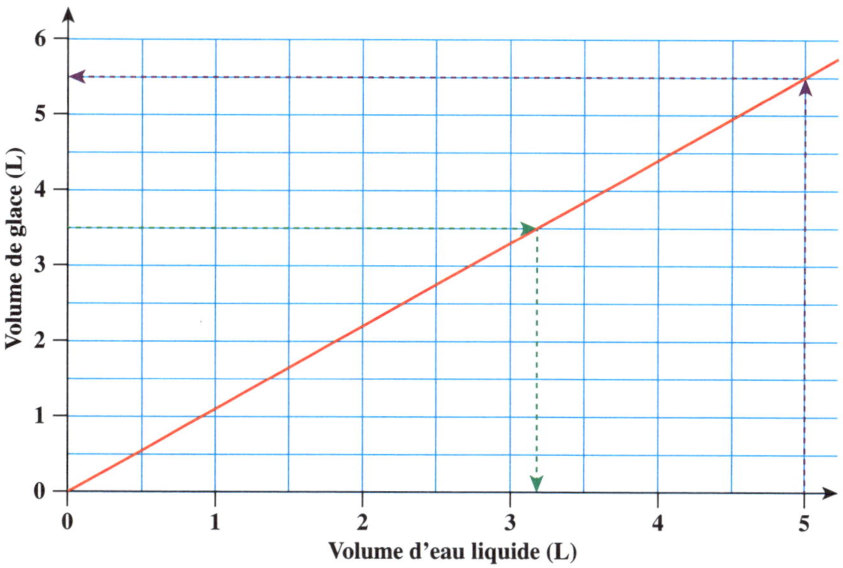


2° Cette fonction linéaire est telle que $5 \longmapsto 5{,}5$ ; son coefficient est $\frac{5{,}5}{5}$, soit 1,1.

**Cette fonction linéaire est telle que $y = 1{,}1x$.**

Sachant que $y = 3{,}5$, on doit résoudre l'équation $3{,}5 = 1{,}1x$.

La solution est $\frac{3{,}5}{1{,}1}$, soit environ 3,182.

**Pour avoir 3,5 L de glace, il faut 3,182 L d'eau** (arrondi à 1 mL près).

**22** 1°

| $x$ (km/h) | 45 | 54 | 72 | 90 | 108 |
|---|---|---|---|---|---|
| $y$ (m) | 12,5 | 15 | 20 | 25 | 30 |

$\times \frac{5}{18}$

2° La fonction linéaire $f$ telle que $f(x) = \frac{5}{18}x$ est représentée par une droite passant par l'origine du repère et par le point $A(90 ; 25)$.

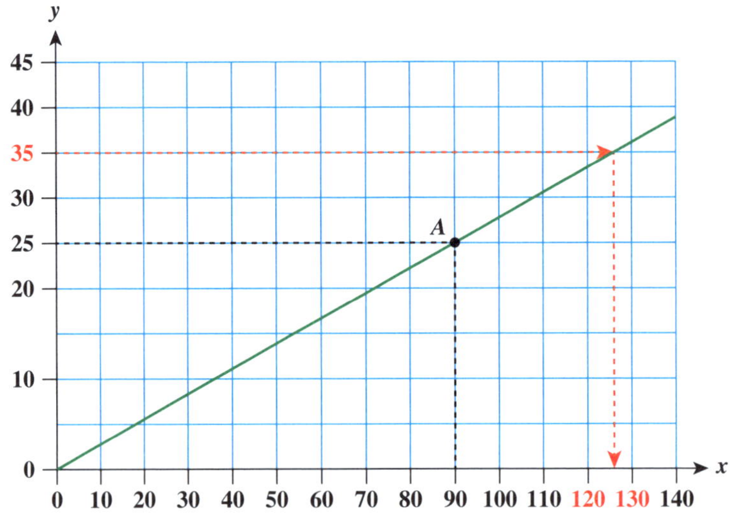


3° Le graphique (flèches rouges) montre que c'est entre 120 km/h et 130 km/h que la distance de réaction est égale à 35 m (on parcourt 35 m avant d'avoir commencé à freiner).

Le calcul permet de préciser la réponse : la droite $(OA)$ représente la fonction linéaire telle que $y = \frac{5}{18}x$.

Lorsque la distance de réaction est 35 m, on a $y = 35$.

On doit résoudre l'équation $35 = \frac{5}{18}x$.

La solution est 126 car $35 : \frac{5}{18} = 35 \times \frac{18}{5} = 126$.

**La distance de réaction est de 35 m lorsque la vitesse est égale à 126 km/h**.

# Fonction affine
# Autres fonctions numériques

7

# LE COURS

## Définition. Notation et vocabulaire

Les nombres $m$ et $p$ sont deux nombres relatifs constants ; $x$ est un nombre relatif variable et $y$ un nombre qui se calcule en fonction de $x$.
La relation qui, au nombre variable $x$, fait correspondre le nombre $y$ tel que $y = mx + p$ est appelée **fonction affine** de coefficient $m$.

- On peut la noter « $x \longmapsto y$ tel que $y = mx + p$ » ou encore plus simplement « $x \longmapsto mx + p$ ».
($\longmapsto$ se lit « *a pour image* ».)
Si on nomme $f$ cette fonction, on écrit $f(x) = mx + p$.
($f(x)$ se lit « $f$ de $x$ ».)

- Le **programme de calcul** suivant définit la fonction affine $f$ telle que $x \longmapsto -3x + 2$.

Choisir un nombre
Multiplier ce nombre par – 3
Ajouter 2 au produit obtenu
Afficher le résultat

Avec ce programme, si on choisit 2, on obtient le nombre – 4 car $-3 \times 2 + 2 = -4$.
Le nombre – 4 est l'**image** de 2 ; le nombre 2 est l'**antécédent** de – 4.

- **Cas particuliers**
Si $p = 0$, alors $y = mx$ et on a affaire à une **fonction linéaire**.
Si $m = 0$, alors $y = p$ et on a affaire à une **fonction constante**.
Une fonction linéaire ou une fonction constante sont des **fonctions affines particulières**.

- Soient $x_1$ et $x_2$ deux valeurs successives de la variable $x$ ; on appelle accroissement de $x$ le nombre $x_2 - x_1$ ; si on appelle $y_1$ et $y_2$ les images respectives de $x_1$ et $x_2$ par une fonction affine de coefficient $m$, le nombre $y_2 - y_1$ est l'accroissement de $y$ associé à l'accroissement de $x$.
On a : $y_2 - y_1 = m(x_2 - x_1)$ ; on dit que **l'accroissement de $y$ est proportionnel à l'accroissement de $x$**.
Le nombre $m$ tel que $\boldsymbol{m = \dfrac{y_2 - y_1}{x_2 - x_1}}$ est le **coefficient** de la fonction affine.

## Détermination d'une fonction affine

- **Une fonction affine est déterminée dès que l'on connaît les nombres *m et p*.**

La connaissance de $m$ et $p$ suffit pour calculer l'image ou l'antécédent de n'importe quel nombre.
Si $m = -3$ et $p = 2$ on a : $f(x) = -3x + 2$.
**L'image** de 20 est $-58$ car $-3 \times 20 + 2 = -58$.
**L'antécédent** de 62 est $-20$ ; $-20$ est la solution de l'équation $-3x + 2 = 62$.

- **Une fonction affine $f$ est déterminée par la donnée de deux nombres $a$ et $b$ et de leurs images respectives $f(a)$ et $f(b)$.**

Le coefficient $m$ est tel que $m = \dfrac{f(b) - f(a)}{b - a}$.
Soit $f$ la fonction affine telle que $2 \longmapsto 1$ et $4 \longmapsto 5$
On a : $y = mx + p$ avec $m = \dfrac{5-1}{4-2}$ ← Accroissement de $y$ (numérateur) ; ← Accroissement de $x$ (dénominateur)
soit $m = 2$.
Il faut calculer $p$ (ordonnée à l'origine) ; $p$ est tel que $y = 2x + p$.
Soit avec $x = 2$ et $y = 1$ ; on a : $1 = 2 \times 2 + p$ ; $p = -3$.
Soit avec $x = 4$ et $y = 5$ ; on a : $5 = 2 \times 4 + p$ ; $p = -3$.
D'où : $f(x) = 2x - 3$.

## Représentation graphique d'une fonction affine

- La représentation graphique d'une fonction affine est une droite qui est parallèle à la droite représentant la fonction linéaire de même coefficient.
- La droite représentant la fonction affine $f$ telle que $f(x) = mx + p$ coupe l'axe des ordonnées au point de coordonnées $(0 ; p)$ ; pour cette raison le nombre $p$ est appelé « *ordonnée à l'origine* ».
- Toute droite coupant l'axe des ordonnées est la représentation graphique d'une fonction affine.

La fonction affine $f$ telle que $f(x) = 2x - 3$ est représentée par la droite $d$.
Deux points suffisent pour tracer la droite $d$.
Par exemple :
– avec $x = 0$, on a $y = f(0) = -3$.
– avec $x = 4$, on a $y = f(4) = 5$.
$d$ passe par les points $A(0 ; -3)$ et $B(4 ; 5)$.

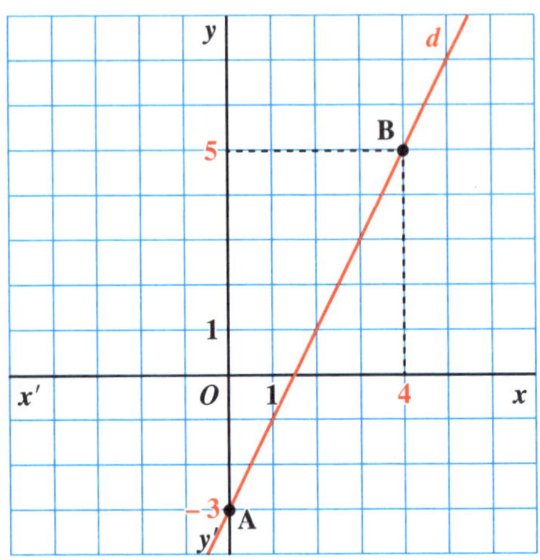


Si un point $M(x ; y) \in d$, alors $y = 2x - 3$.
Si un point $N(x ; y)$ est tel que $y = 2x - 3$, alors $N \in d$.
La relation $y = 2x - 3$ caractérise les points de la droite $d$.

## Fonctions numériques – Notation et vocabulaire

Lorsque, à un nombre variable $x$, on fait correspondre un nombre unique $y$, on détermine une **fonction numérique**.

• On peut noter cette fonction $x \longmapsto y$ ou $x \longmapsto f(x)$.
($\longmapsto$ se lit « *a pour image* » ; $f(x)$ se lit « $f$ de $x$ ».)
Dans un repère cartésien, la **courbe représentative** d'une fonction numérique est l'ensemble des points $M(x\,;\,y)$ tels que $y = f(x)$.

• Les fonctions affines (et les cas particuliers des fonctions linéaires et des fonctions constantes) sont des **exemples de fonctions numériques**. Dans ce cas, la courbe représentative est une droite, ce qui caractérise ces fonctions parmi les fonctions numériques.

*Exemples de fonctions non affines* :

• Le « poids » d'un nouveau-né varie **en fonction du** nombre de jours depuis sa naissance. La courbe ci-contre représente la variation de cette fonction (pour un nouveau-né choisi comme exemple).

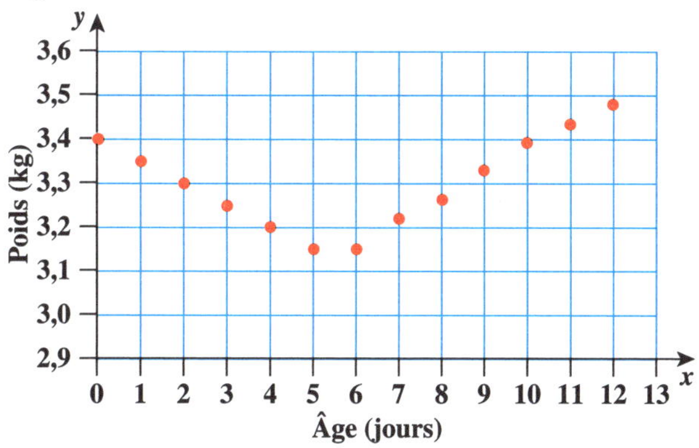


Sur ce graphique, on lit :
• **l'image** de 0 est 3,4 (à la naissance, ce bébé pèse 3,4 kg) ;
• **l'image** de 4 est 3,2 (à l'âge de 4 jours, ce bébé pèse 3,2 kg) ;
• 4 est **un antécédent** de 3,2 (ce bébé a pesé 3,2 kg à l'âge de 4 jours) ;
• 3,4 a deux **antécédents** : 0 et 10 (ce bébé a retrouvé son poids de naissance à l'âge de 10 jours).

• La distance d'arrêt d'un véhicule varie **en fonction de** la vitesse du véhicule.
La courbe ci-contre représente la variation de cette fonction (pour un véhicule choisi comme exemple).

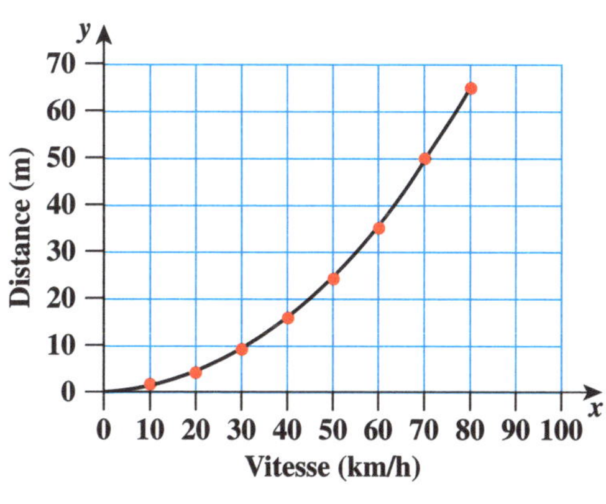


Sur ce graphique, on lit :
– **l'image** de 70 est 50 (à 70 km/h, ce véhicule s'arrête au bout de 50 m) ;
– **l'antécédent** de 35 est 60 (le véhicule s'arrête au bout de 35 m, lorsqu'il roule à 60 km/h).

# EXERCICES

## Tester ses connaissances

**1** (corrigé p. 104)

Soit $f$ la fonction affine telle que $f(x) = -5x + 4$.
Compléter le tableau :

| $x$ | $-3$ | $-2$ | $-1$ | 0 | 1 | 2 | 3 |
|---|---|---|---|---|---|---|---|
| $f(x)$ | … | … | … | … | … | … | … |

**2** (corrigé p. 104)

Une fonction affine est telle que $x \longmapsto y$ avec $y = -1{,}2x + 0{,}8$.
Compléter la phrase suivante.
Pour cette fonction affine, le coefficient est … ; l'image de 10 est … ; le nombre $-1$ a pour image … ; l'antécédent de $-16$ est … ; $-4$ a pour antécédent … .

**3** (corrigé p. 104)

Déterminer la fonction affine $f$ de coefficient directeur 0,5 telle que l'image de 6 soit 2.

**4** (corrigé p. 104)

Déterminer la fonction affine $g$ telle que $g(-3) = 5$ et $g(2) = 1$.

**5** (corrigé p. 104)

Construire dans un même repère d'origine $O$ la représentation graphique de la fonction affine $f$ telle que $f(x) = 0{,}5x - 3$ et celle de la fonction linéaire de même coefficient directeur.

**6** (corrigé p. 105)

La droite $d$ représente une fonction affine $f$ telle que $f(x) = mx + p$.

1° Que sait-on du nombre $p$ ?

2° Quelle est l'image de 3 ?

3° Quel est l'antécédent de 2 ?

4° Calculer le coefficient $m$.

5° Quelle est cette fonction affine ?

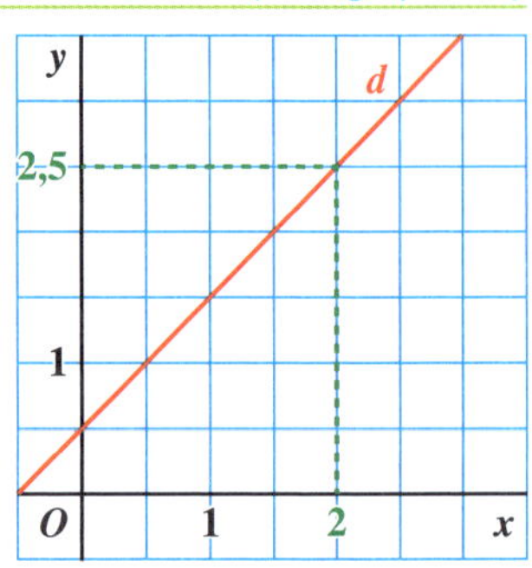

# S'entraîner

## Vocabulaire et détermination

**7** ★ 10 min (corrigé p. 105)

Soient $f$ et $g$ deux fonctions affines telles que $f(x) = 1{,}5x - 1$ et $g(x) = -1{,}5x + 1$.
Compléter les tableaux.

| $x$ | – 3 | – 2 | – 1 | 0 | 1 | 2 | 3 |
|---|---|---|---|---|---|---|---|
| $f(x)$ | … | … | … | … | … | … | … |

| $x$ | – 3 | – 2 | – 1 | 0 | 1 | 2 | 3 |
|---|---|---|---|---|---|---|---|
| $g(x)$ | … | … | … | … | … | … | … |

**8** ★ 10 min (corrigé p. 105)

On a deux programmes de calcul.

**Programme A**
Choisir un nombre
Multiplier ce nombre par 0,5
Ajouter 2 au produit obtenu
Afficher le résultat

**Programme B**
Choisir un nombre
Ajouter 4 à ce nombre
Multiplier par 0,5 la somme obtenue
Afficher le résultat

1° Déterminer le résultat affiché pour chacun des nombres – 10 ; 0 ; 10 :
– avec le programme A,
– avec le programme B.

2° Quelle est la fonction affine associée à chacun de ces programmes ?

**9** ★★ 5 min (corrigé p. 105)

Déterminer la fonction affine $f$ dans chacun des cas suivants :

1° Le coefficient de $f$ est – 2 et l'image de 4 est – 1.

2° L'image de 5 est 11 et l'image de – 3 est – 13.

3° L'image de 2 est – 6 et l'image de – 2 est 6.

**10** ★★ 5 min (corrigé p. 106)

Cocher les affirmations exactes et justifier les réponses.

❒ Toute fonction linéaire est une fonction affine.
❒ Toute fonction affine est une fonction linéaire.
❒ Toute fonction constante est une fonction affine.
❒ Toute fonction affine est une fonction constante.

## Représentation graphique

**11** ★ 5 min (corrigé p. 106)

**1°** Représenter graphiquement la fonction affine telle que $f(x) = -0{,}8x + 2$. (Utiliser du papier millimétré).

**2°** Placer sur cette représentation graphique le point $B$ ayant pour abscisse 6,5 et le point $C$ ayant pour ordonnée $-1{,}2$.
Lire sur le graphique l'ordonnée du point $B$ et l'abscisse du point $C$.

**12** ★ 10 min (corrigé p. 106)

Représenter dans un même repère cartésien les fonctions affines $f$, $g$ et $h$ telles que $f(x) = -x + 3$, $g(x) = -x$ et $h(x) = 3$.

**13** ★★ 10 min (corrigé p. 107)

Soit $f$ la fonction affine telle que $f(x) = 1{,}2x - 3{,}6$ et $d$ sa représentation graphique.

**1°** Justifier l'affirmation suivante : les points $A(0\ ;\ -3{,}6)$, $B(3\ ;\ 0)$, $C(-2\ ;\ -6)$ sont trois points de la droite $d$.

**2° a)** Quelle est l'ordonnée du point de la droite $d$ ayant pour abscisse 5 ?
**b)** Quelle est l'abscisse du point de la droite $d$ ayant pour ordonnée 5 ?

**14** ★★ 10 min (corrigé p. 107)

La droite $(AB)$ est la représentation graphique d'une fonction affine $f$.

**1°** Justifier cette affirmation.

**2°** Exprimer $f(x)$ en fonction de $x$.

**3°** Calculer $f(2)$ et $f(-1)$.

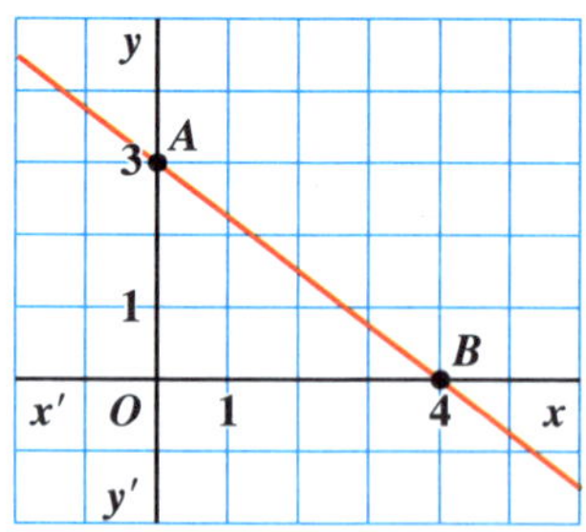


**15** ★★★ 10 min (corrigé p. 107)

Les droites $(AB)$ et $(CD)$ sont les représentations graphiques de deux fonctions affines.

**1°** Lire les coordonnées des points $A$, $B$, $C$ et $D$, puis exprimer $y$ en fonction de $x$ pour chacune de ces fonctions.

**2°** En déduire les coordonnées du point d'intersection de $(AB)$ et $(CD)$.

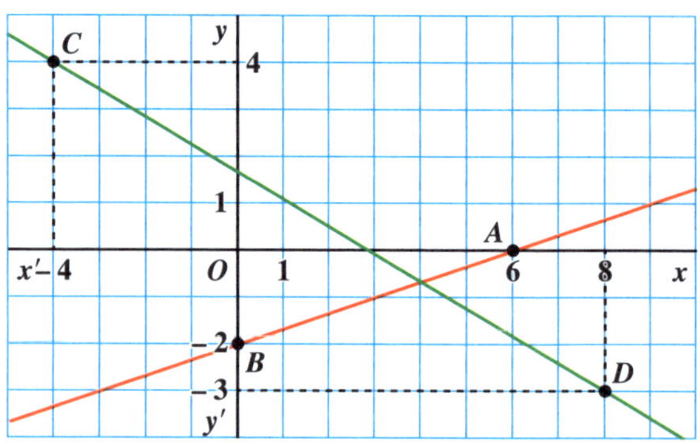

## 16 ★★★ 10 min

(corrigé p. 108)

La figure représente un trapèze rectangle $ABCD$ et sa hauteur $[BH]$.
Les mesures de longueur sont exprimées en cm.
On a : $AD = 2{,}4$, $CD = 4{,}5$ et $CH = x$.

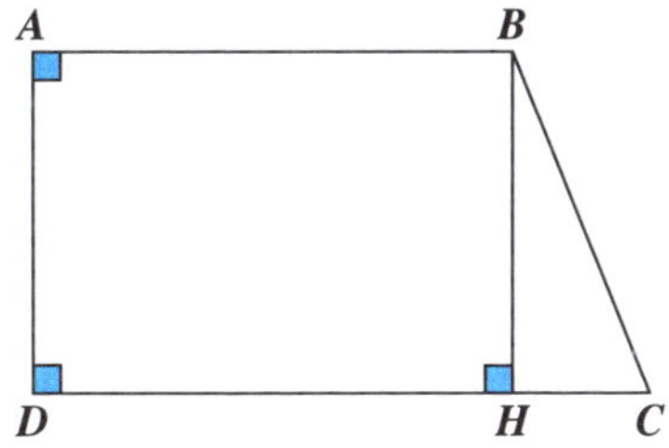


**1°** Exprimer en fonction de $x$ l'aire (en $cm^2$) :
– du rectangle $ABHD$,
– du triangle $BCH$,
– du trapèze rectangle $ABCD$.

**2°** Soit $f(x)$ l'aire du trapèze $ABCD$. Représenter la fonction $f$.

**3°** À l'aide du graphique, déterminer pour quelle valeur de $x$ l'aire (en $cm^2$) de $ABCD$ est égale à 7. Vérifier par le calcul.

## 17 ★★★ 10 min

(corrigé p. 108)

Une société de dépannage affiche le tarif suivant :
– déplacement : 50 € – heure de travail : 36 €.

**1°** Compléter le tableau donnant le coût d'un dépannage à domicile en fonction de la durée du dépannage.

| **Durée du travail (min)** | **20** | **30** | **60** | **80** | **120** |
|---|---|---|---|---|---|
| **Coût du dépannage (€)** | … | … | 86 | … | … |

**2°** Soit $x$ la durée (en minutes) d'un dépannage et $y$ le coût (en euros) de ce dépannage. Expliquer pourquoi on a $y = 0{,}6x + 50$. Représenter cette fonction affine.

**3°** Une facture indique que l'on doit payer 110 € pour un dépannage à domicile. Quelle a été la durée du travail ?

## 18 ★★★ 10 min

(corrigé p. 109)

Un club de gymnastique volontaire propose deux tarifs.
Adhérent : 30 € de cotisation mensuelle et 8 € pour chaque séance.
Non-adhérent : 12 € pour chaque séance.

**1°** Compléter le tableau donnant le coût en fonction du nombre de séances dans un mois selon que l'on est adhérent ou non.

| **Nombre de séances** | **0** | **2** | **4** | **8** | **12** |
|---|---|---|---|---|---|
| **Coût pour un adhérent (€)** | … | … | … | … | … |
| **Coût pour un non-adhérent (€)** | … | … | … | … | … |

**2°** Soit $x$ le nombre de séances mensuelles. On note $f(x)$ le coût pour un adhérent et $g(x)$ le coût pour un non-adhérent. Exprimer $f(x)$ et $g(x)$ en fonction de $x$.

**3°** Représenter les fonctions affines $f$ et $g$ dans un même repère cartésien.
Utiliser le graphique pour déterminer la solution la plus avantageuse en fonction du nombre de séances.

## Autres fonctions numériques

**19** ★ 10 min *(corrigé p. 110)*

Le graphique représente la variation de température (en °C) relevée à l'aide d'un thermomètre enregistreur pendant une journée d'hiver dans une station météo.

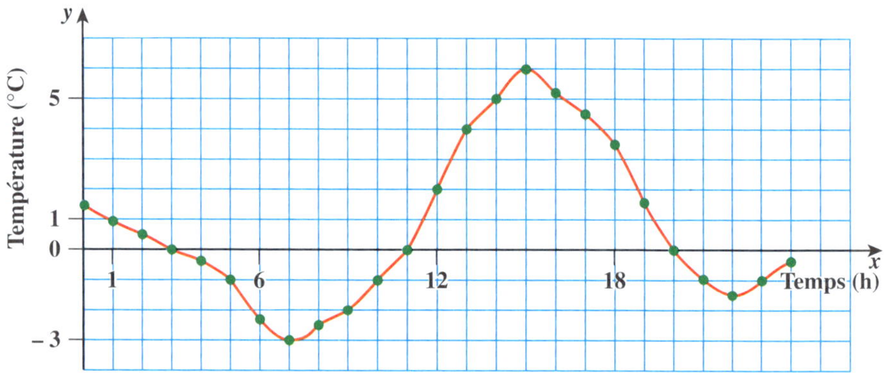


**1°** Compléter le tableau de valeurs.

| Temps (h) | 1 | 5 | 9 | 13 | 20 | 23 |
|---|---|---|---|---|---|---|
| Température (°C) | … | … | … | … | … | … |

**2°** À quels moments la température a-t-elle été de 0 °C ?

**3°** À quels moments de cette journée la température a-t-elle été positive ?

**4°** Quelle a été la température minimale ce jour-là ? Quelle a été la température maximale ce jour-là ?

**20** ★ 5 min *(corrigé p. 110)*

Le graphique donne le niveau de bruit (en décibels) d'une tondeuse à gazon en fonction de la distance entre la tondeuse et la personne qui effectue les mesures.

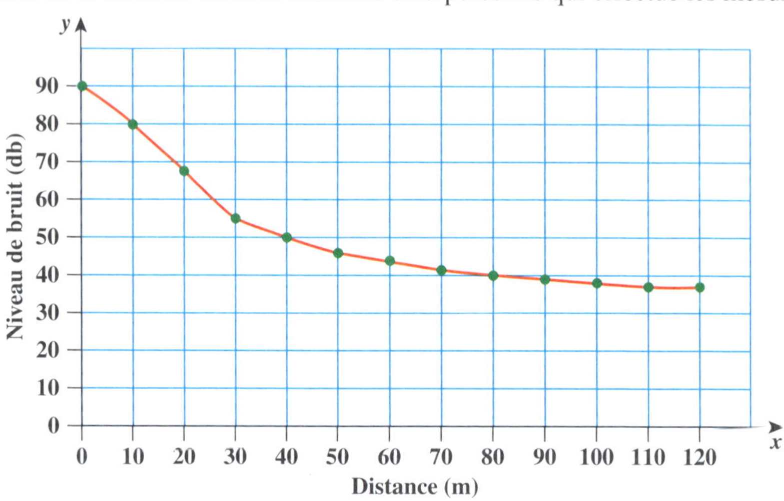


Calculer le pourcentage de diminution du niveau de bruit lorsqu'on s'éloigne de la tondeuse de 0 m à 40 m, puis de 40 m à 80 m.

# SUJETS DU BREVET

## 21 ★★ 15 min (corrigé p. 110)

Il existe différentes unités pour exprimer la température.
En France, on utilise le degré Celsius (°C) et aux États-Unis on utilise le degré Fahrenheit (°F). Le graphique ci-contre donne la température en degré Fahrenheit en fonction de la température en degré Celsius.

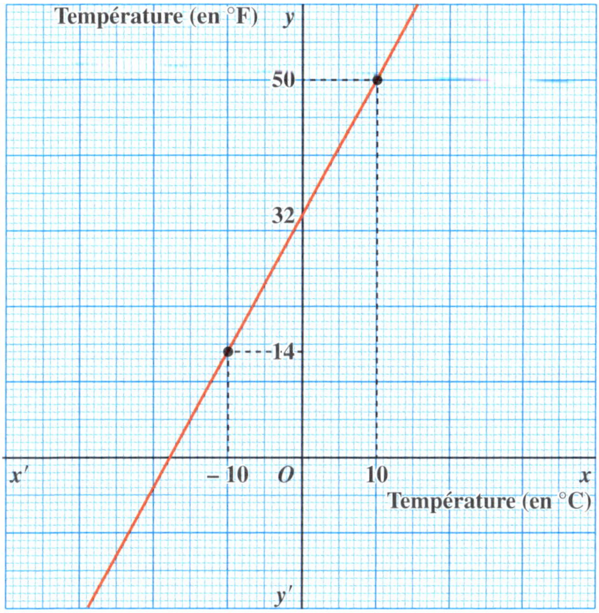


**1°** En utilisant ce graphique déterminer s'il y a proportionnalité entre la température en degré Fahrenheit et la température en degré Celsius.

**2°** Soit $f$ la fonction affine représentée par ce graphique.
On propose trois expressions de $f(x)$ :

❒ $f(x) = 1{,}8x$ ❒ $f(x) = x + 32$ ❒ $f(x) = 1{,}8x + 32$

Laquelle correspond à cette fonction ?

**3°** « *J'ai 40 °C de fièvre et je ne dois pas sortir car dehors il fait – 30 °C.* »
Exprimer cette phrase avec pour unité le degré Fahrenheit.

**4°** « *Ce congélateur peut atteindre – 31 °F, même s'il fait 95 °F dans la pièce.* »
Exprimer cette phrase avec pour unité le degré Celsius.

**5°** Existe-t-il une valeur pour laquelle la température est exprimée par le même nombre en degré Celsius et en degré Fahrenheit ?

## 22 ★★★ 15 min (corrigé p. 110)

Une piscine est utilisée par les différents collèges d'une communauté de communes. Deux compagnies d'autocars proposent leurs tarifs pour transporter les élèves.

– Compagnie A : 300 € à la réservation et 5 € par kilomètre parcouru.
– Compagnie B : 100 € à la réservation et 15 € par kilomètre parcouru.

**1°** On désigne par $x$ le nombre de kilomètres pour aller du collège à la piscine et retourner au collège. Pour ce collège, on désigne par $f(x)$ le coût du transport avec la compagnie A et par $g(x)$ le coût du transport avec la compagnie B.
Exprimer $f(x)$ et $g(x)$ en fonction de $x$.

2° Représenter dans un même repère cartésien les fonctions $f$ et $g$.
(On prendra 1 cm pour 4 km en abscisse et 1 cm pour 100 € en ordonnée).

3° En utilisant le graphique, peut-on savoir à quelle distance de la piscine sont situés les collèges qui ont intérêt à choisir la compagnie A ?

**23** ★★★ 20 min *(corrigé p. 111)*

Après une étude réalisée sur le poids (en kg) et la taille (en m) des élèves en collège, on peut admettre que le poids $p$ est une fonction affine de la taille $t$.

**Partie A. Une première étude porte sur les filles**

1° On sait qu'une fille de 1,25 m pèse 23,5 kg et une fille de 1,65 m pèse 51,5 kg. Montrer que la relation $p = 70t - 64$ convient pour ces deux filles.

2° Représenter sur du papier millimétré la fonction affine $f$ telle que $f(x) = 70x - 64$. Utiliser ce graphique pour déterminer :
– le poids d'une fille qui mesure 1,40 m ;
– la taille d'une fille qui pèse 50 kg.

**Partie B. Une seconde étude porte sur les garçons**

On sait qu'un garçon de 1,30 m pèse 26 kg et qu'un garçon de 1,85 m pèse 70 kg.

1° Montrer que la relation $p = 70t - 64$ ne convient pas pour ces garçons.

2° Déterminer les nombres $a$ et $b$ tels que la relation $p = at + b$ convienne pour les deux garçons cités.

3° Utiliser la relation trouvée pour calculer :
– le poids d'un garçon qui mesure 1,70 m ;
– la taille d'un garçon qui pèse 62 kg.

**24** ★★★ 20 min *(corrigé p. 112)*

On considère le parallélépipède rectangle $ABCDEFGH$ tel que $AB = 4$ cm, $BC = 3$ cm et $AE = 6$ cm.
$S$ est un point de l'arête $[AE]$.
• $SABCD$ est une pyramide ayant pour base le rectangle $ABCD$ et pour hauteur $SA$.
On note $\mathcal{V}_1$ son volume.
• $SEFH$ est une pyramide ayant pour base le triangle rectangle $EFH$ et pour hauteur $SE$.
On note $\mathcal{V}_2$ son volume.

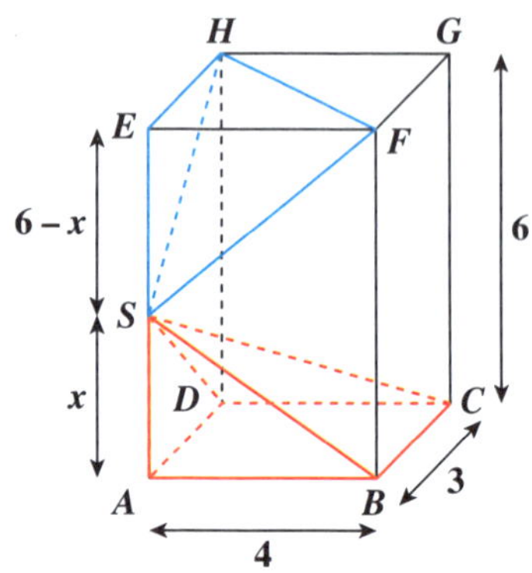


1° Soit $x$ la distance $SA$ (unité : cm).
Exprimer $\mathcal{V}_1$ et $\mathcal{V}_2$ en fonction de $x$.

2° Représenter dans un même repère cartésien les fonctions $f$ et $g$ telles que $f(x) = 4x$ et $g(x) = -2x + 12$.

3° Déterminer graphiquement pour quelles valeurs de $x$ on a $\mathcal{V}_1 \geqslant \mathcal{V}_2$.

**25** ★★★ 20 min (corrigé p. 112)

On dispose d'un carré de métal de 40 cm de côté.
Pour fabriquer une boîte parallélépipédique, on enlève à chaque coin un carré de côté $x$ (unité : cm), puis on relève les bords par pliage.

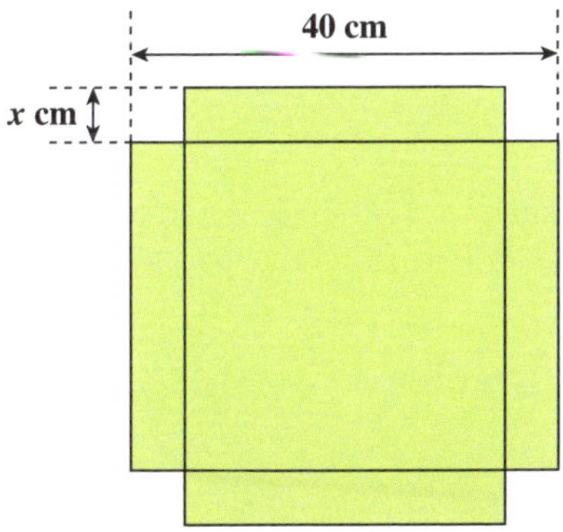


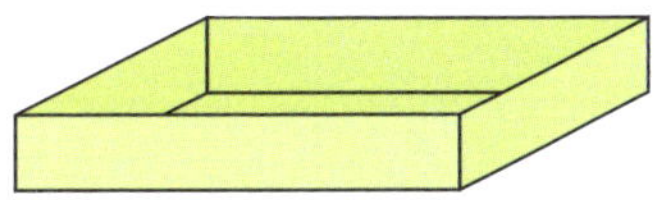

**1°** Quelles sont les valeurs possibles pour $x$ ?

**2°** Calculer le volume de la boîte dans le cas où $x = 10$ cm.

**3°** Le volume du parallélépipède rectangle obtenu est fonction de $x$ ; on le note $\mathcal{V}(x)$.
Laquelle des formules suivantes donne le volume $\mathcal{V}(x)$ de ce parallélépipède rectangle ?

❒ $\mathcal{V}(x) = (40 - 2x)^2$ ❒ $\mathcal{V}(x) = x(40 - 2x)^2$ ❒ $\mathcal{V}(x) = 40x - 2x^3$

**4°** Le graphique ci-dessous donne la variation du volume de la boîte en fonction de $x$.

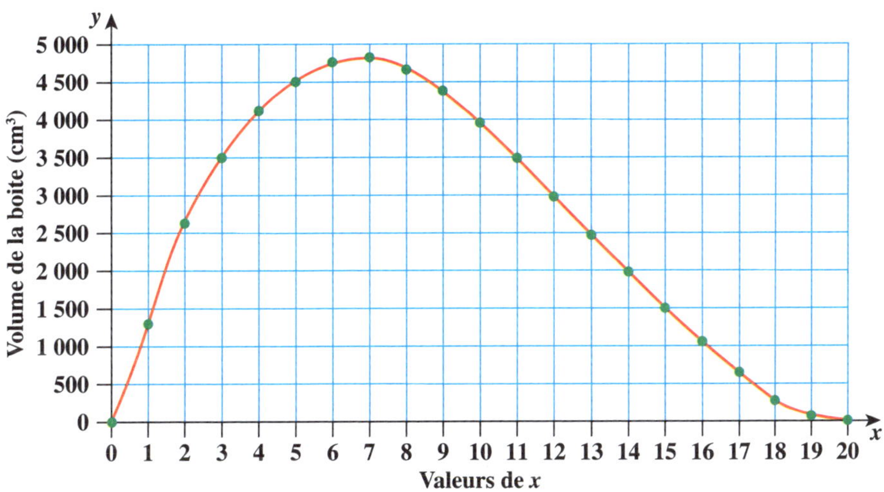


Donner une valeur de $x$ pour laquelle $\mathcal{V}(x) = 1\,500$ cm$^3$.
Donner une valeur de $x$ pour laquelle $\mathcal{V}(x) = 4\,500$ cm$^3$.
Pour quelle valeur de $x$ le volume $\mathcal{V}(x)$ est-il maximum ?



sujets du Brevet

# CORRIGÉS

**1**

| $x$ | $-3$ | $-2$ | $-1$ | $0$ | $1$ | $2$ | $3$ |
|---|---|---|---|---|---|---|---|
| $f(x)$ | **19** | **14** | **9** | **4** | **– 1** | **– 6** | **– 11** |

**2** Pour cette fonction affine, le coefficient est **– 1,2** ; l'image de 10 est **– 11,2** ; le nombre – 1 a pour image **2** ; l'antécédent de – 16 est **14** ; – 4 a pour antécédent **4**.

**3** La fonction $f$ est telle que $f(x) = 0{,}5x + p$. Il faut calculer $p$ sachant que $f(6) = 2$.
On a : $2 = 0{,}5 \times 6 + p$ ; $2 = 3 + p$ ; $p = -1$.
D'où : $\boldsymbol{f(x) = 0{,}5x - 1}$.

**4** La fonction $g$ est telle que $g(x) = mx + p$. Il faut calculer $m$ et $p$.

On a : $g(-3) = 5$ et $g(2) = 1$ ; d'où : $m = \dfrac{g(2) - g(-3)}{2 - (-3)}$ ;

$m = \dfrac{1-5}{2+3}$ ; $m = -\dfrac{4}{5}$ ; $m = -0{,}8$.

$g$ est telle que $g(x) = -0{,}8x + p$.
Avec $g(2) = 1$ on a : $1 = -0{,}8 \times 2 + p$.
$1 = -1{,}6 + p$ ; $1 + 1{,}6 = p$ ; $p = 2{,}6$.
D'où : $\boldsymbol{g(x) = -0{,}8x + 2{,}6}$.

> Le calcul de $p$ peut aussi se faire avec $g(-3) = 5$.
> $5 = -0{,}8 \times (-3) + p$.
> $5 = 2{,}4 + p$ ; $5 - 2{,}4 = p$ ; $p = 2{,}6$.
> Ce calcul peut servir de vérification.

*Vérification* :
Avec $x = -3$, on a $g(-3) = -0{,}8 \times (-3) + 2{,}6$ ; $g(-3) = 5$.
Avec $x = 2$, on a : $g(2) = -0{,}8 \times 2 + 2{,}6$ ; $g(2) = 1$.

**5** La fonction affine $f$ définie par $f(x) = 0{,}5x - 3$ a pour coefficient 0,5.
Soit $g$ la fonction linéaire de même coefficient, on a : $g(x) = 0{,}5x$.
D'où les tableaux de valeurs :

| $x$ | 0 | 4 |
|---|---|---|
| $f(x)$ | **– 3** | **– 1** |

La droite $d$ passe par les points de coordonnées (0 ; – 3) et (4 ; – 1).

| $x$ | 0 | 4 |
|---|---|---|
| $g(x)$ | **0** | **2** |

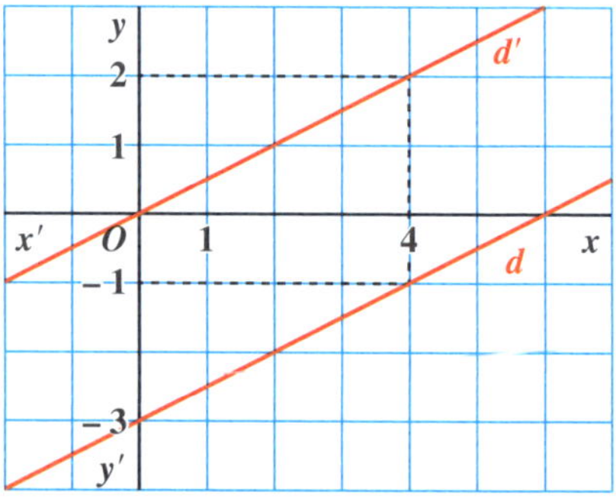


La droite $d'$ passe par l'origine du repère et le point de coordonnées (4 ; 2).
On sait que les droites $d$ et $d'$ sont parallèles. Pour la droite $d'$, il suffit de tracer la parallèle à la droite $d$ passant par le point $O$ (origine du repère).

**6** 1° Le nombre $p$ est l'ordonnée du point $P$ de l'axe $y'y$ ; on a : $\boldsymbol{p = 0{,}5}$.

2° **L'image de 3 est 3,5** (flèches vertes).

3° **L'antécédent de 2 est 1,5** (flèches rouges).

4° $m = \dfrac{3{,}5 - 2}{3 - 1{,}5}$ ; $\boldsymbol{m = 1}$.

5° Cette fonction est telle que $\boldsymbol{f(x) = x + 0{,}5}$.

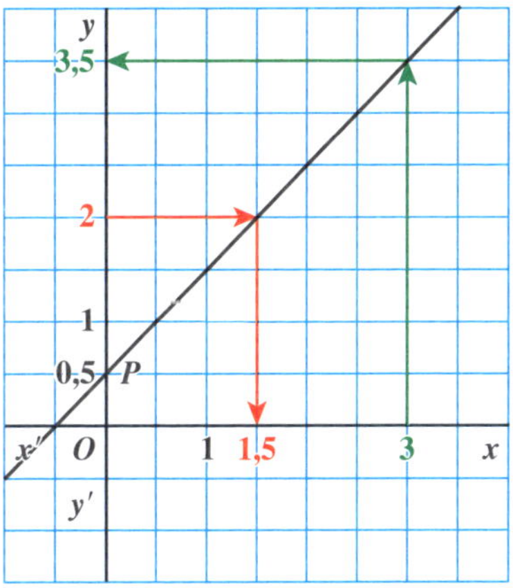


**7**

| $x$ | – 3 | – 2 | – 1 | 0 | 1 | 2 | 3 |
|---|---|---|---|---|---|---|---|
| $f(x) = 1{,}5x - 1$ | – 5,5 | – 4 | – 2,5 | – 1 | 0,5 | 2 | 3,5 |

| $x$ | – 3 | – 2 | – 1 | 0 | 1 | 2 | 3 |
|---|---|---|---|---|---|---|---|
| $g(x) = -1{,}5x + 1$ | 5,5 | 4 | 2,5 | 1 | – 0,5 | – 2 | – 3,5 |

**8** 1° Avec le programme A : $-10 \longmapsto \mathbf{-3}$ ; $0 \longmapsto \mathbf{2}$ ; $10 \longmapsto \mathbf{7}$.
Avec le programme B : $-10 \longmapsto \mathbf{-3}$ ; $0 \longmapsto \mathbf{2}$ ; $10 \longmapsto \mathbf{7}$.

2° Soit $x$ est le nombre choisi au départ.
Programme A : $x \longmapsto 0{,}5x \longmapsto 0{,}5x + 2$ ;
**La fonction affine $f$ est telle que $f(x) = 0{,}5x + 2$.**
Programme B : $x \longmapsto x + 4 \longmapsto 0{,}5(x + 4)$ ;
**La fonction affine $g$ est telle que $g(x) = 0{,}5x + 2$** car $0{,}5(x + 4) = 0{,}5x + 2$.

> $f$ et $g$ désignent la même fonction affine. Les deux programmes sont associés à la même fonction affine.

**9** 1° Le coefficient de $f$ est $-2$ ; par suite $f(x) = -2x + p$.
Sachant que l'image de 4 est $-1$, on a : $-1 = -2 \times 4 + p$ ; $-1 = -8 + p$ ; $p = 7$.
D'où : $\boldsymbol{f(x) = -2x + 7}$.

2° Soit $g$ cette fonction affine. On a : $g(x) = mx + p$. On doit déterminer $m$ et $p$.

On sait que $5 \longmapsto 11$ et $-3 \longmapsto -13$ ; par suite : $m = \dfrac{-13 - 11}{-3 - 5}$ ; $m = 3$.

On a $g(x) = 3x + p$. Si $x = 5$ on a $g(x) = 11$ ; $11 = 3 \times 5 + p$ ; $11 = 15 + p$ ; $p = -4$.
D'où : $\boldsymbol{g(x) = 3x - 4}$.

3° On a : $h(x) = mx + p$. On doit déterminer $m$ et $p$.

On sait que $2 \longmapsto -6$ et $-2 \longmapsto 6$ ; par suite : $m = \dfrac{6 - (-6)}{-2 - 2}$ ; $m = -3$.

On a : $-6 = -3 \times 2 + p$ ; $p = 0$. D'où : $\boldsymbol{h(x) = -3x}$ (fonction linéaire).

corrigés

**10** **Toute fonction linéaire est une fonction affine**.
Une fonction linéaire est telle que $f(x) = mx$ ; elle peut s'écrire $f(x) = mx + 0$ ; c'est donc une fonction affine particulière (l'ordonnée à l'origine $p$ est nulle).
**Toute fonction constante est une fonction affine**.
Une fonction constante est telle que $f(x) = p$ ; elle peut s'écrire $f(x) = 0x + p$ ; c'est donc une fonction affine particulière (le coefficient $m$ est nul).

**11** 1° La représentation graphique de la fonction affine telle que $f(x) = -0{,}8x + 2$ passe par les points de coordonnées (0 ; 2) et (5 ; – 2) car $-0{,}8 \times 5 + 2 = -2$.

2° Le point $B$ ayant pour abscisse 6,5 a pour ordonnée **– 3,2** (flèches vertes).
Le point $C$ ayant pour ordonnée – 1,2 a pour abscisse **4** (flèches rouges).

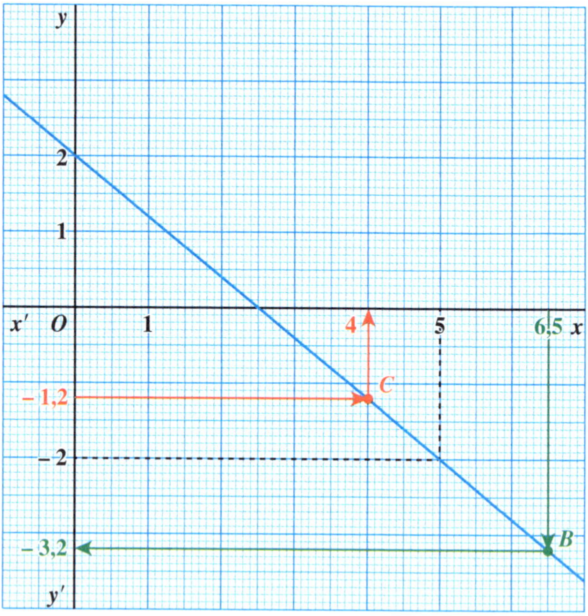


Le calcul confirme ce qui est lu.
$-0{,}8 \times 6{,}5 + 2 = -3{,}2$.
$-0{,}8 \times x + 2 = -1{,}2$ donne $x = 4$.

**12** $f$ est une fonction affine ; sa représentation graphique est une droite $d_1$ ; deux points suffisent pour tracer cette droite.

| $x$ | 0 | 6 |
|---|---|---|
| $f(x) = -x + 3$ | 3 | – 3 |

$g$ est une fonction linéaire ; sa représentation graphique est une droite $d_2$ qui passe par l'origine $O$ du repère ; un point, autre que $O$, suffit pour tracer cette droite.

| $x$ | 0 | 3 |
|---|---|---|
| $g(x) = -x$ | 0 | – 3 |

$h$ est une fonction constante ; sa représentation graphique est une droite $d_3$ parallèle à l'axe $x'x$ qui passe par le point de coordonnées (0 ; 3).

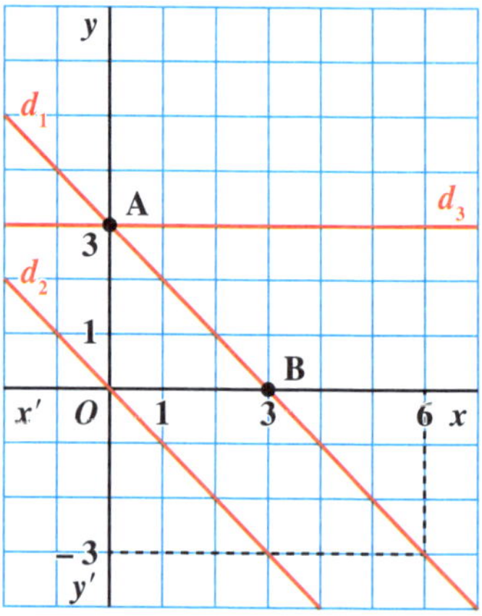

**13** 1° Si on remplace $x$ par 0 on a : $f(0) = 1{,}2 \times 0 - 3{,}6$ ; $f(0) = -3{,}6$ ; le point $A(0\,;\,-3{,}6)$ est donc un point de $d$.
Si on remplace $x$ par 3 on a : $f(3) = 1{,}2 \times 3 - 3{,}6 = 0$ ; le point $B(3\,;\,0)$ est donc un point de la droite $d$.
Si on remplace $x$ par $-2$ on a : $f(-2) = 1{,}2 \times (-2) - 3{,}6$
$f(-2) = -6$ ; le point $C(-2\,;\,-6)$ est donc un point de $d$.

En plaçant les points $A$, $B$ et $C$ dans un repère, on peut **conjecturer** l'alignement des trois points.
Reste à **prouver** l'alignement.

2° a) Si on remplace $x$ par 5 dans $f(x)$, on a : $f(5) = 1{,}2 \times 5 - 3{,}6$ ; $f(5) = 2{,}4$.
**Le point de la droite *d* ayant pour abscisse 5 a pour ordonnée 2,4.**

b) Si on remplace $f(x)$ par 5 dans $f(x) = 1{,}2x - 3{,}6$, on a : $5 = 1{,}2x - 3{,}6$.
L'équation s'écrit : $1{,}2x - 3{,}6 = 5$ ; $1{,}2x = 8{,}6$ ; la solution est $\dfrac{8{,}6}{1{,}2}$ soit $\dfrac{86}{12}$ ou $\dfrac{43}{6}$.

**Le point de la droite *d* ayant pour ordonnée 5 a pour abscisse $\dfrac{43}{6}$.**

**14** 1° Toute droite qui coupe l'axe des ordonnées est la représentation graphique d'une fonction affine.

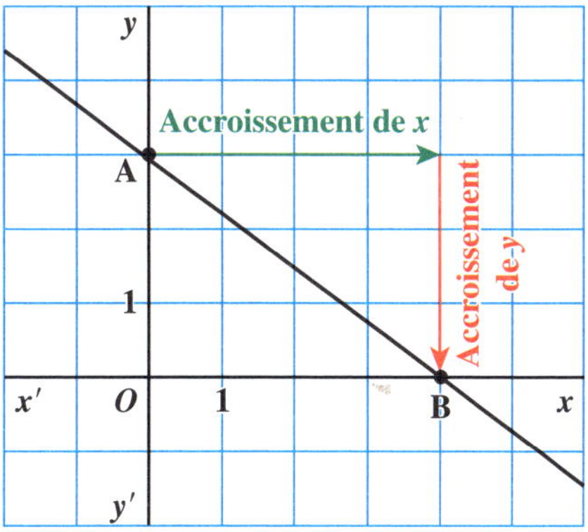


2° Il faut déterminer $m$ et $p$ tels que $f(x) = mx + p$.
On a : $A(0\,;\,3)$ et $B(4\,;\,0)$ ; on en déduit :
$m = \dfrac{0-3}{4-0}$ ; $m = -\dfrac{3}{4}$ ; $m = -0{,}75$.
Pour $x = 0$, on a $y = 3$ ; d'où : $p = 3$ (ordonnée à l'origine).
D'où : $\boldsymbol{f(x) = -0{,}75x + 3}$.

3° $f(2) = -0{,}75 \times 2 + 3$ ; $\boldsymbol{f(2) = +1{,}5}$ ; $f(-1) = -0{,}75 \times (-1) + 3$ ; $\boldsymbol{f(-1) = 3{,}75}$.

**15** 1° On lit : $A(6\,;\,0)$, $B(0\,;\,-2)$, $C(-4\,;\,4)$ et $D(8\,;\,-3)$.
• Soit $f$ la fonction affine représentée par $(AB)$. On cherche $m$ et $p$ tels que $f(x) = mx + p$.
On a : $A(6\,;\,0)$ et $B(0\,;\,-2)$ ; on en déduit : $m = \dfrac{-2-0}{0-6}$ ; $m = \dfrac{1}{3}$.
Pour $x = 0$, on a $y = -2$ ; soit $p = -2$ (ordonnée à l'origine). D'où : $\boldsymbol{f(x) = \dfrac{1}{3}x - 2}$.
• Soit $g$ la fonction affine représentée par $(CD)$. On cherche $m$ et $p$ tels que $g(x) = mx + p$.
On a : $C(-4\,;\,4)$ et $D(8\,;\,-3)$ ; on en déduit : $m = \dfrac{-3-4}{8-(-4)}$ ; $m = -\dfrac{7}{12}$ et $g(x) = -\dfrac{7}{12}x + p$.
Avec $x = -4$, et $y = 4$ ; on a : $4 = -\dfrac{7}{12} \times (-4) + p$ ; d'où : $p = \dfrac{5}{3}$ et $\boldsymbol{g(x) = -\dfrac{7}{12}x + \dfrac{5}{3}}$.

2° L'abscisse du point d'intersection est telle que $f(x) = g(x)$ soit $\dfrac{1}{3}x - 2 = -\dfrac{7}{12}x + \dfrac{5}{3}$.
Cette équation a pour solution 4 ; avec $x = 4$, on a $f(4) = g(4) = -\dfrac{2}{3}$.
**Le point d'intersection des droites (*AB*) et (*CD*) a pour coordonnées $\left(4\,;\,-\dfrac{2}{3}\right)$.**

corrigés

**16** **1°**

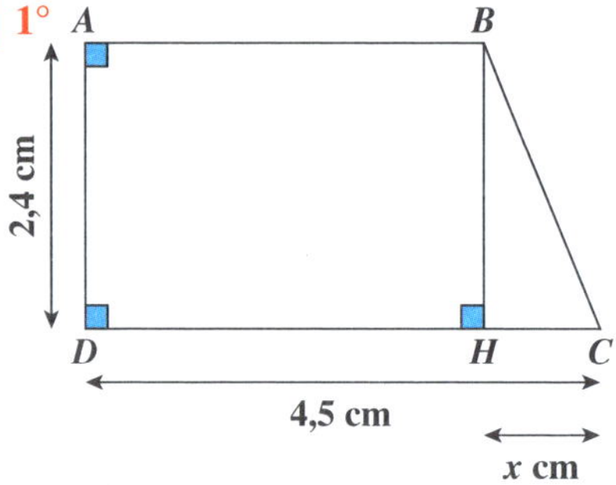


Les longueurs sont en cm et les aires en $cm^2$.

$0 < x < 4{,}5$ ; $DH = 4{,}5 - x$ ; l'aire du rectangle *ABHD* est égale à $2{,}4(4{,}5 - x)$ soit $\mathbf{10{,}8 - 2{,}4x}$.

L'aire du triangle *BCH* est égale à $\frac{2{,}4x}{2}$, soit $\mathbf{1{,}2\,x}$.

L'aire du trapèze rectangle *ABCD* est égale à $\mathbf{10{,}8 - 1{,}2x}$ car $(10{,}8 - 2{,}4x) + 1{,}2x = 10{,}8 - 1{,}2x$.

**2°** Soit $f(x) = -1{,}2x + 10{,}8$.

| $x$ | 0 | 4,5 |
|---|---|---|
| $f(x)$ | 10,8 | 5,4 |

La représentation graphique de $f$ est la droite qui passe par les points $E(0\ ;\ 10{,}8)$ et $F(4{,}5\ ;\ 5{,}4)$. On doit avoir $0 < x < 4{,}5$ ; l'aire du trapèze est représentée par le segment [*EF*] (*E* et *F* exclus).

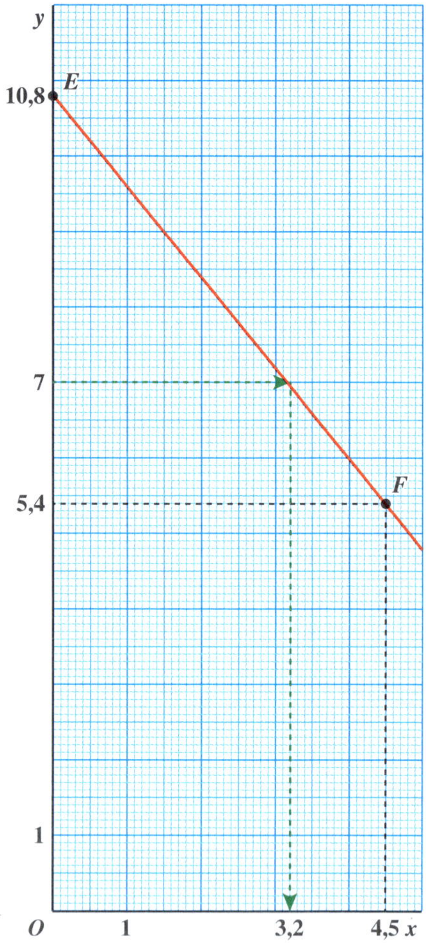


**3°** **L'aire est égale à 7 lorsque $x = 3{,}2$** (flèches vertes).

Le calcul confirme ce qui est lu : $7 = 10{,}8 - 1{,}2x$ ;

$1{,}2x = 10{,}8 - 7$ ; $x = \frac{3{,}8}{1{,}2} = \frac{19}{6}$ (environ 3,17).

**17** **1°** Pour 20 min, on a : $36 \times \frac{20}{60} + 50 = 36 \times \frac{1}{3} + 50 = 12 + 50 = \mathbf{62}$.

Pour 30 min, on a : $36 \times \frac{30}{60} + 50 = 36 \times \frac{1}{2} + 50 = 18 + 50 = \mathbf{68}$.

Pour 80 min, on a : $36 \times \frac{80}{60} + 50 = 36 \times \frac{4}{3} + 50 = 48 + 50 = \mathbf{98}$.

Pour 120 min (2 h), on a : $36 \times 2 + 50 = \mathbf{122}$.

| **Durée du travail (min)** | **20** | **30** | **60** | **80** | **120** |
|---|---|---|---|---|---|
| **Coût du dépannage (€)** | **62** | **68** | 86 | **98** | **122** |

2° Soit $x$ la durée (en minutes) d'un dépannage et $y$ le coût (en euros) de ce dépannage.
36 € pour 60 min, c'est 0,6 € par minute ; par suite :
$y = 0{,}6x + 50$.
La fonction affine $f$ telle que $f(x) = 0{,}6x + 50$ est représentée par une droite ; deux points suffisent pour la tracer :
$A(0 ; 50)$ et $B(50 ; 80)$.

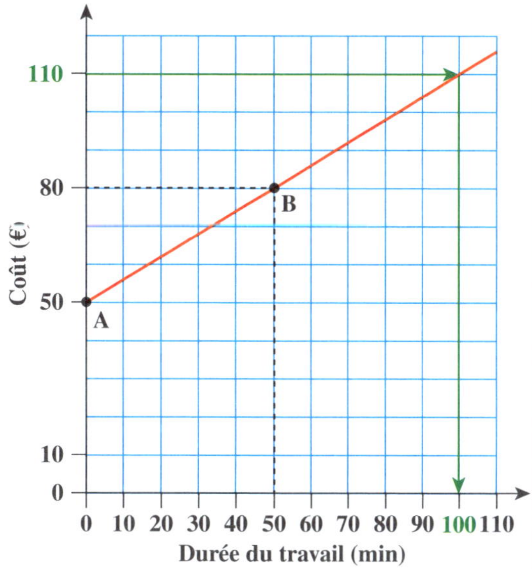


3° Le graphique (flèches vertes partant de 110 sur l'axe des ordonnées) indique une durée de travail de 100 min, soit 1 h 40 min.
**Un dépannage à domicile coûtant 110 € correspond à 1 h 40 min de travail.**

**18** 1°

| Nombre de séances | 0 | 2 | 4 | 8 | 12 |
|---|---|---|---|---|---|
| Coût pour un adhérent (€) | 30 | 46 | 62 | 94 | 126 |
| Coût pour un non-adhérent (€) | 0 | 24 | 48 | 96 | 144 |

2° Soit $x$ le nombre de séances mensuelles ; on a : $\boldsymbol{f(x) = 8x + 30}$ et $\boldsymbol{g(x) = 12x}$.

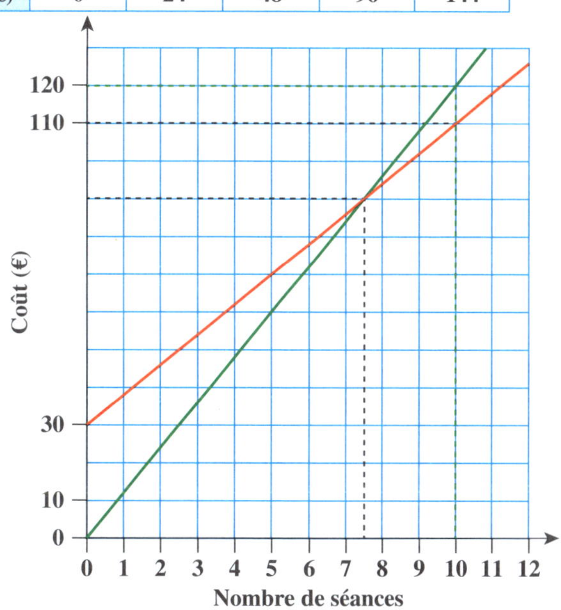


3° La droite représentant la fonction affine $f$ passe par les points de coordonnées $(0 ; 30)$ et $(10 ; 110)$.
La droite représentant la fonction linéaire $g$ passe par les points de coordonnées $(0 ; 0)$ et $(10 ; 120)$.
Si $x \leqslant 7$ (le nombre de séances est inférieur ou égal à 7), la droite verte représentant la fonction $g$ est **en dessous** de la droite rouge représentant la fonction $f$ ;
on a : $g(x) < f(x)$. **Pour 7 séances ou moins, il n'est pas avantageux de s'abonner**.

corrigés

**19** 1°

| Temps (h) | 1 | 5 | 9 | 13 | 20 | 23 |
|---|---|---|---|---|---|---|
| Température (°C) | + 1 | – 1 | – 2 | + 4 | 0 | – 1 |

2° **La température a été de 0 °C à 3 h, à 11 h et à 20 h**.

3° **La température a été positive de 0 h à 3 h, puis de 11 h à 20 h**.

4° **Température minimale : – 3 °C** (à 7 h).
**Température maximale : + 6 °C** (à 15 h).

**20** De 0 à 40 m, le niveau de bruit diminue de 40 décibels car 90 – 50 = 40 ; soit une diminution d'environ **44 %** car (40 : 90) × 100 ≈ 44.
De 40 m à 80 m, le niveau de bruit diminue de 10 décibels car 50 – 40 = 10 ; soit une diminution de **20 %** car (10 : 50) × 100 = 20.

**21** 1° La température en degré Fahrenheit n'est pas proportionnelle à la température en degré Celsius car **la droite ne passe pas par l'origine du repère**.

2° $\boldsymbol{f(x) = 1{,}8x + 32}$.
La droite représentant la fonction $f$ passe par les points ayant pour coordonnées (0 ; 32) et (10 ; 50). L'ordonnée à l'origine est 32.
Le coefficient est 1,8 car avec $x = 10$ et $y = 50$ on a :
$m \times 10 + 32 = 50$ ; $10\,m = 50 - 32$ ; $10\,m = 18$ ; $m = 1{,}8$.

3° « *J'ai **104 °F** de fièvre et je ne dois pas sortir car dehors il fait **– 22 °F*** » car :
– avec $x = 40$, on a : $f(x) = 1{,}8 \times 40 + 32$ ; $f(x) = \mathbf{104}$ ;
– avec $x = -30$, on a : $f(x) = 1{,}8 \times (-30) + 32$ ; $f(x) = \mathbf{-22}$.

4° « *Ce congélateur peut atteindre **– 35 °C**, même s'il fait **35 °C** dans la pièce.* » car :
– avec $f(x) = -31$, on a : $-31 = 1{,}8x + 32$ ; $1{,}8x = -31 - 32$ ; $1{,}8x = -63$ ; $x = \mathbf{-35}$ ;
– avec $f(x) = 95$, on a : $95 = 1{,}8x + 32$ ; $1{,}8x = 95 - 32$ ; $1{,}8x = 63$ ; $x = \mathbf{35}$.

5° On résout l'équation $1{,}8x + 32 = x$ ; $0{,}8x = -32$ ; la solution est – 40.
Si $x = -40$, on a $f(x) = 1{,}8 \times (-40) + 32$ ; $f(x) = -40$ ; d'où : **– 40 °C = – 40 °F**.

**22** 1° Soit $x$ la distance parcourue. (unité : km)
Compagnie A :
$\boldsymbol{f(x) = 5x + 300}$.
Compagnie B :
$\boldsymbol{g(x) = 15x + 100}$.

2° Graphique ci-contre.

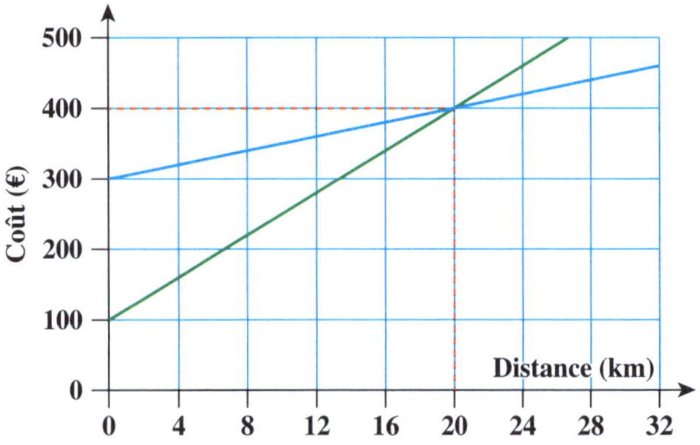

3° Si $x > 20$, la droite représentant la fonction $f$ est **en dessous** de celle représentant la fonction $g$ ; on a : $f(x) < g(x)$ ; la compagnie A est alors la moins chère.
**Les collèges situés à plus de 10 km de la piscine (soit plus de 20 km pour l'aller et le retour) ont intérêt à choisir la compagnie A.**

**23** **Partie A**

1° Si on remplace $t$ par 1,25, on a : $70 \times 1{,}25 - 64 = 23{,}5$ soit 23,5 kg.
Si on remplace $t$ par 1,65, on a : $70 \times 1{,}65 - 64 = 51{,}5$ soit 51,5 kg.
**La relation $p = 70t - 64$ convient pour ces deux filles.**

2° La fonction affine $f$ telle que $f(x) = 70x - 64$ est représentée par une droite.

| $x$ | 1,2 | 1,5 |
|---|---|---|
| $f(x) = 70x - 64$ | 20 | 41 |

La graduation sur l'axe des abscisses commence à 1,20 et non 0.
Le nombre 20 n'est pas l'ordonnée à l'origine.

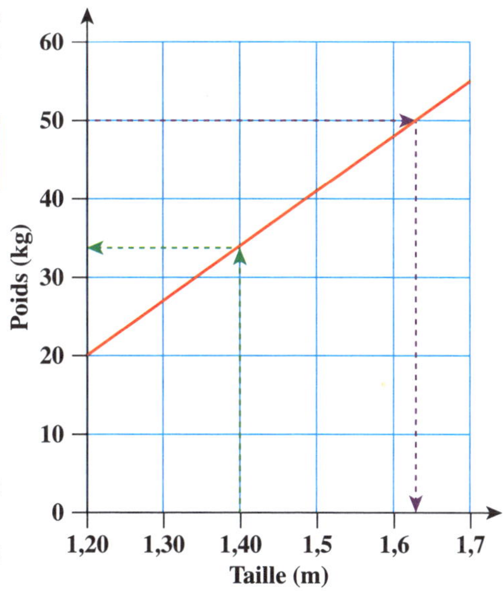


Une fille qui mesure 1,4 m pèserait environ **34 kg** (flèches vertes).
Une fille qui pèse 50 kg mesurerait environ **1,62 m** (flèches violettes).
*Vérification*. Le calcul donne 34 kg et environ 1,63 m.

**Partie B** 1° La relation $p = 70t - 64$ ne convient pas pour ces garçons car :
Avec $t = 1{,}30$ m on aurait $p = 27$ kg car $70 \times 1{,}3 - 64 = 27$.
Avec $t = 1{,}85$ m on aurait $p = 65{,}5$ kg car $70 \times 1{,}85 - 64 = 65{,}5$.

2° Soit $g$ la fonction affine telle que $g(t) = p$ avec $p = at + b$. Il faut déterminer $a$ et $b$.

On a : $1{,}3 \longmapsto 26$ et $1{,}85 \longmapsto 70$ ; d'où : $a = \dfrac{70 - 26}{1{,}85 - 1{,}3}$ ; $\boldsymbol{a = 80}$ et $g(t) = 80t + b$.

En remplaçant $x$ par 1,3, et $g(t)$ par 26, on obtient : $26 = 80 \times 1{,}3 + b$, puis $\boldsymbol{b = -78}$.
Par suite, pour les garçons, on a : $g(t) = p$ avec $\boldsymbol{p = 80t - 78}$.

3° Avec $t = 1{,}70$, on obtient $p = 58$ car $1{,}7 \times 80 - 78 = 58$.
**Un garçon de 1,70 m pèserait 58 kg.**

Avec $p = 62$, on obtient : $t = 1{,}75$ car l'équation $62 = 80t - 78$ s'écrit $140 = 80t$ et $\dfrac{140}{80} = 1{,}75$. **Un garçon qui pèse 62 kg mesurerait 1,75 m.**

corrigés

**24** 1° Pour une pyramide, $\mathcal{V} = \frac{1}{3}B \times h$

($\mathcal{V}$ : volume ; $B$ : aire de la base ; $h$ : hauteur).

$\mathcal{V}_1 = \frac{1}{3}(4 \times 3) \times x$ ; $\mathbf{\mathcal{V}_1 = 4x}$.

$\mathcal{V}_2 = \frac{1}{3}\left(\frac{4 \times 3}{2}\right) \times (6 - x)$ ;

$\mathcal{V}_2 = 2(6 - x)$ ;

$\mathbf{\mathcal{V}_2 = -2x + 12}$.

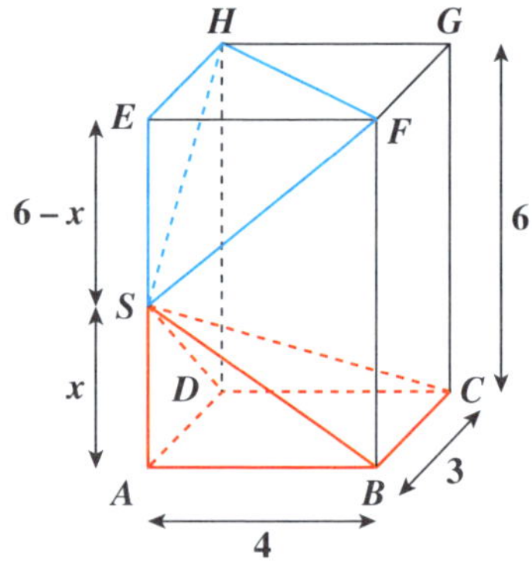


2° Le nombre $x$ est tel que $0 < x < 6$.
La fonction linéaire $f$ telle que $f(x) = 4x$ donne le volume de la pyramide $SABCD$ en fonction de $x$.
La représentation graphique est une droite passant par l'origine du repère et par le point de coordonnées (6 ; 24).
La fonction affine $g$ telle que $g(x) = -2x + 12$ donne le volume de la pyramide $SEFH$ en fonction de $x$. La représentation graphique est une droite passant par les points de coordonnées (0 ; 12) et (6 ; 0).

3° Lorsque $2 < x < 6$, la droite représentant la fonction $f$ est **au-dessus** de celle représentant la fonction $g$ et on a :
$f(x) > g(x)$, c'est-à-dire $\mathcal{V}_1 > \mathcal{V}_2$.
Lorsque $x = 2$, on a $f(x) = g(x)$, c'est-à-dire $\mathcal{V}_1 = \mathcal{V}_2$.
Par suite, **si $2 \leqslant x < 6$, on a $\mathcal{V}_1 \geqslant \mathcal{V}_2$**.

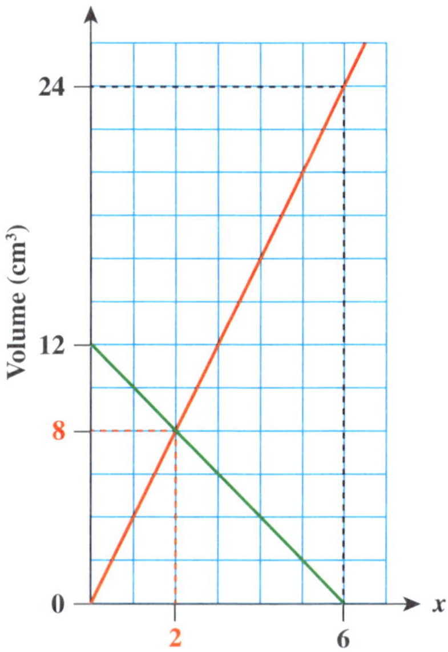


**25** 1° $x$ est un nombre positif et on doit avoir $40 - 2x > 0$ soit $40 > 2x$ ; d'où : $x < 20$.
**On doit donc avoir $0 < x < 20$.**

2° **$\mathcal{V}(10) = 4\ 000$ cm³** car $10 \times (40 - 2 \times 10)^2 = 10 \times 20^2 = 4\ 000$.

3° **$\mathcal{V}(x) = x(40 - 2x)^2$** car la base a pour aire $(40 - 2x)^2$ et la hauteur est égale à $x$.

4° **$\mathcal{V}(x) = 1\ 500$ pour $x = 15$** (tracer la flèche partant de 1 500 sur l'axe des ordonnées ; elle coupe la courbe au point d'abscisse 15).
*Vérification* : $15(40 - 2 \times 15)^2 = 15 \times 10^2 = 1\ 500$.
**$\mathcal{V}(x) = 4\ 500$ pour $x = 5$** (tracer la flèche partant de 4 500 sur l'axe des ordonnées ; elle coupe la courbe au point d'abscisse 5).
*Vérification* : $5(40 - 2 \times 5)^2 = 5 \times 30^2 = 4\ 500$.
**D'après ce graphique, $\mathcal{V}(x)$ est maximum pour $x = 7$.**
(Pour 6 le volume est égal à 4 704 cm³ ; pour 7 le volume est égal à 4 732 cm³).

# Statistique 8

# LE COURS

## Fréquences

***Population étudiée*** : les élèves d'une classe de troisième.
***Caractère étudié*** : leur âge (c'est un caractère quantitatif).
***Valeurs du caractère*** : 13 ans ; 14 ans ; 15 ans ; 16 ans (dans cet exemple).
***Série statistique*** (résultat de l'enquête) : 13 ; 14 ; 14 ; 16 ; 15 ; 15 ; 15 ; 17 ; 15 ; 13 ; 14 ; 14 ; 15 ; 15 ; 16 ; 15 ; 14 ; 14 ; 13 ; 16 ; 15 ; 16 ; 15 ; 15 ; 14 ; 15 ; 15 ; 17.
On a saisi les effectifs dans une feuille de calcul d'un tableur afin de calculer les fréquences (sous forme de fraction et sous forme de pourcentage).

$$\textbf{Fréquence} = \frac{\textbf{effectif de la valeur étudiée}}{\textbf{effectif total}}$$

| | | A | B | C | D | E | F |
|---|---|---|---|---|---|---|---|
| **1** | Âges (années) | 13 | 14 | 15 | 16 | 17 | Total |
| **2** | Effectifs | 3 | 7 | 12 | 4 | 2 | 28 |
| **3** | Fréquences (fraction) | 3/28 | 1/4 | 3/7 | 1/7 | 1/14 | 1 |
| **4** | Fréquences (pourcentage) | 10,7 | 25 | 42,9 | 14,3 | 7,1 | 100 |

- Dans la **cellule F2**, pour obtenir le total des effectifs (nombre total d'élèves), on a saisi la **formule** : **=SOMME(A2:E2)**, puis on a **étiré vers le bas** cette formule pour obtenir la somme des fréquences.
- Dans la **cellule A3**, pour obtenir la fréquence (sous forme de fraction), on a saisi la **formule** : **=A2/28** en précisant « fraction » pour le **format de la cellule** ; puis on a **étiré vers la droite** cette formule.
- Dans la **cellule A4**, pour obtenir la fréquence (en pourcentage), on a saisi la **formule** : **=A2/28**, en précisant « pourcentage » pour le **format de la cellule** ; puis on a **étiré vers la droite** cette formule.
- Un **diagramme en bâtons** permet de visualiser les fréquences.

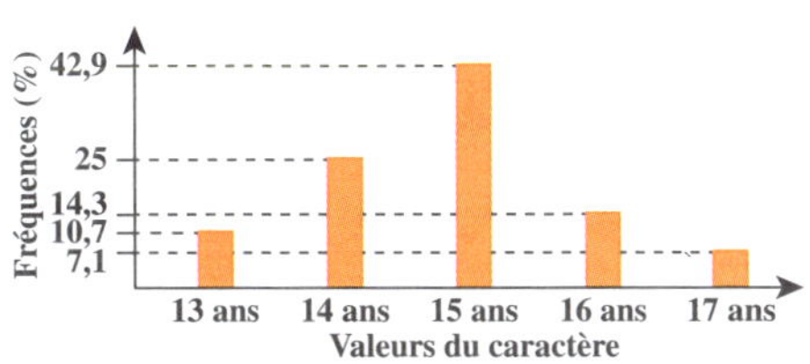

## Moyenne

Dans l'étude d'un caractère quantitatif, la moyenne arithmétique (ou moyenne) de la série statistique est le quotient de la somme des données par l'effectif total.

$$\textbf{Moyenne} = \frac{\textbf{somme des données}}{\textbf{effectif total}}$$

La moyenne $m$ des âges de la série statistique précédente est environ 14,8 car :

$$m = \frac{3 \times 13 + 7 \times 14 + 12 \times 15 + 4 \times 16 + 2 \times 17}{28} = \frac{415}{28} \approx 14{,}8.$$

On peut obtenir cette moyenne dans une feuille de calcul.

| | | A | B | C | D | E | F | G |
|---|---|---|---|---|---|---|---|---|
| **1** | Âges (années) | 13 | 14 | 15 | 16 | 17 | Total | |
| **2** | Effectifs | 3 | 7 | 12 | 4 | 2 | 28 | **Moyenne** |
| **3** | Produits | 39 | 98 | 180 | 64 | 34 | 415 | **14,8** |

Dans la **cellule A3** on a saisi la formule **=A1*A2**, puis on l'a étirée vers la droite jusqu'en E3.
Dans la **cellule F2** on a saisi la formule : **=SOMME(A2:E2)**, puis on l'a copié dans la cellule F3.
Dans la **cellule G3** on a saisi la formule **=F3/F2**.
On peut aussi obtenir directement la moyenne (que l'on appelle **moyenne pondérée**), sans afficher la somme des effectifs et la somme des produits, avec la formule : **=SOMMEPROD (A1:E1;A2:E2)/SOMME(A2:E2)**.

## Dispersion (étendue – médiane)

• **L'étendue** d'une série statistique numérique est la différence entre la plus grande valeur et la plus petite.
Dans la série statistique des âges des élèves, l'étendue est 4 car 17 – 13 = 4.

• Dans une série statistique numérique dont on a rangé les termes (ordre croissant ou ordre décroissant), **la médiane** est le nombre (de la série ou non) qui partage cette série en deux parties de même effectif.
Deux cas sont possibles :
– le nombre de termes est impair :
6 – 8 – 11 – **12** – 13 – 13 – 14 (7 termes).
**La médiane est 12** (il y a 3 termes avant et 3 termes après).

| | |
|---|---|
| 7 | 2 |
| 1 | 3 |

– le nombre de termes est pair :
6 – 8 – 10 – **11 – 12** – 13 – 13 – 14 (8 termes).
**La médiane est entre 11 et 12** ; on peut prendre **11,5**
(il y a 4 termes avant et 4 termes après).

| | |
|---|---|
| 8 | 2 |
| 0 | 4 |

• Pour la série statistique des âges des élèves (p. 113) on a 28 termes (28 = 2 × 14 + 0) ; la médiane est entre le 14$^{e}$ et le 15$^{e}$ terme.
13 – 13 – 13 – 14 – 14 – 14 – 14 – 14 – 14 – 14 – 15 – 15 – 15 – 15 – 15 – 15 – .........
14 termes avant la médiane — 14 termes après
La médiane est 15

# EXERCICES

## Tester ses connaissances

### 1

(corrigé p. 120)

Une enquête faite auprès de 120 personnes a porté sur le nombre de livres lus par chacune durant le dernier mois. On a reporté les résultats dans le tableau suivant :

| **Nombre de livres lus** | **0** | **1** | **2** | **3** | **4** |
|---|---|---|---|---|---|
| **Effectifs** | 8 | 28 | 40 | 24 | 20 |
| **Fréquences (fraction)** | … | … | … | … | … |
| **Fréquences (%)** | … | … | … | … | … |

1° Compléter ce tableau (pourcentages arrondis au dixième).

2° Quel est le pourcentage des personnes qui ont lu moins de 2 livres ?

3° Quel est le pourcentage des personnes qui ont lu au moins 2 livres ?

### 2

(corrigé p. 120)

Après une compétition inter-collèges de saut en hauteur, la série statistique des performances a été illustrée par un diagramme en bâtons paru dans la presse locale.

1° Calculer la moyenne de la série statistique obtenue.

2° Calculer le pourcentage des élèves dont la performance est supérieure à la moyenne.

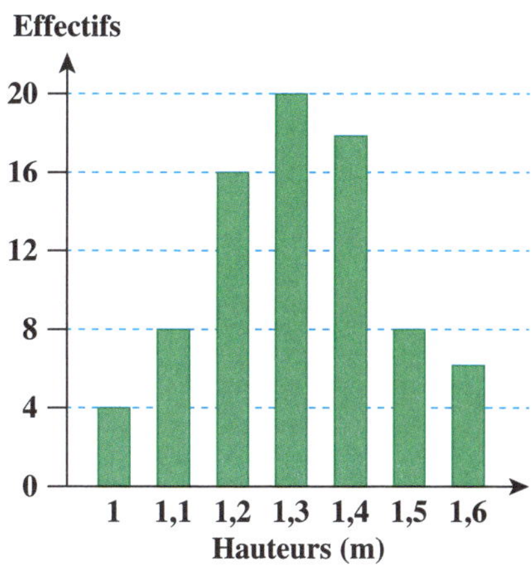


### 3

(corrigé p. 120)

Un correcteur de l'épreuve scientifique d'un examen a rangé par ordre croissant les notes qu'il a attribuées à 31 copies :

2 – 3 – 3 – 5 – 6 – 7 – 8 – 9 – 9 – 10 – 10 – 10 – 11 – 11 – 11 – 12 – 13 – 14 – 14 – 14 – 14 – 15 – 15 – 15 – 16 – 17 – 17 – 18 – 18 – 19 – 20.

1° Quelle est l'étendue de cette série statistique ?

2° Déterminer la médiane de cette série statistique.

3° Cocher la bonne réponse.

❒ Pour cette série statistique, la moyenne et la médiane sont égales.

❒ Pour cette série statistique, la moyenne et la médiane sont distinctes.

## S'entraîner

### Fréquences

**4** ★ 5 min (corrigé p. 120)

On a réalisé une enquête portant sur le degré de satisfaction des clients d'un atelier de réparation automobile ; 4 clients ont donné la note 0 (pas satisfait du tout) et 8 ont donné la note 10 (très satisfait).

1° Compléter le tableau (arrondir les fréquences au dixième).

| Niveau de satisfaction | 0 | 1 | 2 | 3 | 4 | 5 | 6 | 7 | 8 | 9 | 10 |
|---|---|---|---|---|---|---|---|---|---|---|---|
| Effectifs | 4 | 0 | 0 | 0 | 2 | 6 | 6 | 10 | 20 | 24 | 8 |
| Fréquences (%) | … | … | … | … | … | … | … | … | … | … | … |

2° On considère que le client est satisfait lorsque la note est strictement supérieure à 7. Quel est le pourcentage des clients qui déclarent être satisfaits ?

**5** ★ 10 min (corrigé p. 121)

Dans une maternité, on mesure la taille des nouveau-nés. Le diagramme en bâtons ci-dessous indique la répartition de 45 nouveau-nés selon leur taille.

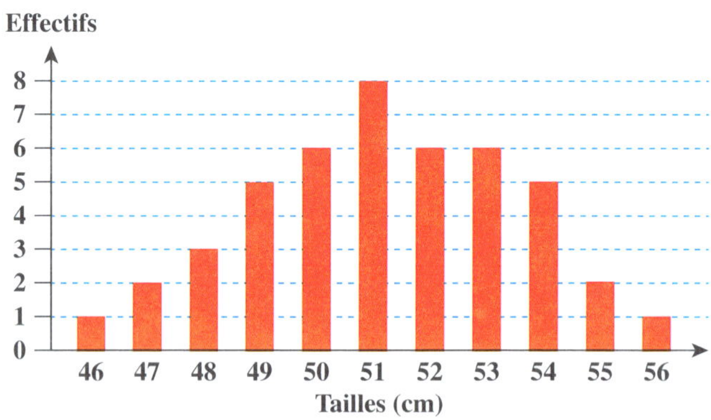


1° Compléter le tableau ci-dessous (arrondir les fréquences au dixième).

| Taille (cm) | 46 | 47 | 48 | 49 | 50 | 51 | 52 | 53 | 54 | 55 | 56 | Total |
|---|---|---|---|---|---|---|---|---|---|---|---|---|
| Effectifs | 1 | … | … | … | … | … | … | … | … | … | … | … |
| Fréquences (%) | … | … | … | … | … | … | … | … | … | … | … | … |

2° Quel est le pourcentage des nouveau-nés dont la taille $t$ est telle que $50 \leqslant t \leqslant 52$ ?

**6** ★★ 10 min (corrigé p. 121)

On a jeté un dé et on a noté le nombre de points apparaissant sur la face supérieure. On a obtenu la série statistique suivante :

4 – 1 – 2 – 1 – 6 – 5 – 4 – 1 – 6 – 2 – 6 – 4 – 5 – 3 – 3 – 5 – 4 – 4 – 3 – 2 – 3 – 1 – 2 – 6 – 5 – 3 – 3 – 4 – 6 – 2 – 6 – 4 – 4 – 6 – 6 – 2.

Faire un tableau donnant la fréquence sous forme de fraction irréductible, puis sous forme décimale (à 0,001 près) de chacune des six valeurs du caractère.

## Moyenne

**7** ★ 10 min (corrigé p. 121)

Lors d'un contrôle de fabrication, on mesure la masse (en grammes) d'un échantillon de 10 objets prélevés au hasard sur la chaîne de fabrication.
On a regroupé les résultats de trois contrôles dans une feuille de calcul d'un tableur.

| | A | B | C | D | E | F | G | H | I | J | K |
|---|---|---|---|---|---|---|---|---|---|---|---|
| **1** | 64 | 64 | 62 | 62 | 60 | 63 | 62 | 64 | 62 | 64 | |
| **2** | 62 | 62 | 62 | 64 | 63 | 64 | 62 | 62 | 63 | 62 | |
| **3** | 63 | 63 | 63 | 61 | 64 | 65 | 64 | 62 | 63 | 63 | |

1° Quelle formule faut-il saisir dans la cellule K1 pour obtenir la moyenne des masses des objets du premier échantillon ?

2° Avec ou sans tableur, calculer la moyenne des masses pour chaque prélèvement puis la moyenne des masses de l'ensemble des 30 objets.



**8** ★★ 10 min (corrigé p. 122)

Une enquête portant sur le temps passé dans les transports en commun auprès des employés d'une grande surface a donné le résultat suivant.

| **Durées (en minutes)** | $0 \leqslant d < 20$ | $20 \leqslant d < 40$ | $40 \leqslant d < 60$ | $60 \leqslant d \leqslant 80$ |
|---|---|---|---|---|
| **Effectifs** | 16 | 24 | 30 | 10 |

La notation « $20 \leqslant d < 40$ » signifie que la durée (notée $d$) du trajet va de 20 min à moins de 40 min ; pour le calcul de la moyenne, on prend la valeur centrale de la tranche (on fait comme si la durée avait été de 30 min pour les 24 personnes de la deuxième tranche).

1° Calculer la durée moyenne passée dans les transports en commun pour ces employés.

2° Quel est le pourcentage des employés pour lesquels la durée est inférieure à 1 heure ?

**9** ★★ 5 min (corrigé p. 122)

Un examen professionnel comporte une épreuve théorique (coefficient 3) et une épreuve pratique (coefficient 5).

1° Un premier candidat a eu 12 à la première épreuve et 8 à la seconde.
Tout se passe comme s'il avait obtenu 8 notes : 12 – 12 – 12 – 8 – 8 – 8 – 8 et 8.
Quelle est la moyenne de ce candidat ?

2° Un second candidat a eu 8 à la première épreuve et 12 à la seconde.
Quelle est la moyenne de ce candidat ?

## Dispersion (étendue – médiane)

**10** ★ 5 min (corrigé p. 122)

On a relevé la distance (en km) parcourue à chaque livraison par un livreur de pizza. On a obtenu la série statistique suivante : 1,8 – 2,5 – 0,7 – 2,5 – 2 – 1,4 – 2,8 – 0,4 – 2,6 – 0,7 – 1,2 – 1,2 – 1,9 – 2,4 – 1,1 – 2,1 – 2,3.

1° Quelle est l'étendue de cette série ?

2° Pour cette série, la médiane est égale à la moyenne. ❒ Vrai ❒ Faux

**11** ★★ 10 min (corrigé p. 122)

On a noté la durée des appels téléphoniques d'une personne.
On a obtenu la série statistique suivante : 1 min 20 s ; 45 s ; 30 s ; 1 min 10 s ; 25 s ; 1 min ; 50 s ; 1 min 10 s ; 35 s ; 2 min ; 20 s ; 1 min 40 s ; 1 min 50 s ; 3 min ; 2 min 30 s ; 20 s ; 50 s ; 1 min 40 s ; 4 min ; 30 s.

1° Exprimer ces durées en secondes, puis ranger ces durées par ordre croissant.

2° Quelle est la médiane de cette série statistique ?

**12** ★★ 15 min (corrigé p. 123)

On a relevé la vitesse (en km/h) des véhicules à l'entrée d'une agglomération.
On a obtenu la série statistique suivante :
45 – 42 – 48 – 55 – 40 – 65 – 54 – 42 – 40 – 60 – 55 – 55 – 48 – 46 – 52 – 51 – 50 – 40 – 62 – 42 – 52 – 48 – 53 – 46 – 51.

1° Déterminer la médiane de cette série statistique. Quel est le pourcentage des véhicules dont la vitesse est supérieure à cette médiane ?

2° Déterminer la moyenne de cette série statistique. Quel est le pourcentage des véhicules dont la vitesse est supérieure à cette moyenne ?

**13** ★★★ 15 min (corrigé p. 123)

Un commerçant a noté dans une feuille de calcul, pendant quatre semaines, le nombre de clients ayant fréquenté sa boutique chaque jour de la semaine.

| | A | B | C | D | E | F | G | H |
|---|---|---|---|---|---|---|---|---|
| **1** | 32 | 45 | 65 | 28 | 30 | 52 | 20 | … |
| **2** | 35 | 48 | 68 | 22 | 35 | 58 | 60 | … |
| **3** | 27 | 50 | 60 | 37 | 41 | 60 | 18 | … |
| **4** | 15 | 42 | 62 | 19 | 38 | 64 | 46 | … |
| **5** | … | … | … | … | … | … | … | … |

1° Quelle formule devra-t-il saisir dans la cellule A5 pour obtenir le nombre total de clients accueillis le lundi ? Quelle formule devra-t-il saisir dans la cellule H1 pour obtenir la moyenne du nombre de clients pour la semaine ?

2° Compléter le tableau (avec ou sans tableur).

3° Quelle est l'étendue et la médiane de l'ensemble des 28 données de cette série statistique ?

# SUJETS DU BREVET

## 14 ★★★ 15 min (corrigé p. 124)

On a mesuré le diamètre des arbres d'une plantation. Les données obtenues sont reportées dans une feuille de calcul d'un tableur.

| | A | B | C | D | E | F | G | H | I | J |
|---|---|---|---|---|---|---|---|---|---|---|
| 1 | Diamètres (cm) | 40 | 45 | 50 | 55 | 60 | 65 | 70 | 75 | |
| 2 | Effectifs | 2 | 2 | 4 | 16 | 32 | 38 | 20 | 14 | |

1° Quelle formule doit-on saisir dans la cellule J2 pour obtenir le nombre total d'arbres ? De combien d'arbres a-t-on mesuré le diamètre ?

2° Calculer la moyenne des diamètres des arbres de cette plantation.

3° Pour calculer le volume commercial d'un arbre, on utilise la formule $V = \frac{10}{24} \times d^2 \times h$.

$V$ est le volume (en m$^3$), $d$ le diamètre moyen (en m) et $h$ la hauteur moyenne (en m). On admet que le lot est composé de 128 arbres dont le diamètre moyen est 0,63 m et la hauteur moyenne 20 m. Combien la vente de ce lot va-t-elle rapporter sachant qu'un mètre cube de ce bois rapporte 70 € ?

## 15 ★★ 15 min (corrigé p. 124)

Le diagramme en bâtons ci-contre nous renseigne sur la distance parcourue dans la journée par les véhicules de livraison d'une entreprise.

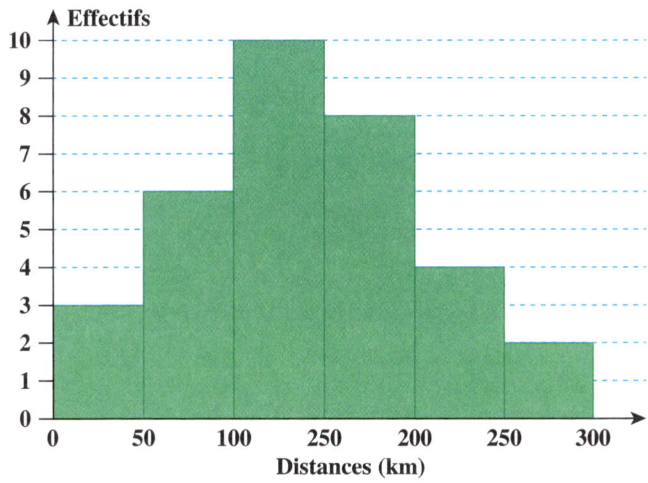


1° Compléter le tableau.

| Distances (km) | $0 \leqslant d < 50$ | $50 \leqslant d < 100$ | $100 \leqslant d < 150$ | $150 \leqslant d < 200$ | $200 \leqslant d < 250$ | $250 \leqslant d \leqslant 300$ |
|---|---|---|---|---|---|---|
| Effectifs | … | … | … | … | … | … |

2° Calculer la distance moyenne parcourue par les véhicules de cette entreprise.

3° Calculer la consommation quotidienne totale de carburant sachant que les véhicules utilisés consomment en moyenne 14 L pour 100 km.

# CORRIGÉS

**1** 1°

| Nombre de livres lus | 0 | 1 | 2 | 3 | 4 |
|---|---|---|---|---|---|
| **Effectifs** | 8 | 28 | 40 | 24 | 20 |
| **Fréquences (fraction)** | $\frac{8}{120}$ | $\frac{28}{120}$ | $\frac{40}{120}$ | $\frac{24}{120}$ | $\frac{20}{120}$ |
| **Fréquences (%)** | **6,7** | **23,3** | **33,3** | **20** | **16,7** |

2° 36 personnes ont lu moins de 2 livres (0 ou 1), soit un pourcentage de **30 %** car $\frac{36}{120} \times 100 = 30$.

3° 84 personnes ont lu au moins 2 livres (2 ; 3 ou 4), soit un pourcentage de **70 %** car $\frac{84}{120} \times 100 = 70$.

$\frac{36}{120} = \frac{3}{10} = 0{,}3$ ; soit 30 %.
$\frac{84}{120} = \frac{7}{10} = 0{,}7$ ; soit 70 %.

**2** 1° **La moyenne des sauts est 1,31 m** car

$$\frac{1 \times 4 + 1{,}1 \times 8 + 1{,}2 \times 16 + 1{,}3 \times 20 + 1{,}4 \times 18 + 1{,}5 \times 8 + 1{,}6 \times 6}{4 + 8 + 16 + 20 + 18 + 8 + 6} = \frac{104{,}8}{80} = 1{,}31.$$

2° Les performances de 32 sauteurs sur 80 ont été supérieures à la moyenne, soit un pourcentage de **40 %** car $\frac{32}{80} \times 100 = 40$.

**3** 1° Les notes vont de 2 à 20 ; **l'étendue de cette série est 18** car 20 – 2 = 18.

2° Il y a 31 notes ; le quotient euclidien de 31 par 2 est 15 (il reste 1).
La médiane est la 16$^{e}$ note de la série ordonnée (15 notes avant et 15 notes après).
2 – 3 – 3 – 5 – 6 – 7 – 8 – 9 – 9 – 10 – 10 – 10 – 11 – 11 – 11 – 12 – 13 – 14 – 14 – 14 – 14 – 15 – 15 – 15 – 16 – 17 – 17 – 18 – 18 – 19 – 20.
**La médiane de cette série est 12**.

3° Pour cette série statistique, **la moyenne et la médiane sont distinctes** car la médiane est 12 et la moyenne est $\frac{366}{31}$, soit 11,8 (arrondi au dixième).

**4** 1°

| Niveau de satisfaction | 0 | 1 | 2 | 3 | 4 | 5 | 6 | 7 | 8 | 9 | 10 |
|---|---|---|---|---|---|---|---|---|---|---|---|
| **Effectifs** | 4 | 0 | 0 | 0 | 2 | 6 | 6 | 10 | 20 | 24 | 8 |
| **Fréquences (%)** | **5** | **0** | **0** | **0** | **2,5** | **7,5** | **7,5** | **12,5** | **25** | **30** | **10** |

2° 52 clients sur 80 déclarent être satisfaits, soit **65 %** car $\frac{52}{80} \times 100 = 65$.
*Vérification* :
On cumule les pourcentages associés au notes 8, 9 et 10 :
25 % + 30 % + 10 % = 65 %.

**5** 1°

| Taille (cm) | 46 | 47 | 48 | 49 | 50 | 51 | 52 | 53 | 54 | 55 | 56 | Total |
|---|---|---|---|---|---|---|---|---|---|---|---|---|
| Effectifs | 1 | 2 | 3 | 5 | 6 | 8 | 6 | 6 | 5 | 2 | 1 | 45 |
| Fréquences (%) | 2,2 | 4,4 | 6,7 | 11,1 | 13,3 | 17,8 | 13,3 | 13,3 | 11,1 | 4,4 | 2,2 | 99,8 |

2° 20 nouveau-nés sur 45 ont une taille $t$ telle que $50 \leqslant t \leqslant 52$ ; cela se traduit par un **pourcentage de 44,4 %** car $\frac{20}{45} \times 100 \approx 44{,}4$.

*Vérification* :
De 50 cm à 52 cm : 13,3 % + 17,8% + 13,3 % = 44,4%.

La somme des fréquences en pourcentage est théoriquement égale à 100 %. Ici : 99,8 % (à cause des arrondis).

**6** Pour la valeur 1, la fréquence est égale à $\frac{4}{36}$, soit $\frac{1}{9}$ après simplification par 4.
La division de 1 par 9 donne 0,1111 …, soit 0,111 à 0,001 près.

Pour la valeur 2, la fréquence est égale à $\frac{6}{36}$ soit $\frac{1}{6}$ après simplification par 6.

La division de 1 par 6 donne 0,1666 …, soit 0,167 à 0,001 près.

Pour la valeur 4, la fréquence est égale à $\frac{8}{36}$, soit $\frac{2}{9}$ après simplification par 4.

La division de 1 par 9 donne 0,2222 …, soit 0,222 à 0,001 près.
D'où le tableau :

| Valeurs du caractère | 1 | 2 | 3 | 4 | 5 | 6 |
|---|---|---|---|---|---|---|
| Effectifs | 4 | 6 | 6 | 8 | 4 | 8 |
| Fréquences (fractions simplifiées) | $\frac{1}{9}$ | $\frac{1}{6}$ | $\frac{1}{6}$ | $\frac{2}{9}$ | $\frac{1}{9}$ | $\frac{2}{9}$ |
| Fréquences (décimales) | 0,111 | 0,167 | 0,167 | 0,222 | 0,111 | 0,222 |

La somme des fréquences est égale à 1 car $\frac{4}{36}+\frac{6}{36}+\frac{6}{36}+\frac{8}{36}+\frac{4}{36}+\frac{8}{36}=\frac{36}{36}=1$.
En écriture décimale, la somme des fréquences n'est pas toujours égale à 1 à cause des arrondis ; ici : 0,111 + 0,167 + 0,167 + 0,222 + 0,111 + 0,222 = 1.

**7** 1° Dans la **cellule K1** il faut saisir la formule : **=MOYENNE(A1:J1)**.

2° En copiant dans les cellules K2 et K3 la formule de la cellule K1, on obtient :
– **moyenne du premier échantillon : 62,7**.

Sans tableur : $m_1 = \frac{60+4\times 62+63+4\times 64}{10} = 62{,}7$.

– **moyenne du deuxième échantillon : 62,6**.

Sans tableur : $m_2 = \dfrac{6 \times 62 + 2 \times 63 + 2 \times 64}{10} = 62{,}6.$

– **moyenne du troisième échantillon : 63,1**.

Sans tableur : $m_3 = \dfrac{61 + 62 + 5 \times 63 + 2 \times 64 + 65}{10} = 63{,}1.$

– **moyenne de l'ensemble des 30 mesures : 62,8**.

Deux façons pour calculer la moyenne générale.
$\dfrac{62{,}7 + 62{,}6 + 63{,}1}{3} = \dfrac{188{,}4}{3}$.
$\dfrac{\text{Somme des 30 mesures}}{30} = \dfrac{1\,884}{30}$.
Le résultat est le même car les trois échantillons ont le même effectif.

**8** 1° **Durée moyenne : 38 min 30 s** car $\dfrac{16 \times 10 + 24 \times 30 + 30 \times 50 + 10 \times 70}{80} = 38{,}5.$

2° Pour **87,5 % des employés** la durée est inférieure à 1 heure car $\dfrac{70}{80} \times 100 = 87{,}5.$

**9** 1° **Le premier candidat a eu 9,5 de moyenne** car $\dfrac{3 \times 12 + 5 \times 8}{8} = \dfrac{76}{8} = 9{,}5.$

2° **Le second candidat a eu 10,5 de moyenne** car $\dfrac{3 \times 8 + 5 \times 12}{8} = \dfrac{84}{8} = 10{,}5.$

**10** 1° La valeur minimale est 0,4 et la valeur maximale est 2,8.
**L'étendue est 2,4** car 2,8 – 0,4 = 2,4.

2° Il y a 17 valeurs ; le quotient euclidien de 17 par 2 est 8 (il reste 1) ; la médiane est la 9e valeur de la série des valeurs rangées par ordre croissant.
0,4 – 0,7 – 0,7 – 1,1 – 1,2 – 1,2 – 1,4 – 1,8 – **1,9** – 2 – 2,1 – 2,3 – 2,4 – 2,5 – 2,5 – 2,6 – 2,8.
← 8 valeurs avant → ← 8 valeurs après →

**La médiane est 1,9**.

La moyenne est égale à $\dfrac{29{,}6}{17}$, soit environ 1,7.
À l'affirmation « *pour cette série, la médiane est égale à la moyenne* » on répond donc **faux** car $\dfrac{29{,}6}{17} \neq 1{,}9.$

En général, la médiane et la moyenne sont des nombres différents.

**11** 1° Exprimons en secondes les durées de la série initiale : 80 – 45 – 30 – 70 – 25 – 60 – 50 – 70 – 35 – 120 – 20 – 100 – 110 – 180 – 150 – 20 – 50 – 100 – 240 – 30.
Ordonnons cette série : **20 – 20 – 25 – 30 – 30 – 35 – 45 – 50 – 50 – 60 – 70 – 70 – 80 – 100 – 100 – 110 – 120 – 150 – 180 – 240**.

2° Il y a 20 valeurs ; le quotient euclidien de 20 par 2 est 10 (il reste 0) ; la médiane est entre la 10e et la 11e valeur (10 avant et 10 après) ; on peut choisir 65.
20 – 20 – 25 – 30 – 30 – 35 – 45 – 50 – 50 – 60 – 65 – 70 – 70 – 80 – 100 – 100 – 110 – 120 – 150 – 180 – 240.
**La médiane de cette série statistique est 65 s soit 1 min 5 s**.

**12** 1° Il y a 25 valeurs ; le quotient euclidien de 25 par 2 est 12 (il reste 1) ; la médiane est le 13e terme de la série ordonnée (12 avant et 12 après).
On range par ordre croissant ces valeurs.
40 – 40 – 40 – 42 – 42 – 42 – 45 – 46 – 46 – 48 – 48 – 48 – 50 – 51 – 51 – 52 – 52 – 53 – 54 – 55 – 55 – 55 – 60 – 62 – 65.
**La médiane de cette série est 50.**
**48 % des véhicules ont une vitesse supérieure à la médiane** car $\frac{12}{25} \times 100 = 48$.

Ceci est général : la médiane partage la série en deux parties contenant chacune **au plus 50 %** de l'effectif total.

2° **La moyenne des vitesses constatées est 49,68 km/h** car $\frac{1\,242}{25} = 49{,}68$.

**52 % des véhicules ont une vitesse supérieure à cette moyenne** car $\frac{13}{25} \times 100 = 52$.

**13** 1° Dans la **cellule A5** il faut saisir la formule : **=SOMME(A1:A4)**.
Dans la **cellule H1** il faut saisir la formule : **=MOYENNE(A1:G1)**.

2°

| | A | B | C | D | E | F | G | H |
|---|---|---|---|---|---|---|---|---|
| **1** | 32 | 45 | 65 | 28 | 30 | 52 | 20 | **39** |
| **2** | 35 | 48 | 68 | 22 | 35 | 58 | 60 | **47** |
| **3** | 27 | 50 | 60 | 37 | 41 | 60 | 18 | **42** |
| **4** | 15 | 42 | 62 | 19 | 38 | 64 | 46 | **41** |
| **5** | **109** | **185** | **255** | **106** | **144** | **234** | **144** | **168** |

Le résultat de la cellule H5 est la moyenne des nombres des cellules de A5 à G5.
$\frac{1177}{7} \approx 168$.

3° La plus petite valeur est 15 et la plus grande est 68. **L'étendue est égale à 53** car 68 – 15 = 53.
Pour déterminer la médiane, on range les termes par ordre croissant.
15 – 18 – 19 – 20 – 22 – 27 – 28 – 30 – 32 – 35 – 35 – 37 – 38 – 41 – 42 – 45 – 46 – 48 – 50 – 52 – 58 – 60 – 60 – 60 – 62 – 64 – 65 – 68.
Il y a 28 valeurs ; le quotient euclidien de 28 par 2 est 14 (reste 0) ; la médiane est entre le 14e et le 15e terme de la suite ordonnée.
14 termes avant :
15 – 18 – 19 – 20 – 22 – 27 – 28 – 30 – 32 – 35 – 35 – 37 – 38 – 41.
14 termes après :
42 – 45 – 46 – 48 – 50 – 52 – 58 – 60 – 60 – 60 – 62 – 64 – 65 – 68.
**La médiane est comprise entre 41 et 42** (on choisit 41,5).

corrigés

**14** 1° Dans la **cellule J2** on doit saisir la formule : **=SOMME(B2:I2)**.
On a mesuré le diamètre de **128 arbres**.

2° **La moyenne des diamètres est égale à 63 cm** (arrondi au cm) car :

$$\frac{2\times 40+2\times 45+4\times 50+16\times 55+32\times 60+38\times 65+20\times 70+14\times 75}{2+2+4+16+32+38+20+14}=\frac{8\,090}{128}\approx 63.$$

Pour obtenir la moyenne des diamètres on peut aussi prolonger la feuille de calcul (ligne 3).
Dans la **cellule B3**, on saisit la formule : **=B1*B2** que l'on étend jusqu'en I3.
Dans la **cellule J3**, on saisit la formule : **=SOMME(B3:I3)/J2**.

| | A | B | C | D | E | F | G | H | I | J |
|---|---|---|---|---|---|---|---|---|---|---|
| **1** | Diamètre (cm) | 40 | 45 | 50 | 55 | 60 | 65 | 70 | 75 | |
| **2** | Effectifs | 2 | 2 | 4 | 16 | 32 | 38 | 20 | 14 | **128** |
| **3** | | **80** | **90** | **200** | **880** | **1 920** | **2 470** | **1 400** | **1 050** | **63** |

3° Pour un arbre, le volume obtenu avec cette formule est égal à 3,3075 $m^3$
car $\frac{10}{24}\times 0{,}63^2\times 20=3{,}3075$. Pour 128 arbres, le volume de bois est égal à 423,36 $m^3$
car $3{,}3075\times 128=423{,}36$.
**Ce lot va rapporter 29 635,20 €** car $423{,}36\times 70=29\,635{,}2$.

**15** 1° On désigne par $d$ la distance en km.

| **Distances (km)** | $0\leqslant d<50$ | $50\leqslant d<100$ | $100\leqslant d<150$ | $150\leqslant d<200$ | $200\leqslant d<250$ | $250\leqslant d\leqslant 300$ |
|---|---|---|---|---|---|---|
| **Effectifs** | 3 | 6 | 10 | 8 | 4 | 2 |

2° Pour chaque tranche, on prend la valeur centrale.
Cela revient à considérer que
3 véhicules ont parcouru 25 km,
6 véhicules ont parcouru 75 km,
10 véhicules ont parcouru 125 km,
8 véhicules ont parcouru 175 km,
4 véhicules ont parcouru 225 km,
2 véhicules ont parcouru 275 km.

La moyenne obtenue est approximative car 25 km, 75 km, … sont des valeurs fictives.
Par suite, 648 L est aussi approximative.

Les véhicules ont parcouru en moyenne
**140 km par jour** car :

$$\frac{3\times 25+6\times 75+10\times 125+8\times 175+4\times 225+2\times 275}{3+6+10+8+4+2}=\frac{4\,625}{33}\approx 140.$$

3° **La consommation quotidienne de carburant est de 648 L**
car $\frac{4\,625}{100}\times 14=647{,}5$.

# Probabilité 9

# LE COURS

## Notion de probabilité

**Exemple**

On lance un dé bien équilibré ; il tombe au hasard et on note le nombre de points sur la face supérieure.

On dit que c'est une **expérience aléatoire**.
Il y a six **issues** (on dit aussi éventualités) possibles :
1 – 2 – 3 – 4 – 5 – 6.

Si on effectue quelques lancers, la fréquence d'apparition de chacune des six issues peut varier. Dans l'exercice 6 page 121, sur 36 lancers, la fréquence de l'issue 1 est égale à $\frac{4}{36}$, celle de l'issue 2 est égale à $\frac{6}{36}$ et celle de l'issue 4 est égale à $\frac{8}{36}$.

Si on fait un grand nombre de fois la même expérience, la fréquence d'apparition de l'une des issues, par exemple 5, se rapproche de $\frac{1}{6}$.

On dit que la **probabilité** d'obtenir 5 est égale à $\frac{1}{6}$.

Il en est de même pour les cinq autres issues.

**Propriétés**

- La probabilité d'une issue est un nombre positif, inférieur ou égal à 1.
- La somme des probabilités de toutes les issues d'une expérience aléatoire est toujours égale à 1.

**Situation d'équiprobabilité**

Lorsque toutes les issues ont la même probabilité, on dit que l'on est dans une situation d'**équiprobabilité**.
L'expérience aléatoire décrite dans l'exemple précédent est une situation d'équiprobabilité.

| **Issues** | **1** | **2** | **3** | **4** | **5** | **6** |
|---|---|---|---|---|---|---|
| **Probabilités** | $\frac{1}{6}$ | $\frac{1}{6}$ | $\frac{1}{6}$ | $\frac{1}{6}$ | $\frac{1}{6}$ | $\frac{1}{6}$ |

## Probabilité d'un événement

**• Exemple**

Dans l'exemple précédent, on appelle $E$ l'événement : « *le nombre obtenu est un multiple de trois* ». La phrase : « *le nombre obtenu est un multiple de trois* » est **vraie** pour deux des six issues : « *3 est un multiple de 3* » et « *6 est un multiple de 3* ».
On dit que 3 et 6 sont deux **issues favorables**.
La probabilité de l'événement $E$ est la somme des probabilités des issues favorables.
$p(E) = \frac{1}{6} + \frac{1}{6}$ ; $p(E) = \frac{2}{6}$ ; $p(E) = \frac{1}{3}$.
Si on appelle $F$ l'événement : « *le nombre obtenu n'est pas un multiple de trois* », il y a quatre issues favorables : 1 – 2 – 4 – 5 et $p(F) = \frac{1}{6} + \frac{1}{6} + \frac{1}{6} + \frac{1}{6}$ ; $p(F) = \frac{4}{6}$ ; $p(F) = \frac{2}{3}$.
On dit que ***F* est l'événement contraire de *E***. On a : $p(E) + p(F) = 1$.

**• Propriétés**

• Dans une **situation d'équiprobabilité**, la probabilité d'un événement $A$ est :

$$p(A) = \frac{\text{nombre d'issues favorables}}{\text{nombre d'issues possibles}}.$$

• La somme des probabilités de deux événements contraires est égale à 1.

**• Dénombrement**

Un exemple

On considère deux urnes contenant chacune des boules indiscernables au toucher. L'une contient trois boules numérotées de 1 à 3 et l'autre quatre boules numérotées de 1 à 4.
On tire au hasard une boule dans chaque urne, on note son numéro, puis on fait la somme des nombres obtenus.
Pour dénombrer toutes les issues possibles et les issues favorables, on peut utiliser un arbre (ci-contre) ou un tableau à double entrée (ci-dessous).
Dans cette expérience, il y a 12 issues.
Soit $A$ l'événement : « *la somme obtenue est un nombre premier* ». Il y a 7 issues favorables :
1 + 1 = 2 ; 1 + 2 = 3 ; 1 + 4 = 5 ;
2 + 1 = 3 ; 2 + 3 = 5 ;
3 + 2 = 5 ; 3 + 4 = 7.
$p(A) = \frac{7}{12}$.

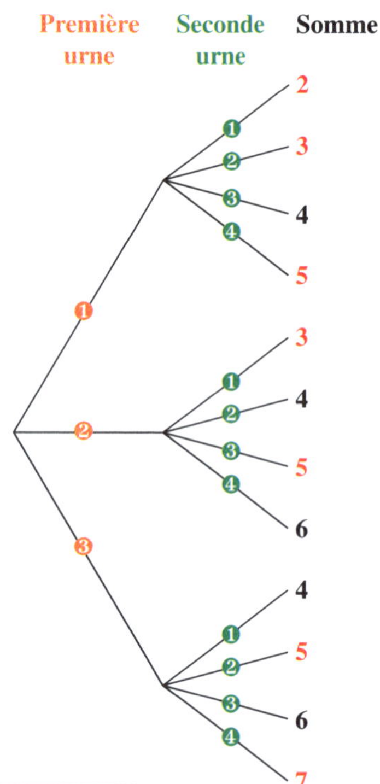


| | | Seconde urne | | | |
|---|---|---|---|---|---|
| | | 1 | 2 | 3 | 4 |
| Première urne | 1 | 2 | 3 | 4 | 5 |
| | 2 | 3 | 4 | 5 | 6 |
| | 3 | 4 | 5 | 6 | 7 |

# EXERCICES

## Tester ses connaissances

### 1

(corrigé p. 132)

Dans un sac il y a des jetons indiscernables au toucher, 5 blancs et 4 noirs.
À la question : « *Quelle est la probabilité de tirer un jeton blanc ?* » on a obtenu trois réponses différentes.

Réponse A : $\frac{5}{4}$ Réponse B : 1 Réponse C : $\frac{5}{9}$

1° Sans calcul, on peut affirmer que deux des réponses sont fausses. Lesquelles ? Pourquoi ?

2° Justifier la réponse exacte.

### 2

(corrigé p. 132)

1° Le tableau ci-dessous indique les probabilités de quatre des cinq issues d'une expérience aléatoire.
Ce n'est pas une situation d'équiprobabilité. Pourquoi ?

| **Issues** | **1** | **2** | **3** | **4** | **5** |
|---|---|---|---|---|---|
| **Probabilités** | 0,15 | 0,15 | 0,15 | 0,15 | … |

2° Le tableau ci-dessous indique les probabilités de quatre des cinq issues d'une expérience aléatoire.
Est-ce une situation d'équiprobabilité ?

| **Issues** | **1** | **2** | **3** | **4** | **5** |
|---|---|---|---|---|---|
| **Probabilités** | 0,2 | 0,2 | 0,2 | 0,2 | … |

### 3

(corrigé p. 132)

On jette deux pièces de monnaie parfaitement équilibrées ; pour chacune on note le résultat : *pile* ou *face*.

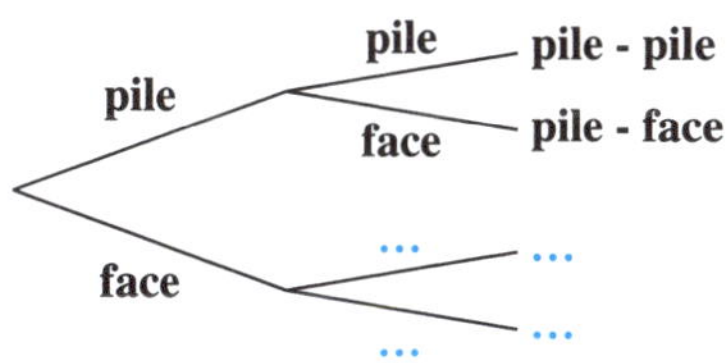


1° Compléter l'arbre.

2° Quelle est la probabilité de l'événement $E$ : « *on obtient deux fois pile* » ?

3° Quel est l'événement contraire de $E$ ? Quelle est sa probabilité ?

# S'entraîner

## Probabilité d'un événement

**4** ★ 5 min (corrigé p. 132)

Une urne contient 6 boules rouges, 4 boules vertes et 3 boules jaunes.
Les boules sont indiscernables au toucher. On tire une boule au hasard.

**1°** Quelle est la probabilité d'obtenir une boule rouge ?

**2°** Quelle est la probabilité d'obtenir une boule verte ou jaune ?

**5** ★ 10 min (corrigé p. 133)

Deux sacs contiennent des jetons indiscernables au toucher.
Le premier contient 29 jetons rouges et 61 jetons bleus.
Le second contient 13 jetons rouges et 27 jetons bleus.
On choisit au hasard l'un des sacs, puis on tire au hasard un jeton dans ce sac.
On gagne si le jeton est rouge.
Léa affirme : « *On a plus de chances de gagner en choisissant le second sac !* »
Léa a raison. Pourquoi ?

**6** ★ 10 min (corrigé p. 133)

Un jeu de 32 cartes est composé de 16 cartes rouges (8 cœurs et 8 carreaux) et de 16 cartes noires (8 piques et 8 trèfles). Chaque série de huit cartes comprend un as, un roi, une dame, un valet, un 10, un 9, un 8 et un 7.
On tire au hasard une carte dans un tel jeu.

**1°** Quelle est la probabilité de l'événement : « *on tire une carte rouge* » ?
Quel est l'événement contraire ? Quelle est sa probabilité ?

**2°** Quelle est la probabilité de l'événement : « *on tire un as rouge* » ?
Quel est l'événement contraire ? Quelle est sa probabilité ?

**3°** Quelle est la probabilité de l'événement : « *on tire l'as de cœur* » ?
Quel est l'événement contraire ? Quelle est sa probabilité ?

**7** ★★ 10 min (corrigé p. 133)

Une classe est constituée de 28 élèves, les uns demi-pensionnaires et les autres externes.

**1°** Compléter le tableau ci-contre.

| | Garçons | Filles | Total |
|---|---|---|---|
| **Externes** | … | 5 | … |
| **Demi-pensionnaires** | 10 | 11 | … |
| **Total** | … | … | 28 |

**2°** Un fichier contient une fiche pour chaque élève. On choisit une fiche au hasard dans ce fichier. Quelle est la probabilité :

- que ce soit la fiche d'un externe ?
- que ce soit la fiche d'une fille ?
- que ce soit la fiche d'une fille externe ?

3° L'événement contraire de « *on choisit la fiche d'une fille externe* » est « *on choisit la fiche d'un garçon demi-pensionnaire* » ❒ Vrai ❒ Faux

**8** ★★ 10 min (corrigé p. 134)

Une urne contient deux boules rouges marquées R1 et R2 et deux boules noires marquées N1 et N2. Toutes sont indiscernables au toucher.
On tire au hasard une première boule et on ne remet pas cette boule dans l'urne.
On tire au hasard une seconde boule parmi celles qui restent dans l'urne.

1° Compléter l'arbre qui illustre les deux tirages successifs.

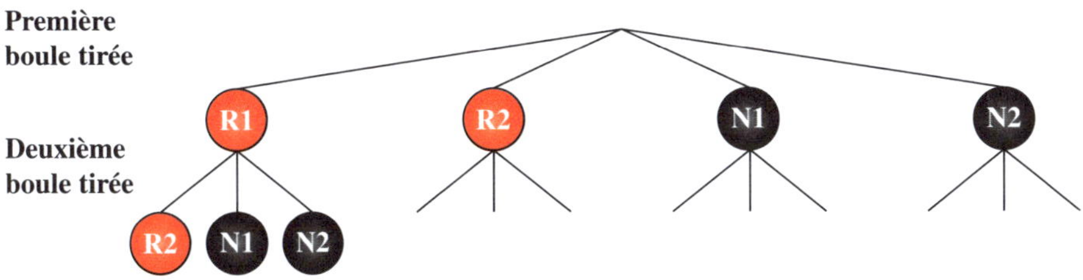


2° Soit *E* l'événement : « *on a tiré deux boules rouges* ».
Quelle est la probabilité de l'événement *E* ?

3° Soit *F* l'événement : « *on a tiré deux boules portant le même numéro* ».
Quelle est la probabilité de l'événement *F* ?

**9** ★★★ 15 min (corrigé p. 134)

Un sac contient 3 jetons rouges indiscernables au toucher numérotés de 1 à 3.

On tire au hasard un jeton dans ce sac et on note son numéro.

Un second sac contient 4 jetons bleus indiscernables au toucher numérotés de 1 à 4.

On tire au hasard un jeton dans ce sac et on note son numéro.
On constitue alors un nombre entier de deux chiffres dont le chiffre des dizaines est écrit sur le jeton rouge et dont le chiffre des unités est écrit sur le jeton bleu.

Exemple : 

qui donne le nombre 24.

1° On appelle *A* l'événement : « *le nombre obtenu est un multiple de 2* ».
Quelle est la probabilité de *A* ?

2° On appelle *B* l'événement : « *le nombre obtenu est un multiple de 3* ».
Quelle est la probabilité de *B* ?

3° On appelle *C* l'événement : « *le nombre obtenu est un multiple de 2 et de 3* ».
Quelle est la probabilité de *C* ?

4° On appelle *D* l'événement : « *le nombre obtenu est un multiple de 5* ».
Quelle est la probabilité de *D* ?

exercices

**10** ★★★ 15 min (corrigé p. 135)

On fait tourner simultanément deux roues parfaitement équilibrées. Sur chacune, les quatre secteurs sont numérotés de 1 à 4.
Lorsqu'elles s'arrêtent, on note le numéro situé en face de la flèche, puis on calcule la somme des nombres obtenus.

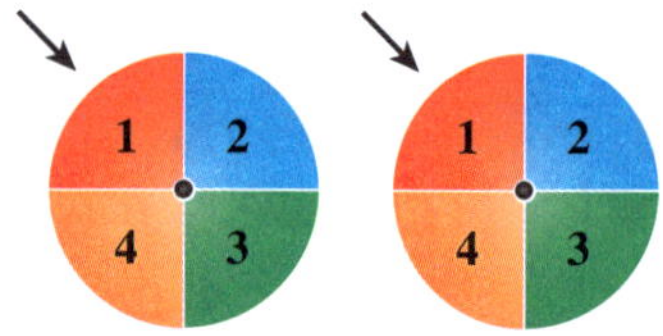


**Partie A**

On simule 100 résultats avec un tableur. Le graphique suivant donne la fréquence d'apparition de chaque somme obtenue.

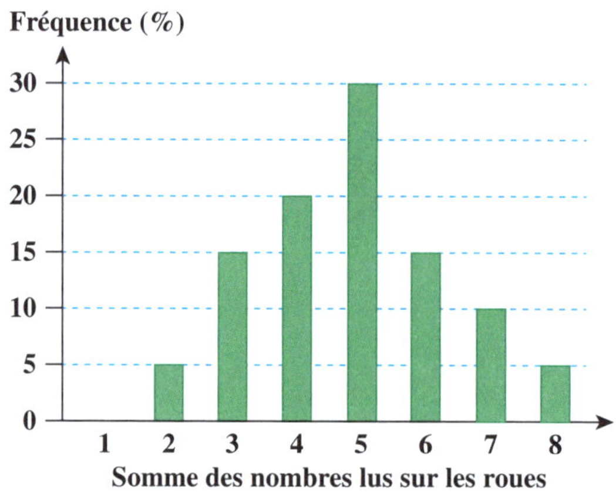


1° Par lecture graphique, donner la fréquence d'apparition de la somme 3.

2° Que dire de la fréquence d'apparition de la somme 1 ?

**Partie B**

On veut déterminer la probabilité de chacune des sommes possibles.

1° Compléter le tableau à double entrée ci-contre.

2° Combien de lancers des deux roues donnent une somme égale à 5 ?
Quelle est la probabilité de l'événement :
« *la somme obtenue est égale à 5* » ?

3° Compléter le tableau donnant la probabilité de chacune des sommes possibles.

| Seconde roue \ Première roue | 1 | 2 | 3 | 4 |
|---|---|---|---|---|
| 1 | 2 | | | |
| 2 | | 4 | | |
| 3 | | | 6 | |
| 4 | | | | 8 |

| Somme obtenue | 2 | 3 | 4 | 5 | 6 | 7 | 8 |
|---|---|---|---|---|---|---|---|
| Probabilité | 0,0625 | ... | ... | ... | ... | ... | 0,0625 |

4° Comparer ces probabilités et les fréquences fournies par la simulation de la partie A.

5° Quelle est la probabilité d'obtenir un nombre premier ?

# SUJETS DU BREVET

## 11 ★★ 10 min

(corrigé p. 136)

Un digicode commande l'ouverture de la porte d'un immeuble. Le code d'ouverture est composé d'un chiffre : 1 ; 2 ; 3 ; 4 ; 5 ou 6 suivi d'une lettre : A ou B.

| | | |
|---|---|---|
| **1** | **2** | **3** |
| **4** | **5** | **6** |
| **A** | | **B** |

1° Un visiteur compose un code en choisissant au hasard un chiffre, puis une lettre.
Quelle est la probabilité que la porte s'ouvre ?

2° Un autre visiteur se souvient que le chiffre est un multiple de 3.
Il compose un code au hasard.
De combien augmente la probabilité que la porte s'ouvre ?

## 12 ★★★ 15 min

(corrigé p. 136)

On dispose de trois sachets contenant chacun 12 chocolats noirs, 10 chocolats au lait et 8 chocolats blancs. Tous les chocolats sont indiscernables au toucher et on prend les chocolats au hasard.

1° Dans le premier sachet, on prend un chocolat.
Quelle est la probabilité qu'il soit noir ?

2° Dans le deuxième sachet, après avoir obtenu un chocolat de chaque sorte, on décide de prendre un quatrième chocolat.
Quelle est la probabilité qu'il soit au lait ?

3° Dans le troisième sachet, on prend un chocolat et on constate qu'il est blanc.
On le mange, puis on prend un second chocolat.
Quelle est la probabilité que le second soit blanc ?

## 13 ★★★ 15 min

(corrigé p. 136)

Une chaîne de télévision propose trois jeux dotés de 1 000 € chacun.

1° Dans le premier jeu, le candidat se trouve devant cinq enveloppes. Une seule permet de gagner un voyage d'une valeur de 1 000 € et les autres sont vides.
Quelle est la probabilité que le candidat gagne le voyage ?

2° Dans le second jeu, le candidat se trouve devant six enveloppes. Une contient 500 €, deux contiennent 200 €, une contient 100 € et les autres sont vides.
Quelle est la probabilité que le candidat gagne au moins 200 € ?

3° Dans le troisième jeu, le candidat se trouve devant huit enveloppes. Trois contiennent un bon d'achat de 200 €, trois contiennent un bon d'achat de 100 €, deux contiennent un bon d'achat de 50 €.
Quelle est la probabilité que le candidat gagne au plus 200 € en bon d'achat ?

# CORRIGÉS

**1** 1° **La réponse A est fausse** car une probabilité est toujours inférieure ou égale à 1 et le nombre $\frac{5}{4}$ est strictement supérieur à 1.

**La réponse B est fausse** car tous les jetons ne sont pas blancs.

2° **La réponse C est exacte** car il y 5 issues favorables parmi 9 issues possibles, soit une probabilité de $\frac{5}{9}$.

**2** 1° On sait que la somme des probabilités est égale à 1.
Par suite, $p(5) = 1 - 4 \times 0{,}15$ ; $p(5) = 0{,}4$ ; les cinq issues n'ont pas la même probabilité ; **ce n'est pas une situation d'équiprobabilité**.

2° On sait que la somme des probabilités est égale à 1.
Par suite, $p(5) = 1 - 4 \times 0{,}2$ ; $p(5) = 0{,}2$ ; les cinq issues ont la même probabilité ; **c'est une situation d'équiprobabilité**.

**3** 1° L'arbre ci-contre donne les issues possibles.

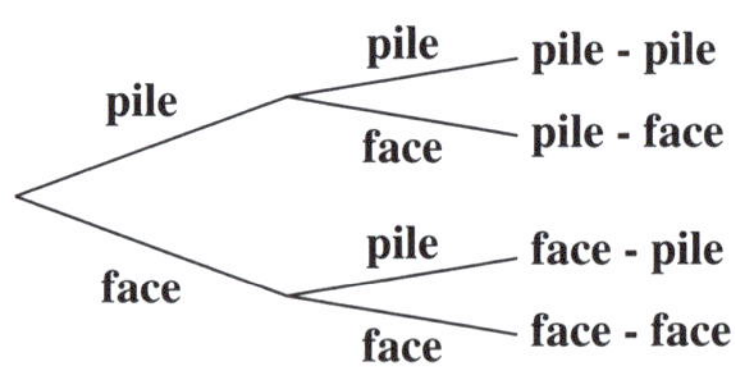


2° Il y a quatre issues et une seule issue est favorable (*pile – pile*).
$p(E) = \frac{1}{4} = 0{,}25$.

3° L'événement contraire de $E$ est l'événement $F$ « **on n'obtient pas deux fois pile** » ; on a : $\boldsymbol{p(F) = \frac{3}{4}}$
(3 issues favorables parmi 4 possibles).

$E$ et $F$ sont des événements contraires ;
$p(E) + p(F) = 1$ et $p(F) = 1 - \frac{1}{4} = \frac{3}{4}$.

**4** 1° Les boules étant indiscernables au toucher, on est dans une situation d'équiprobabilité. Soit $R$ l'événement : « *on obtient une boule rouge* ».

$p(R) = \frac{\text{nombre d'issues favorables}}{\text{nombre d'issues possibles}}$ ;

$\boldsymbol{p(R) = \frac{6}{13}}$.

2° L'événement : « *on obtient une boule verte ou jaune* » est l'événement contraire de l'événement $R$.
Si on appelle $R'$ cet événement, on a : $p(R') = 1 - \frac{6}{13}$ ;
$\boldsymbol{p(R') = \frac{7}{13}}$.

**5** Soit $E$ l'événement : « *on tire un jeton rouge dans le premier sac* ».
Les jetons sont indiscernables au toucher et le tirage se fait au hasard.
On est dans une situation d'équiprobabilité :

$$p(E) = \frac{\text{nombre d'issues favorables}}{\text{nombre d'issues possibles}} \; ; p(E) = \frac{29}{29+61} \; ; p(E) = \frac{29}{90}.$$

Soit $F$ l'événement : « *on tire un jeton rouge dans le second sac* ».
Les jetons sont indiscernables au toucher et le tirage se fait au hasard.
On est dans une situation d'équiprobabilité :

$$p(F) = \frac{\text{nombre d'issues favorables}}{\text{nombre d'issues possibles}} \; ; p(F) = \frac{13}{13+27} \; ; p(F) = \frac{13}{40}.$$

**Léa a raison** car on a $\frac{13}{40} = 0{,}325$ et $0{,}322 < \frac{29}{90} < 0{,}323 < 0{,}325$ ; d'où : $\mathbf{\frac{13}{40} > \frac{29}{90}}$.

**6** **1°** Soit $E$ l'événement : « *on tire une carte rouge* ». Il y a 16 cartes rouges.
Le tirage se fait au hasard ; on est dans une situation d'équiprobabilité.

$$p(E) = \frac{\text{nombre d'issues favorables}}{\text{nombre d'issues possibles}} \; ; p(E) = \frac{16}{32} \; ; \mathbf{p(E) = \frac{1}{2} = 0{,}5}.$$

L'événement contraire est : « ***on tire une carte noire*** » ; sa probabilité est **0,5** car 1 – 0,5 = 0,5.

**2°** Soit $F$ l'événement : « *on tire un as rouge* ». Il y a 2 as rouges (cœur et carreau).

$$p(F) = \frac{\text{nombre d'issues favorables}}{\text{nombre d'issues possibles}} \; ; p(F) = \frac{2}{32} \; ; \mathbf{p(F) = \frac{1}{16} = 0{,}0625}.$$

L'événement contraire est : « ***on ne tire pas un as rouge*** » ; sa probabilité est $\frac{30}{32}$ ou $\mathbf{\frac{15}{16}}$ ou 0,9375 car 1 – 0,0625 = 0,9375.

**3°** Soit $G$ l'événement : « *on tire l'as de cœur* ». Il y a un seul as de cœur.

$$p(G) = \frac{\text{nombre d'issues favorables}}{\text{nombre d'issues possibles}} \; ; p(G) = \frac{1}{32} \mathbf{= 0{,}03125}.$$

L'événement contraire est : « ***on ne tire pas l'as de cœur*** » ; sa probabilité est $\mathbf{\frac{31}{32}}$ ou 0,96875 car 1 – 0,03125 = 0,96875.

**7** **1°** On complète le tableau.

| | Garçons | Filles | Total |
|---|---|---|---|
| **Externes** | 2 | 5 | 7 |
| **Demi-pensionnaires** | 10 | 11 | 21 |
| **Total** | 12 | 16 | 28 |

Total des filles : 5 + 11 = 16
Total des garçons : 28 – 16 = 12.
Total des demi-pensionnaires : 10 + 11 = 21
Garçons externes : 12 – 10 = 2.
Total des externes : 2 + 5 = 7.

**2°** Soit $E$ l'événement : « *on choisit la fiche d'un externe* ». Il y a 7 externes.
Le choix se fait au hasard ; on est dans une situation d'équiprobabilité.

$$p(E) = \frac{\text{nombre d'issues favorables}}{\text{nombre d'issues possibles}} \; ; p(E) = \frac{7}{28} \; ; \mathbf{p(E) = \frac{1}{4} = 0{,}25}.$$

corrigés

*Soit F* l'événement : « *on choisit la fiche d'une fille* ».
Il y a 16 filles.

$p(F) = \dfrac{\text{nombre d'issues favorables}}{\text{nombre d'issues possibles}}$ ; $p(F) = \dfrac{16}{28}$ ; $\boldsymbol{p(E) = \dfrac{4}{7} \approx 0{,}57}$.

*Soit G* l'événement : « *on choisit la fiche d'une fille externe* ».
Il y a 5 filles externes.

$p(G) = \dfrac{\text{nombre d'issues favorables}}{\text{nombre d'issues possibles}}$ ; $\boldsymbol{p(G) = \dfrac{5}{28} \approx 0{,}18}$.

3° **Faux** L'événement contraire de « *on choisit la fiche d'une fille externe* » est « *on ne choisit pas la fiche d'une fille externe* » c'est-à-dire : « *on choisit la fiche d'une fille demi-pensionnaire ou on choisit la fiche d'un garçon* ».

**8** 1° L'arbre illustre les deux tirages successifs.

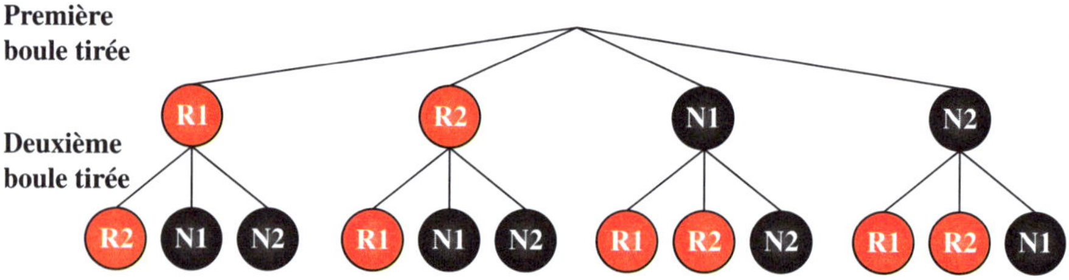


2° Soit *E* l'événement : « *on a tiré deux boules rouges* ».
Les tirages se font au hasard avec des boules indiscernables au toucher ; c'est une situation d'équiprobabilité.

$p(E) = \dfrac{\text{nombre d'issues favorables}}{\text{nombre d'issues possibles}}$.

Il y a 12 issues possibles et 2 issues donnent deux boules rouges :
R1 – R2 et R2 – R1 ;

$\boldsymbol{p(E) = \dfrac{2}{12} = \dfrac{1}{6} \approx 0{,}17}$.

3° Soit *F* l'événement : « *on a tiré deux boules portant le même numéro* ».
Il y a 4 issues favorables : R1 – N1 ; R2 – N2 ; N1 – R1 et N2 – R2 ;

$\boldsymbol{p(F) = \dfrac{4}{12} = \dfrac{1}{3} \approx 0{,}33}$.

**9** Un tableau à double entrée permet de dénombrer les douze issues possibles.

| Premier sac \ Second sac | 1 | 2 | 3 | 4 |
|---|---|---|---|---|
| 1 | 11 | 12 | 13 | 14 |
| 2 | 21 | 22 | 23 | 24 |
| 3 | 31 | 32 | 33 | 34 |

**1°** Pour l'événement $A$, il y a six issues favorables (12 ; 22 ; 32 ; 14 ; 24 et 34 sont des multiples de 2) ; $\boldsymbol{p(A) = \frac{6}{12} = \frac{1}{2} = 0{,}5}$.

**2°** Pour l'événement $B$, il y a quatre issues favorables (12 ; 21 ; 24 et 33 sont des multiples de 3) ; $\boldsymbol{p(B) = \frac{4}{12} = \frac{1}{3}}$.

**3°** Pour l'événement $C$, il y a deux issues favorables (12 et 24 sont à la fois multiples de 2 et multiples de 3) ; $\boldsymbol{p(C) = \frac{2}{12} = \frac{1}{6}}$.

Les deux tirages se font au hasard ; on est dans une situation d'équiprobabilité.
Pour un événement $E$, on a :
$p(E) = \frac{\text{nombre d'issues favorables}}{\text{nombre d'issues possibles}}$.

**4°** Pour l'événement $D$, il n'y a aucune issue favorable (aucun multiple de 5) ; $\boldsymbol{p(D) = \frac{0}{12} = 0}$ (on dit que $D$ est un **événement impossible**).

## 10 Partie A

**1°** La fréquence d'apparition de la somme 3 est égale à **15 %**.

**2°** La fréquence d'apparition de la somme 1 est égale à **0 %** (la somme ne peut jamais être égale à 1 car la plus petite somme est 1 + 1).

## Partie B

**1°** Le tableau à double entrée ci-contre permet de dénombrer les **seize issues**.

**2°** **Quatre issues donnent une somme égale à 5**. La probabilité de l'événement : « *la somme obtenue est égale à 5* » est $\frac{4}{16}$**, soit 0,25.**

| Seconde roue \ Première roue | 1 | 2 | 3 | 4 |
|---|---|---|---|---|
| 1 | 2 | 3 | 4 | 5 |
| 2 | 3 | 4 | 5 | 6 |
| 3 | 4 | 5 | 6 | 7 |
| 4 | 5 | 6 | 7 | 8 |

**3°**

| Somme obtenue | 2 | 3 | 4 | 5 | 6 | 7 | 8 |
|---|---|---|---|---|---|---|---|
| Probabilité | 0,0625 | 0,125 | 0,1875 | 0,25 | 0,1875 | 0,125 | 0,0625 |

**4°**

| Somme obtenue | 2 | 3 | 4 | 5 | 6 | 7 | 8 |
|---|---|---|---|---|---|---|---|
| Fréquence | 0,05 | 0,15 | 0,20 | 0,30 | 0,15 | 0,10 | 0,05 |
| Probabilité | 0,0625 | 0,125 | 0,1875 | 0,25 | 0,1875 | 0,125 | 0,0625 |

La partie A porte sur 100 expériences, qui n'est pas un nombre très grand (d'où la différence entre fréquence et probabilité). La fréquence sera d'autant plus proche de la probabilité que le nombre d'essais sera important (10 000 ; 100 000 ; 1 000 000).

**5°** 9 issues donnent des nombres premiers : 2 (une fois), 3 (2 fois), 5 (quatre fois), 7 (deux fois). **La probabilité d'obtenir un nombre premier est égale à $\frac{9}{16}$ soit 0,5625** (c'est la somme des probabilités d'avoir 2, d'avoir 3, d'avoir 5 ou d'avoir 7).

corrigés

**11** 1° Un arbre permet de visualiser les douze issues possibles.

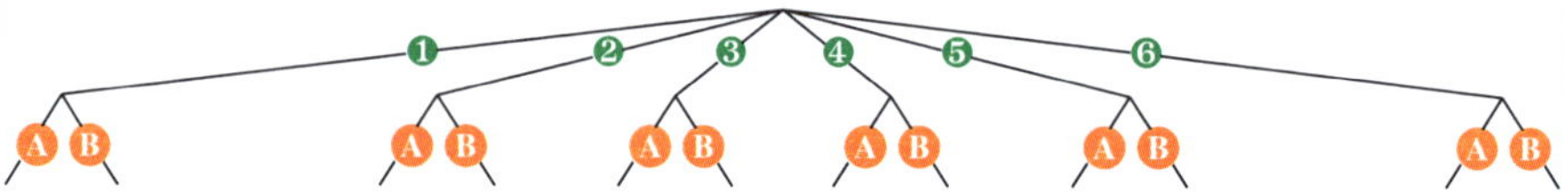


Une seule issue permet l'ouverture de la porte ; le code est composé au hasard, on est dans une situation d'équiprobabilité ; soit $E$ l'événement : « *la porte s'ouvre* » ;

$p(E) = \dfrac{\text{nombre d'issues favorables}}{\text{nombre d'issues possibles}}$ ; $\boldsymbol{p(E) = \dfrac{1}{12}}$.

2° Le chiffre est 3 ou 6 ; il y a quatre issues favorables : 3-A ; 3-B ; 6-A et 6-B.

Soit $F$ l'événement : « *la porte s'ouvre* ». On a $\boldsymbol{p(F) = \dfrac{4}{12} = \dfrac{1}{3}}$.

**La probabilité augmente de** $\boldsymbol{\dfrac{1}{4}}$ car $\dfrac{4}{12} - \dfrac{1}{12} = \dfrac{3}{12} = \dfrac{1}{4}$.

**12** 1° Il y a 30 chocolats indiscernables au toucher ; on prend un chocolat au hasard ; c'est une situation d'équiprobabilité.

Si on appelle $N$ l'événement : « *on obtient un chocolat noir* », on a :

$p(N) = \dfrac{\text{nombre d'issues favorables}}{\text{nombre d'issues possibles}}$ ; $\boldsymbol{p(N) = \dfrac{12}{30} = \dfrac{2}{5} = 0{,}4}$.

2° Après avoir obtenu un chocolat de chaque sorte il reste 27 chocolats (11 noirs, 9 au lait et 7 blancs). On est toujours dans une situation d'équiprobabilité. Si on appelle $L$ l'événement : « *on obtient un chocolat au lait* », on a : $\boldsymbol{p(L) = \dfrac{9}{27} = \dfrac{1}{3}}$.

3° Après avoir mangé un chocolat blanc il reste 29 chocolats (12 noirs, 10 au lait et 7 blancs). On est toujours dans une situation d'équiprobabilité.

Si on appelle $B$ l'événement : « *on obtient un second chocolat blanc* »,

on a : $\boldsymbol{p(B) = \dfrac{7}{29}}$.

**13** Dans chacun des trois jeux, le candidat choisit une enveloppe au hasard ; toutes les issues sont équiprobables ;

la probabilité d'un événement est $\dfrac{\text{nombre d'issues favorables}}{\text{nombre d'issues possibles}}$.

1° Soit $A$ l'événement : « *le candidat gagne le voyage* ».

Il y a cinq issues et une seule est favorable ; $\boldsymbol{p(A) = \dfrac{1}{5} = 0{,}2}$.

2° Soit $B$ l'événement : « *le candidat gagne au moins 200 €* ».

Il y a six issues et trois sont favorables (500 € ; 200 € ; 200 €) ; $\boldsymbol{p(B) = \dfrac{3}{6} = \dfrac{1}{2} = 0{,}5}$.

3° Soit $C$ l'événement : « *le candidat gagne au plus 200 € en bon d'achat* ».

Il y a huit issues et toutes sont favorables (aucune ne contient plus de 200 € en bon d'achat) ; $\boldsymbol{p(C) = \dfrac{8}{8} = 1}$ (**événement certain**).

# Grandeurs et mesures

# 10

# LE COURS

## Grandeur composée

• **Une grandeur n'est pas un nombre, mais a pour mesure un nombre qui s'exprime à partir d'une grandeur choisie comme unité**.
La longueur, la masse, la durée sont des grandeurs.
La longueur s'exprime en mètre, la masse en kilogramme, la durée en seconde…
Le mètre, le kilogramme, la seconde sont des unités internationales du système MKSA.
• **Les grandeurs composées** font intervenir deux grandeurs et leurs mesures s'expriment avec deux unités associées. Les calculs impliquant des grandeurs composées sont souvent effectués en conservant les unités, comme cela est d'usage en physique par exemple.

## Grandeur produit

### • Énergie électrique

L'énergie électrique $E$ consommée par un appareil fonctionnant avec une puissance $P$ pendant une durée $t$ est obtenue par la relation : $E = P \times t$ ; c'est une grandeur produit ;
$E$ s'exprime en Joule (J), $P$ en watt (W) et $t$ en seconde (s) ; **1 J = 1 W × 1 s**.
Le joule étant une unité très petite, on utilise le plus souvent le wattheure (Wh) ; c'est l'énergie consommée par un appareil de puissance 1 Watt fonctionnant pendant 1 heure.
1 Wh = 3 600 J ; 1 kilowatt = 1 000 Watts ; 1 kWh = $10^3 \times$ 3 600 J.
*Exemple* : Un lave-linge d'une puissance de 2 500 W fonctionnant pendant 2 h consomme une énergie de 5 kWh car $E$ = 2 500 W × 2 h = 5 000 Wh = 5 kWh.

### • Volume

Le volume $V$ d'un parallélépipède rectangle ou d'un cylindre (chapitre 15) ayant pour aire de base $B$ et pour hauteur $h$ est obtenu avec la relation $V = B \times h$ ; c'est une grandeur produit ; $V$ s'exprime en mètre cube ($m^3$), $B$ en mètre carré ($m^2$) et $h$ en mètre (m) ; 1 $m^3$ = 1 $m^2$ × 1 m.
*Exemple* : Un cylindre ayant pour aire de base 2,5 $m^2$ et pour hauteur 4 m a pour volume 10 $m^3$ car 2,5 $m^2$ × 4 m = 10 $m^3$.

Le mètre cube est une unité très grande, on utilise plus souvent le décimètre cube ($dm^3$), le centimètre cube ($cm^3$) ou le millimètre cube ($mm^3$).
Pour une capacité, on utilise le litre (L) qui vaut 1 $dm^3$.

## Grandeur quotient

- **Vitesse moyenne**

La vitesse moyenne $v$ d'un mobile qui parcourt une distance $d$ dans une durée $t$ est obtenue avec la relation $v = \frac{d}{t}$ ; c'est une grandeur quotient ; $v$ s'exprime en mètre par seconde (m/s ou $\text{m} \cdot \text{s}^{-1}$), $d$ en mètre (m) et $t$ en seconde (s) ; $1 \text{ m/s} = \frac{1 \text{ m}}{1 \text{ s}}$.

*Exemple* : Un athlète parcourt 400 m en 50 s ; sa vitesse moyenne est égale 8 m/s car 400 m : 50 s = 8 m/s, soit 28,8 km/h.

On utilise aussi le km/h (marcheur, cycliste, automobiliste…) ou le km/s (fusée).

- **Débit**

Le débit moyen $D$ d'une conduite d'eau (par exemple) qui délivre un volume $V$ dans une durée $t$ est obtenu avec la relation $D = \frac{V}{t}$ ; c'est une grandeur quotient.

$D$ s'exprime en mètre cube par seconde ($\text{m}^3$/s), $V$ en mètre cube ($\text{m}^3$) et $t$ en seconde (s) ; $1 \text{ m}^3\text{/s} = \frac{1 \text{ m}^3}{1 \text{ s}}$.

*Exemple* : Une vanne d'un barrage laisse passer 100 $\text{m}^3$ en 5 h ; son débit est égal à 20 $\text{m}^3$/h car 100 $\text{m}^3$ : 5 h = 20 $\text{m}^3$/h.

Le mètre cube par seconde est une unité très grande, on utilise plus souvent le mètre cube par heure ($\text{m}^3$/h) ou le litre par minute (L/min).

- **Masse volumique**

La masse volumique $M$ d'un objet qui a une masse $m$ et un volume $V$ est obtenue avec la relation $M = \frac{m}{V}$ ; c'est une grandeur quotient ; $M$ s'exprime en kilogramme par mètre cube (kg/$\text{m}^3$), $m$ en kilogramme et $V$ en mètre cube ; $1 \text{ kg/m}^3 = \frac{1 \text{ kg}}{1 \text{ m}^3}$.

*Exemple* : Un bloc de roche a une masse de 4 050 kg et un volume de 1,5 $\text{m}^3$ ; sa masse volumique est égale à 2 700 kg/$\text{m}^3$ car 4 050 kg : 1,5 $\text{m}^3$ = 2 700 kg/$\text{m}^3$ soit 2,7 kg/$\text{dm}^3$.

On utilise aussi le gramme par décimètre cube (g/$\text{dm}^3$) ; 1 g/$\text{dm}^3$ = 1 kg/$\text{m}^3$.

- **Densité de population**

La densité de population s'exprime en nombre d'individus par mètre carré ou en nombre d'individus par kilomètre carré.
*Exemple* : En Provence – Alpes – Côte d'Azur, en 2015, il y avait 4 990 000 habitants pour une superficie de 31 400 $\text{km}^2$.
La densité de population était de 159 habitants/$\text{km}^2$ car 4 990 000 habitants : 31 400 $\text{km}^2 \approx$ 159 habitants/$\text{km}^2$.

# EXERCICES

## Tester ses connaissances

**1** (corrigé p. 144)

Une ampoule électrique de 75 watts fonctionne pendant 3 h 30 min.

1° Quelle est l'énergie consommée ?

2° Pour une même énergie consommée, pendant combien de temps peut-on s'éclairer avec une ampoule basse consommation de 15 watts ?

**2** (corrigé p. 144)

Un véhicule a parcouru en 6 min, à vitesse stabilisée, un tronçon d'autoroute de 10,8 km sur lequel la vitesse autorisée est de 110 km/h.

1° Le conducteur a-t-il respecté la limitation de vitesse ?

2° Combien de temps a-t-il mis pour parcourir les 6,3 premiers kilomètres ?

**3** (corrigé p. 144)

En juin 2016, le débit de la Seine sous le pont d'Austerlitz a atteint 667 $m^3/s$.
Cocher la bonne réponse.
Ce jour-là, en 24 h, il est passé sous ce pont :

❒ 2 401 200 $m^3$ d'eau.

❒ 57 628 800 $m^3$ d'eau.

**4** (corrigé p. 144)

Une citerne contient 15 $m^3$ d'éthanol (alcool) dont la masse volumique est 789 $kg/m^3$.

1° Quelle est la masse d'éthanol contenue dans cette citerne ?

2° Quel serait le volume d'une cuve qui contiendrait 100 kg d'éthanol ?

**5** (corrigé p. 145)

L'île de La Réunion, située dans l'Océan Indien, a une superficie de 2 512 $km^2$.
Compléter le tableau suivant :

| Année | Nombre d'habitants (en milliers) | Densité de population (habitants/$km^2$) |
|---|---|---|
| **1954** | 274 | … |
| **1974** | 476 | … |
| **2014** | 844 | … |

# S'entraîner

## Grandeur produit

**6** ★ 10 min (corrigé p. 145)

Dans un magasin, des radiateurs électriques sont disponibles en quatre puissances.

| **Modèle** | **A** | **B** | **C** | **D** |
|---|---|---|---|---|
| **Puissance** | 500 W | 1 000 W | 1 500 W | 2 000 W |
| **Coût** | 220 € | 250 € | 290 € | 320 € |

Il est conseillé de prévoir 40 W pour un volume de 1 $m^3$ à chauffer.

1° Si on veut chauffer une pièce de 24 $m^3$, quel modèle de radiateur faut-il acheter pour bien chauffer la pièce sans dépense inutile ?

2° Chaque jour, on chauffe cette pièce pendant 14 h. Combien de kWh aura-t-on consommés pendant le mois de décembre ?

**7** ★ 10 min (corrigé p. 145)

Une citerne cylindrique a une surface de base de 120 $m^2$ et une hauteur de 15 m. Les dimensions données sont des dimensions intérieures.

1° Quel est son volume ?

2° Quelle serait l'aire de base d'une citerne de même capacité de 7,5 m de haut ?

## Grandeur quotient

**8** ★★ 5 min (corrigé p. 145)

Un radar d'une tour de contrôle émet un signal bref en direction d'un avion.
Le signal atteint l'avion et revient 0,000 3 s après son émission. La vitesse du signal est de 300 000 km/s. À quelle distance du radar se trouve l'avion ?

**9** ★★ 10 min (corrigé p. 145)

Une pompe a un débit de 12,5 $dm^3/s$ (12,5 L/s).

1° Quelle durée sera nécessaire pour vider un bassin parallélépipédique de 4 m de long, 3,5 m de large et 2,8 m de haut dans le cas où le bassin est plein ?

2° Quelle est la hauteur d'eau dans le bassin dans le cas où cette pompe met 40 min pour le vider ?

**10** ★★ 10 min (corrigé p. 146)

Une télécabine fonctionne de 9 h 30 à 16 h et se déplace à la vitesse de 5 m/s.
Le trajet a une longueur de 3 600 m et le débit est de 2 400 personnes par heure.

1° Une personne monte dans la télécabine qui démarre à 9 h 35.
À quelle heure arrivera-t-elle au sommet ?

2° On suppose que cette télécabine a fonctionné à son débit maximum pendant une journée. Combien de personnes a-t-elle transportées ?

**11** ★★ 10 min (corrigé p. 146)

Un lave-vaisselle a une puissance de 1 500 W. Il fonctionne pendant 108 min.

1° Quelle énergie électrique a-t-il consommée ?

2° Sachant que le prix du kWh d'électricité est 0,145 €, quelle va être la dépense pour faire fonctionner ce lave-vaisselle une fois par jour pendant 30 jours ?

**12** ★★ 10 min (corrigé p. 146)

Un robinet défectueux laisse échapper 4 gouttes d'eau par seconde.
Une goutte peut être assimilée à une boule de 5 mm de diamètre.

1° Quel est le volume d'une goutte ?

2° La quantité d'eau perdue en une journée peut-elle être récupérée dans un bidon cylindrique de 20 cm de rayon et 20 cm de hauteur ?

**13** ★★ 10 min (corrigé p. 146)

Le plomb a une masse volumique de 11 350 kg/m$^3$.
Léo veut soulever un objet cylindrique en plomb long de 80 cm dont le disque de base a un diamètre de 10 cm. Après un rapide calcul mental, Léo dit « *c'est trop lourd* ». Justifier cette affirmation.

**14** ★★★ 15 min (corrigé p. 147)

Une sonde spatiale a atteint la planète Mars après avoir parcouru 560 millions de km en 255 jours.

1° Exprimer en heure la durée du vol, puis calculer la vitesse de cette sonde.

2° Les premières images de Mars prises par cette sonde ont été émises à 7 h 48 min et transmises à la Terre. Le signal a parcouru $248 \times 10^6$ km à la vitesse de $3 \times 10^5$ km/s. À quelle heure ces images sont-elles arrivées sur Terre ?

**15** ★★ 15 min (corrigé p. 147)

1° Compléter le tableau suivant dans lequel les données ont été arrondies.

| Pays | Superficie (km$^2$) | Population | Densité de population (habitants/km$^2$) |
|---|---|---|---|
| **France** | 549 000 | 65 000 000 | … |
| **Chine** | 9 597 000 | 1 350 000 000 | … |
| **Canada** | 9 976 000 | 36 000 000 | … |
| **Nigeria** | 924 000 | 182 000 000 | … |

2° Quelle serait la population du Canada si elle avait la même densité de population que la Chine ? Quelle serait la population de la Chine si elle avait la même densité de population que le Canada ?

exercices

# SUJETS DU BREVET

## 16 ★★★ 10 min (corrigé p. 147)

Un promeneur quitte son domicile à 14 h et marche pendant deux heures à la vitesse moyenne de 6 km/h. Il s'arrête une demi-heure, puis il rentre chez lui à bicyclette par le même chemin.

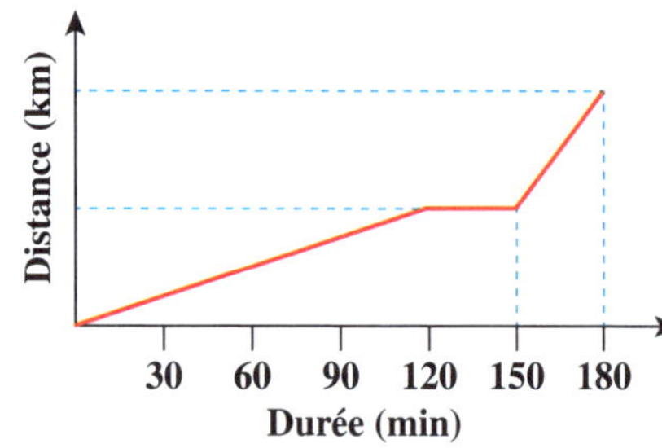


**1°** Quelle distance a-t-il parcourue en marchant ?

**2°** Quelle a été sa vitesse moyenne au retour ?

## 17 ★★ 10 min (corrigé p. 148)

Le débit binaire est la quantité de données numériques transmises par unité de temps. Il s'exprime en bit par seconde (bit/s) ou en mégabit par seconde (1 Mbit/s = $10^6$ bit/s). On s'intéresse à une connexion qui permet de transmettre 120 Mbit en 15 s.

**1°** Quel est le débit de cette connexion ? Quelle durée sera nécessaire pour transmettre 1 000 Mbit avec cette connexion ?

**2°** Dans le domaine de l'informatique, la capacité d'un dossier est exprimée en octets (1 octet = 8 bits), en gigaoctet (1 GO = $10^9$ octets) ou en téraoctets (1 TO = $10^{12}$ octets). On partage un disque dur de 1,5 TO en dossiers de 60 GO.
Quel est le nombre de dossiers obtenus ?

## 18 ★★★ 10 min (corrigé p. 148)

Un audacieux champion a effectué un saut d'une altitude de 41 419 m.
Le saut a duré 15 min. La première partie de son saut s'est effectuée en chute libre (parachute fermé) pendant 4 min 17 s.
Pour la seconde partie, il a ouvert son parachute à 3 804 m d'altitude.

**1°** Quelle est la vitesse moyenne (*) de ce champion pendant la chute libre ?

**2°** Quelle est sa vitesse moyenne (*) pour la partie du saut avec parachute ouvert ?

(*) Exprimer la vitesse en m/s, puis en km/h.

## 19 ★★★ 10 min (corrigé p. 148)

On veut remplir une écluse à l'aide d'une vanne ayant la forme d'un disque.

**1°** La vanne a un rayon de 0,5 m. Calculer l'aire de cette vanne.

**2°** Le débit moyen $q$ (en $m^3/s$) est donné par la formule $q = S \times v$ dans laquelle $S$ (en $m^2$) désigne l'aire de la vanne, $v$ (en m/s) désigne la vitesse d'écoulement de l'eau à travers cette vanne.
Calculer le débit moyen dans le cas où la vitesse d'écoulement est de 4,2 m/s.

**3°** L'écluse a une capacité de 990 $m^3$. Combien de temps faut-il pour la remplir ?

**20** ★★★ 15 min (corrigé p. 148)

Un conducteur doit effectuer une livraison en trois étapes entrecoupées de deux arrêts de 20 min.
Il démarre à 9 h après avoir chargé son véhicule.
Le graphique ci-dessous indique la distance parcourue (en km) en fonction de la durée du parcours (en min).

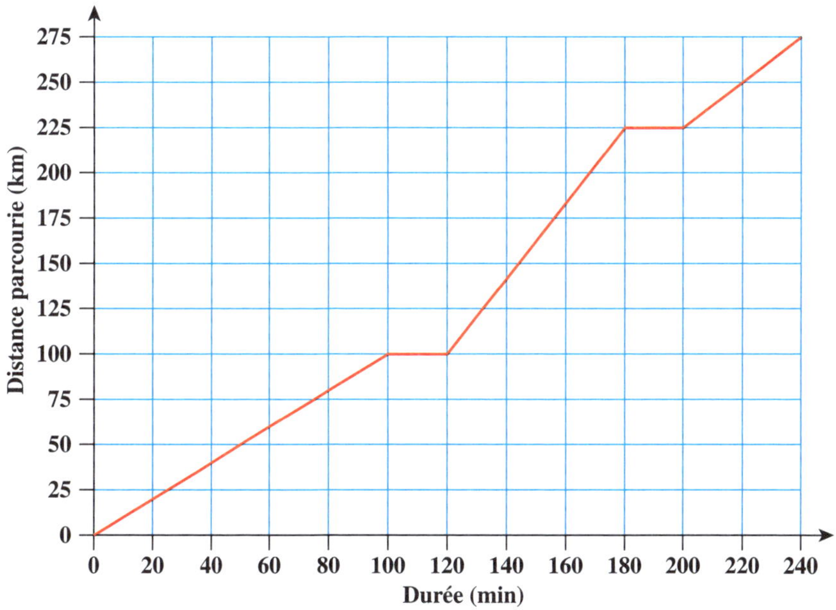


1° À l'aide du graphique, déterminer :
- la distance parcourue à 11 h,
- l'heure d'arrivée.

2° Calculer la vitesse moyenne du véhicule sur chacun des trois tronçons.

3° Le tableau ci-dessous donne la consommation de ce véhicule (en litres pour 100 km) en fonction de sa vitesse moyenne.

| **Vitesse moyenne (km/h)** | 50 | 75 | 100 | 125 |
|---|---|---|---|---|
| **Consommation (L/100 km)** | 4,5 | 4,5 | 6,2 | 7,5 |

Calculer la consommation de carburant sur chacun des tronçons, puis sur l'ensemble du parcours.
En déduire la consommation moyenne pour 100 km sur l'ensemble de ce parcours.

# CORRIGÉS

*Dans ce chapitre, les calculs sont rédigés « **en conservant les unités** », comme cela est préconisé par les programmes actuels et comme cela est d'usage en physique en particulier. Les calculs effectués (avec ou sans calculatrice) portent sur les mesures, c'est-à-dire sur des nombres.*

**1** 1° 3 h 30 min = 3,5 h car 30 min = $\frac{30}{60}$ h = $\frac{1}{2}$ h = 0,5 h.
$E$ = 75 W × 3,5 h ; $E$ = 262,5 Wh.
**On a consommé une énergie de 262,5 Wh.**

2° La formule $\boldsymbol{E = P \times t}$ donne $t = \frac{E}{P}$ ; $t = \frac{262{,}5 \text{ Wh}}{15 \text{ W}}$ ; $t$ = 17,5 h, soit 17 h 30 min.

**On pourrait s'éclairer pendant 17 h 30 min.**

**2** 1° $V = \frac{10{,}8 \text{ km}}{6 \text{ min}}$ ; $V$ = 1,8 km/min et 1,8 km/min × 60 min = 108 km ;
$V$ = 108 km/h.
Le conducteur a roulé en moyenne à 108 km/h.
**Le conducteur a respecté la limitation de vitesse** car 108 km/h < 110 km/h.

2° La formule $\boldsymbol{d = V \times t}$ donne $t = \frac{d}{V}$ ; $t$ = 6,3 km : 1,8 km/min ; $t$ = 3,5 min.

**Pour parcourir 6,3 km, il a mis 3 min 30 s** car 0,5 min = 0,5 × 60 s = 30 s.

**3** **57 628 800 m$^3$ d'eau.**
*Le volume est égal au débit multiplié par la durée.*
En 1 h, il passe 2 401 200 m$^3$ d'eau car :
667 m$^3$/s × 3 600 s = 2 401 200 m$^3$.
**En 24 h, il passe 57 628 800 m$^3$** car :
24 × 2 401 200 m$^3$ = 57 628 800 m$^3$.

La formule $\boldsymbol{D = \frac{V}{t}}$, reliant le débit $D$, le volume $V$ et la durée $t$, donne : $\boldsymbol{V = D \times t}$.

**4** 1° *La masse est égale au produit du volume par la masse volumique.*
$m$ = 15 m$^3$ × 789 kg/m$^3$ ; $m$ = 11 835 kg.
**La citerne contient 11 835 kg d'éthanol.**

2° *Le volume est égal au quotient de la masse par la masse volumique.*

$V = \frac{100 \text{ kg}}{789 \text{ kg/m}^3}$ ; $V \approx$ 0,127 m$^3$ soit 127 dm$^3$.

**La cuve contiendrait environ 127 L d'éthanol.**

La formule $\boldsymbol{M = \frac{m}{V}}$, reliant la masse volumique $M$, la masse $m$ et le volume $V$, donne :
$\boldsymbol{m = M \times V}$ et $\boldsymbol{V = \frac{m}{M}}$.

**5** *La densité de population est le quotient du nombre d'habitants par la superficie.*

| Année | Nombre d'habitants (en milliers) | Densité de population (habitants/km²) |
|---|---|---|
| **1954** | 274 | **109** |
| **1974** | 476 | **189** |
| **2014** | 844 | **336** |

Les densités de population sont arrondies à l'unité.

**6** 1° 40 W/m$^3$ × 24 m$^3$ = 960 W et 500 W < 960 W < 1 000 W.
**Pour chauffer la pièce sans dépense inutile, il faut acheter un radiateur de 1 000 W.**

2° 1 000 W = 1 kW.
Chaque jour on a consommé 14 kWh car 1 kW × 14 h = 14 kWh.
En 31 jours, on a consommé 434 kWh car 14 kWh × 31 = 434 kWh.
**Pendant le mois de décembre on a consommé 434 kWh.**

Le mois de décembre compte 31 jours.

**7** 1° *Le volume d'un cylindre est égal au produit de l'aire de base par la hauteur.*
120 m$^2$ × 15 m = 1 800 m$^3$.
**La citerne a un volume de 1 800 m$^3$.**

2° La formule $\boldsymbol{V = B \times h}$ donne $B = \frac{V}{h}$.

On a : $V$ = 1 800 m$^3$ et $h$ = 7,5 m.
1 800 m$^3$ : 7,5 m = 240 m$^2$.
**Si la citerne est deux fois moins haute, son aire de base est 240 m$^2$.**

Le produit étant constant, si l'un des facteurs est divisé par 2, l'autre facteur doit être multiplié par 2.

**8** Le signal est allé jusqu'à l'avion, puis est revenu.
Le signal a atteint l'avion 0,00015 s après son émission car 0,0003 s : 2 = 0,00015 s.
*La distance est égale au produit de la vitesse par la durée.*
300 000 km/s × 0,00015 s = 45 km.
**L'avion se trouve à 45 km du radar.**

**9** 1° Le bassin a une capacité de 39,2 m$^3$ car 4 m × 3,5 m × 2,8 m = 39,2 m$^3$.
39,2 m$^3$ = 39 200 dm$^3$ (soit 39 200 L).
*La durée est le quotient du volume par le débit.*
39 200 dm$^3$ : 12,5 dm$^3$/s = 3 136 s.
3 136 s = 52 min 16 s
**La pompe videra le bassin en 52 min 16 s (environ 53 min).**

| 3 1 3 6 | 6 0 |
|---|---|
| 1 3 6 | 5 2 |
| 1 6 | |

2° *Le volume est le produit du débit par la durée.*
40 min = 40 × 60 s = 2 400 s ;
Volume d'eau : 12,5 dm$^3$/s × 2 400 s = 30 000 dm$^3$ soit 30 m$^3$.
Aire de base du bassin : 4 m × 3,5 m = 14 m$^2$.
La formule $\boldsymbol{h = \frac{V}{B}}$ donne $h$ = 30 m$^3$ : 14 m$^2$ ; $h \approx 2{,}14$ m.
**La hauteur d'eau dans le bassin est de 2,14 m environ.**

corrigés

**10** 1° *La durée est égale au quotient de la distance par la vitesse.*
3 600 m : 5 m/s = 720 s ; 720 s = 12 min.
**La personne arrivera au sommet à 9 h 47 min** car 9 h 35 min + 12 min = 9 h 47 min.

2° La télécabine a fonctionné pendant 6 h 30 min car 16 h – 9 h 30 min = 6 h 30 min.
*Le nombre de personnes transportées est égal au produit du débit par la durée.*
6 h 30 min = 6,5 h.
2 400 personnes/h × 6,5 h = 15 600 personnes.
**La télécabine a transporté 15 600 personnes.**

**11** 1° *L'énergie est égale au produit de la puissance par la durée.*
108 min = $\frac{108}{60}$ h = 1,8 h ; $E$ = 1 500 W × 1,8 h ; $E$ = 2 700 Wh.
**La machine a consommé 2 700 Wh par lavage, soit 2,7 kWh.**

2° 2,7 kWh × 0,145 €/kWh = 0,3915 €
Pour 1 jour, la dépense est d'environ 0,40 €.
**Pour 30 jours ; la dépense est d'environ 12 €** car 0,3915 €/j × 30 j = 11,745 €.

**12** 1° Une goutte a un rayon de 2,5 mm
car 5 mm : 2 = 2,5 mm.
**Une goutte a un volume de 65,45 mm³**
car $\frac{4}{3} \times \pi \times (2,5 \text{ mm})^3 \approx 65,45 \text{ mm}^3$.

> Une boule de rayon $R$ a pour volume $V$ tel que $V = \frac{4}{3}\pi R^3$.

2° En 1 jour, il y a 24 h et en 1 h il y a 3 600 s.
Le robinet laisse couler 345 600 gouttes par jour car 4 × 3 600 × 24 = 345 600.
345 600 × 65,45 mm³ = 22 619 520 mm³ = 22 619,52 cm³ = 22,61952 dm³.
**Le robinet laisse couler environ 23 L par jour.**
Aire de base du bidon : 400π cm² car π × 20 cm × 20 cm = 400π cm².
Capacité du bidon : environ 25 L
car 400π cm² × 20 cm = 8 000π cm³ et
8 000π cm³ ≈ 25 133 cm³ soit environ 25 dm³
c'est-à-dire 25 L.
**La quantité d'eau perdue en une journée peut être récupérée dans ce bidon** car 23 L < 25 L.

> Un cylindre de hauteur $h$ dont l'aire de base est $B$ a pour volume $V$ tel que $V = B \times h$ avec $B = \pi R^2$.

**13** Rayon du cylindre : 5 cm car 10 cm : 2 = 5 cm.
Aire de base du cylindre : 25π cm² car π × (5 cm)² = 25 π cm².
Volume du cylindre : 2 000π cm³ car 25π cm² × 80 cm = 2 000π cm³.
2 000π cm³ = 2π dm³ = 0,002 π m³.
*La masse est égale au produit de la masse volumique par le volume.*
0,002π m³ × 11 350 kg/m³ = 22,7π kg soit environ 71 kg.
**Cet objet a une masse d'environ 71 kg.**
**Léo a raison de dire « *c'est trop lourd* ».**

**14** 1° 255 jours c'est 6 120 h car 255 × 24 h = 6 120 h.
**Durée du vol : 6 120 h.**
*La vitesse est égale au quotient de la distance parcourue par la durée du parcours.*
$V$ = 560 000 000 km : 6 120 h ; $V \approx$ 91 500 km/h.
**Vitesse de la sonde : environ 91 500 km/h.**

2° *La durée est égale au quotient de la distance par la vitesse.*
248 × 10⁶ km : 3 × 10⁵ km/s = 826,667 s
827 s = 13 min 47 s car 827 = 60 × 13 + 47.
7 h 48 min + 13 min 47 s = 8 h 01 min 47 s.
**Les images sont arrivées sur Terre à 8 h 01 min 47 s.**

$$\frac{248 \times 10^6}{3 \times 10^5} = \frac{248 \times 10}{3} = \frac{2\,480}{3} \approx 826{,}667.$$

**15** 1° *La densité est le quotient de la population par la superficie.*

| Pays | Superficie (km²) | Population | Densité de population (habitants/km²) |
|---|---|---|---|
| France | 549 000 | 65 000 000 | **118** |
| Chine | 9 597 000 | 1 350 000 000 | **141** |
| Canada | 9 976 000 | 36 000 000 | **4** |
| Nigeria | 924 000 | 182 000 000 | **197** |

2° 9 976 000 km² × 141 habitants/km² = 1 406 616 000 habitants.
**Le Canada serait peuplé de plus de 1 milliard 400 millions d'habitants.**
9 597 000 km² × 4 habitants/km² = 38 388 000 habitants.
**La Chine serait peuplée d'environ 38 millions d'habitants.**

**16** 1° *La distance est égale au produit de la vitesse par la durée.*
6 km/h × 2 h = 12 km. **Le promeneur a parcouru 12 km.**

2° Au retour, il prend le même chemin et parcourt donc 12 km avec sa bicyclette.

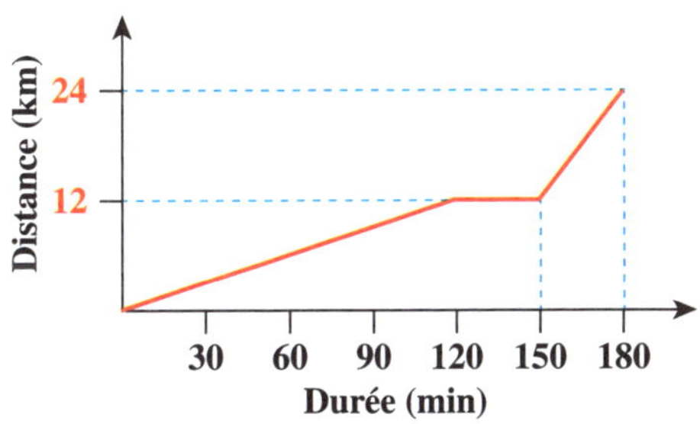


La réponse à la première question permet d'ajouter sur le graphique les distances parcourues.

On lit sur le graphique que le retour a duré 0,5 h car :
180 min – 150 min = 30 min, soit 0,5 h.
*La vitesse est égale au quotient de la distance par la durée.*
12 km : 0,5 h = 24 km/h.
**Le promeneur a roulé à la vitesse moyenne de 24 km/h.**

**17** 1° *Le débit est égal au quotient de la quantité de données par la durée.*
120 Mbit : 15 s = 8 Mbit/s. **Cette connexion a un débit de 8 Mbit/s.**
*La durée est égale au quotient de la quantité par le débit.*
1 000 Mbit : 8 Mbit/s = 125 s.
**Pour transmettre 1 000 Mbit avec cette connexion il faudra 125 s, soit 2 min 5 s.**

2° 1,5 TO = $1{,}5 \times 10^{12}$ octets = $(1{,}5 \times 10^3) \times 10^9$ octets = $1{,}5 \times 10^3$ GO = 1 500 GO.
**On obtiendra 25 dossiers** car 1 500 GO : 60 GO = 25.

**18** 1° *La vitesse moyenne est égale au quotient de la distance parcourue par la durée.*
Distance en chute libre : 41 419 m – 3 804 m = 37 615 m.
Durée de la chute libre : $4 \times 60$ s + 17 s = 257 s.
**Vitesse moyenne en chute libre : 146 m/s soit 527 km/h** car :
37 615 m : 257 s ≈ 146,362 m/s ; 146,362 m/s × 3 600 s ≈ 526 903 m, soit 527 km.

2° Distance avec parachute ouvert : 3 804 m.
Durée de la chute avec parachute ouvert : 15 min – 4 min 17 s = 10 min 43 s = 643 s.
**Vitesse moyenne avec parachute ouvert environ 6 m/s soit environ 21,3 km/h** car :
3 804 m : 643 s ≈ 5,916 m/s et 5,916 m/s × 3 600 s = 21 298 m soit environ 21,3 km.

**19** 1° **La vanne a une aire de $0{,}25\pi$ m²** car $\pi \times (0{,}5 \text{ m})^2 = 0{,}25\pi \text{ m}^2 \approx 0{,}785 \text{ m}^2$.

2° *Le débit moyen est égal au produit de l'aire de la vanne par la vitesse d'écoulement.*
**Le débit moyen est égal à 3,3 m³/s** car $0{,}25\pi \text{ m}^2 \times 4{,}2 \text{ m/s} = 1{,}05\pi \text{ m}^3/\text{s} \approx 3{,}3 \text{ m}^3/\text{s}$.

3° **Pour remplir cette écluse, il faudra 5 min** car $990 \text{ m}^3 : 3{,}3 \text{ m}^3/\text{s} = 300 \text{ s} = 5 \text{ min}$.

**20** 1° 11 h – 9 h = 2 h = 120 min ; **à 11 h, après 120 min, il a parcouru 100 km.**
**Il arrivera à 13 h** car 240 min = 4 h ; 9 h + 4 h = **13 h**.

2° Premier tronçon : $V_1 = \dfrac{100 \text{ km}}{100 \text{ min}} = 1 \text{ km/min} =$ **60 km/h**.

Deuxième tronçon : $V_2 = \dfrac{125 \text{ km}}{60 \text{ min}} = \dfrac{125 \text{ km}}{1 \text{ h}} =$ **125 km/h**.

1,25 km/min × 60 min = 75 km ;
soit 75 km en 1 heure.

Troisième tronçon : $V_3 = \dfrac{50 \text{ km}}{40 \text{ min}} = 1{,}25 \text{ km/min} =$ **75 km/h**.

3° Premier tronçon 100 km à 60 km/h : **4,5 L de carburant**.

Deuxième tronçon : 125 km à 125 km/h, soit $\dfrac{7{,}5 \text{ L}}{100 \text{ km}} \times 125 \text{ km} =$ **9,375 L**.

Troisième tronçon : 50 km à 75 km/h, soit $\dfrac{4{,}5 \text{ L}}{100 \text{ km}} \times 50 \text{ km} =$ **2,25 L**.

4,5 L + 9,375 L + 2,25 L = 16,125 L ; 100 km + 125 km + 50 km = 275 km.
Consommation totale de 16,125 L pour 275 km, soit **5,9 L/100 km**.

# Triangle rectangle Trigonométrie 11

# LE COURS

## Triangle rectangle

**Définition**

Un triangle rectangle a un angle droit (le côté opposé à l'angle droit est l'hypoténuse).

**Propriétés**

- Si un triangle est rectangle, alors ses angles aigus sont complémentaires.
- Si un triangle est rectangle, le cercle circonscrit a pour diamètre l'hypoténuse (le triangle est inscrit dans ce cercle).
- Si un triangle est rectangle, alors le carré de l'hypoténuse est égal à la somme des carrés des deux autres côtés (**théorème de Pythagore**).

*ABC* est rectangle en *A*.
On a : $BC^2 = AB^2 + AC^2$.
(Égalité de Pythagore.)

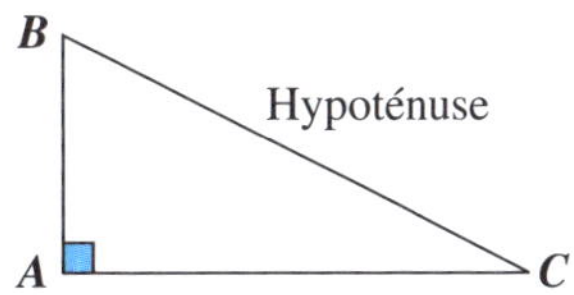


## Reconnaître un triangle rectangle

- Si un triangle a un angle droit, **alors c'est un triangle rectangle**.
- Si un triangle a deux angles complémentaires, **alors c'est un triangle rectangle**.
- Si un triangle est inscrit dans un cercle ayant pour diamètre un des côtés, **alors c'est un triangle rectangle**.

Le triangle *ABC* est inscrit dans le cercle (*C*).
Le centre *O* du cercle (*C*) est le milieu du côté [*BC*].
On en déduit : le triangle ***ABC* est rectangle en *A***
(le côté [*BC*] en est alors l'hypoténuse).

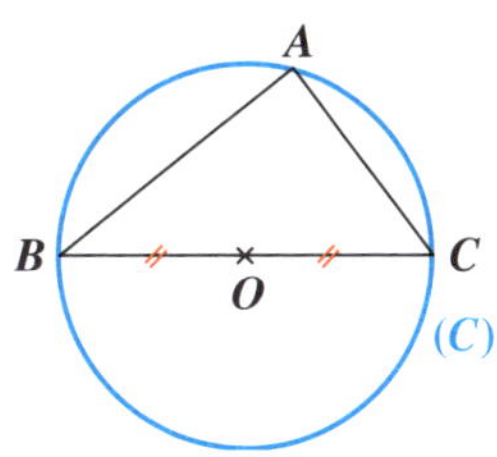


- Si un triangle a un côté dont le carré est égal à la somme des carrés des deux autres côtés, **alors c'est un triangle rectangle** (réciproque du théorème de Pythagore).

Les mesures des côtés du triangle *ABC* sont telles que $AB = 24$, $AC = 32$ et $BC = 40$ (unité mm).
On a : $BC^2 = 40^2 = 1\,600$ et $AB^2 + AC^2 = 24^2 + 32^2$
$= 1\,600$.
D'où : $BC^2 = AB^2 + AC^2$ **(égalité de Pythagore)**.
On en déduit : le triangle ***ABC* est rectangle en *A***
(le côté [*BC*] en est alors l'hypoténuse).

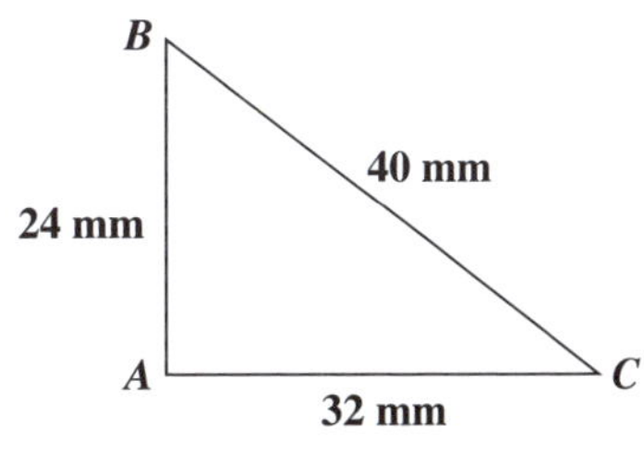

## Trigonométrie

### • Cosinus d'un angle aigu d'un triangle rectangle

Le cosinus de l'angle $\widehat{B}$ d'un triangle $ABC$ rectangle en $A$, se note $\cos \widehat{B}$.

$$\cos \widehat{B} = \frac{\text{côté adjacent à } \widehat{B}}{\text{hypoténuse}} = \frac{BA}{BC}$$

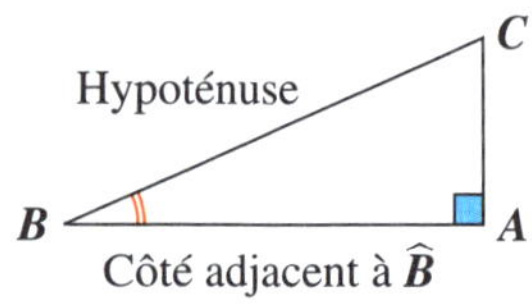


On a : $BA = BC \times \cos \widehat{B}$.

(BA : Côté adjacent à $\widehat{B}$ ; BC : Hypoténuse)

Le cosinus d'un angle aigu est compris entre 0 et 1.

### • Sinus d'un angle aigu d'un triangle rectangle

Le sinus de l'angle $\widehat{B}$ d'un triangle $ABC$ rectangle en $A$, se note $\sin \widehat{B}$.

$$\sin \widehat{B} = \frac{\text{côté opposé à } \widehat{B}}{\text{hypoténuse}} = \frac{CA}{BC}$$

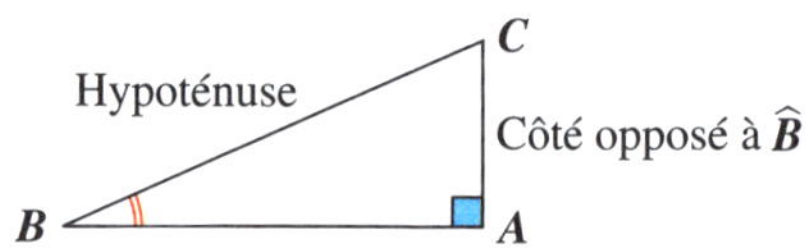


On a : $CA = BC \times \sin \widehat{B}$.

(CA : Côté opposé à $\widehat{B}$ ; BC : Hypoténuse)

Le sinus d'un angle aigu est compris entre 0 et 1.

### • Tangente d'un angle aigu d'un triangle rectangle

La tangente de l'angle $\widehat{B}$ d'un triangle $ABC$ rectangle en $A$, se note $\tan \widehat{B}$.

$$\tan \widehat{B} = \frac{\text{côté opposé à } \widehat{B}}{\text{côté adjacent à } \widehat{B}} = \frac{AC}{AB}$$

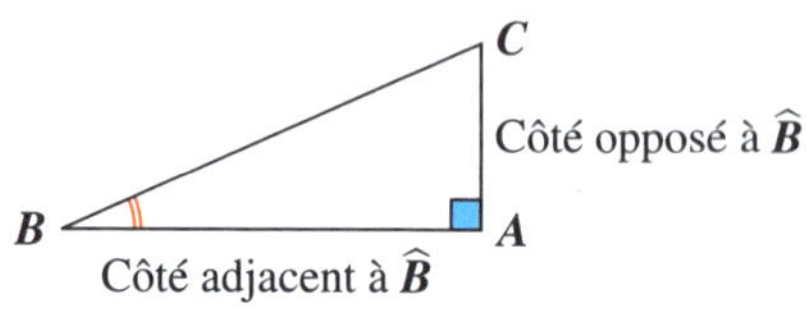


On a : $AC = AB \times \tan \widehat{B}$.

(AC : Côté opposé à $\widehat{B}$ ; AB : Côté adjacent à $\widehat{B}$)

La tangente d'un angle aigu est un nombre strictement positif.

### • Relations trigonométriques

$$\tan \widehat{B} = \frac{\sin \widehat{B}}{\cos \widehat{B}} \ ; \ \sin^2\widehat{B} + \cos^2\widehat{B} = 1.$$

$\sin^2 \widehat{B}$ se lit « *sinus carré de l'angle B* » ;
$\cos^2 \widehat{B}$ se lit « *cosinus carré de l'angle B* » ;
$\sin^2 \widehat{B} = (\sin \widehat{B})^2$ ; $\cos^2 \widehat{B} = (\cos \widehat{B})^2$.

# EXERCICES

## Tester ses connaissances

### 1

(corrigé p. 157)

1° Construire un triangle $ABC$ tel que $AC = 65$ mm, $AB = 60$ mm et $BC = 25$ mm.

2° Prouver que le triangle $ABC$ est rectangle, puis calculer son aire.

### 2

(corrigé p. 157)

Soit un cercle de centre $O$ et de rayon 2,5 cm. $[EF]$ est un diamètre de ce cercle et $[EG]$ une corde telle que $EG = 4$ cm.

1° Prouver que le triangle $EFG$ est rectangle en $G$.

2° Calculer le périmètre et l'aire de $EFG$.

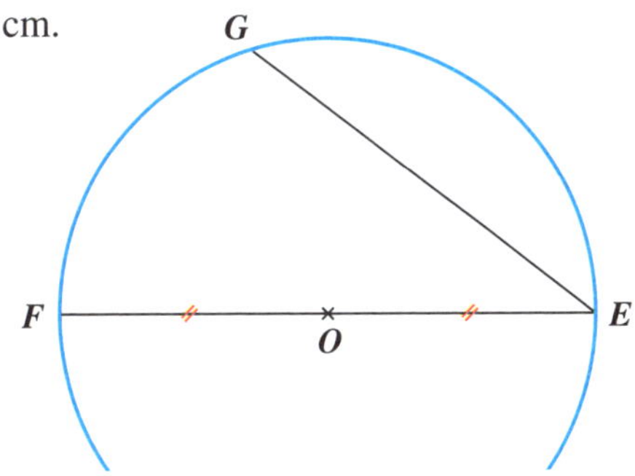


### 3

(corrigé p. 157)

1° Justifier l'affirmation suivante : le triangle $MNP$ est un triangle rectangle en $N$.

2° Calculer $\cos \widehat{P}$, $\sin \widehat{P}$ et $\tan \widehat{P}$. En déduire la mesure de l'angle $\widehat{P}$ (arrondir à l'unité).

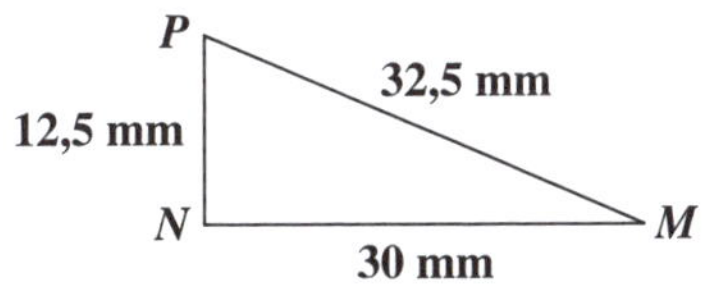


### 4

(corrigé p. 158)

1° Soit $(C)$ un cercle de diamètre $[RS]$ tel que $RS = 65$ mm. Soit $T$ un point de ce cercle tel que $RT = 39$ mm. Prouver que le triangle $RST$ est rectangle.

2° Calculer l'angle $\widehat{SRT}$, puis l'angle $\widehat{RST}$ (arrondir à l'unité).

### 5

(corrigé p. 158)

Compléter le tableau en arrondissant au millième le résultat fourni par la calculatrice.

| Angle | 10° | 20° | 30° | 40° | 50° | 60° | 70° | 80° |
|---|---|---|---|---|---|---|---|---|
| Sinus | … | … | … | … | … | … | … | … |
| Cosinus | … | … | … | … | … | … | … | … |
| Tangente | … | … | … | … | … | … | … | … |

exercices

## S'entraîner

### Triangle rectangle

**6** ★ 5 min (corrigé p. 158)

Parmi les triangles $IJK$ suivants, indiquez ceux qui sont rectangles en précisant, dans ce cas, leur hypoténuse.

1° $IJ = 1$ m ; $JK = 20$ m et $IK = 20{,}025$ m.

2° $IJ = 117$ mm ; $JK = 44$ mm et $IK = 125$ mm.

3° $IJ = 23{,}4$ cm ; $JK = 20{,}8$ cm et $IK = 10{,}5$ cm.

**7** ★ 5 min (corrigé p. 159)

Soit $ABCD$ un losange et $O$ le point d'intersection des diagonales $[AC]$ et $[BD]$. On a $AC = 3$ cm et $BD = 4$ cm. Calculer le périmètre de ce losange.

**8** ★ 5 min (corrigé p. 159)

Soit $EFGH$ un rectangle et $O$ le point d'intersection des diagonales $[EG]$ et $[FH]$. On a $EF = 20$ mm et $FG = 15$ mm.

1° Calculer $EG$.

2° Le cercle de centre $O$ et de rayon $OE$ passe par $F$, $G$ et $H$.
Calculer le rayon et la longueur de ce cercle.

**9** ★★ 10 min (corrigé p. 159)

Soit $(C)$ un cercle de centre $O$ et de rayon 2 cm.
Le point $P$ est tel que $OP = 6$ cm.
Le cercle de diamètre $[OP]$ coupe en $A$ et en $B$ le cercle $(C)$.
Prouver que $PAO$ et $PBO$ sont des triangles rectangles, puis calculer $PA$ et $PB$.

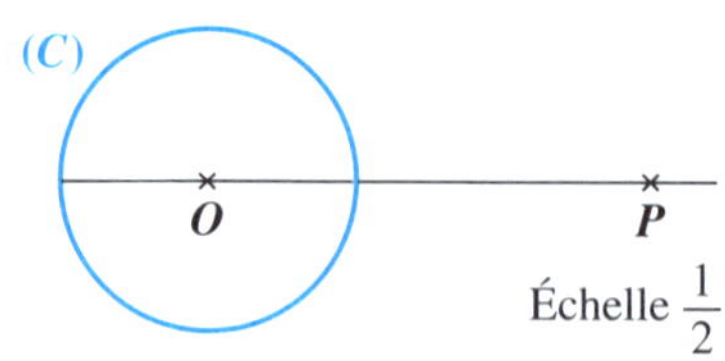


**10** ★★★ 10 min (corrigé p. 160)

Soit $(C)$ un cercle de diamètre $[AB]$ et $xy$ la droite perpendiculaire en $A$ à la droite $(AB)$.
On a $AB = 25$ mm, $T \in xy$ et $AT = 30$ mm.

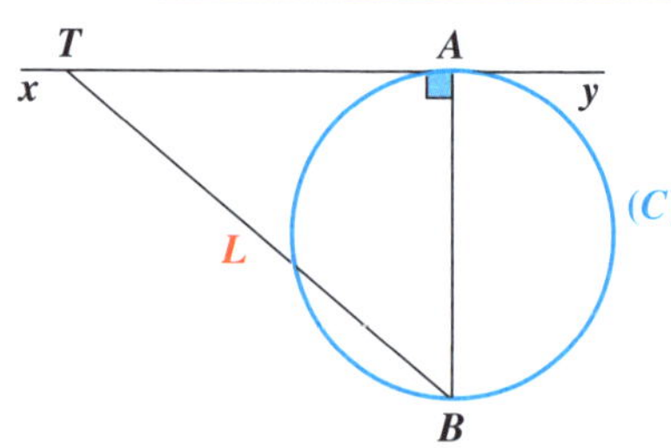


1° Calculer $BT$.

2° La droite $(BT)$ recoupe le cercle $(C)$ en $L$.
Prouver que $BAL$ est rectangle en $L$.

3° Justifier l'affirmation suivante :
l'aire $\mathcal{A}$ du triangle $BAT$ est telle que
$\mathcal{A} = \dfrac{AB \times AT}{2} = \dfrac{AL \times BT}{2}$. En déduire $AL$.

## Sinus, cosinus, tangente

### 11 ★ 5 min (corrigé p. 160)

Soit $ABC$ un triangle rectangle en $A$. Cocher la bonne réponse et justifier.

- $\widehat{B} + \widehat{C} = 90°$ ❒ Vrai ❒ Faux
- $\cos \widehat{B} = \sin \widehat{C}$ ❒ Vrai ❒ Faux
- $\sin \widehat{B} = \cos \widehat{C}$ ❒ Vrai ❒ Faux
- $\tan \widehat{B} \times \tan \widehat{C} = 1$ ❒ Vrai ❒ Faux

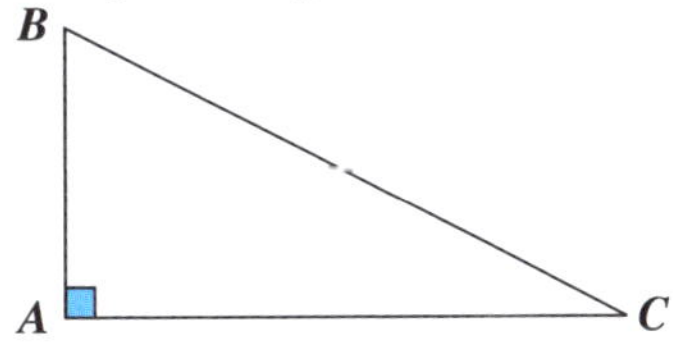


### 12 ★ 10 min (corrigé p. 161)

Soit $DEF$ un triangle tel que $DE = 24$ mm ; $EF = 18$ mm et $FD = 30$ mm.

1° Faire une figure (rédiger un programme de construction).
Prouver que $DEF$ est un triangle rectangle.

2° Calculer $\sin \widehat{F}$, $\cos \widehat{F}$ et $\tan \widehat{F}$ (résultats sous forme de fractions irréductibles).
Calculer $\widehat{F}$ (arrondir au dixième).

### 13 ★ 10 min (corrigé p. 161)

$[AB]$ est un diamètre du cercle $(C)$ de centre $O$ et de rayon 3 cm. $P$ est tel que $P \in (C)$ et $\widehat{BAP} = 50°$.

1° Démontrer que le triangle $PAB$ est rectangle.

2° Calculer $PA$ et $PB$ (valeur exacte, puis arrondi au dixième).

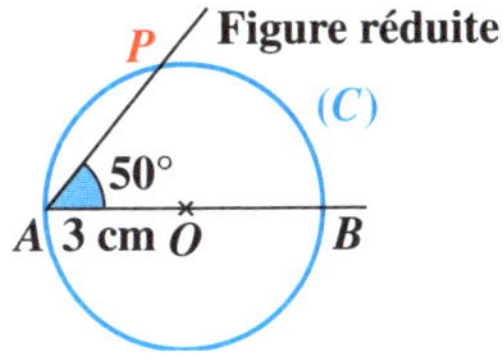


### 14 ★★ 10 min (corrigé p. 162)

Un rayon lumineux passant de l'air dans l'eau est dévié au niveau de la surface de l'eau.
L'angle $\widehat{tPy}$ (appelé « angle d'incidence ») et l'angle $\widehat{t'Py'}$ (appelé « angle de réfraction ») sont liés par la relation : $\sin \widehat{t'Py'} = \frac{3}{4} \times \sin \widehat{tPy}$.

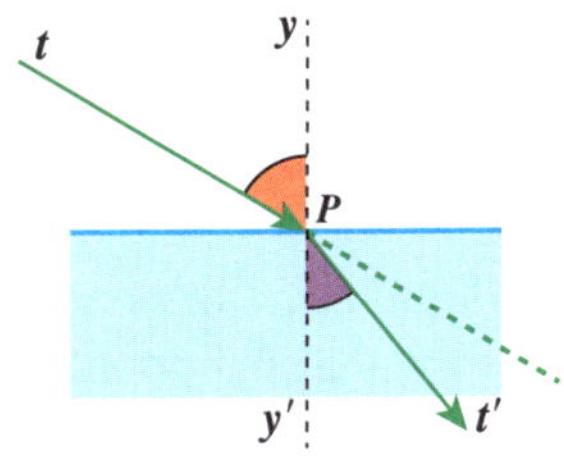


1° Calculer l'angle de réflexion dans le cas où l'angle d'incidence est égal à 60°.

2° Calculer l'angle de réflexion dans le cas où l'angle d'incidence est égal à 45°.

### 15 ★★ 10 min (corrigé p. 162)

Le schéma représente un élément de la charpente d'une maison.

1° Calculer $BH$ et $SH$.

2° Calculer $AH$, puis l'aire du triangle $ASB$.

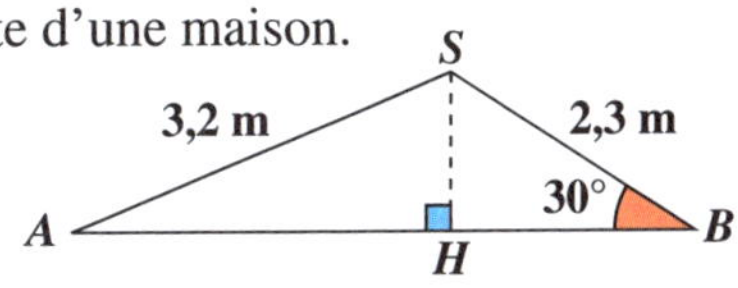

**16** ★★★ 5 min (corrigé p. 163)

Un géomètre amateur veut déterminer la distance séparant deux points $A$ et $B$, mais un obstacle empêche une mesure directe avec sa chaîne d'arpenteur.
Sur un carnet, il a fait un schéma à main levée et il a noté les mesures qu'il a pu effectuer :
$AC = 400$ m ; $\widehat{ACB} = 75°$ ; $BC = 250$ m.

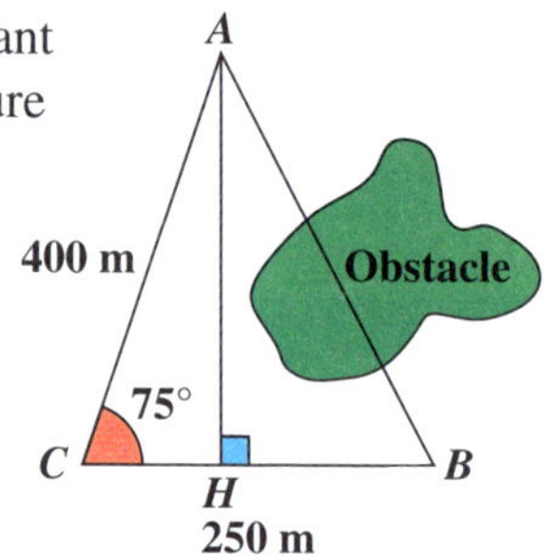


**1°** En utilisant le triangle rectangle $ACH$, montrer que $AH \approx 386$ m et $CH \approx 104$ m.

**2°** En utilisant les résultats de la question précédente, calculer la distance $AB$.

**17** ★★ 5 min (corrigé p. 163)

Léo affirme : « *avec ma calculatrice, la séquence* cos 30° *amène à l'affichage* $\frac{\sqrt{3}}{2}$ ».

Léa affirme : « *avec ma calculatrice, c'est la séquence* sin 60° *qui amène à l'affichage* $\frac{\sqrt{3}}{2}$ ».

Lily affirme : « *avec ma calculatrice, je trouve* $\frac{1}{2}$ *pour* cos 60° *et pour* sin 30° ».

**1°** Qui a raison ?

**2°** Peut-on en déduire la valeur exacte de tan 30° et tan 60° ?

**18** ★★ 10 min (corrigé p. 163)

Soit $ABC$ un triangle rectangle isocèle tel que $\widehat{BAC} = 90°$ et $AB = AC = a$.

**1°** Montrer que l'on a $BC = a\sqrt{2}$.

**2°** En déduire la valeur exacte de sin 45°, cos 45° et tan 45°.

**19** ★★ 10 min (corrigé p. 164)

Dans un repère orthonormé d'origine $O$, le point $P$ a pour coordonnées (6 ; 8) et le point $H$ a pour coordonnées (6 ; 0).

**1°** En utilisant le triangle rectangle $OHP$, calculer $\tan \widehat{POH}$ et en déduire $\widehat{POH}$.

**2°** La droite $(OP)$ est la représentation graphique d'une fonction linéaire $f$ telle que $f(x) = y$ avec $y = mx$.
Déterminer le coefficient $m$.

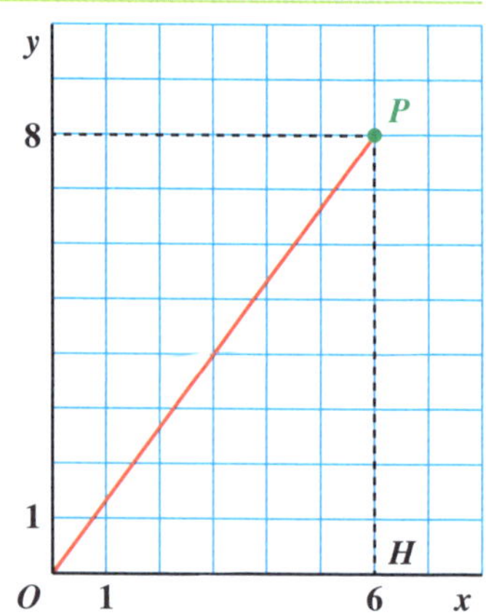

# SUJETS DU BREVET

## 20 ★★ 15 min (corrigé p. 164)

On considère la figure ci-contre dessinée à main levée.
Les points $M$, $H$ et $N$ sont alignés.

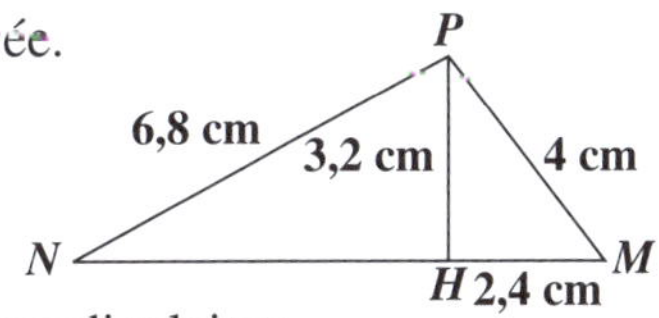


**1°** Rédiger un programme de construction, puis faire une figure aux dimensions réelles.

**2°** Démontrer que les droites ($MN$) et ($PH$) sont perpendiculaires.

**3°** Calculer la mesure de chacun des angles du triangle $PMN$ (à 0,1° près).

## 21 ★★ 15 min (corrigé p. 165)

Une personne aperçoit du balcon de son immeuble une grue se trouvant sur un chantier.
L'œil de la personne est à 8 m du sol et le pied de la grue est à 20 m de l'immeuble.
La personne voit la grue sous un angle de 60°.

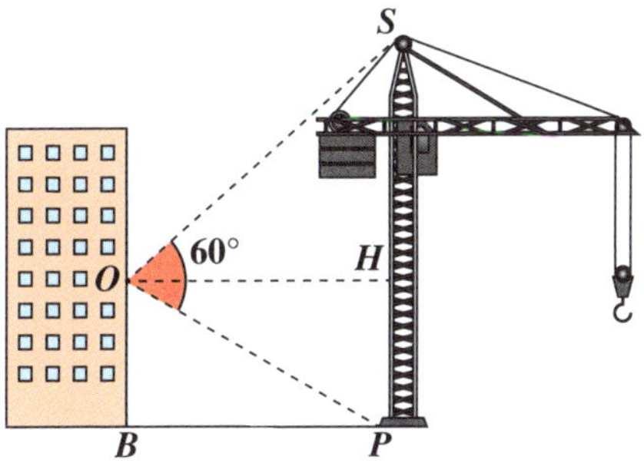


**1°** On admet que $OBPH$ est un rectangle tel que $OB = 8$ m et $BP = 20$ m.
Calculer l'angle $\widehat{POH}$ (à 0,1° près).

**2°** Calculer $SH$, puis $SP$ (hauteur totale de la grue).

## 22 ★★ 15 min (corrigé p. 165)

Ce panneau routier indique une descente dont la pente est de 10 %. Cela signifie que le dénivelé est de 10 m pour un déplacement horizontal de 100 m comme le montre le schéma ci-dessous (échelle 1/1 000).

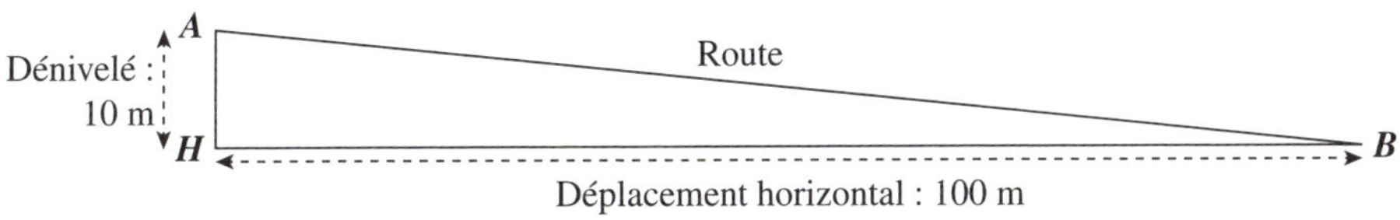


**1°** Déterminer l'angle $\widehat{HBA}$ que fait la route avec l'horizontale (arrondir au dixième de degré).

**2°** Quelle est la distance parcourue sur cette route lorsqu'on va de $B$ à $A$ ?

**3°** Quel est le dénivelé lorsqu'on se déplace de 50 m sur la route en partant de $B$ ?

## 23 ★★★ 15 min (corrigé p. 165)

Un chariot élévateur utilisé par une entreprise de déménagement peut prendre diverses inclinaisons et atteindre diverses hauteurs suivant les besoins.

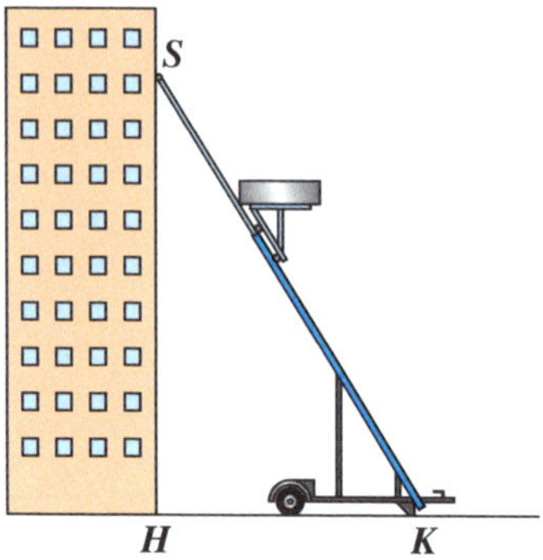


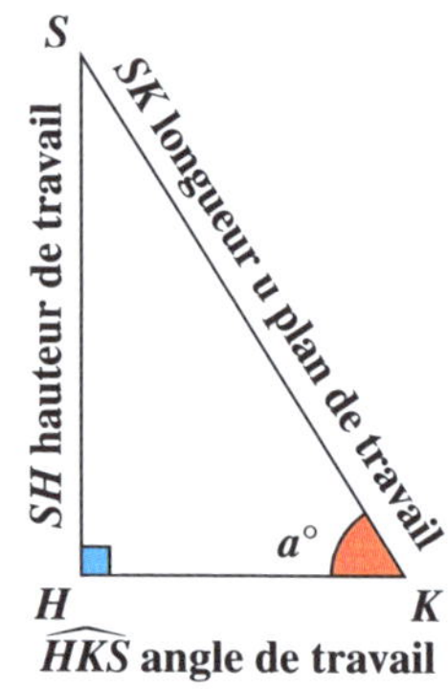


L'entreprise qui loue ce matériel fournit un tableau précisant diverses possibilités d'utilisation.

| | | | | |
|---|---|---|---|---|
| **Angle de travail (°)** | 40 | … | 60 | 75 |
| **Longueur du plan de travail (m)** | 8 | 8 | 8 | … |
| **Hauteur de travail (m)** | 5 | 7 | … | 6 |

1° Vérifier que lorsque la longueur du plan de travail est de 8 m et la hauteur de travail de 5 m, l'angle est proche de 40°.

2° Compléter le tableau.

## 24 ★★★ 20 min (corrigé p. 166)

Léo est en retard pour aller rejoindre ses amis au terrain de basket.
Il envisage de traverser la route du point $P$ au point $K$ sans utiliser le passage piéton.
On sait que le passage piéton est perpendiculaire aux deux trottoirs, que la distance entre les deux trottoirs est de 8 m et que la distance $HK$ est égale à 15 m.

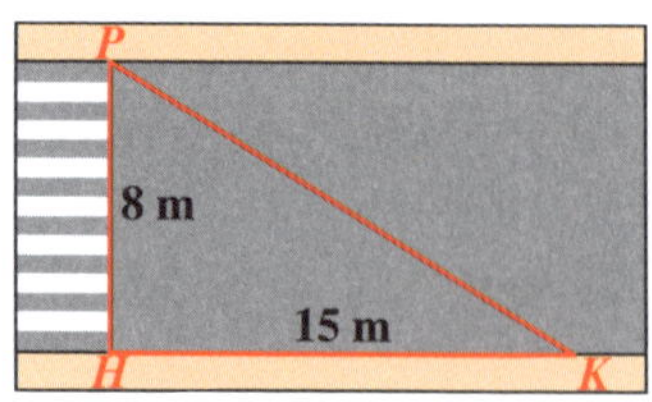


1° Calculer la distance parcourue par Léo pour aller de $P$ à $K$ dans chacun des cas :
– il va de $P$ à $H$ par le passage piéton, puis de $H$ à $K$ sur le trottoir,
– il va directement de $P$ à $K$.

2° On peut considérer qu'un piéton se déplace à la vitesse moyenne de 1,2 m/s. Combien de temps Léo gagne-t-il en traversant sans utiliser le passage piéton ?

3° Au moment de traverser la route, Léo est au point $P$ et voit un véhicule situé à 100 m qui vient vers lui (dans le sens de $H$ vers $K$).
Calculer combien de temps mettra ce véhicule pour arriver au point $H$, puis au point $K$ dans le cas où le véhicule roule à 45 km/h, puis dans le cas où le véhicule roule à 90 km/h.
Quelle décision doit prendre Léo ?

# CORRIGÉS



**1** 1° Programme de construction :

– on trace un segment [$AC$] tel que $AC = 65$ mm ;

– dans un même demi-plan de frontière ($AC$), on trace un arc de cercle de centre $A$ et de rayon 60 mm et un arc de cercle de centre $C$ et de rayon 25 mm ;

– on appelle $B$ le point d'intersection des deux arcs ;

– on trace les segments [$BA$] et [$BC$].

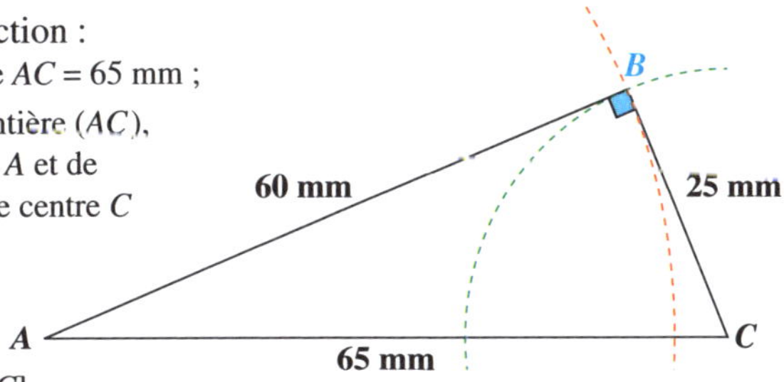


2° On a : $AC^2 = 65^2 = 4\,225$ et $AB^2 + CB^2 = 60^2 + 25^2 = 4\,225$.
On en déduit : $AC^2 = AB^2 + CB^2$ (égalité de Pythagore).
*Si dans un triangle, le carré du plus grand côté est égal à la somme des carrés des deux autres côtés, alors ce triangle est rectangle* (réciproque de Pythagore).
Donc **le triangle *ABC* est rectangle en *B*.**

**Son aire est égale à 750 mm²** car $\dfrac{60 \times 25}{2} = 750$.

On peut rédiger le calcul en conservant les unités on calcule sur des grandeurs ; $\dfrac{60 \text{ mm} \times 25 \text{ mm}}{2} = 750 \text{ mm}^2$.

**2** 1° Le point $G$ est sur le cercle de diamètre [$EF$] ; le triangle $EFG$ est donc inscrit dans le cercle ayant pour diamètre le côté [$EF$].
Or : *Si un triangle est inscrit dans un cercle ayant pour diamètre un des côtés, alors ce triangle est rectangle et le diamètre en est l'hypoténuse*.
Donc : ***EFG* est rectangle en *G*.**

2° Pour calculer le périmètre et l'aire, il faut calculer $FG$.
Dans le triangle $EFG$, rectangle en $G$, on a $EF^2 = EG^2 + FG^2$ (égalité de Pythagore).
$5^2 = 4^2 + FG^2$ ; $FG^2 = 25 - 16$ ; $FG^2 = 9$ ; $FG = 3$.
**Le périmètre de *EFG* est égal à 12 cm** car $5 + 4 + 3 = 12$.
**L'aire de *EFG* est égale à 6 cm²** car $\dfrac{4 \times 3}{2} = 6$.

**3** 1° On a : $PM^2 = 32{,}5^2 = 1\,056{,}25$ et $PN^2 + NM^2 = 12{,}5^2 + 30^2 = 1\,056{,}25$.
D'où : $PM^2 = PN^2 + NM^2$ (égalité de Pythagore).
**Le triangle *MNP* est un triangle rectangle en *N*** (réciproque du théorème de Pythagore).

2° $\cos \widehat{P} = \dfrac{\text{côté adjacent à } \widehat{P}}{\text{hypoténuse}} = \dfrac{PN}{PM} = \dfrac{12{,}5}{32{,}5} = \dfrac{125}{325} = \mathbf{\dfrac{5}{13}}$ (fraction irréductible).

$\sin \widehat{P} = \dfrac{30}{32{,}5} = \dfrac{300}{325} = \mathbf{\dfrac{12}{13}}$ et $\tan \widehat{P} = \dfrac{30}{12{,}5} = \dfrac{300}{125} = \mathbf{\dfrac{12}{5}}$ (fractions irréductibles).

Avec $\boxed{\text{arc cos } \dfrac{5}{13}}$ ou $\boxed{\text{arc sin } \dfrac{12}{13}}$ ou $\boxed{\text{arc tan } \dfrac{12}{5}}$ on a : $\widehat{P} \approx 67°$.

**4** 1° Le triangle $RST$ est inscrit dans un cercle ayant pour diamètre le côté $[RS]$.

Or : *Si un triangle est inscrit dans un cercle ayant pour diamètre un des côtés, alors ce triangle est rectangle et le diamètre en est l'hypoténuse.*

**Le triangle $RST$ est donc rectangle en T.**

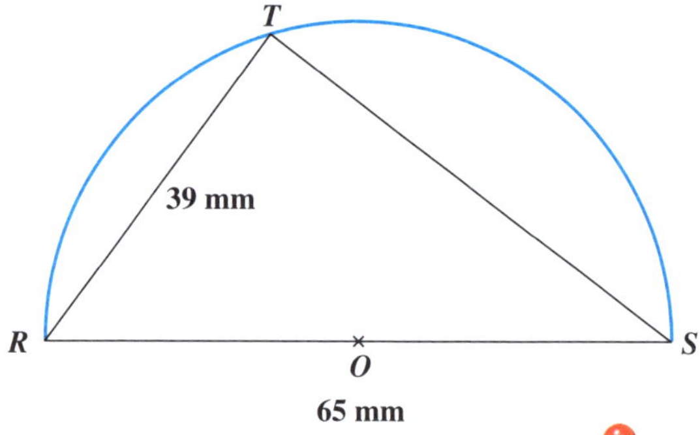


2° $\cos \widehat{SRT} = \dfrac{\text{côté adjacent pour } \widehat{R}}{\text{hypoténuse}} = \dfrac{RT}{RS} = \dfrac{39}{65}$ ; d'où : $\widehat{SRT} \approx \mathbf{53°}$.

La séquence arccos(39 : 65) donne 53,1301 …

*Les angles aigus d'un triangle rectangle sont complémentaires.*

$\widehat{RST} \approx \mathbf{37°}$ car 90° – 53° = 37°.

**5** Les résultats sont arrondis au millième.

| Angle | 10° | 20° | 30° | 40° | 50° | 60° | 70° | 80° |
|---|---|---|---|---|---|---|---|---|
| Sinus | 0,174 | 0,342 | 0,5 | 0,643 | 0,766 | 0,866 | 0,940 | 0,985 |
| Cosinus | 0,985 | 0,940 | 0,866 | 0,766 | 0,643 | 0,5 | 0,342 | 0,174 |
| Tangente | 0,176 | 0,364 | 0,577 | 0,839 | 1,192 | 1,732 | 2,747 | 5,671 |

Pour 30°, la calculatrice affiche d'abord des valeurs exactes : $\sin 30° = \dfrac{1}{2}$ ; $\cos 30° = \dfrac{\sqrt{3}}{2}$ ; $\tan 30° = \dfrac{\sqrt{3}}{3}$.

Pour 60°, la calculatrice affiche d'abord des valeurs exactes : $\sin 60° = \dfrac{\sqrt{3}}{2}$ ; $\cos 60° = \dfrac{1}{2}$ ; $\tan 60° = \sqrt{3}$.

De même, pour 45°, la calculatrice affiche des valeurs exactes : $\cos 45° = \sin 45° = \dfrac{\sqrt{2}}{2}$ et $\tan 45° = 1$.

**6** 1° Le plus grand côté est $IK$ ; on a : $IK^2 = 20{,}025^2 = 401{,}000\,625$
$IJ^2 + JK^2 = 1 + 400 = 401$ ; d'où : $IK^2 \neq IJ^2 + JK^2$ ; l'égalité de Pythagore n'est pas vérifiée : **le triangle $IJK$ n'est pas rectangle**.

2° Le plus grand côté est $IK$ ; on a : $IK^2 = 125^2 = 15\,625$.
$IJ^2 + JK^2 = 117^2 + 44^2 = 15\,625$ ; d'où : $IK^2 = IJ^2 + JK^2$ ; l'égalité de Pythagore est vérifiée : **le triangle $IJK$ est rectangle** en $J$ et **$[IK]$ en est l'hypoténuse**.

3° Le plus grand côté est $IJ$ ; on a : $IJ^2 = 23{,}4^2 = 547{,}56$.
$IK^2 + JK^2 = 10{,}5^2 + 20{,}8^2 = 542{,}89$ ; d'où : $IJ^2 \neq IK^2 + JK^2$ ; l'égalité de Pythagore n'est pas vérifiée : **le triangle $IJK$ n'est pas rectangle**.

Il faut calculer d'abord le carré du plus grand côté, puis la somme des carrés deux autres côtés. **On écrit l'égalité de Pythagore en dernier**.

**7** *Les diagonales d'un losange se coupent en leur milieu et sont perpendiculaires.*

Par suite, le triangle $AOB$ est rectangle en $O$ ; on a :
$OA = AC : 2 = 1{,}5$ cm et $OB = BD : 2 = 2$ cm.
D'après le théorème de Pythagore : $AB^2 = OA^2 + OB^2$ ;
$AB^2 = 1{,}5^2 + 2^2$ ; $AB^2 = 6{,}25$ ; $AB = \sqrt{6{,}25}$ ; $AB = 2{,}5$.
Le losange a 4 côtés de 2,5 cm.
**Le périmètre du losange $ABCD$ est égal à 10 cm** car $2{,}5 \times 4 = 10$.

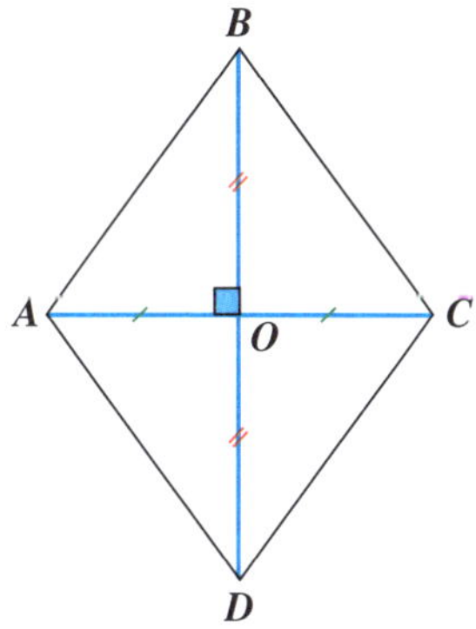


**8** 1° Un rectangle a quatre angles droits ; le triangle $EFG$ est donc rectangle en $F$.
D'après le théorème de Pythagore appliqué au triangle rectangle $EFG$, on a :
$EG^2 = EF^2 + FG^2$ ; $EG^2 = 15^2 + 20^2$ ; $EG^2 = 625$ ; $EG = \sqrt{625}$ ; **$EG$ = 25 mm.**

2° *Dans un rectangle, les diagonales se coupent en leur milieu et ont la même longueur.*
Par suite : $OE = OF = OG = OH = 12{,}5$ car $25 : 2 = 12{,}5$.
**Le cercle de centre $O$ et de rayon 12,5 mm passe par les quatre sommets du rectangle** (c'est le cercle circonscrit au rectangle).
$L = 2\pi R$ ; $L = 25\pi$ soit **$L \approx$ 78,5 mm.**

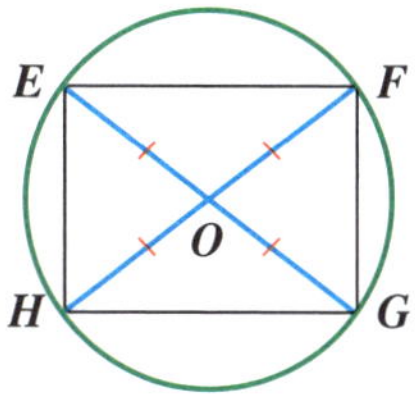


**9** Le centre du cercle $(C')$ est le milieu $M$ de $[OP]$ et le rayon est égal à 3 cm car $6 : 2 = 3$.

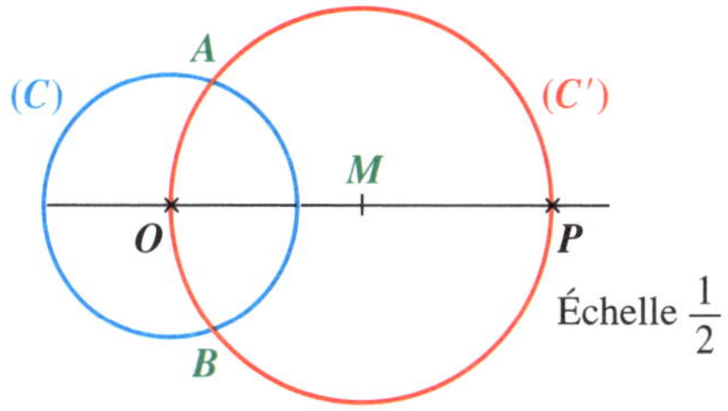


On sait que le triangle $PAO$ est inscrit dans un cercle ayant pour diamètre le côté $[OP]$.

Or : *Si un triangle est inscrit dans un cercle ayant pour diamètre un des côtés, alors ce triangle est rectangle et ce côté en est l'hypoténuse.*
Donc le **triangle $PAO$ est rectangle en $A$.**
Dans le triangle rectangle $PAO$, le théorème de Pythagore permet d'écrire :
$OP^2 = OA^2 + PA^2$ ; $6^2 = 2^2 + PA^2$ ; $PA^2 = 36 - 4$ ;
$PA^2 = 32$ ; **$PA = \sqrt{32}$ cm** soit environ 5,7 cm.
De même, $PBO$ est rectangle en $B$ et **$PB = \sqrt{32}$ cm**

- La droite $(PA)$, perpendiculaire en $A$ au rayon $[OA]$ du cercle $(C)$, est une **tangente** de ce cercle.
- La droite $(OP)$ est un **axe de symétrie** de la figure constituée par les deux cercles ; ceci est une autre façon de prouver que $PB = PA = \sqrt{32}$.

Corrigés

**10** 1° On sait que $xy \perp (AB)$ ; le triangle $BAT$ est donc rectangle en $A$ et on a :

$BT^2 = AB^2 + AT^2$ (égalité de Pythagore).

$BT^2 = 25^2 + 30^2$ ; $BT^2 = 1\,525$ ;

$\boldsymbol{BT = \sqrt{1\,525}}$ **cm** (environ 39 mm).

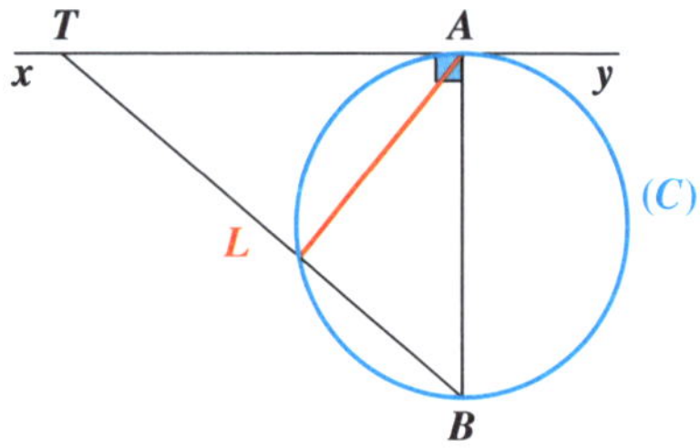


2° On sait que le triangle $BAL$ est inscrit dans un cercle ayant pour diamètre le côté $[BA]$.

Or : *si un triangle est inscrit dans un cercle ayant pour diamètre un des côtés, alors ce triangle est rectangle et ce côté en est l'hypoténuse*.

Donc : ***le triangle BAL* est rectangle en *L*.**

3° *L'aire d'un triangle rectangle est égale au demi-produit des côtés de l'angle droit.*

$BAT$ est rectangle en $A$, d'où : $\mathcal{A} = \dfrac{AB \times AT}{2}$.

Le triangle $BAL$ est rectangle en $L$ (question 2),par suite $[AL]$ est la hauteur relative au côté $[BT]$ du triangle $BAT$. *L'aire d'un triangle est égale au demi-produit d'un côté par la hauteur associée à ce côté.*

D'où : $\mathcal{A} = \dfrac{AL \times BT}{2}$.

On en déduit : $AB \times AT = AL \times BT$ ; $25 \times 30 = AL \times \sqrt{1\,525}$

et $\boldsymbol{AL = \dfrac{750}{\sqrt{1\,525}}}$ **mm** (soit environ 19 mm).

> Dans le triangle $BAL$, l'égalité de Pythagore permet de calculer $BL$ (on trouve $BL \approx 16$ mm).

**11** **Vrai** $\boldsymbol{\widehat{B} + \widehat{C} = 90°}$ car les angles aigus d'un triangle rectangle sont complémentaires (leur somme est égale à 90°).

**Vrai** $\cos \widehat{B} = \dfrac{\text{côté adjacent à } \widehat{B}}{\text{hypoténuse}} = \dfrac{BA}{BC}$ et $\sin \widehat{C} = \dfrac{\text{côté opposé à } \widehat{C}}{\text{hypoténuse}} = \dfrac{BA}{BC}$ ;

d'où : $\boldsymbol{\cos \widehat{B} = \sin \widehat{C}}$.

**Vrai** $\sin \widehat{B} = \dfrac{\text{côté opposé à } \widehat{B}}{\text{hypoténuse}} = \dfrac{CA}{CB}$ et $\cos \widehat{C} = \dfrac{\text{côté adjacent à } \widehat{C}}{\text{hypoténuse}} = \dfrac{CA}{CB}$ ;

d'où : $\boldsymbol{\sin \widehat{B} = \cos \widehat{C}}$.

**Vrai** $\tan \widehat{B} = \dfrac{\text{côté opposé à } \widehat{B}}{\text{côté adjacent à } \widehat{B}} = \dfrac{AC}{AB}$ et $\tan \widehat{C} = \dfrac{\text{côté opposé à } \widehat{C}}{\text{côté adjacent à } \widehat{C}} = \dfrac{AB}{AC}$.

d'où : $\boldsymbol{\tan \widehat{B} \times \tan \widehat{C} = \dfrac{AC}{AB} \times \dfrac{AB}{AC} = 1}$ (après simplification).

> Ces propriétés sont générales.
> Si deux angles sont complémentaires (leur somme est égale à 90°) :
> – le cosinus de l'un est égal au sinus de l'autre ;
> – la tangente de l'un est l'inverse de la tangente de l'autre (le produit est égal à 1).

**12** 1° Programme de construction :
– on trace $[ED]$ tel que $ED = 24$ mm ;
– on trace un arc de cercle de centre $E$ et de rayon 18 mm et un arc de cercle de centre $D$ et de rayon 30 mm ;
– on appelle $F$ le point d'intersection des deux arcs ;
– on trace $[FE]$ et $[FD]$.

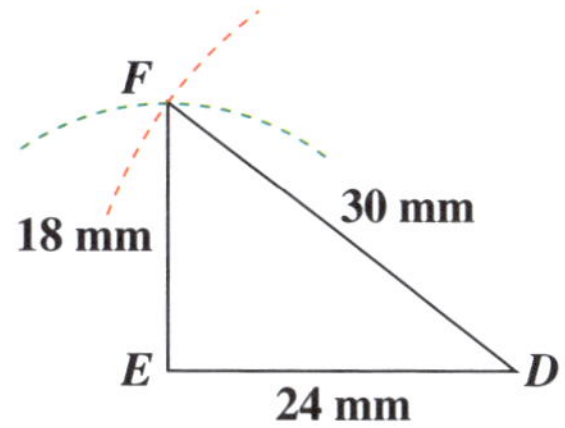


On a : $FD^2 = 30^2 = 900$ ; $DE^2 + EF^2 = 24^2 + 18^2 = 900$ ; d'où : $FD^2 = DE^2 + EF^2$.
L'égalité de Pythagore est vérifiée ; ***DEF* est un triangle rectangle**.

2° $\sin \widehat{F} = \dfrac{\text{côté opposé à } \widehat{F}}{\text{hypoténuse}} = \dfrac{DE}{FD} = \dfrac{24}{30} = \dfrac{\mathbf{4}}{\mathbf{5}}$ (irréductible).

$\cos \widehat{F} = \dfrac{\text{côté adjacent à } \widehat{F}}{\text{hypoténuse}} = \dfrac{FE}{FD} = \dfrac{18}{30} = \dfrac{\mathbf{3}}{\mathbf{5}}$ (irréductible).

$\tan \widehat{F} = \dfrac{\text{côté opposé à } \widehat{F}}{\text{côté adjacent à } \widehat{F}} = \dfrac{DE}{FE} = \dfrac{24}{18} = \dfrac{\mathbf{4}}{\mathbf{3}}$ (irréductible).

Chacune des séquences [arcsin $\frac{4}{5}$], [arccos $\frac{3}{5}$] ou [arctan $\frac{4}{3}$] donne $\widehat{F} \approx$ **53,1°**.

La séquence [arcsin] s'obtient avec la touche [seconde] suivie de la touche [sin]. Elle donne l'angle dont on connaît le sinus.

**13** 1° On sait que le triangle $PAB$ est inscrit dans un cercle ayant pour diamètre le côté $[AB]$.
Or : *si un triangle est inscrit dans un cercle ayant pour diamètre un des côtés, alors ce triangle est rectangle et ce côté en est l'hypoténuse*.
Donc **le triangle *PAB* est rectangle en *P***.

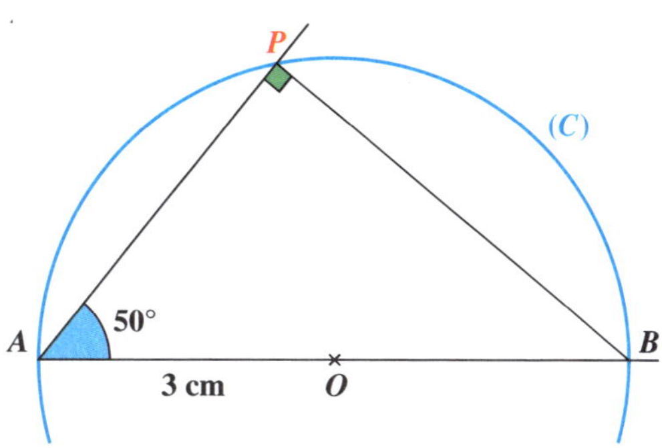


2° Dans le triangle rectangle $PAB$ :

• $[PA]$ est le côté adjacent à l'angle de 50° et l'hypoténuse $[AB]$ a pour mesure 6 cm.
$\cos \widehat{PAB} = \dfrac{PA}{AB}$ donne $PA = AB \times \cos \widehat{PAB}$ ; $\mathbf{PA = 6 \times \cos 50°}$ ; $\mathbf{PA \approx 3{,}9}$ **cm**.

• $[PB]$ est le côté opposé à l'angle de 50° ; $\sin \widehat{PAB} = \dfrac{PB}{AB}$ ; $PB = AB \times \sin \widehat{PAB}$ ;
$\mathbf{PB = 6 \times \sin 50°}$ ; $\mathbf{PB \approx 4{,}6}$ **cm**.

**14** 1° On a $\widehat{tPy} = 60°$ ; $\sin \widehat{tPy} = \sin 60° = \dfrac{\sqrt{3}}{2} \approx 0{,}866$

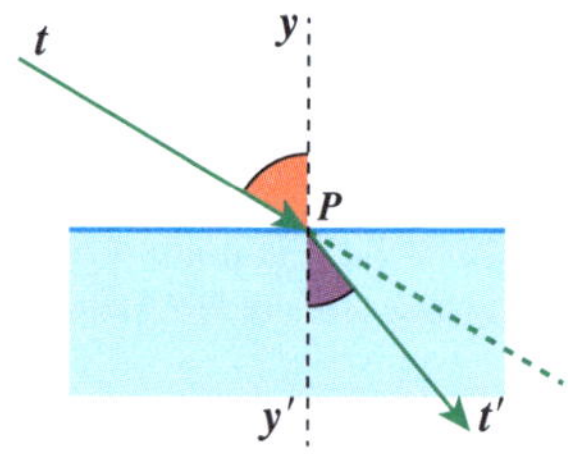


La formule $\sin \widehat{t'Py'} = \dfrac{3}{4} \times \sin \widehat{tPy}$

donne $\sin \widehat{t'Py'} = \dfrac{3}{4} \times \dfrac{\sqrt{3}}{2}$ ; $\sin \widehat{t'Py'} = \dfrac{3\sqrt{3}}{8}$.

La séquence $\boxed{\arcsin \dfrac{3\sqrt{3}}{8}}$ donne $\widehat{t'Py'} \approx \mathbf{41°}$.

2° On a $\widehat{tPy} = 45°$ ; $\sin \widehat{tPy} = \sin 45° = \dfrac{\sqrt{2}}{2} \approx 0{,}707$.

La formule $\sin \widehat{t'Py'} = \dfrac{3}{4} \times \sin \widehat{tPy}$ donne

$\sin \widehat{t'Py'} = \dfrac{3}{4} \times \dfrac{\sqrt{2}}{2}$ ;

$\sin \widehat{t'Py'} = \dfrac{3\sqrt{2}}{8}$.

La séquence $\boxed{\arcsin \dfrac{3\sqrt{2}}{8}}$ donne $\widehat{t'Py'} \approx \mathbf{32°}$.

> Autant que possible, on calcule avec les valeurs exactes et non avec les arrondis.

**15** 1° Dans le triangle rectangle *SBH*, [*BH*] est le côté adjacent à l'angle de 30° et [*BS*] l'hypoténuse.

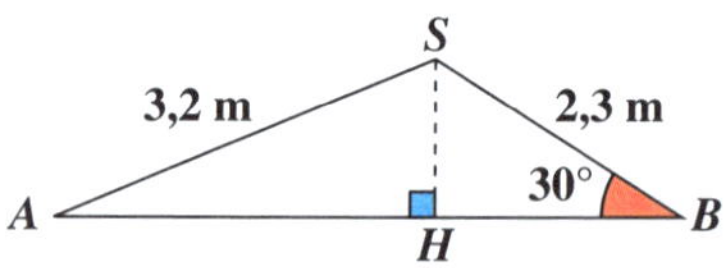


On a : $\cos \widehat{SBH} = \dfrac{BH}{BS}$ ;

d'où : $BH = BS \times \cos \widehat{SBH}$ ; $BH = 2{,}3 \times \cos 30°$ ; $\mathbf{BH = 2{,}3 \times \dfrac{\sqrt{3}}{2}}$ (environ 1,99 m).

Dans *SBH*, [*SH*] est le côté opposé à l'angle de 30° et [*BS*] l'hypoténuse.

On a : $\sin \widehat{SBH} = \dfrac{SH}{BS}$ d'où : $SH = BS \times \sin \widehat{SBH}$ ; $SH = 2{,}3 \times \sin 30°$ ; $\mathbf{SH = 1{,}15\ m}$.

2° Dans le triangle *SAH*, rectangle en *H*, on a : $SA^2 = SH^2 + AH^2$ (égalité de Pythagore).
$3{,}2^2 = 1{,}15^2 + AH^2$ ; $AH^2 = 10{,}24 - 1{,}3225$ ; $AH^2 = 8{,}9175$.

$\mathbf{AH = \sqrt{8{,}9175}}$ ; $\mathbf{AH \approx 2{,}99\ m}$.

L'aire $\mathscr{A}$ du triangle *ASB* est la somme des aires des triangles rectangles *SBH* et *SAH*.

$$\mathscr{A} = \frac{BH \times SH}{2} + \frac{AH \times SH}{2}$$

$$= \frac{1}{2}\left(2{,}3 \times \frac{\sqrt{3}}{2} \times 1{,}15\right) + \frac{1}{2}\left(\sqrt{8{,}9175} \times 1{,}15\right)$$

$\mathbf{\mathscr{A} = 0{,}66125 \times \sqrt{3} + 0{,}575 \times \sqrt{8{,}9175}}$ ;

$\mathbf{\mathscr{A} \approx 2{,}8624\ m^2}$.

> L'aire $\mathscr{A}$ est aussi égale à $\dfrac{AB \times SH}{2}$.
> Avec $AB = AH + BH$ soit $AB \approx 4{,}98$ m.
> On a : $SH = 1{,}15$ m et $\mathscr{A} \approx 2{,}8635\ m^2$.

**16** 1° Dans le triangle rectangle $ACH$, on a :

• $\sin \widehat{ACH} = \dfrac{AH}{AC}$ ; $AH = AC \times \sin \widehat{ACH}$ ;
$AH = 400 \times \sin 75°$, soit **environ 386 m.**

• $\cos \widehat{ACH} = \dfrac{CH}{AC}$ ; $CH = AC \times \cos \widehat{ACH}$ ;
$CH = 400 \times \cos 75°$, soit **environ 104 m.**

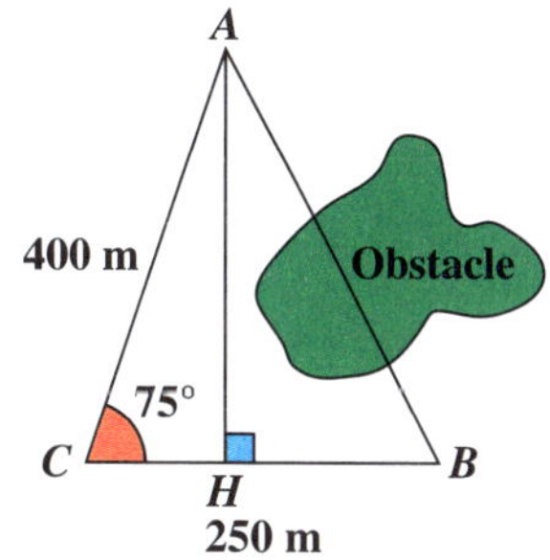


2° Dans le triangle $ABH$ rectangle en $H$, on a :
$AB^2 = AH^2 + BH^2$ avec $AH \approx 386$ m et $BH \approx 146$ m
car $250 - 104 = 146$. $AB^2 = 386^2 + 146^2$ ; $AB^2 = 170\,312$ ;
$AB = \sqrt{170\,312}$ ; $\boldsymbol{AB \approx 413}$ **m.**

Voir le tableau des valeurs remarquables dans le corrigé de l'exercice 18.

**17** 1° Tous les trois ont raison (la calculatrice en atteste).

Pour cos 30° et pour sin 60°, la calculatrice affiche $\dfrac{\sqrt{3}}{2}$, puis 0,866…

Pour cos 60° et pour sin 30°, la calculatrice affiche $\dfrac{1}{2}$ (puis 0,5).

2° On en déduit : $\tan 30° = \dfrac{\sin 30°}{\cos 30°} = \dfrac{1}{2} : \dfrac{\sqrt{3}}{2} = \dfrac{1}{2} \times \dfrac{2}{\sqrt{3}}$ ; $\boldsymbol{\tan 30° = \dfrac{1}{\sqrt{3}} = \dfrac{\sqrt{3}}{3}}$.

De même, $\tan 60° = \dfrac{\sin 60°}{\cos 60°} = \dfrac{\sqrt{3}}{2} : \dfrac{1}{2} = \dfrac{\sqrt{3}}{2} \times \dfrac{2}{1}$ ; $\boldsymbol{\tan 60° = \sqrt{3}}$.

**18** 1° Le triangle $ABC$ est rectangle en $A$, on a :
$BC^2 = AB^2 + AC^2$ (égalité de Pythagore) ; $BC^2 = a^2 + a^2$ ;
$BC^2 = 2a^2$ ; $BC = \sqrt{2a^2}$ ; $BC = \sqrt{2} \times \sqrt{a^2}$ ; $\boldsymbol{BC = a\sqrt{2}}$.

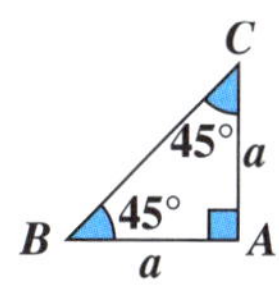


2° Les angles aigus d'un triangle rectangle isocèle ont pour mesure 45°.

On a : $\sin 45° = \sin \widehat{B} = \dfrac{AC}{BC} = \dfrac{a}{a\sqrt{2}} = \dfrac{1}{\sqrt{2}} = \dfrac{1 \times \sqrt{2}}{\sqrt{2} \times \sqrt{2}} = \dfrac{\sqrt{2}}{2}$ ; $\boldsymbol{\sin 45° = \dfrac{\sqrt{2}}{2}}$.

De même : $\cos 45° = \cos \widehat{B} = \dfrac{BA}{BC} = \dfrac{a}{a\sqrt{2}} = \dfrac{1}{\sqrt{2}} = \dfrac{\sqrt{2}}{2}$ ; $\boldsymbol{\cos 45° = \dfrac{\sqrt{2}}{2}}$.

$\tan 45° = \tan \widehat{B} = \dfrac{AC}{AB} = \dfrac{a}{a} = 1$ ; $\boldsymbol{\tan 45° = 1}$ (on a aussi $\tan 45° = \dfrac{\sin 45°}{\cos 45°} = 1$).

Des valeurs exactes qu'il est bon de mémoriser.

| **Angle** | **30°** | **45°** | **60°** |
|---|---|---|---|
| **Sinus** | $\dfrac{\sqrt{3}}{2}$ | $\dfrac{\sqrt{2}}{2}$ | $\dfrac{1}{2}$ |
| **Cosinus** | $\dfrac{1}{2}$ | $\dfrac{\sqrt{2}}{2}$ | $\dfrac{\sqrt{3}}{2}$ |
| **Tangente** | $\dfrac{\sqrt{3}}{3}$ | 1 | $\sqrt{3}$ |

**19** 1° Dans le triangle rectangle $OHP$, on a :

$\tan \widehat{POH} = \frac{PH}{OH} = \frac{8}{6} = \frac{\mathbf{4}}{\mathbf{3}}$ ; arc tan $\frac{4}{3}$

donne $\widehat{POH} \approx$ **53°**

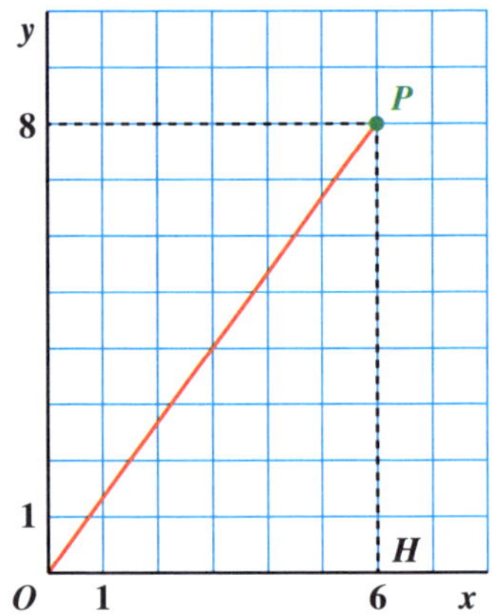


2° La droite ($OP$) passe par les points $P(6\ ;\ 8)$ et $O(0\ ;\ 0)$ ; elle représente une fonction linéaire (voir chapitre 6 page 79).
Le coefficient $m$ est tel que $y = mx$ ; $8 = m \times 6$ ;
$m = \frac{8}{6} = \frac{4}{3}$.

**20** 1° Programme de construction :
– on trace un segment [$HM$] de 2,4 cm, puis la droite ($HM$) ;
– on trace dans un même demi-plan de frontière ($HM$), un arc de cercle de centre $M$ et de rayon 4 cm et un arc de cercle de centre $H$ et de rayon 3,2 cm ;
– on appelle $P$ le point d'intersection des deux arcs ;
– on trace le segment [$PH$] ;
– on trace un arc de cercle de centre $P$ et de rayon 6,8 cm ;
– $N$ est le point d'intersection de cet arc et de la droite ($MH$) ;
– on trace le segment [$PN$].

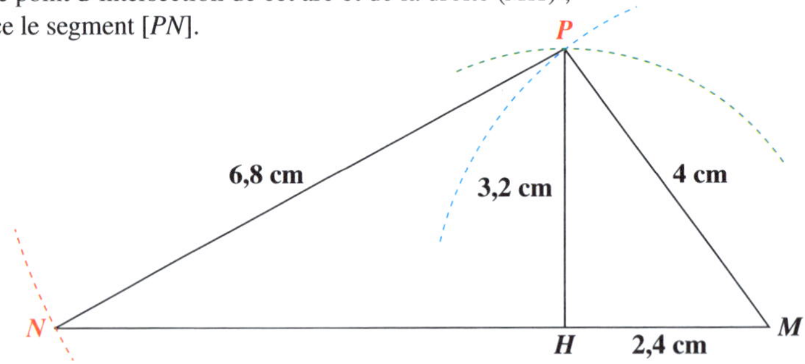


2° Dans le triangle $HPM$, on a : $PM^2 = 4^2 = 16$ ; $PH^2 + HM^2 = 3{,}2^2 + 2{,}4^2 = 16$.
D'où : $PM^2 = PH^2 + HM^2$ (égalité de Pythagore).
D'après le théorème réciproque du théorème de Pythagore, le triangle $HPM$ est rectangle en $H$ et **($MN$) ⊥ ($PH$)**.

3° Dans le triangle $HPM$, rectangle en $H$, on a : $\cos \widehat{HMP} = \frac{HM}{MP} = \frac{2{,}4}{4} = 0{,}6$ ;

la séquence arc cos 0,6 donne $\widehat{HMP} \approx 53{,}1°$ ; c'est-à-dire $\widehat{NMP} \approx$ **53,1°**.
Dans le triangle $HPN$, rectangle en $H$, on a : $\sin \widehat{HNP} = \frac{HP}{PN} = \frac{3{,}2}{6{,}8} = \frac{32}{68} = \frac{8}{17}$ ;

la séquence arc sin $\frac{8}{17}$ donne $\widehat{HNP} \approx$ **28,1°, c'est-à-dire** $\widehat{MNP} \approx$ **28,1°**.
La somme des trois angles du triangle $MNP$ est égale à 180° ; $\widehat{MPN} \approx$ **98,8°** car $180 - (53{,}1 + 28{,}1) = 98{,}8$.

**21** 1° Les côtés opposés d'un rectangle ont la même longueur ;
$HP = OB = 8$ m et $OH = BP = 20$ m.
Dans le triangle $OHP$, rectangle en $H$, on a :
$\tan \widehat{POH} = \dfrac{PH}{OH} = \dfrac{8}{20} = 0{,}4.$
D'où $\boldsymbol{\widehat{POH} \approx 21{,}8°}$.

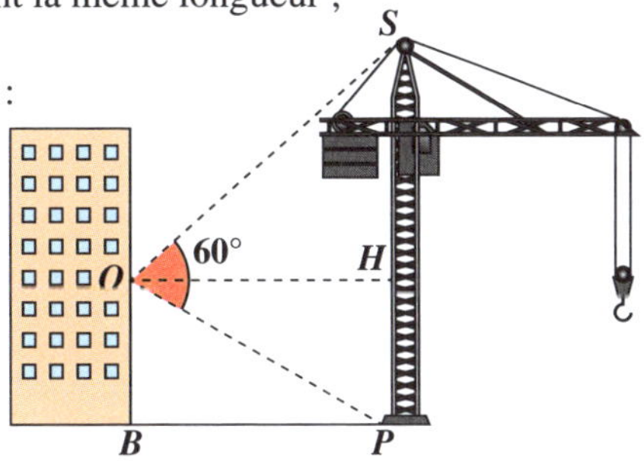


2° $\widehat{SOH} \approx 38{,}2°$ car $60 - 21{,}8 = 38{,}2$.
Dans $OHS$, rectangle en $H$, on a :
$\tan \widehat{SOH} = \dfrac{SH}{OH}$ ; $SH = OH \times \tan \widehat{SOH}$ ;
$SH = 20 \times \tan 38{,}2°$ ; $\boldsymbol{SH \approx 15{,}7}$ **m**.
Par suite $\boldsymbol{SP \approx 23{,}7}$ **m** car $15{,}7 + 8 = 23{,}7$.

**22** 1° Dans le triangle $HBA$, rectangle en $H$, on a : $\tan \widehat{HBA} = \dfrac{AH}{BH} = \dfrac{10}{100} = 0{,}1.$
La séquence arc tan 0,1 donne $\boldsymbol{\widehat{HBA} \approx 5{,}7°}$.

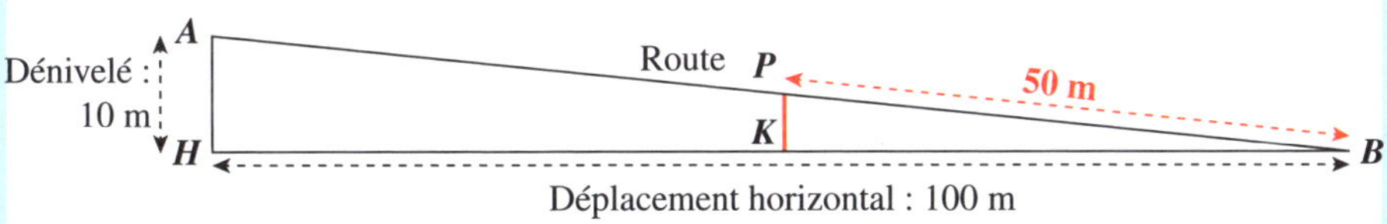


2° Le triangle $HBA$, rectangle en $H$ ; on a : $BA^2 = BH^2 + AH^2$ (égalité de Pythagore) ;
$BA^2 = 100^2 + 10^2$ ; $BA^2 = 10\,100$ ; $BA = \sqrt{10\,100}$ ; $BA \approx 100{,}50$ m.
**Lorsqu'on s'élève de 10 m, on a parcouru 100,5 m sur la route**.

3° On a $BP = 50$ et $\widehat{KBP} \approx 5{,}7°$ ; $\sin \widehat{KBP} = \dfrac{PK}{BP}$ ; $PK = BP \times \sin \widehat{KBP}$ ;
$PK \approx 50 \times \sin 5{,}7°$ ; $PK \approx 4{,}97$ m.
**Lorsqu'on avance de 50 m sur la route, on s'élève de 4,97 m environ**.

**23** 1° Le triangle $SKH$ est rectangle en $H$ ; on a : $\sin \widehat{SKH} = \dfrac{SH}{SK} = \dfrac{5}{8} = 0{,}625$ ;

la séquence arc sin 0,625 donne **38,68°** (proche de 40°).

2° $\sin a = \dfrac{SH}{SK} = \dfrac{7}{8}$ ; la séquence $\text{arc sin } \dfrac{7}{8}$ donne $a \approx$ **61°**.

$SH = SK \times \sin \widehat{HKS} = 8 \times \sin 60°$ ; la séquence 8 × sin 60 donne $SH \approx$ **6,9 m**.

$SK = \dfrac{SH}{\sin \widehat{HKS}} = \dfrac{6}{\sin 75°}$ ; la séquence 6 : sin 75 donne soit $SK \approx$ **6,2 m**.

| **Angle de travail (°)** | 40 | 61 | 60 | 75 |
|---|---|---|---|---|
| **Longueur *SK* (m)** | 8 | 8 | 8 | 6,2 |
| **Hauteur *SK* (m)** | 5 | 7 | 6,9 | 6 |

**24** 1° **S'il va de $P$ à $H$, puis de $H$ à $K$, il parcourt 23 m** car $8 + 15 = 23$.
S'il va directement de $P$ à $K$, il suit l'hypoténuse du triangle $PHK$ rectangle en $H$.
On a : $PK^2 = PH^2 + HK^2$ (égalité de Pythagore) ;

$$PK^2 = 8^2 + 15^2 \ ; \ PK^2 = 289 \ ; \ PK = 289 \ ; \ PK = 17.$$

**S'il va directement de $P$ à $K$, il parcourt 17 m.**

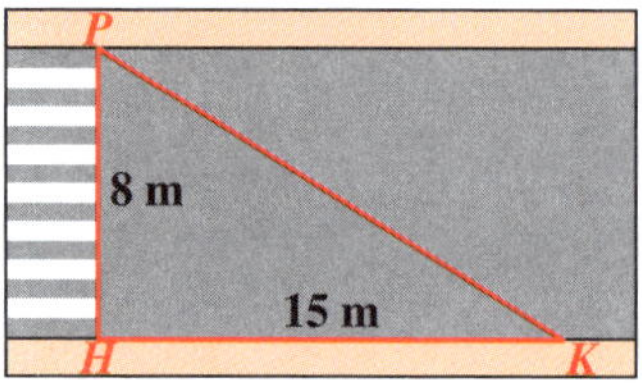


2° On sait que $d = vt$ ($d$ = distance, $v$ = vitesse, $t$ = durée) ; d'où : $t = d : v$.
Pour parcourir 23 m, il mettrait environ 20 s car $23 : 1{,}2 \approx 19{,}17$
Pour parcourir 17 m, il mettra environ 15 s car $17 : 1{,}2 \approx 14{,}17$.
**Il aura gagné 5 s** car $19{,}17 - 14{,}17 = 5$.

3° On se place dans l'hypothèse où le conducteur du véhicule ne freine pas.

- 45 km/h = $\dfrac{45\,000}{3\,600}$ m/s, soit 12,5 m/s.

**Pour parcourir 100 m et arriver en $H$, le véhicule mettra 8 s** car $100 : 12{,}5 = 8$.
(Léo aurait mis moins de 7 s pour aller de $P$ à $H$ car $8 : 1{,}2 \approx 6{,}67$).
**Pour parcourir 115 m et arriver en $K$, le véhicule mettra moins de 10 s** car $115 : 12{,}5 = 9{,}2$.
(Léo met plus de 14 s pour aller de $P$ à $K$ car $17 : 1{,}2 \approx 14{,}17$).

- 90 km/h = $\dfrac{90\,000}{3\,600}$ m/s, soit 25 m/s.

**Pour parcourir 100 m et arriver en $H$, le véhicule mettra 4 s** car $100 : 25 = 4$.
(Léo met toujours plus de 6 s pour aller de $P$ à $H$ car $8 : 1{,}2 \approx 6{,}67$).
**Pour parcourir 115 m et arriver en $K$, le véhicule mettra moins de 5 s** car $115 : 25 = 4{,}6$.
(Léo met toujours plus de 14 s pour aller de $P$ à $K$ car $17 : 1{,}2 \approx 14{,}17$).

- Ne connaissant pas la vitesse du véhicule, Léo doit attendre avant de traverser car il ne peut atteindre le trottoir opposé avant l'arrivée du véhicule que si le véhicule roule à moins de 45 km/h et si Léo emprunte le passage piéton (7 s $<$ 8 s).

# Configuration de Thalès
# Homothétie
# Triangles semblables

# LE COURS

## Théorème de Thalès

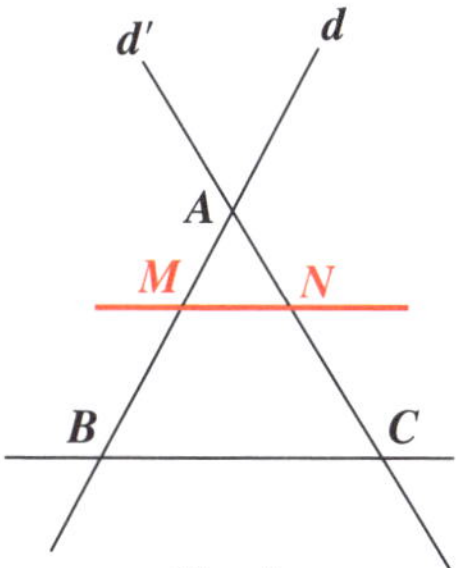


Fig. 1

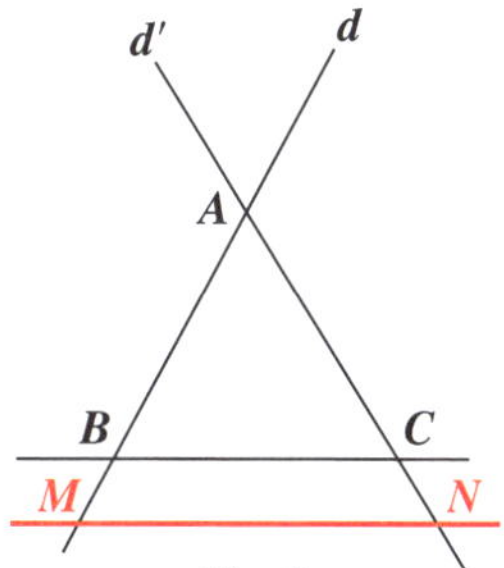


Fig. 2

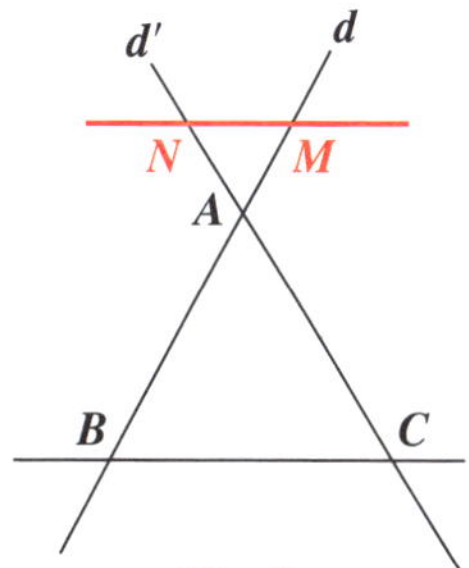


Fig. 3

On a deux droites $d$ et $d'$ sécantes en $A$, deux points $B$ et $M$ sur la droite $d$ et deux points $C$ et $N$ sur la droite $d'$.

Si les droites $(BC)$ et $(MN)$ sont parallèles, alors on a : $\dfrac{AM}{AB} = \dfrac{AN}{AC} = \dfrac{MN}{BC}$.

- Si $k$ est la valeur commune des trois quotients, alors on a :
$AM = k\,AB$ ; $AN = k\,AC$ et $MN = k\,BC$.
Les côtés du triangle $AMN$ sont proportionnels à ceux du triangle $ABC$.

- Les angles des triangles $AMN$ et $ABC$ sont deux à deux égaux ($\widehat{AMN} = \widehat{ABC}$ ; $\widehat{ANM} = \widehat{ACB}$ et $\widehat{MAN} = \widehat{BAC}$).

- On dit que :
– les triangles $AMN$ et $ABC$ sont des **triangles homothétiques**.
– le triangle $AMN$ est l'image du triangle $ABC$ par une **homothétie de centre $A$** et de rapport $k$ (figures 1 et 2) ou de rapport $-k$ (figure 3).

- Cas particuliers.
• Dans un triangle, si une droite parallèle à un côté passe par le milieu d'un second côté, alors elle passe par le milieu du troisième côté.

On sait :
$I$ milieu de $[AB]$
c'est-à-dire
$\frac{AI}{AB} = \frac{1}{2}$
$(IJ) // (BC)$.

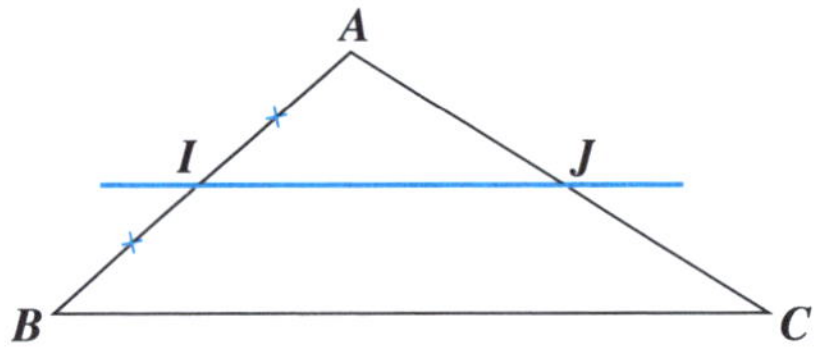


On en déduit :
$\frac{AJ}{AC} = \frac{1}{2}$ ($J$ milieu de $[AC]$)
Le triangle $AIJ$ est l'image du triangle $ABC$ dans l'homothétie de centre $A$ et de rapport $\frac{1}{2}$.

• Dans un triangle, la longueur du segment joignant les milieux de deux côtés est égale à la moitié de celle du troisième côté.

On sait :
$I$ milieu de $[AB]$ c'est-à-dire
$\frac{AI}{AB} = \frac{1}{2}$.
$J$ milieu de $[AC]$ c'est-à-dire
$\frac{AJ}{AC} = \frac{1}{2}$.

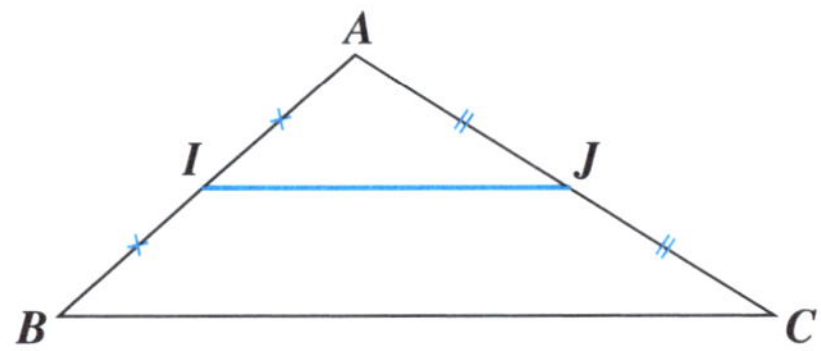


On en déduit :
$IJ = \frac{1}{2}BC$ c'est-à-dire
$\frac{IJ}{BC} = \frac{1}{2}$.

## Réciproque du théorème de Thalès

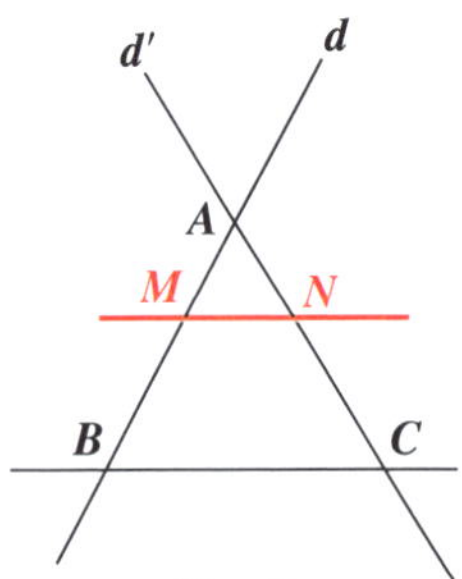

Fig. 1

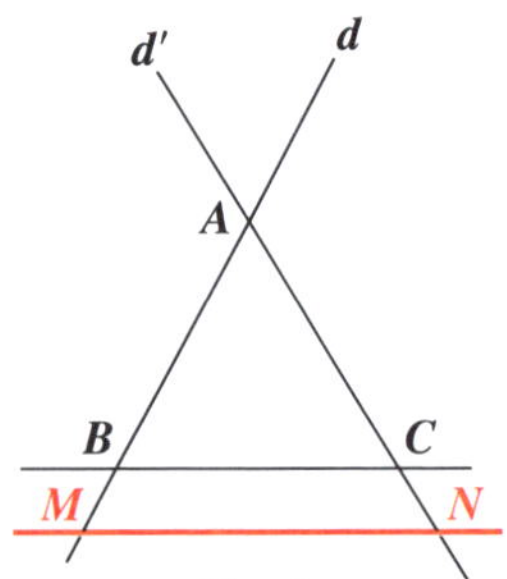

Fig. 2

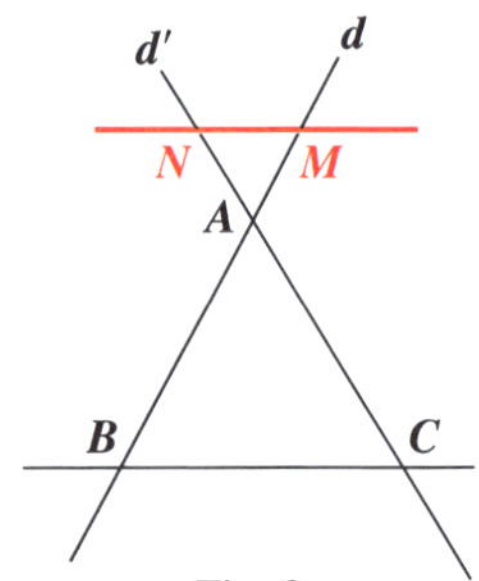

Fig. 3

On a deux droites $d$ et $d'$ sécantes en $A$, deux points $B$ et $M$ sur la droite $d$ et deux points $C$ et $N$ sur la droite $d'$.
Si $\frac{AM}{AB} = \frac{AN}{AC}$ et si les points $A$, $B$, $M$ (sur la droite $d$) et $A$, $C$, $N$ (sur la droite $d'$) sont dans le même ordre (*), alors les droites $(MN)$ et $(BC)$ sont parallèles.

(*) « *…dans le même ordre* » signifie : « $A$, $M$, $B$ sur $d$ et $A$, $N$, $C$ sur $d'$ (fig. 1) » ou « $A$, $B$, $M$ sur $d$ et $A$, $C$, $N$ sur $d'$ (fig. 2) » ou « $M$, $A$, $B$ sur $d$ et $N$, $A$, $C$ sur $d'$ (fig. 3) ».

● Cas particulier.
• Dans un triangle, si une droite passe par les milieux de deux côtés, alors elle est parallèle au troisième côté.

On sait :
$I$ milieu de $[AB]$
c'est-à-dire $\frac{AI}{AB} = \frac{1}{2}$ ;
$J$ milieu de $[AC]$
c'est-à-dire $\frac{AJ}{AC} = \frac{1}{2}$.

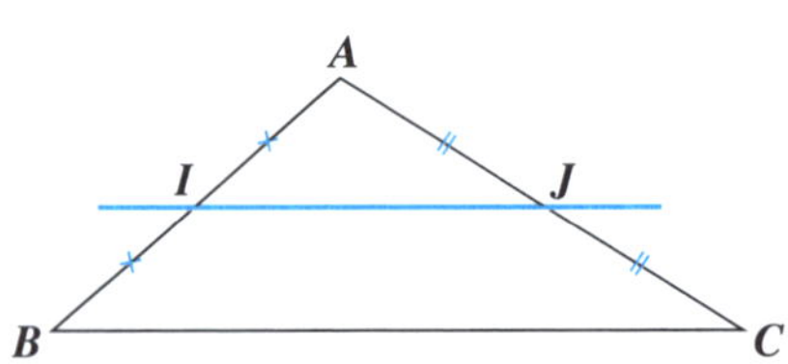


On en déduit :
$(IJ) // (BC)$
Le triangle $AIJ$ est l'image du triangle $ABC$ dans l'homothétie de centre $A$ et de rapport $\frac{1}{2}$.

## Homothétie

On a un triangle $ABC$, un point $O$ et un nombre positif $k$, $\left(\text{ici, } \frac{3}{2}\right)$.
On a construit les points $I$, $J$ et $K$ tels que :

$I \in [OA)$ et $OI = \frac{3}{2} OA$

$J \in [OB)$ et $OJ = \frac{3}{2} OB$

$K \in [OC)$ et $OK = \frac{3}{2} OC$

Le triangle $IJK$ est l'image du triangle $ABC$ dans l'homothétie de centre $O$ et de rapport $\frac{3}{2}$.

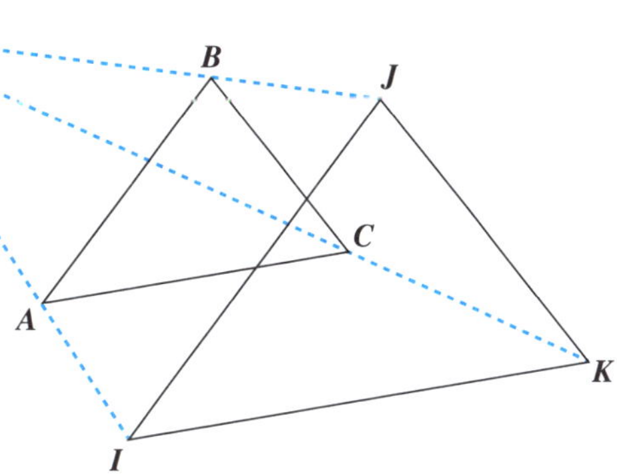


- On a : $(IJ)//(AB)$ ; $(JK)//(BC)$ et $(KI)//(CA)$.
$IJ = \frac{3}{2} AB$ ; $JK = \frac{3}{2} BC$ ; $KI = \frac{3}{2} CA$ ;

- Le triangle $IJK$ est un agrandissement du triangle $ABC$ $\left(\text{échelle } \frac{3}{2}\right)$.

- Le triangle $ABC$ est l'image du triangle $IJK$ dans l'homothétie de centre $O$ et de rapport $\frac{2}{3}$ $\left(\text{inverse de } \frac{3}{2}\right)$.

Le triangle $ABC$ est une réduction du triangle $IJK$ $\left(\text{échelle } \frac{2}{3}\right)$.

**Construction de l'image d'un point dans une homothétie**

- *Programme de construction de l'image du point P dans l'homothétie de centre O et de rapport positif* (par exemple 3).
– On trace la demi-droite $[OP)$
– On place le point $P'$ tel que $P' \in [OP)$ et $OP' = 3 \times OP$.

- *Programme de construction de l'image du point P dans l'homothétie de centre O et de rapport négatif* (par exemple $-3$).
– On trace la demi-droite $[Ox'$ opposée à la demi-droite $[OP)$
– On place le point $P'$ tel que $P' \in [Ox'$ et $OP' = 3 \times OP$.

cours

## Triangles semblables

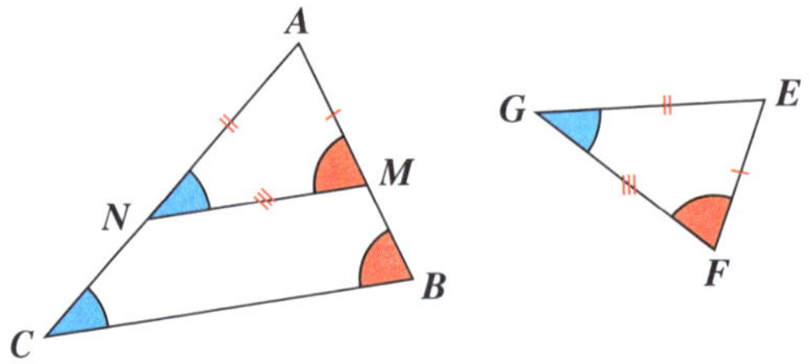


- Les triangles $EFG$ et $AMN$ sont égaux (côtés et angles deux à deux égaux).
- Les triangles $AMN$ et $ABC$ sont homothétiques (Thalès).

On dit que $EFG$ et $ABC$ sont des **triangles semblables**.

Dans deux **triangles semblables** :
– les angles de l'un sont respectivement égaux aux angles de l'autre ;
– les côtés opposés aux angles égaux sont proportionnels.

$\widehat{EFG} = \widehat{ABC}$ ; $\widehat{FGE} = \widehat{BCA}$ ; $\widehat{GEF} = \widehat{CAB}$ ;

$\dfrac{EF}{AB} = \dfrac{FG}{BC} = \dfrac{GE}{CA}$.

En particulier, les triangles AMN et ABC sont aussi des triangles semblables.

**Pour prouver que deux triangles sont semblables, il suffit de prouver que l'on est dans l'un des trois cas suivants.**

**Premier cas** : deux triangles qui ont deux angles respectivement égaux sont semblables.

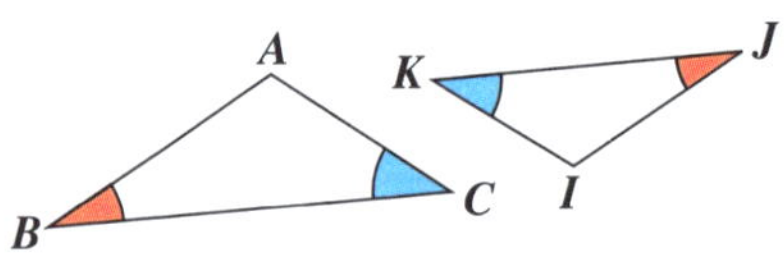


*On sait* : $\widehat{ABC} = \widehat{IJK}$ et $\widehat{ACB} = \widehat{IKJ}$.
*On déduit* : les triangles $ABC$ et $IJK$ sont semblables.
D'où : $\widehat{BAC} = \widehat{JIK}$ ; $\dfrac{IJ}{AB} = \dfrac{JK}{BC} = \dfrac{KI}{CA}$.

**Deuxième cas** : Deux triangles qui ont un angle égal compris entre deux côtés respectivement proportionnels sont semblables.

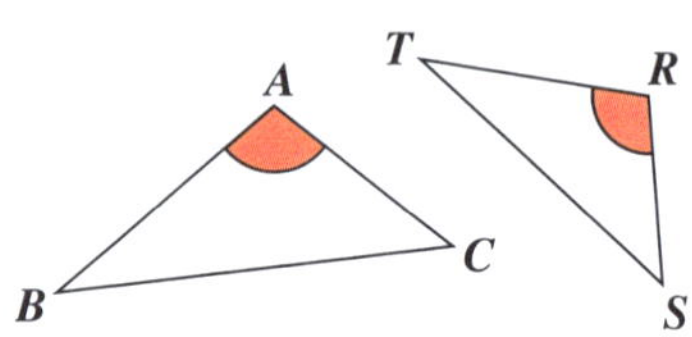


*On sait* : $\widehat{BAC} = \widehat{TRS}$ et $\dfrac{AB}{RT} = \dfrac{AC}{RS}$.
*On déduit* : les triangles $ABC$ et $RTS$ sont semblables.
D'où : $\widehat{ABC} = \widehat{RTS}$ ; $\widehat{ACB} = \widehat{RST}$ ;
$\dfrac{AB}{RT} = \dfrac{AC}{RS} = \dfrac{BC}{TS}$.

**Troisième cas** : Deux triangles qui ont leurs trois côtés respectivement proportionnels sont semblables.

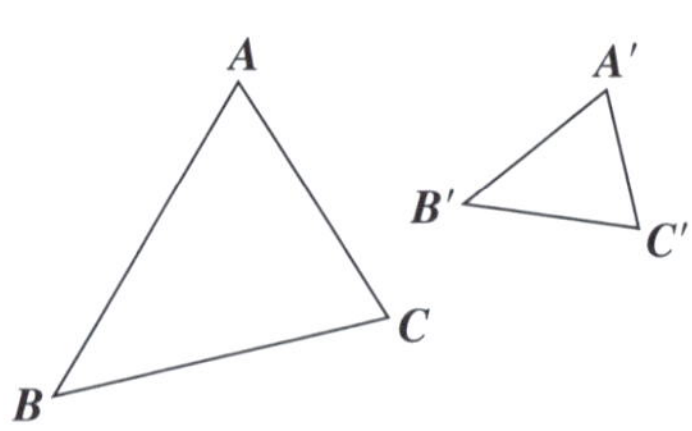


*On sait* : $\dfrac{A'B'}{AB} = \dfrac{A'C'}{AC} = \dfrac{B'C'}{BC}$.
*On déduit* : les triangles $ABC$ et $A'B'C'$ sont semblables.
D'où : $\widehat{A'B'C'} = \widehat{ABC}$ ; $\widehat{B'A'C'} = \widehat{BAC}$ ; $\widehat{A'C'B'} = \widehat{ACB}$.

# EXERCICES

## Tester ses connaissances

### 1

(corrigé p. 178)

**1°** En utilisant les données de la figure ci-contre, prouver que l'on a $(MN) // (BC)$.

**2°** Calculer $MN$.

**3°** Justifier l'affirmation suivante : $\widehat{AMN} = \widehat{ABC}$.

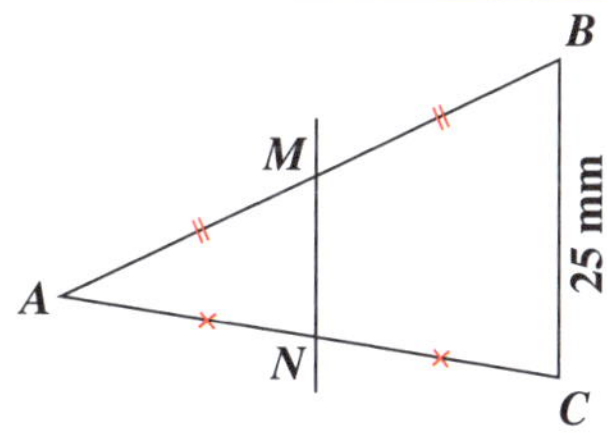


### 2

(corrigé p. 178)

Dans la figure ci-contre, on a : $RS = 3{,}2$ cm ;
$I \in [RS]$ et $RI = 2{,}8$ cm ; $(IJ) // (ST)$.
Compléter et justifier :

$\dfrac{RI}{RS} = \dots\dots\dots$ ; $\dfrac{RJ}{RT} = \dots\dots\dots$

$\widehat{RIJ} = \dots\dots\dots$ ; $\widehat{RJI} = \dots\dots\dots$

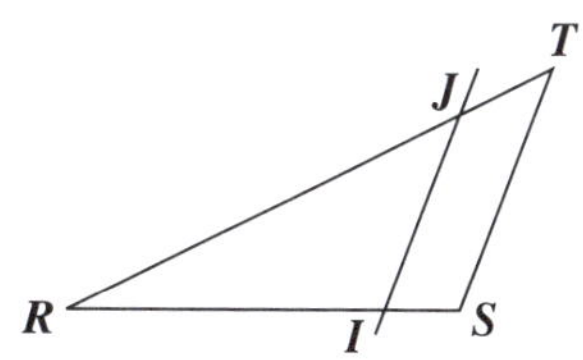


### 3

(corrigé p. 178)

Les points $A$, $B$ et $D$ sont alignés. Les points $A$, $C$ et $E$ sont alignés.
On a : $AB = 30$ mm ; $AC = 24$ mm.
$AD = 20$ mm et $AE = 16$ mm.

**1°** Les droites $(BC)$ et $(ED)$ sont-elles parallèles ?

**2°** $AED$ et $ACB$ sont des triangles homothétiques.
❒ Vrai ❒ Faux

**3°** $AED$ et $ACB$ sont des triangles semblables.
❒ Vrai ❒ Faux

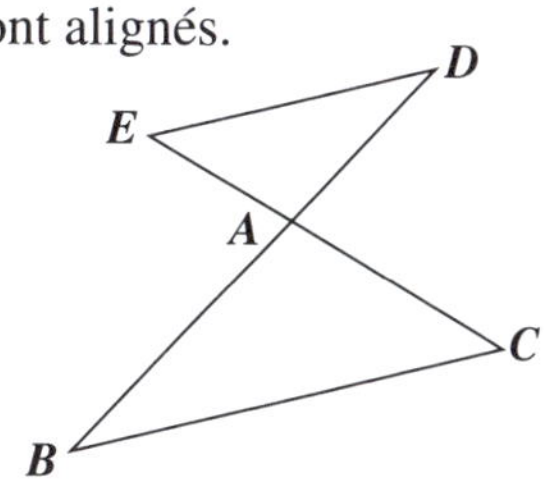


### 4

(corrigé p. 179)

**1°** Justifier l'affirmation suivante :
les triangles $TOM$ et $NID$ sont semblables.

**2°** On sait que $TO = 35$ mm, $OM = 32$ mm, $MT = 20$ mm et $ID = 24$ mm.
En déduire $NI$ et $ND$.

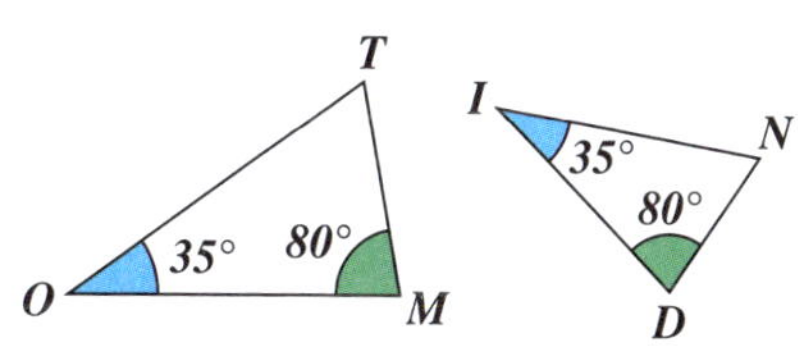


### 5

(corrigé p. 179)

Deux triangles rectangles ayant un angle aigu de 30° sont toujours semblables.
❒ Vrai ❒ Faux

## S'entraîner

### Théorème de Thalès

**6** ★ 10 min (corrigé p. 179)

Soit $ABC$ est un triangle rectangle en $A$ tel que $AB = 22$ mm et $AC = 36$ mm.
La parallèle à $(AB)$ passant par le milieu $I$ de $[AC]$ coupe $(BC)$ en $J$.

1° Faire une figure.

2° Justifier l'affirmation suivante : « le point $J$ est le milieu de $[BC]$ ». Calculer $IJ$.

3° Cocher la bonne réponse et justifier.

❒ L'aire de $CIJ$ est la moitié de celle de $CAB$.

❒ L'aire de $CIJ$ est le quart de celle de $CAB$.

**7** ★ 10 min (corrigé p. 179)

$ABC$ est un triangle tel que $AB = 2,5$ cm, $BC = 3$ cm et $CA = 2$ cm.
$I$ est le point de $[AB]$ tel que $AI = 2$ cm.
La parallèle à $(BC)$ passant par $I$ coupe $[AC]$ en $J$.

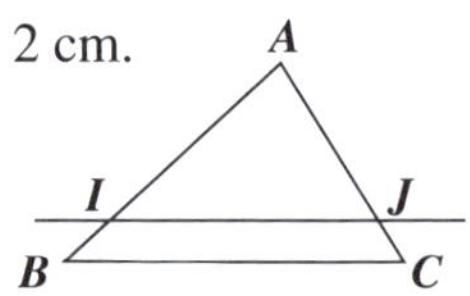


1° Calculer $AJ$ et $IJ$.

2° Justifier l'affirmation suivante : $AIJ$ est une réduction de $ABC$.
Soit $k$ le rapport de réduction (fraction irréductible) ; vérifier que le périmètre du triangle $AIJ$ est égal au périmètre du triangle $ABC$ multiplié par $k$.

**8** ★★ 10 min (corrigé p. 180)

Soit $IJK$ un triangle tel que $IJ = 5$ cm, $JK = 3$ cm et $KI = 4,5$ cm.
Soit $M$ le point de $[KI]$ tel que $KM = 2,7$ cm.
La parallèle à $(IJ)$ passant par $M$ coupe $[KJ]$ en $N$.
La parallèle à $(KJ)$ passant par $M$ coupe $[IJ]$ en $P$.

1° Faire une figure.

2° Calculer $KN$ et $MN$.

3° En déduire $NJ$, puis le périmètre du quadrilatère $MNJP$.

**9** ★★ 10 min (corrigé p. 180)

Les points $A$, $C$ et $E$ sont alignés.
Les points $B$, $C$ et $D$ sont alignés.
Les droites $(AB)$ et $(DE)$ sont parallèles.
On sait que : $AB = 20$ mm, $AC = 30$ mm,
$BC = 35$ mm et $CE = 42$ mm (la figure ne respecte pas les dimensions).

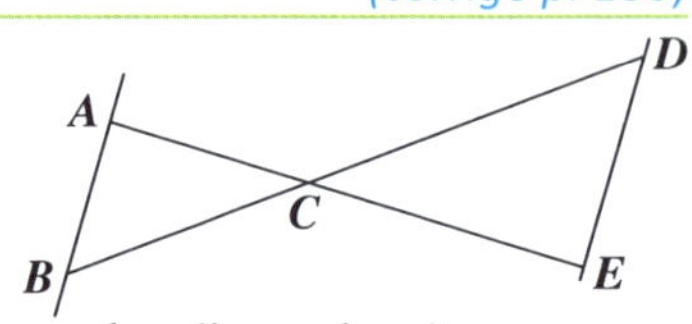


1° Calculer $CD$ et $DE$.

2° Justifier l'affirmation : « le triangle $CDE$ est un agrandissement du triangle $CBA$ ». Soit $k$ le rapport d'agrandissement (fraction irréductible) ; vérifier que le périmètre du triangle $CDE$ est égal au périmètre du triangle $CBA$ multiplié par $k$.

3° Justifier l'affirmation suivante : chaque angle du triangle $CDE$ est égal à un angle du triangle $CBA$.

## Réciproque du théorème de Thalès

**10** ★ 10 min (corrigé p. 181)

La figure ci-contre, faite à main levée, représente un triangle $ACE$ et un segment $[BD]$ joignant un point du côté $[AC]$ à un point du côté $[AE]$.
On a en réalité $AB = 6$ cm, $AC = 15$ cm, $AD = 10$ cm, $AE = 25$ cm et $CE = 30$ cm.

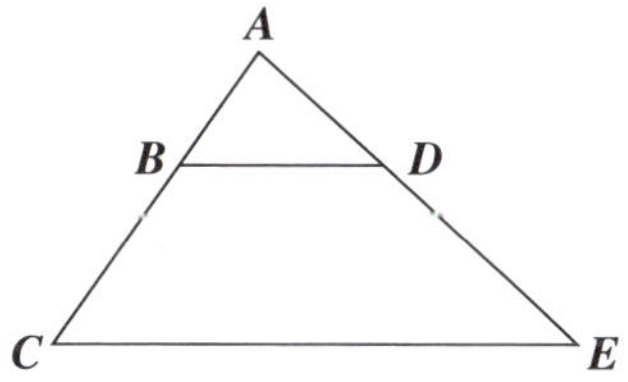


1° Démontrer que $(BD)$ et $(CE)$ sont parallèles.

2° Calculer $BD$.

**11** ★ 10 min (corrigé p. 181)

Les points $O$, $A$ et $B$ sont alignés sur la demi-droite $[Ox$.
On a : $OA = 2$ cm et $AB = 3$ cm.
Les points $O$, $C$, $D$ et $E$ sont alignés sur la demi-droite $[Oy$.
On a : $OC = 1{,}2$ cm, $CD = 1{,}8$ cm et $DE = 4{,}5$ cm.

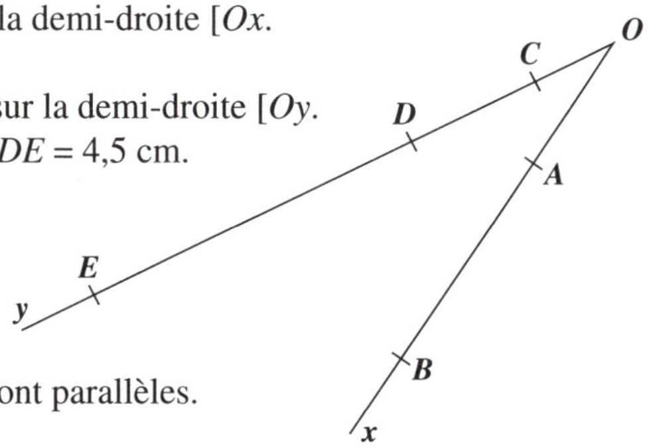


1° Tracer les droites $(BD)$ et $(AC)$.
Ces droites semblent être parallèles.
Le sont-elles vraiment ?

2° Tracer les droites $(BE)$ et $(AD)$.
On peut conjecturer que ces droites sont parallèles.
Le sont-elles vraiment ?

**12** ★★ 10 min (corrigé p. 181)

Les droites $(BD)$ et $(CE)$ sont parallèles.
Les droites $(DF)$ et $(EG)$ sont parallèles.

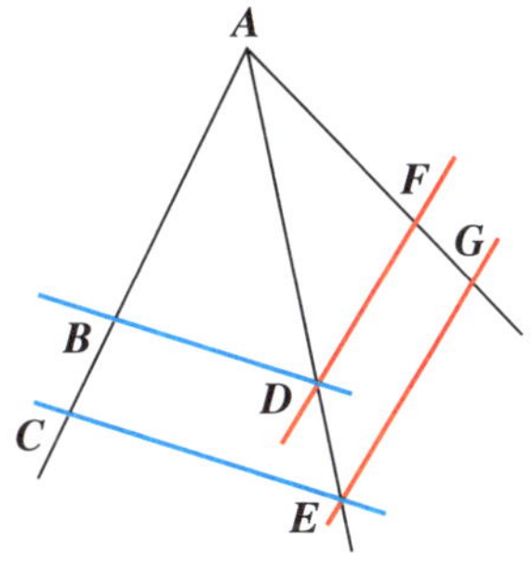


1° Justifier les affirmations suivantes :
on a $\dfrac{AB}{AC} = \dfrac{AD}{AE}$ et $\dfrac{AD}{AE} = \dfrac{AF}{AG}$.

2° Prouver que les droites $(BF)$ et $(CG)$ sont parallèles.

**13** ★★ 5 min (corrigé p. 182)

Soit $KLM$ un triangle tel que $KL = 42$ mm, $KM = 65$ mm et $LM = 50$ mm.
Soit $I$ le point tel que $I \in [LK]$ et $LI = 30$ mm.
Soit $J$ le point tel que $J \in [LM]$ et $LJ = 36$ mm.

1° Faire une figure.

2° Les droites $(IJ)$ et $(KM)$ sont-elles parallèles ?

exercices

## Homothétie

**14** ★ 5 min (corrigé p. 182)

On sait que :
$B \in [OA)$ et $OB = 2\ OA$ ;
$D \in [OC)$ et $OD = 2\ OC$.

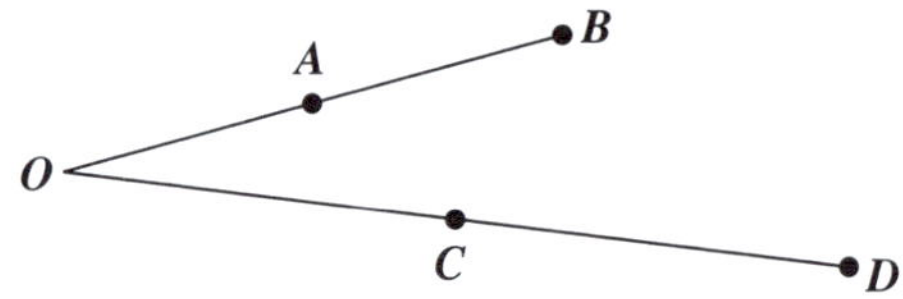


1° Compléter.
• Le point $B$ est l'image de $A$ pour l'homothétie de centre … et de rapport …
Pour cette homothétie, le point $C$ a pour image le point …
• Le point $A$ est l'image de $B$ pour l'homothétie de centre … et de rapport …
Pour cette homothétie, le point … a pour image le point $C$.

2° Que peut-on en déduire pour les droites $(AC)$ et $(BD)$ ?

**15** ★ 5 min (corrigé p. 182)

On sait que :
$O$ est le milieu de $[AB]$ ;
$O$ est le milieu de $[CD]$.

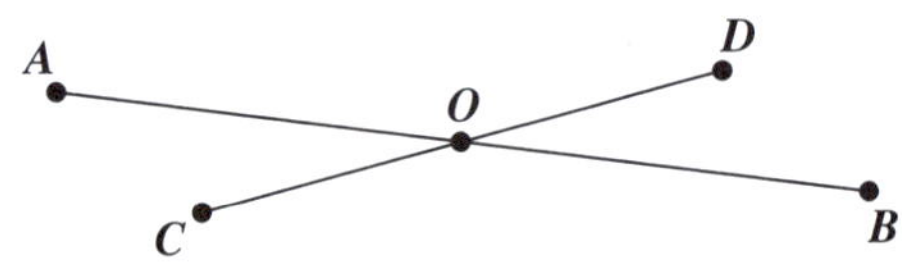


1° Compléter : Pour l'homothétie de centre $O$ et de rapport $-1$, l'image du point $A$ est le point …, l'image du point $B$ est le point … ; l'image du point $C$ est le point … ; l'image du point $D$ est le point …

2° Quelle est l'image de la droite $(AD)$ pour cette homothétie ?
Que peut-on en déduire ?
Quelle est l'image de la droite $(AC)$ pour cette homothétie ?
Que peut-on en déduire ?

**16** ★ 5 min (corrigé p. 183)

On considère trois points $A$, $B$ et $C$ sur le quadrillage ci-dessous.

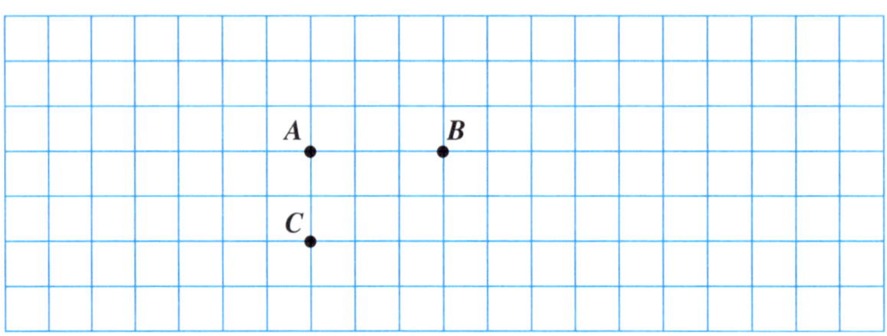


1° Placer sur ce quadrillage :
– le point $B_1$, image de $B$ pour l'homothétie de centre $A$ et de rapport 4 ;
– le point $B_2$, image de $B$ pour l'homothétie de centre $A$ et de rapport $-2$ ;
– le point $C_1$, image de $C$ pour l'homothétie de centre $A$ et de rapport 1,5 ;
– le point $C_2$, image de $C$ pour l'homothétie de centre $A$ et de rapport $-1$.

2° Construire le point $D$, image de $B$ pour l'homothétie de centre $C$ et de rapport 2.
Construire le point $E$, image de $C$ pour l'homothétie de centre $B$ et de rapport 2.

## Triangle semblables

**17** ★ 5 min (corrigé p. 183)

Soient *ABC* et *DEF* deux triangles équilatéraux.

1° On peut affirmer que ces triangles sont semblables ❒ Vrai ❒ Faux

2° On peut affirmer que ces triangles sont égaux ❒ Vrai ❒ Faux

**18** ★ 5 min (corrigé p. 183)

1° Justifier l'affirmation suivante :
les triangles *MNP* et *RST* sont semblables.

2° En déduire des égalités d'angles et des égalités de quotients de longueurs.

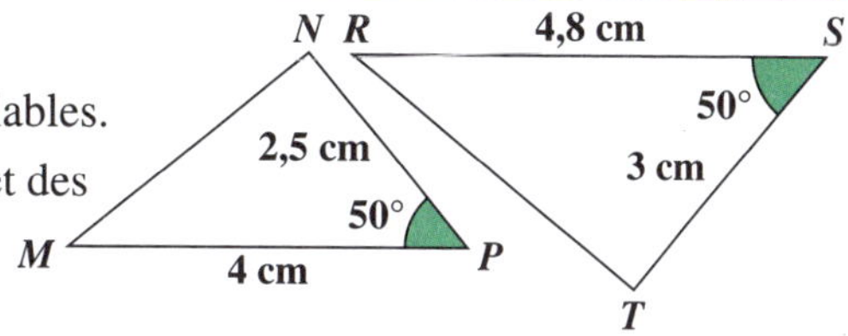


**19** ★★ 5 min (corrigé p. 184)

[*AB*] est un diamètre d'un cercle (*C*) et *M* un point de ce cercle tel que $\widehat{BAM} = 40°$.
[*EF*] est un diamètre d'un cercle (*C'*) et *N* un point de ce cercle tel que $\widehat{FEN} = 40°$.

1° Démontrer que les triangles *AMB* et *ENF* sont rectangles.

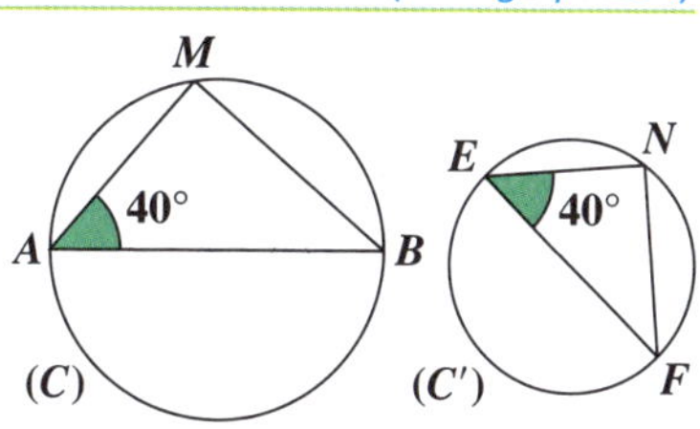


2° Justifier l'affirmation suivante : les triangles *AMB* et *ENF* sont semblables.

**20** ★★★ 10 min (corrigé p. 184)

[*AB*] est un diamètre d'un cercle (*C*) et *M* un point de ce cercle. La droite *xy* est perpendiculaire en *A* au diamètre [*AB*] (*elle est tangente en A au cercle* (*C*)).
La droite (*BM*) coupe la droite *xy* en *T*.

1° Prouver que les triangles *TAB* et *TMA* sont semblables. En déduire $TA^2 = TM \times TB$.

2° Faire une figure avec $AB = 4$ cm, $AT = 3$ cm.
Calculer *TB*, puis *TM* et *MB*.

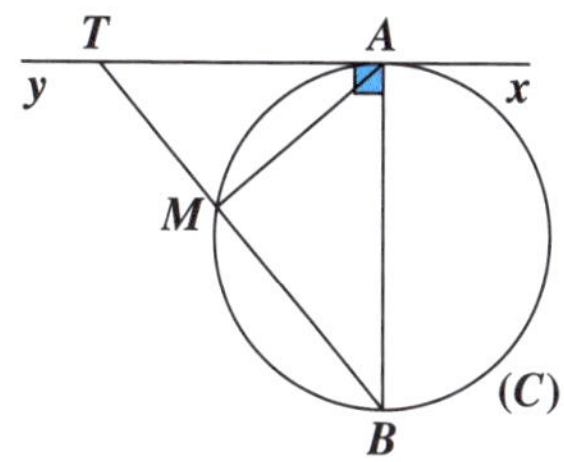


**21** ★★★ 15 min (corrigé p. 184)

Soit *BAC* un triangle isocèle tel que $BA = BC = 5$ cm et $AC = 4$ cm.
Le cercle de centre *A* et de rayon 4 cm recoupe (*BC*) en *D*.

1° Faire une figure.

2° Démontrer que les triangles *ABC* et *DAC* sont semblables.

3° Calculer *DC*.

4° Justifier l'affirmation suivante : le triangle *DAC* est une réduction du triangle *ABC*.
Que peut-on en déduire pour leurs périmètres ?

# SUJETS DU BREVET

**22** ★★ 5 min (corrigé p. 185)

$O$ est le point d'intersections des diagonales du quadrilatère $ABCD$.
On a : $OA = 1{,}7$ mm, $OC = 3{,}4$ cm, $OB = 2{,}4$ cm et $OD = 4{,}8$ cm.
Le quadrilatère $ABCD$ est un trapèze (*) ayant pour bases $[AB]$ et $[CD]$.
Justifier cette affirmation.

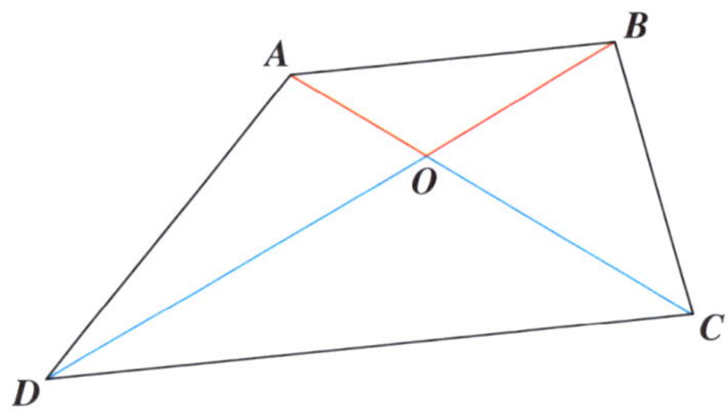


(*) Un trapèze est un quadrilatère qui a deux côtés parallèles appelés « bases ».

**23** ★★ 15 min (corrigé p. 185)

Un cross est organisé par un collège.
Avant l'épreuve, un plan est remis aux participants.
On a : $(DP) \perp (DA)$ et $(MN) // (PA)$.
$M \in [DA]$ ; $DM = 400$ m et $MA = 800$ m ;
$N \in [DP]$ et $DN = 300$ m.

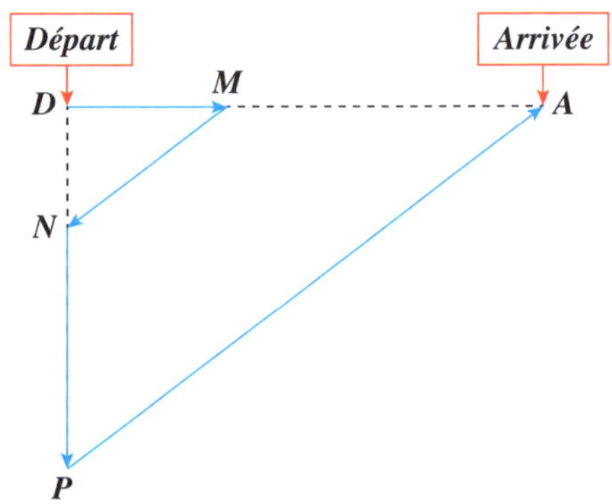


**1°** Calculer $MN$, $DP$ et $PA$.

**2°** Vérifier que la longueur totale du parcours est égale à 3 km.

**3°** Le vainqueur a pris le départ à 15 h et a effectué le parcours à la vitesse moyenne de 15 km/h.
À quelle heure est-il arrivé ?

**4°** Le dernier a mis 3 minutes de plus que le premier. Quelle a été sa vitesse moyenne ?

**24** ★★★ 15 min (corrigé p. 186)

Soit $ABCD$ un quadrilatère dont les diagonales se coupent en $O$.
$A'$ est un point quelconque du segment $[OA]$.
On a : $B' \in [OB]$ et $(A'B') // (AB)$ ;
$C' \in [OC]$ et $(B'C') // (BC)$ ;
$D' \in [OD]$ et $(C'D') // (CD)$.

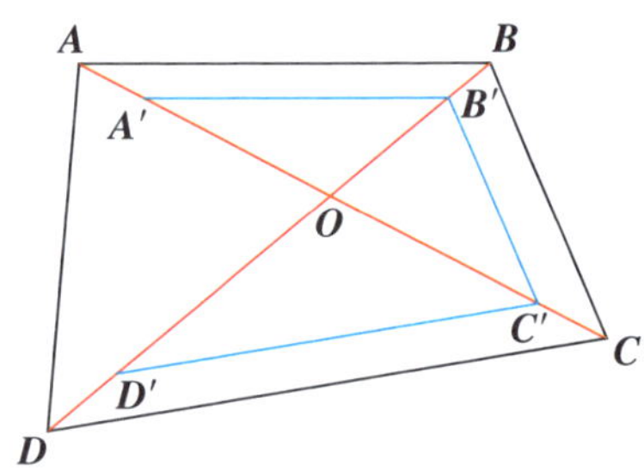


**1°** Prouver que $\dfrac{OA'}{OA} = \dfrac{OD'}{OD}$.

**2°** Prouver que $(A'D') // (AD)$.

**3°** Justifier l'affirmation suivante : $A'B'C'D'$ est une réduction du quadrilatère $ABCD$.

**25** ★★★ 20 min (corrigé p. 186)

Le triangle $ABC$ est tel que $AB = 8$ cm, $BC = 4$ cm et $CA = 6$ cm.
Le point $M$ est un point dont la position peut varier sur le segment $[AB]$.
La parallèle à $(BC)$ passant par $M$ coupe $[AC]$ en $N$.

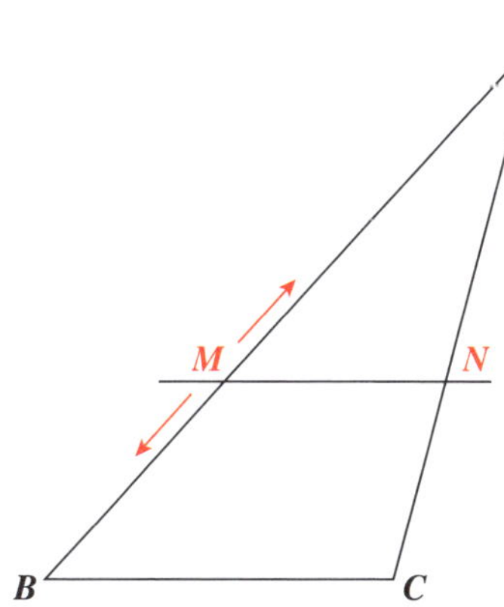


On appelle $p_1$ le périmètre du triangle $ABC$ et $p_2$ le périmètre du trapèze $MNCB$.

**Première partie.**
On suppose que $AM = 4$ cm.
Calculer $p_1$ et $p_2$.
Les périmètres sont-ils égaux ?

**Seconde partie.**
La position de $M$ sur le segment $[AB]$ peut varier.
On pose $AM = x$ (unité : cm) avec $0 < x < 8$.

1° Exprimer $AN$ et $MN$ en fonction de $x$.

2° Vérifier que $p_1$ et $p_2$ s'expriment en fonction de $x$ par $p_1 = \frac{9}{4}x$ et $p_2 = 18 - \frac{5}{4}x$.

3° À l'aide d'un tableur, on veut calculer $p_1$ et $p_2$ pour $x$ entier variant de 1 à 7. Quelles formules faut-il saisir respectivement dans les cellules A2 et A3, puis étendre vers la droite, pour obtenir $p_1$ et $p_2$ ?
Compléter le tableau (avec ou sans tableur).

| | | A | B | C | D | E | F | G |
|---|---|---|---|---|---|---|---|---|
| 1 | $x$ | 1 | 2 | 3 | 4 | 5 | 6 | 7 |
| 2 | $p_1$ | … | … | … | … | … | … | … |
| 3 | $p_2$ | … | … | … | … | … | … | … |

4° Pour quelle valeur de $x$ les deux périmètres sont-ils égaux ?

sujets du Brevet

# CORRIGÉS

**1** 1° On sait que $M$ est le milieu de $[AB]$ et $N$ celui de $[AC]$.

Or : « *Dans un triangle, la droite qui joint les milieux de deux côtés est parallèle au troisième côté* ». Donc : **$(MN) // (BC)$**.

2° « *Dans un triangle, le segment qui joint les milieux de deux côtés a pour longueur la moitié de celle du troisième côté* ».

Donc : $MN = \frac{1}{2}BC$ ; **$MN$ = 12,5 mm** car 25 : 2 = 12,5.

On prouverait de même que $\widehat{ANM} = \widehat{ACB}$.

3° Les angles $\widehat{AMN}$ et $\widehat{ABC}$ occupent la position d'angles correspondants pour les parallèles $(MN)$ et $(BC)$ coupées par la sécante $(AB)$.

Or : « *Des angles correspondants, formés par deux droites parallèles coupées par une sécante, sont égaux* ». Donc : $\widehat{AMN} = \widehat{ABC}$.

**2** On a : $RS = 3{,}2$ cm ; $I \in [RS]$ et $RI = 2{,}8$ cm ;

D'où : $\frac{RI}{RS} = \frac{2{,}8}{3{,}2}$ ; $\boldsymbol{\frac{RI}{RS} = \frac{7}{8}}$ (après simplification).

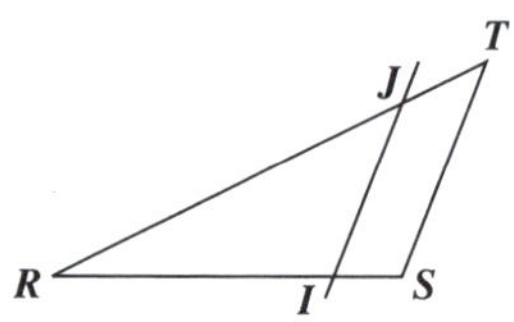


On sait de plus que $(IJ) // (ST)$.

D'après le théorème de Thalès on a :

$\frac{RJ}{RT} = \frac{RI}{RS}$ ; par suite : $\boldsymbol{\frac{RJ}{RT} = \frac{7}{8}}$.

$\boldsymbol{\widehat{RIJ} = \widehat{RST}}$ (angles correspondants formés par les parallèles $(IJ)$ et $(ST)$ coupées par la sécante $(RS)$).

$\boldsymbol{\widehat{RJI} = \widehat{RTS}}$ (angles correspondants formés par les parallèles $(IJ)$ et $(ST)$ coupées par la sécante $(RT)$).

**3** 1° On a : $\frac{AD}{AB} = \frac{20}{30} = \frac{2}{3}$ (irréductible) ;

$\frac{AE}{AC} = \frac{16}{24} = \frac{2}{3}$ (irréductible) ; d'où : $\frac{AD}{AB} = \frac{AE}{AC}$.

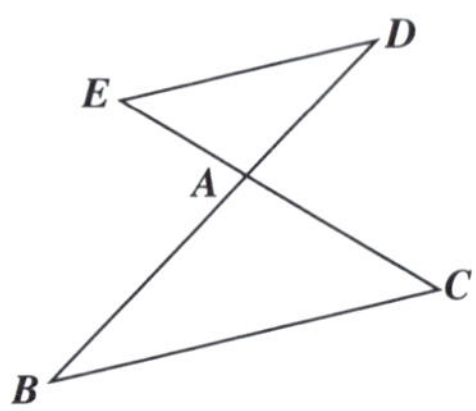


Les points $A$, $B$ et $D$ d'une part et $A$, $C$ et $E$ d'autre part, occupent des positions analogues (dans ce cas de figure : $A \in [BD]$ et $A \in [CE]$).

D'après le théorème réciproque du théorème de Thalès, les droites $(BC)$ et $(ED)$ sont donc parallèles.

2° **Vrai**. On a : $D \notin [AB)$ et $AD = \frac{2}{3}AB$ ; $E \notin [AC)$ et $AE = \frac{2}{3}AC$ ; le triangle $AED$ est l'image de $ACB$ dans l'homothétie de centre $A$ et de rapport $-\frac{2}{3}$.

3° **Vrai**. On a : $\frac{AD}{AB} = \frac{AE}{AC} = \frac{DE}{BC}$ *(théorème de Thalès)* ; les côtés du triangle $AED$ sont proportionnels à ceux du triangle $ACB$ ; $AED$ et $ACB$ sont semblables.

**4** 1° On sait que $\widehat{TOM} = \widehat{NID} = 35°$ et $\widehat{TMO} = \widehat{NDI} = 80°$.

Or : « *Si deux triangles ont deux angles respectivement égaux, alors ils sont semblables* » (1er cas).

Donc **les triangle $TOM$ et $NID$ sont semblables.**

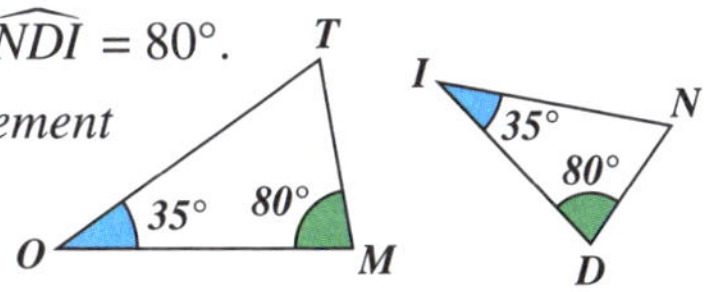


2° Deux triangles semblables ont des côtés proportionnels.

$\frac{TO}{NI} = \frac{TM}{ND} = \frac{OM}{ID}$ ; $\frac{35}{NI} = \frac{20}{ND} = \frac{32}{24}$.

De l'égalité $\frac{35}{NI} = \frac{32}{24}$ on tire $32\ NI = 35 \times 24$ (égalité des produits en croix), puis $NI = (35 \times 24) : 32$ ; $\boldsymbol{NI = 26{,}25}$ **mm.**

De l'égalité $\frac{20}{ND} = \frac{32}{24}$ on tire $32\ ND = 20 \times 24$ (égalité des produits en croix), puis $ND = (20 \times 24) : 32$ ; $\boldsymbol{ND = 15}$ **mm.**

> Pour repérer les côtés proportionnels, on repère d'abord les sommets des angles égaux :
> T → N ; O → I ; M → D

**5** **Vrai**. Ils ont chacun un angle droit et un angle de 30° ; il suffit que deux triangles aient deux angles respectivement égaux pour que ces triangles soient semblables.

**6** 1° Figure ci-contre.

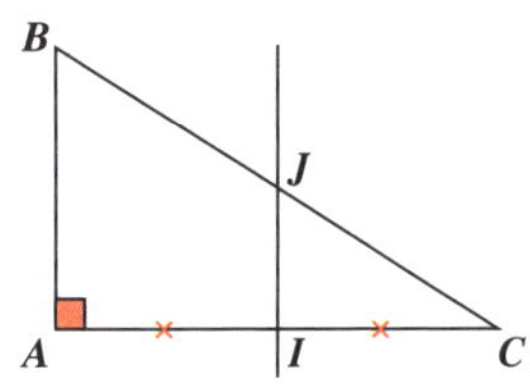


2° On sait que $I$ est le milieu de $[AC]$ et $(IJ) // (AB)$.

Or : « *Dans un triangle, si une droite est parallèle à un côté et passe par le milieu d'un second côté, alors elle coupe le troisième côté en son milieu* ».

Donc $J$ est le milieu de $[BC]$.

« *Le segment qui joint les milieux de deux côtés d'un triangle a pour longueur la moitié de celle du troisième côté* ».

Par suite : $IJ = \frac{AB}{2}$ ; $\boldsymbol{IJ = 11}$ **mm.**

3° **L'aire de $CIJ$ est le quart de celle de $CAB$.**

Aire $CAB = \frac{AC \times AB}{2} = \frac{36 \times 22}{2} = 396\ \text{mm}^2$.

De $(IJ) // (AB)$ et $(CA) \perp (AB)$ on tire $(IJ) \perp (AB)$ ; $CIJ$ est rectangle en $I$.

Aire $CIJ = \frac{IC \times IJ}{2} = \frac{18 \times 11}{2} = 99\ \text{mm}^2$ et $396 : 4 = 99$.

> Ceci est général : si le rapport des longueurs est égal à $k$, le rapport des aires est égal à $k^2$.

**7** 1° Dans le triangle $ABC$ on sait : $I \in [AB]$, $J \in [AC]$ et $(IJ) // (BC)$.

D'après le théorème de Thalès, on a : $\frac{AI}{AB} = \frac{AJ}{AC} = \frac{IJ}{BC}$ ; $\frac{2}{2{,}5} = \frac{AJ}{2} = \frac{IJ}{3}$.

$\frac{2}{2{,}5} = \frac{AJ}{2}$, donne $2{,}5\ AJ = 2 \times 2$ (produits en croix égaux) ; $AJ = \frac{2 \times 2}{2{,}5}$ ; $\boldsymbol{AJ = 1{,}6}$ **cm.**

$\frac{2}{2{,}5} = \frac{IJ}{3}$, donne $2{,}5\ IJ = 2 \times 3$ (produits en croix égaux) ; $IJ = \frac{2 \times 3}{2{,}5}$ ; $\boldsymbol{IJ = 2{,}4}$ **cm.**

corrigés

**2°** On a : $\frac{AI}{AB} = \frac{AJ}{AC} = \frac{IJ}{BC} = k$ ; $k = \frac{AI}{AB} = \frac{2}{2,5} = \frac{4}{5}$ (fraction irréductible).

D'où : $AI = \frac{4}{5}AB$ ; $AJ = \frac{4}{5}AC$ et $IJ = \frac{4}{5}BC$ ; le triangle *AIJ* est une réduction du triangle *ABC* (rapport de réduction : $\frac{4}{5} < 1$).

Le périmètre du triangle *AIJ* est égal à 6 cm car 2 + 1,6 + 2,4 = 6.
Le périmètre du triangle *ABC* est égal à 7,5 cm car 2,5 + 2 + 3 = 7,5.

$\frac{\text{périmètre } AIJ}{\text{périmètre } ABC} = \frac{6}{7,5} = \frac{4}{5} = k$ (rapport de réduction) ;

D'où : **Périmètre *AIJ* = Périmètre *ABC*** $\times \mathbf{\frac{4}{5}}$.

**8** **1°** Figure ci-contre.

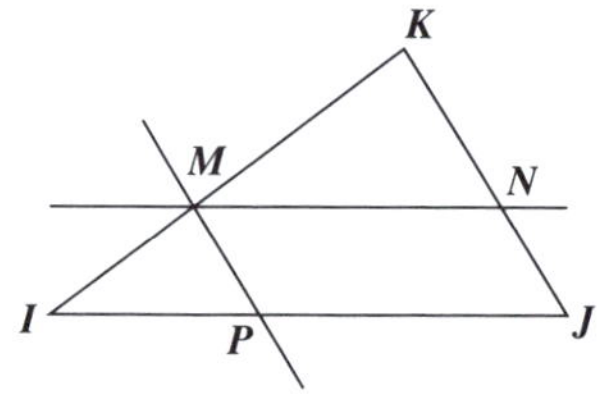


**2°** Dans le triangle *IJK* on sait que :
$M \in [KI]$, $N \in [KJ]$ et $(MN) // (IJ)$.
D'après le théorème de Thalès, on a :

$\frac{KM}{KI} = \frac{KN}{KJ} = \frac{MN}{IJ}$ ; $\frac{2,7}{4,5} = \frac{KN}{3} = \frac{MN}{5}$.

$\frac{2,7}{4,5} = \frac{KN}{3}$ donne $4,5\ KN = 2,7 \times 3$ (produits en croix égaux) ; $KN = \frac{2,7 \times 3}{4,5}$ ;
***KN* = 1,8 cm**.

$\frac{2,7}{4,5} = \frac{MN}{5}$ donne $4,5\ MN = 2,7 \times 5$ (produits en croix égaux) ; $MN = \frac{2,7 \times 5}{4,5}$ ;
***MN* = 3 cm**.

**3°** ***NJ* = 1,2 cm** car 3 – 1,8 = 1,2.
Le quadrilatère *MNJP* a ses côtés opposés parallèles, c'est donc un parallélogramme ; ses côtés opposés ont la même longueur.
**Périmètre *MNJP* = 8,4 cm** car 2 × (3 + 1,2) = 8,4.

**9** **1°** On a un triangle *ABC* et une droite (*DE*) parallèle au côté (*AB*) de ce triangle ; on est dans une configuration de Thalès ; d'où : $\frac{CD}{CB} = \frac{CE}{CA} = \frac{DE}{BA}$ ; $\frac{CD}{35} = \frac{42}{30} = \frac{DE}{20}$.

$\frac{CD}{35} = \frac{42}{30}$ donne $30\ CD = 35 \times 42$ ; $CD = \frac{35 \times 42}{30}$ ; ***CD* = 49 mm**.

$\frac{DE}{20} = \frac{42}{30}$ donne $30\ DE = 20 \times 42$ ; $DE = \frac{20 \times 42}{30}$ ; ***DE* = 28 mm**.

**2°** On a : $\frac{CD}{CB} = \frac{CE}{CA} = \frac{DE}{BA} = \frac{42}{30} = \frac{7}{5}$ ; d'où : $CD = \frac{7}{5}CB$ ; $CE = \frac{7}{5}CA$ ; $DE = \frac{7}{5}BA$.

Le triangle *CDE* est un agrandissement du triangle *CBA* (rapport : $\frac{7}{5} > 1$).

Le périmètre du triangle *CDE* est égal à 119 mm car 49 + 28 + 42 = 119.
La périmètre du triangle *CBA* est égal à 85 mm car 35 + 30 + 20 = 85.

**Périmètre *CDE* = Périmètre *CBA*** $\times \mathbf{\frac{7}{5}}$ car $85 \times \frac{7}{5} = 119$.

3° On a : $\widehat{DCE} = \widehat{BCA}$ (angles opposés par le sommet) ;
$\widehat{CDE} = \widehat{CBA}$ (angles alternes-internes formés par les droites parallèles $(DE)$ et $(BA)$ coupées par la sécante $(DB)$) ;

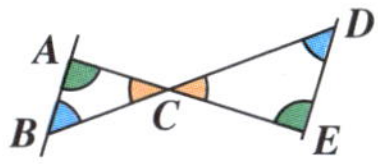


$\widehat{CED} = \widehat{CAB}$ (angles alternes-internes formés par les droites parallèles $(DE)$ et $(BA)$ coupées par la sécante $(EA)$).

**10** 1° On a : $\frac{AB}{AC} = \frac{6}{15} = \frac{2}{5}$ (irréductible) ; $\frac{AD}{AE} = \frac{10}{25} = \frac{2}{5}$ (irréductible).

Par suite : $\frac{AB}{AC} = \frac{AD}{AE}$ ; les points $A$, $B$ et $C$ d'une part et $A$, $D$ et $E$ d'autre part, sont dans le même ordre ($B$ entre $A$ et $C$ ; $D$ entre $A$ et $E$).
On en déduit : **$(BD)//(CE)$** (réciproque du théorème de Thalès).

2° On a démontré que $(BD)//(CE)$ ; on a : $\frac{AB}{AC} = \frac{AD}{AE} = \frac{BD}{CE}$ (théorème de Thalès) ;
$\frac{BD}{30} = \frac{2}{5}$ ; $5\,BD = 2 \times 30$ (produits en croix égaux) ; $BD = \frac{2 \times 30}{5}$ ; **$BD = 12$ cm**.

**11** 1° $OD = OC + CD = 3$ ; $\frac{OC}{OD} = \frac{1,2}{3} = \frac{12}{30} = \frac{2}{5}$ (fraction irréductible) ;
$OB = OA + AB = 5$ cm ; $\frac{OA}{OB} = \frac{2}{5}$ (fraction irréductible).

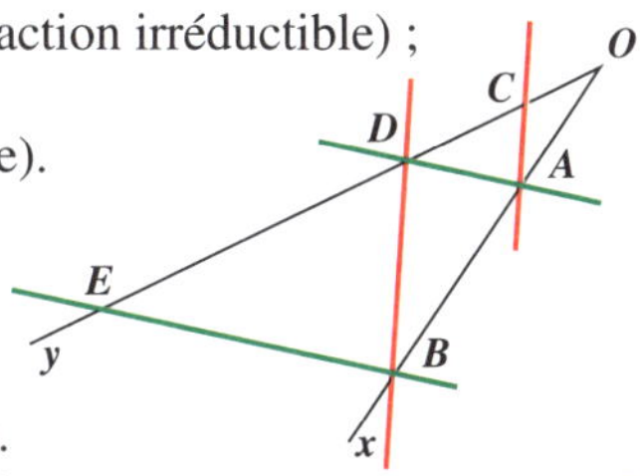


Par suite : $\frac{OC}{OD} = \frac{OA}{OB}$ ; de plus, les points $O$, $C$ et $D$ d'une part et $O$, $A$ et $B$ d'autre part sont dans le même ordre ($C$ entre $O$ et $D$ ; $A$ entre $O$ et $B$).
D'où : **$(CA)//(DB)$** (réciproque du théorème de Thalès).

2° $OB = OA + AB = 5$ cm ; $\frac{OA}{OB} = \frac{2}{5}$ (fraction irréductible).
$OD = OC + CD = 3$ cm et $OE = OC + CD + DE = 7,5$ cm.
$\frac{OD}{OE} = \frac{3}{7,5} = \frac{30}{75} = \frac{2}{5}$ (fraction irréductible).
Par suite $\frac{OA}{OB} = \frac{OD}{OE}$ ($A$ est entre $O$ et $B$ ; $D$ est entre $O$ et $E$) ;
d'où **$(DA)//(BE)$** (réciproque du théorème de Thalès).

L'égalité des quotients ne suffit pas.
Il est nécessaire que les points « **soient alignés et dans le même ordre** » sur chaque droite.

**12** 1° En considérant le triangle $ACE$ et la droite $(BD)$ parallèle à $(CE)$, on a : $\frac{AB}{AC} = \frac{AD}{AE}$ (théorème de Thalès).
En considérant le triangle $AEG$ et la droite $(DF)$ parallèle à $(EG)$, on a : $\frac{AD}{AE} = \frac{AF}{AG}$ (théorème de Thalès).

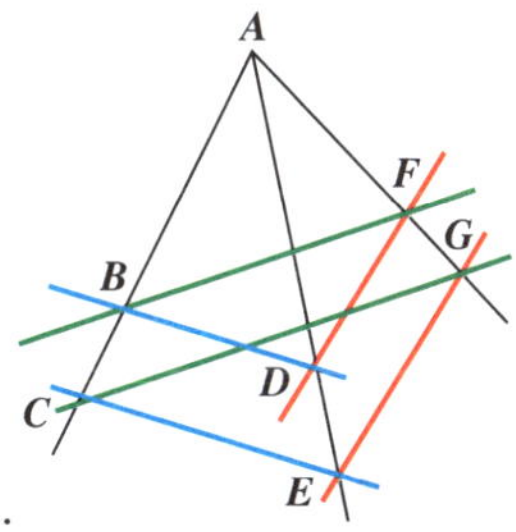


2° Des égalités $\frac{AB}{AC} = \frac{AD}{AE}$ et $\frac{AD}{AE} = \frac{AF}{AG}$ on tire $\frac{AB}{AC} = \frac{AF}{AG}$ ;
les points $A$, $B$ et $C$ sont dans le même ordre que $A$, $F$ et $G$, par suite **les droites $(BF)$ et $(CG)$ sont parallèles** (réciproque du théorème de Thalès).

corrigés

**13** 1°

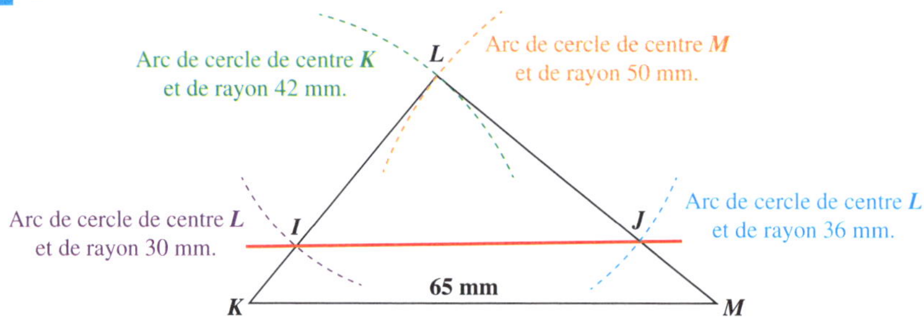


2° La droite $(IJ)$ semble être parallèle à $(KM)$ ; c'est une conjecture.

On a : $\frac{LI}{LK} = \frac{30}{42} = \frac{5}{7}$ (fraction irréductible) ;

$\frac{LJ}{LM} = \frac{36}{50} = \frac{18}{25}$ (fraction irréductible).

$0{,}71 < \frac{5}{7} < 0{,}72$ ; $\frac{18}{25} = 0{,}72$ ; d'où : $\frac{5}{7} \neq \frac{18}{25}$.

> Pour comparer $\frac{5}{7}$ et $\frac{18}{25}$ on peut aussi comparer les produits en croix.
> $5 \times 25 \neq 7 \times 18$ car $125 \neq 126$.
> D'où : $\frac{5}{7} \neq \frac{18}{25}$.

Par suite, $\frac{LI}{LK} \neq \frac{LJ}{LM}$ et les droites **$(IJ)$ et $(KM)$ ne sont pas parallèles** car si elles étaient parallèles il y aurait égalité d'après le théorème de Thalès.

**14** 1°

- Le point $B$ est l'image de $A$ pour l'homothétie de centre $\boldsymbol{O}$ et de rapport **2**.
Pour cette homothétie, le point $C$ a pour image le point $\boldsymbol{D}$.
- Le point $A$ est l'image de $B$ pour l'homothétie de centre $\boldsymbol{O}$ et de rapport $\boldsymbol{\frac{1}{2}}$.
Pour cette homothétie, le point $\boldsymbol{D}$ a pour image le point $C$.

2° **Les droites $(AC)$ et $(BD)$ sont parallèles** (propriété de l'homothétie).

> Cette propriété de l'homothétie est démontrable avec la réciproque du théorème de Thalès.
> On a : $\frac{OB}{OA} = 2$ et $\frac{OD}{OC} = 2$ ; d'où : $\frac{OB}{OA} = \frac{OD}{OC}$ ; les points $O$, $B$ et $A$ étant dans le même ordre que les points $O$, $D$ et $C$, on en déduit : $(BD) /\!/ (AC)$.

**15** 1° Pour l'homothétie de centre $O$ et de rapport $-1$, l'image du point $A$ est le point $\boldsymbol{B}$, l'image du point $B$ est le point $\boldsymbol{A}$ ; l'image du point $C$ est le point $\boldsymbol{D}$ ; l'image du point $D$ est le point $\boldsymbol{C}$.

> C'est un cas particulier d'homothétie que l'on appelle aussi « symétrie de centre $O$ ».

2° **L'image de la droite $(AD)$ est la droite $(BC)$** ;
par suite : $\boldsymbol{(AD) /\!/ (BC)}$.
**L'image de la droite $(AC)$ est la droite $(BD)$** ;
par suite : $\boldsymbol{(AC) /\!/ (BD)}$.

> Le quadrilatère $ACBD$ est un parallélogramme.

**16**

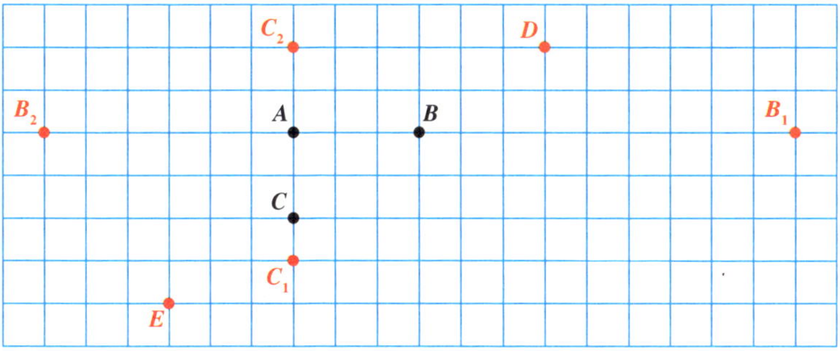


1° *La notation [AB) désigne la demi-droite d'origine A passant par le point B.*
– le point $B_1$ est tel que $B_1 \in [AB)$ et $AB_1 = 4\ AB$.
– le point $B_2$ est tel que $B_2$ est sur la demi-droite opposée à $[AB)$ et $AB_2 = 2\ AB$.
– le point $C_1$ est tel que $C_1 \in [AC)$ et $AC_1 = 1{,}5\ AC$.
– le point $C_2$ est tel que $C_2$ est sur la demi-droite opposée à $[AC)$ et $AC_2 = AC$ ($A$ est le milieu de $[CC_2]$).

2° Le point $D$ est tel que $D \in [CB)$ et $CD = 2\ CB$.
Le point $E$ est tel que $E \in [BC)$ et $BE = 2\ BC$.

**17** 1° **Vrai**

Les triangles équilatéraux $ABC$ et $DEF$ ont chacun trois angles de 60° ; ils sont donc semblables (1er cas).

2° **Faux**
Deux triangles équilatéraux ne sont pas égaux (sauf cas particulier où les côtés de l'un ont la même longueur que les côtés de l'autre).

**18** 1° On a $\widehat{NPM} = \widehat{TSR} = 50°$ ;

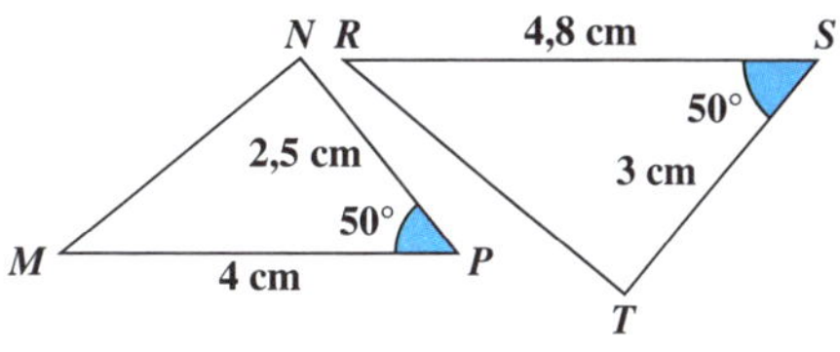


$\frac{PN}{ST} = \frac{2{,}5}{3} = \frac{25}{30} = \frac{5}{6}$ (irréductible) ;

$\frac{PM}{SR} = \frac{4}{4{,}8} = \frac{40}{48} = \frac{5}{6}$ (irréductible) ;

Par suite : $\frac{PN}{ST} = \frac{PM}{SR}$.

Or : « *Deux triangles qui ont un angle égal compris entre deux côtés respectivement proportionnels sont semblables* ».
**Les triangles *MPN* et *RST* sont donc semblables** (2e cas).

2° On met en évidence les sommets qui se correspondent :
$P$ correspond à $S$ (sommets des angles égaux).
$N$ correspond à $T$ (premier quotient).
$M$ correspond à $R$ (second quotient).
On en déduit : $\widehat{PNM} = \widehat{STR}$ ; $\widehat{PMN} = \widehat{SRT}$ et $\frac{NM}{TR} = \frac{5}{6}$.

corrigés

**19** 1° « *Si un triangle est inscrit dans un cercle ayant pour diamètre un des côtés, alors ce triangle est rectangle et le diamètre en est l'hypoténuse* ».

Le triangle $AMB$ est inscrit dans un cercle de diamètre $[AB]$ ; ***AMB* est donc rectangle en *M*.** Le triangle $ENF$ est inscrit dans un cercle de diamètre $[EF]$ ; ***ENF* est donc rectangle en** $N$.

2° On a $\widehat{AMB} = \widehat{ENF} = 90°$ (question 1). $\widehat{MAB} = \widehat{NEF} = 40°$ (figure donnée).
Or : « *Deux triangles qui ont deux angles respectivement égaux sont semblables* » ($1^{er}$ cas). Donc **les triangles *AMB* et *ENF* sont semblables**.

**20** 1° On sait que le triangle $AMB$ est inscrit dans un cercle de diamètre $[AB]$ ; on en déduit que le triangle $AMB$ est rectangle en $M$ et on a $\widehat{AMB} = 90°$, soit $\widehat{TMA} = 90°$.

Pour les triangles $TMA$ et $TAB$ on a : $\widehat{TMA} = \widehat{TAB} = 90°$ ; $\widehat{ATM} = \widehat{BTA}$ (angle commun).
Or : « *Deux triangles qui ont deux angles respectivement égaux sont semblables* ».
Donc **les triangles *TMA* et *TAB* sont semblables**.

Il est utile de mettre en évidence la correspondance des sommets :
T → T M → A A → B

Les côtés sont deux à deux proportionnels :
$\frac{TM}{TA} = \frac{TA}{TB} = \frac{MA}{AB}$.

L'égalité $\frac{TM}{TA} = \frac{TA}{TB}$ donne $\boldsymbol{TA^2 = TM \times TB}$ (égalité des produits en croix).

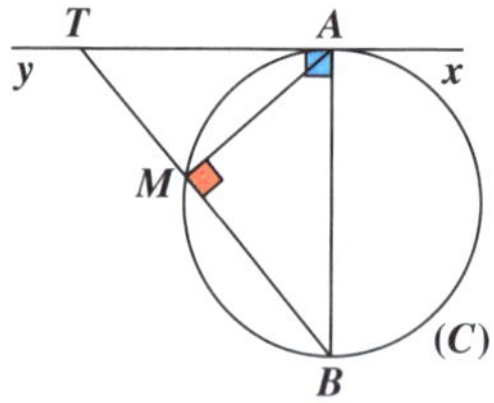


2° On a : $AB = 4$ cm, $AT = 3$ cm.
Dans le triangle $BAT$, rectangle en $A$, on a :
$TB^2 = AT^2 + AB^2$ (égalité de Pythagore).
$TB^2 = 4^2 + 3^2$ ; $TB^2 = 25$ ; $\boldsymbol{TB = 5}$ **cm**.
L'égalité $TA^2 = TM \times TB$ donne : $3^2 = TM \times 5$ ;
$5\,TM = 9$ ; $TM = \frac{9}{5}$ ; $\boldsymbol{TM = 1{,}8}$ **cm**.
D'où : $MB = TB - TM$ ; $MB = 5 - 1{,}8$ ; $\boldsymbol{MB = 3{,}2}$ **cm**.

**21** 1° Figure ci-contre.

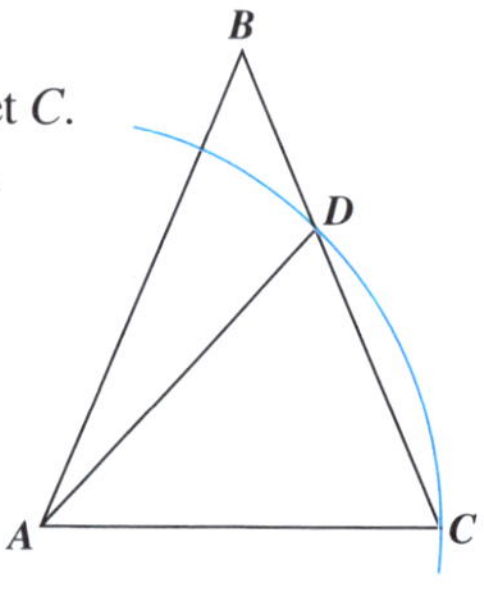


2° Les triangles $ABC$ et $DAC$ ont en commun l'angle de sommet $C$.
« *Dans un triangle isocèle, les angles à la base sont égaux* ».
Dans le triangle isocèle $ABC$ on a $\widehat{BCA} = \widehat{BAC}$.
$AB$ et $AD$ sont deux rayons du cercle de centre $A$ ;
$AD = AC = 4$ cm ; le triangle $DAC$ est isocèle et on a :
$\widehat{ACD} = \widehat{ADC}$.
$\widehat{BCA}$ et $\widehat{ACD}$ désignent le même angle de sommet $C$.
Par suite : $\widehat{BAC} = \widehat{ADC}$.
**Les triangles *ABC* et *DAC* sont semblables** car ils ont deux angles égaux ($1^{er}$ cas).

3° Les côtés des triangles semblables $ABC$ et $DAC$ sont proportionnels :
$\frac{AD}{BA} = \frac{AC}{BC} = \frac{DC}{AC}$ ; $\frac{4}{5} = \frac{4}{5} = \frac{DC}{4}$ ; $5\,DC = 16$ ; $\boldsymbol{DC = 3{,}2}$ **cm**.

4° $\frac{AD}{BA}=\frac{4}{5}$ donne $AD=\frac{4}{5}BA$ ; $\frac{AC}{BC}=\frac{4}{5}$ donne $AC=\frac{4}{5}BC$ ; $\frac{DC}{AC}=\frac{4}{5}$ donne $DC=\frac{4}{5}AC$.

**Le triangle $DAC$ est une réduction du triangle $ABC$** (coefficient de réduction : $\frac{4}{5}$).
Soit $p_1$ le périmètre du triangle $DAC$ et $p_2$ le périmètre du triangle $ABC$ ; on a :

$$p_1 = AD + AC + DC = \frac{4}{5}BA + \frac{4}{5}BC + \frac{4}{5}AC = \frac{4}{5}(BA + BC + AC) = \frac{4}{5}p_2.$$

**Le périmètre du triangle $DAC$ est égal à $\frac{4}{5}$ du périmètre du triangle $ABC$.**

**22** On a : $\frac{OA}{OC} = \frac{1,7}{3,4} = \frac{17}{34} = \frac{1}{2} = 0,5$ ; $\frac{OB}{OD} = \frac{2,4}{4,8} = \frac{24}{48} = \frac{1}{2} = 0,5$.

Par suite : $\frac{OA}{OC} = \frac{OB}{OD}$. Les points $O$, $A$ et $C$ sont dans le même ordre que les points $O$, $B$ et $D$ ($O$ entre $A$ et $C$ ; $O$ entre $B$ et $D$).

D'après la réciproque du théorème de Thalès, on a : $(AB) // (CD)$.

**Le quadrilatère $ABCD$ est un trapèze** ($[AB]$ et $[CD]$ sont les bases de ce trapèze).

On peut aussi rédiger la réponse en utilisant l'homothétie de centre $O$.
On a $OC = 2\ OA$ ; les points $C$ et $A$ sont de part et d'autre de $O$ ; le point $C$ est l'image de $A$ dans l'homothétie de centre $O$ et de rapport $-2$.
On a $OD = 2\ OB$ ; les points $D$ et $B$ sont de part et d'autre de $O$ ; le point $D$ est l'image de $B$ dans l'homothétie de centre $O$ et de rapport $-2$. D'où : $(CD) // (AB)$ (propriété de l'homothétie).

**23** 1° Le triangle $DMN$ est rectangle en $D$.

$MN^2 = DM^2 + DN^2$ (égalité de Pythagore).

$MN^2 = 400^2 + 300^2 = 250\ 000$ ; $MN = \sqrt{250\ 000}$ ; **$MN$ = 500 m.**

Dans le triangle $DAP$, on a : $(MN) // (AP)$ et $DA = 400 + 800 = 1\ 200$.

D'après le théorème de Thalès : $\frac{DM}{DA} = \frac{DN}{DP} = \frac{MN}{AP}$ ; soit : $\frac{400}{1\ 200} = \frac{300}{DP} = \frac{500}{PA}$.

L'égalité $\frac{400}{1\ 200} = \frac{300}{DP}$ donne $400\ DP = 1\ 200 \times 300$ ; $DP = \frac{1\ 200 \times 300}{400}$ ; **$DP$ = 900 m.**

L'égalité $\frac{400}{1\ 200} = \frac{500}{PA}$ donne $400\ PA = 1\ 200 \times 500$ ; $PA = \frac{1\ 200 \times 500}{400}$ ; **$PA$ = 1 500 m.**

2° On a : $NP = DP - DN$ ; **$NP$ = 600 m** car $900 - 300 = 600$.

$DM + MN + NP + PA = 400 + 500 + 600 + 1\ 500 = 3\ 000$.

**Longueur totale du parcours : 3 000 m, soit 3 km.**

3° On sait que $t = \frac{d}{v}$ ($t$ : durée ; $d$ : distance ; $v$ : vitesse). Le vainqueur a mis 12 min car $\frac{3}{15}$ h $= 60 \times \frac{3}{15}$ min $= 12$ min. **Le vainqueur est arrivé à 15 h 12.**

4° Le dernier a mis 15 min soit $\frac{1}{4}$ d'heure car $12 + 3 = 15$ et $\frac{15}{60} = \frac{1}{4}$.

On a : $v = \frac{d}{t}$ ; $v = 3 : \frac{1}{4}$ ; $v = 3 \times \frac{4}{1}$ ; $v = 12$ soit une **vitesse de 12 km/h** pour le dernier.

corrigés

**24** 1° Dans $AOB$, on a $(A'B')//(AB)$ ; d'où : $\frac{OA'}{OA}=\frac{OB'}{OB}$ (théorème de Thalès).

Dans $BOC$, on a $(B'C')//(BC)$ ; d'où : $\frac{OB'}{OB}=\frac{OC'}{OC}$ (théorème de Thalès).

Dans $COD$, on a $(C'D')//(CD)$ ; d'où : $\frac{OC'}{OC}=\frac{OD'}{OD}$ (théorème de Thalès).

Soit quatre quotients égaux : $\frac{OA'}{OA}=\frac{OB'}{OB}=\frac{OC'}{OC}=\frac{OD'}{OD}$.

2° Dans le triangle $AOD$, on sait que : $\frac{OA'}{OA}=\frac{OD'}{OD}$ ; les points $O$, $A'$ et $A$ sont dans le même ordre que $O$, $D'$ et $D$ ($A'$ est entre $O$ et $A$ ; $D'$ est entre $O$ et $D$).
On en déduit : $\boldsymbol{(A'D')//(AD)}$ (réciproque du théorème de Thalès).

3° Soit $k$ la valeur des rapports $\frac{OA'}{OA}$ ; $\frac{OB'}{OB}$ ; $\frac{OC'}{OC}$ ; $\frac{OD'}{OD}$ ($k < 1$ car $OA' < OA$).

On a : $\frac{A'B'}{AB}=\frac{OA'}{OA}=k$ ; $\frac{B'C'}{BC}=\frac{OB'}{OB}=k$ ; $\frac{C'D'}{CD}=\frac{OC'}{OC}=k$ ; $\frac{D'A'}{DA}=\frac{OD'}{OD}=k$.

On en déduit : $A'B' = kAB$ ; $B'C' = kBC$ ; $C'D' = kCD$ et $D'A' = kDA$.
Les côtés du quadrilatère $A'B'C'D'$ sont proportionnels à ceux du quadrilatère $ABCD$ ; **$A'B'C'D'$ est une réduction de $ABCD$** (rapport de réduction : $k$).

**25** **Première partie**. Avec $AM = 4$. Dans $ABC$, on sait que $(MN)//(BC)$ ; on a :
$\frac{AM}{AB}=\frac{AN}{AC}=\frac{MN}{BC}$ (Théorème de Thalès) ; $\frac{4}{8}=\frac{AN}{6}=\frac{MN}{4}$.
On en déduit : $8\,AN = 24$ ; **$AN$ = 3 cm** ; $8\,MN = 16$ ; **$MN$ = 2 cm**.
D'où : **$p_1$ = 9 cm** car $p_1 = AM + MN + NA = 4 + 2 + 3 = 9$ ;
**$p_2$ = 13 cm** car $BM + MN + NC + BC = (8-4) + 2 + (6-3) + 4 = 13$.
**Les périmètres ne sont pas égaux.**

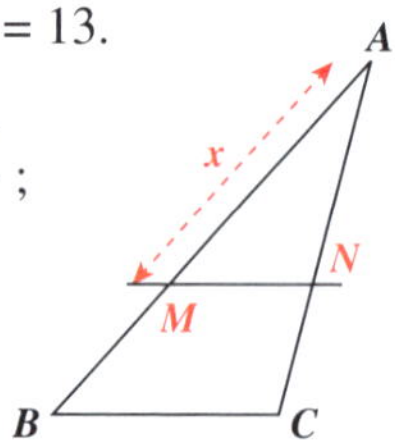


**Seconde partie**. 1° On a $\frac{AM}{AB}=\frac{AN}{AC}=\frac{MN}{BC}$, soit $\frac{x}{8}=\frac{AN}{6}=\frac{MN}{4}$ ;
$8\,AN = 6x$ et $\boldsymbol{AN=\frac{6}{8}x}$ ; $8\,MN = 4x$ ; $\boldsymbol{MN=\frac{4}{8}x}$.

2° Par suite : $p_1 = x+\frac{4}{8}x+\frac{6}{8}x$ ; $p_1=\frac{18}{8}x$ ; $\boldsymbol{p_1=\frac{9}{4}x}$ ;

$p_2=(8-x)+\frac{4}{8}x+\left(6-\frac{6}{8}x\right)+4$ ; $p_2=18-\frac{10}{8}x$ ; $\boldsymbol{p_2=18-\frac{5}{4}x}$.

3° Cellule A2 : = **A1*9/4**. Cellule A3 : = **18 – A1*5/4**.

| | | A | B | C | D | E | F | G |
|---|---|---|---|---|---|---|---|---|
| **1** | $x$ | 1 | 2 | 3 | 4 | 5 | 6 | 7 |
| **2** | $p_1$ | **2,25** | **4,5** | **6,75** | **9** | **11,25** | **13,5** | **15,75** |
| **3** | $p_2$ | **16,75** | **15,5** | **14,25** | **13** | **11,75** | **10,5** | **9,25** |

4° On a $p_1 = p_2$ lorsque $\frac{9}{4}x=18-\frac{5}{4}x$ ; $\frac{9}{4}x+\frac{5}{4}x=18$ ; $\frac{14}{4}x=18$ ; $x=18:\frac{14}{4}$ ;

$x=18\times\frac{4}{14}$ ; $x=\frac{72}{14}$. **Les périmètres sont égaux lorsque $\boldsymbol{x=\frac{36}{7}}$ (environ 5,1 cm).**

# Parallélogramme Translation

# 13

# LE COURS

## Parallélogramme

- **Définition**

Un parallélogramme est un quadrilatère dont les côtés opposés sont parallèles.

- **Propriétés**

Un parallélogramme a ses côtés opposés parallèles et de même longueur, ses diagonales se coupent en leur milieu, ses angles opposés sont égaux.
Le point d'intersection des diagonales est centre de symétrie du parallélogramme.

On sait que $ABCD$ est un parallélogramme de centre $O$. On en déduit :
$(AB) // (DC)$ ; $(AD) // (BC)$ ;
$AB = DC$ ; $AD = BC$ ;
$O \in [AC]$ et $OA = OC$ ;
$O \in [BD]$ et $OB = OD$ ;
$\widehat{ABC} = \widehat{ADC}$ ; $\widehat{BCD} = \widehat{BAD}$.

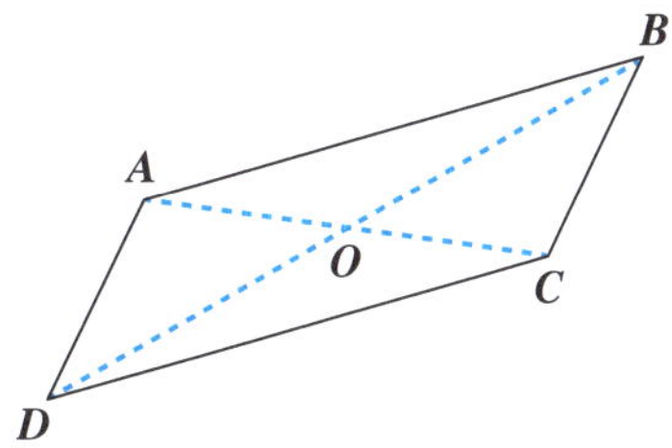


- **Reconnaître un parallélogramme**

– Si un quadrilatère a ses côtés opposés parallèles, alors c'est un parallélogramme.
– Si un quadrilatère a ses diagonales qui se coupent en leur milieu, alors c'est un parallélogramme.
– Si un quadrilatère convexe a deux côtés parallèles et de même longueur, alors c'est un parallélogramme.

On sait : $ABCD$ est convexe (*)
$(AB) // (DC)$ et $AB = DC$.
On déduit : $ABCD$ est un parallélogramme.

(*) Dire que $ABCD$ est convexe, c'est dire qu'il est entièrement contenu dans un demi-plan ayant pour frontière un de ses côtés, quel que soit ce côté.

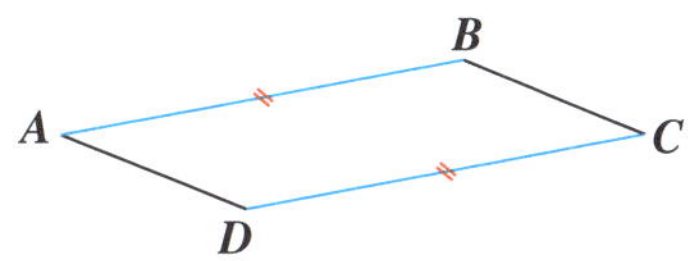


- **Reconnaître un parallélogramme particulier**

– Si un parallélogramme a un angle droit, ou si ses diagonales ont même longueur, alors c'est un **rectangle**.
– Si un parallélogramme a deux côtés consécutifs de même longueur, ou si ses diagonales sont perpendiculaires, alors c'est un **losange**.
– Si un parallélogramme est à la fois un rectangle et un losange, alors c'est un **carré**.

## Translation

On a un triangle $ABC$ et un point $O$.
On applique à ce triangle un mouvement de **translation** pour amener le point $A$ sur le point $O$ (par exemple, sur l'écran d'un ordinateur avec un logiciel de géométrie).

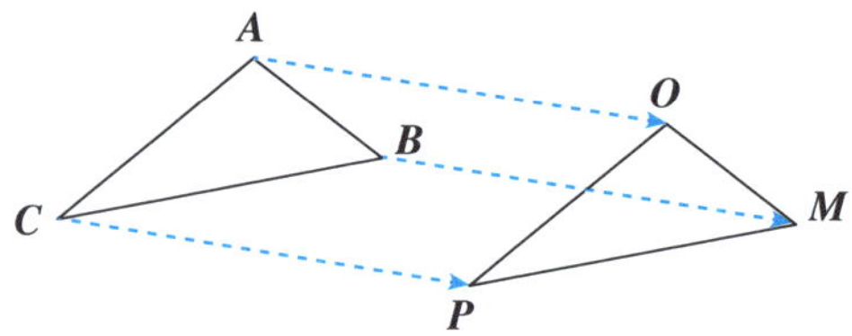


Le triangle $OMP$ est l'image du triangle $ABC$ dans la translation qui amène $A$ sur $O$.

• Le quadrilatère $AOMB$ est un parallélogramme.
On a : $(BM)//(AO)$ ; $BM = AO$ ; on va de $B$ vers $M$ dans le même sens que de $A$ vers $O$.
Le quadrilatère $AOPC$ est un parallélogramme.
On a : $(CP)//(AO)$ ; $CP = AO$ ; on va de $C$ vers $P$ dans le même sens que de $A$ vers $O$.
• Le triangle $OMP$ est superposable au triangle $ABC$ (côtés deux à deux égaux et angles deux à deux égaux ; ce sont deux triangles égaux).
• La connaissance de deux points suffit pour définir un mouvement de translation.
Lorsqu'on amène $A$ sur $O$, le couple $(A\ ;\ O)$ est le « **couple directeur** » de la translation ; $A$ est l'**origine** et $O$ l'**extrémité** (le sens du déplacement est important).
On dit que le couple $(A\ ;\ O)$ est un représentant du **vecteur de la translation**.

### • Image d'un point dans une translation

On a une translation qui amène un point $A$ sur un point $O$.
Quelle est l'image d'un point $P$ ?

• **Cas général** : $P \notin (AO)$.
Pour construire l'image $P'$ du point $P$ :
– on trace la droite $xy$, parallèle à $(AO)$ et passant par $P$,
– on place sur la droite $xy$ le point $P'$ tel que $PP' = AO$ et tel que le sens de $P$ vers $P'$ soit le même que le sens de $A$ vers $O$.

Cela revient à construire le quatrième sommet du parallélogramme $AOP'P$.

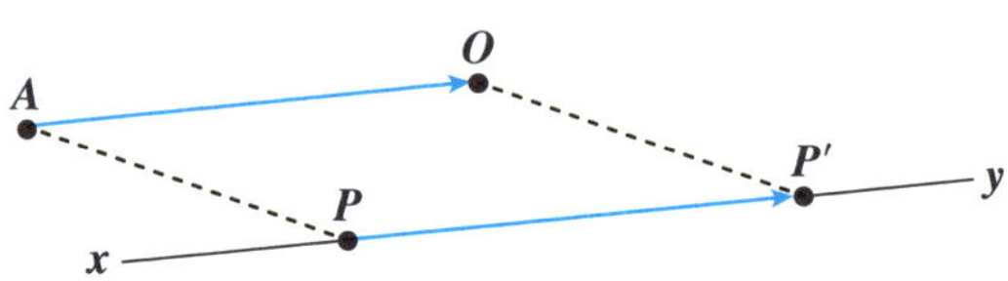


• **Cas particulier** : $P \in (AO)$.
L'image $P'$ du point $P$ appartient à la droite $(AO)$, elle est telle que $PP' = AO$, et le sens de $P$ vers $P'$ est le même que le sens de $A$ vers $O$.

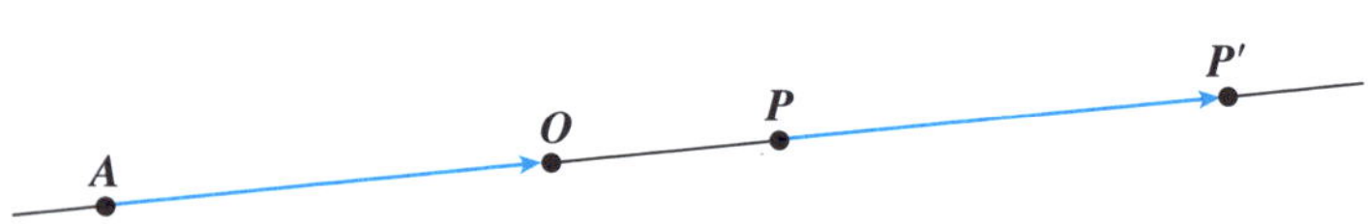


• **Dans tous les cas**, les segments $[AP']$ et $[OP]$ ont le même milieu.

**● Propriétés**

**Une translation transforme une figure en une figure superposable.**

Par suite, toute translation conserve l'alignement des points, les longueurs, les angles, les aires ; deux droites perpendiculaires ont pour images deux droites perpendiculaires ; deux droites parallèles ont pour images deux droites parallèles.

**Dans une translation, l'image d'une droite est une droite parallèle.**

• Pour construire l'image d'une droite $xy$ dans la translation qui amène $A$ sur $B$, il suffit de construire l'image $P'$ d'un point $P$ de la droite $xy$, puis de tracer la droite $x'y'$ parallèle à la droite $xy$ et passant par le point $P'$ (on peut aussi tracer les images de deux points distincts appartenant à la droite $xy$).

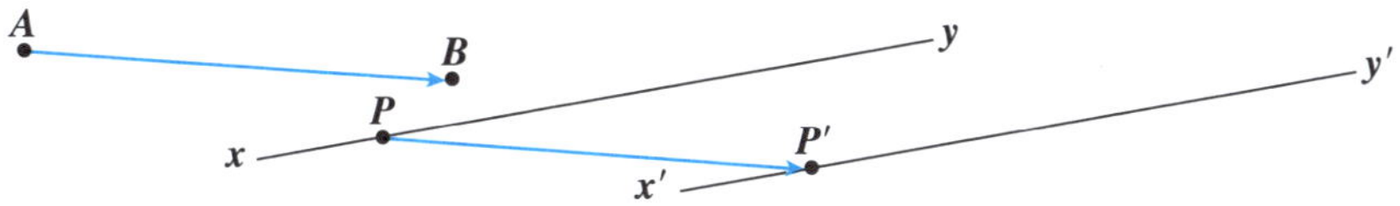


• Pour construire l'image d'un polygone dans une translation, il suffit de construire les images de ses sommets, puis de les joindre comme dans le polygone initial.

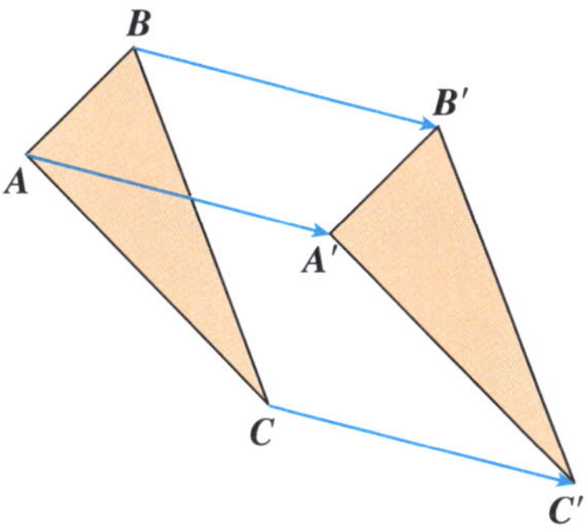


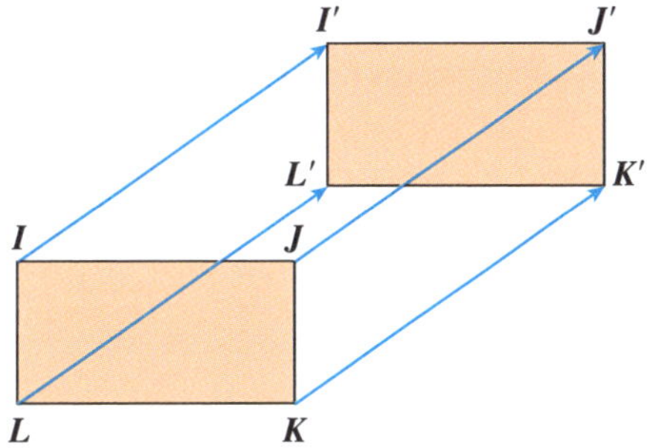


$(A'B') // (AB)$ ; $(B'C') // (BC)$ … .
$A'B' = AB$ ; $B'C' = BC$ … .
$\widehat{A'B'C'} = \widehat{ABC}$ … .
Aire $A'B'C'$ = Aire $ABC$.

$(I'J') // (IJ)$ ; $(J'K') // (JK)$ … .
$I'J' = IJ$ ; $J'K' = JK$ … .
$\widehat{I'J'K'} = \widehat{IJK}$ … .
Aire $I'J'K'L'$ = Aire $IJKL$.

• Pour construire l'image d'un cercle (ou d'un disque) dans une translation, il suffit de construire l'image de son centre, puis de tracer un cercle (ou un disque) de même rayon que le cercle (ou le disque) initial.

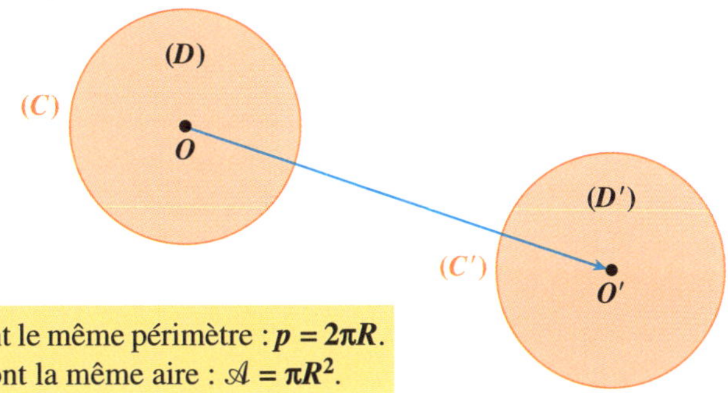


Les cercles $(C)$ et $(C')$ ont le même périmètre : $p = 2\pi R$.
Les disques $(D)$ et $(D')$ ont la même aire : $\mathcal{A} = \pi R^2$.

cours

# EXERCICES

## Tester ses connaissances

**1** (corrigé p. 196)

Soit *EFGH* un parallélogramme et *O* son centre de symétrie.
Compléter la phrase suivante.
La droite (*EF*) est parallèle à la droite … ; le segment [*FG*] a même longueur que le segment … ; le point *O* est le milieu de … et de … ; l'angle $\widehat{EFG}$ est égal à l'angle … et l'angle $\widehat{FGH}$ est égal à l'angle … .

**2** (corrigé p. 196)

Cocher la bonne réponse.

1° Un parallélogramme a toujours un centre de symétrie. ❒ Vrai ❒ Faux

2° Un rectangle a au moins deux axes de symétrie. ❒ Vrai ❒ Faux

3° Un losange n'a pas d'axe de symétrie. ❒ Vrai ❒ Faux

4° Un carré a un centre de symétrie et quatre axes de symétrie. ❒ Vrai ❒ Faux

**3** (corrigé p. 196)

En utilisant le quadrillage, placer les points *I′*, *J′*, *K′* et *L′*, images respectives de chacun des points *I*, *J*, *K* et *L* dans la translation qui amène *O* sur *E*.

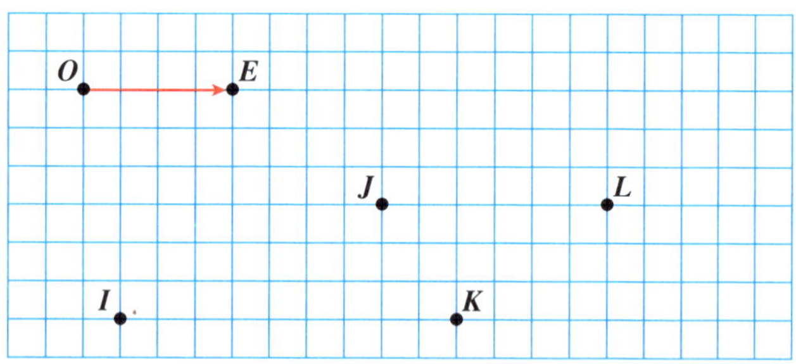


**4** (corrigé p. 196)

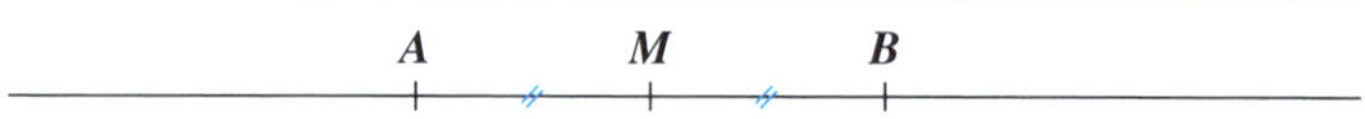


1° Quelle est l'image de *M* dans la translation qui amène *A* sur *M* ?
Placer le point *B′*, image de *B* dans la translation qui amène *A* sur *M*.

2° Quelle est l'image de *M* dans la translation qui amène *B* sur *M* ?
Placer le point *A′*, image de *A* dans la translation qui amène *B* sur *M*.

**5** (corrigé p. 197)

On sait que *O* est le milieu de [*AC*] et de [*BD*].
Quelle est l'image de *D* dans la translation qui amène *A* sur *B* ?
Quelle est l'image de *B* dans la translation qui amène *A* sur *D* ?
Quelle est l'image de *O* dans la translation qui amène *C* sur *O* ?

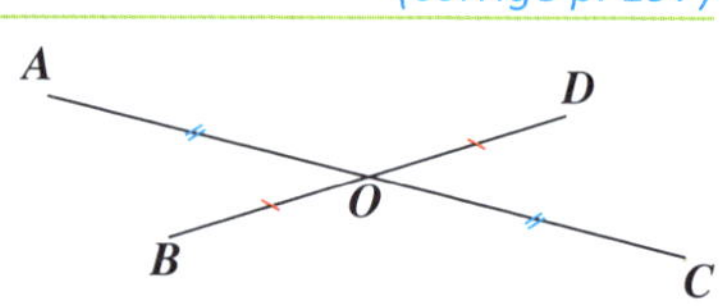

# S'entraîner

## Parallélogramme

**6** ★ 5 min (corrigé p. 197)

Soit $ABCD$ un parallélogramme de centre $O$.
La perpendiculaire à la diagonale $(AC)$ passant par le point $B$ coupe en $E$ la droite $(CD)$.
La perpendiculaire à la diagonale $(AC)$ passant par le point $D$ coupe en $F$ la droite $(AB)$.

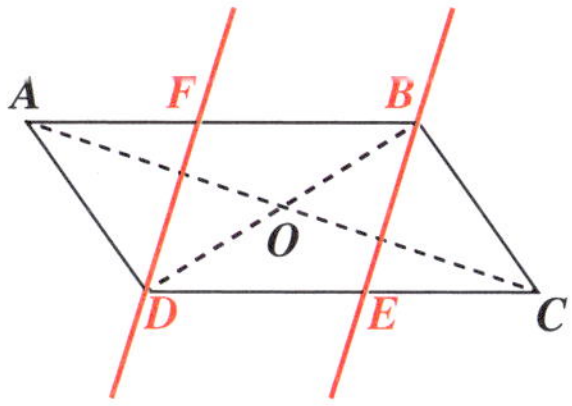


1° Prouver que $BEDF$ est un parallélogramme.

2° Justifier l'affirmation suivante : $O$ est le milieu de $[EF]$.

**7** ★★ 10 min (corrigé p. 197)

$EFGH$ est un parallélogramme. Le point $M$ est le milieu de $[EF]$, $N$ celui de $[FG]$, $P$ celui de $[GH]$ et $Q$ celui de $[HE]$.

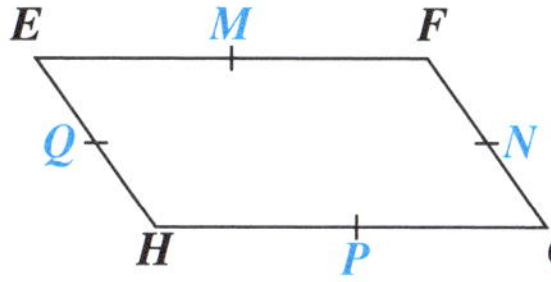


1° Prouver que $EMPH$ est un parallélogramme.

2° Prouver que $MNPQ$ est un parallélogramme.

**8** ★★ 10 min (corrigé p. 198)

Soit $M$ le milieu de l'hypoténuse d'un triangle $ABC$ rectangle en $A$.
Construire le point $A'$, symétrique de $A$ par rapport à $M$.
Prouver que $ABA'C$ est un parallélogramme.
Justifier l'affirmation suivante : $ABA'C$ est un rectangle.

**9** ★★ 15 min (corrigé p. 198)

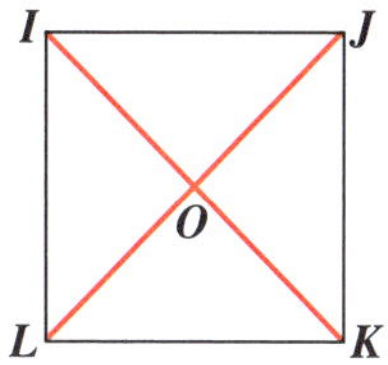


1° $IJKL$ est un carré de centre $O$.
Soit $M$ le milieu de $[IO]$ et $N$ le milieu de $[OK]$.
Justifier l'affirmation suivante : $JMLN$ est un losange.

2° Cocher la bonne réponse.

$(JM)//(NL)$ ❒ Vrai ❒ Faux

L'image du point $N$ dans la translation qui amène $J$ sur $M$ est le point $L$. ❒ Vrai ❒ Faux

**10** ★★ 15 min (corrigé p. 198)

$I$ est le milieu du côté $[EF]$ d'un triangle $EDF$.

1° Construire le point $D'$, symétrique de $D$ par rapport à $I$.

2° Prouver que $(FD')//(DE)$ et $FD' = DE$.
Est-il vrai que les demi-droites $[FD')$ et $[DE)$ sont dans un même demi-plan de frontière $(DF)$ ? Que peut-on en déduire ?

## Translation

**11** ★ 5 min (corrigé p. 199)

1° Compléter la frise ci-dessous.

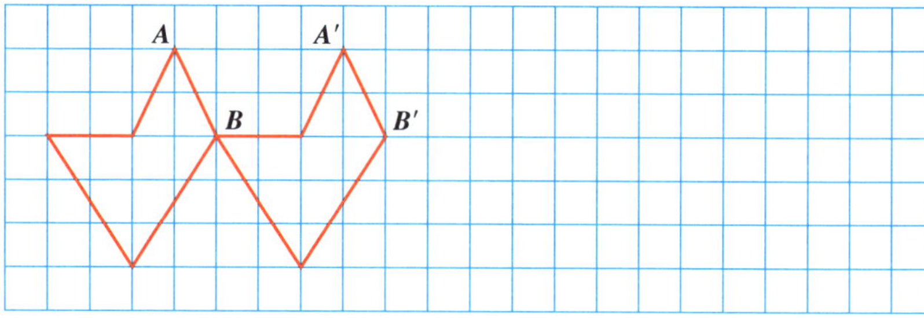


2° Justifier l'affirmation suivante : $AA'B'B$ est un parallélogramme.
Quelle transformation permet de passer d'un motif à celui qui est situé immédiatement à sa droite ?

**12** ★ 5 min (corrigé p. 199)

1° En utilisant le quadrillage, placer les points $E$, $F$ et $G$, images respectives de chacun des points $A$, $B$ et $C$ dans la translation qui amène $O$ sur $I$.

2° En utilisant le quadrillage, placer les points $M$, $N$ et $P$, images respectives de chacun des points $E$, $F$ et $G$ dans la translation qui amène $O$ sur $J$.

3° Les points $A$, $B$ et $C$ sont alignés et $B$ est le milieu de $[AC]$.
Que peut-on en déduire pour les points $E$, $F$ et $G$, puis pour les points $M$, $N$ et $P$ ?

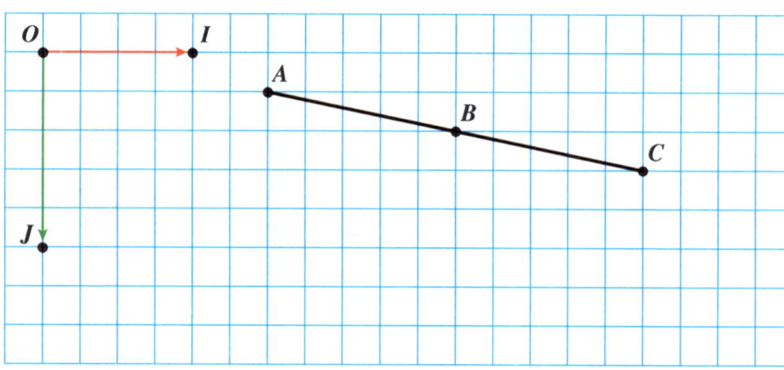


**13** ★ 5 min (corrigé p. 200)

$ABCD$ est un parallélogramme. Les points $E$ et $F$ sont les milieux respectifs de $[AB]$ et $[DC]$.

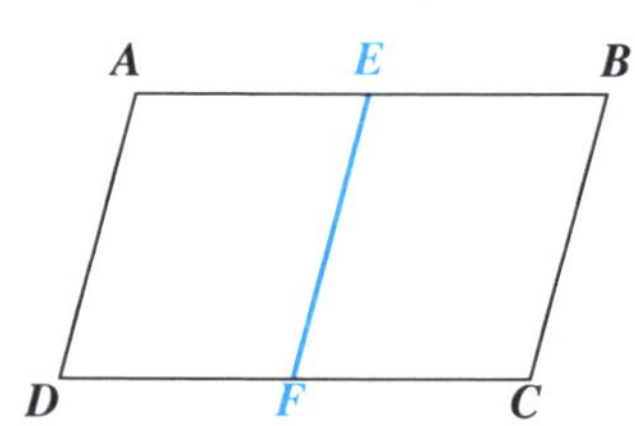


1° Prouver que $AEFD$ et $EBCF$ sont des parallélogrammes.

2° Compléter la phrase.
Pour la translation qui amène $A$ sur $D$, l'image du point $E$ est le point … ; l'image du point $B$ est le point … .

**14** ★★ 5 min (corrigé p. 200)

Soit $ABC$ est un triangle tel que $AB = AC$ et $\widehat{BAC} = 90°$.
Soient $I$, $J$ et $K$ les milieux respectifs des côtés [$AB$], [$BC$] et [$CA$].

1° Justifier les affirmations suivantes : $CKIJ$, $KIBJ$ sont deux parallélogrammes et $AIJK$ est un carré.

2° Quelle est l'image du triangle $AIK$ dans la translation qui amène $A$ sur $I$ ?

3° Quelle est l'image du triangle $AIK$ dans la translation qui amène $A$ sur $K$ ?

**15** ★★ 10 min (corrigé p. 200)

Soit $ABCD$ un parallélogramme de centre $O$.

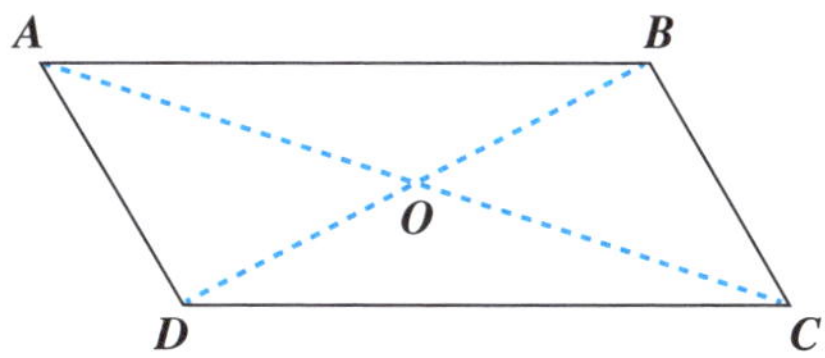


1° On considère la translation qui amène $A$ sur $B$.
Quelle est l'image du point $D$ ?
Construire le point $E$, image de $O$.

2° On considère la translation qui amène $B$ sur $A$.
Quelle est l'image du point $C$ ?
Construire le point $F$, image de $O$.

3° Justifier l'affirmation suivante : le point $O$ est le milieu de [$EF$].

**16** ★★★ 10 min (corrigé p. 201)

Deux cercles ($C$) et ($C'$) de centre $O$ et $O'$ et de même rayon se coupent en $A$ et en $B$.

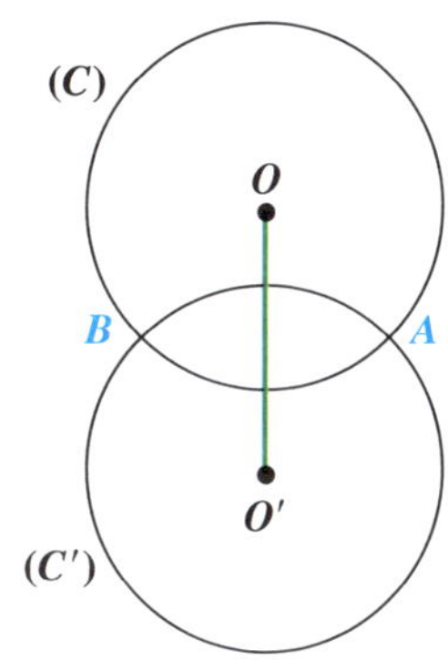


1° Quelle est l'image du cercle ($C$) par la translation qui amène $O$ sur $O'$ ?

2° La droite Δ, parallèle à ($OO'$) passant par $A$, recoupe le cercle ($C$) en $I$ et le cercle ($C'$) en $J$.
Justifier l'affirmation suivante : l'image du point $A$ dans la translation qui amène le point $O$ sur $O'$ est le point $J$.

**17** ★★ 10 min (corrigé p. 201)

Soient $A$ et $B$ deux points sur une droite graduée d'origine $O$.

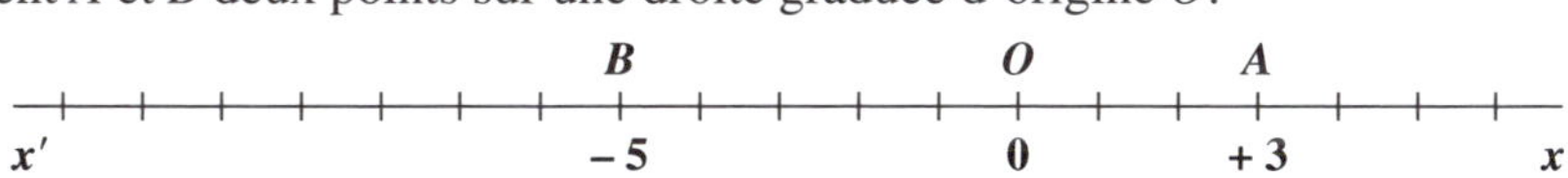


1° Placer les points $A_1$ et $B_1$, images respectives de $A$ et $B$ par la translation qui amène $O$ sur $A$. Lire les abscisses respectives des points $A_1$ et $B_1$.

2° Placer les points $A_2$ et $B_2$, images respectives de $A$ et $B$ par la translation qui amène $O$ sur $B$. Lire les abscisses respectives des points $A_2$ et $B_2$.

exercices

**18** ★★ 10 min (corrigé p. 201)

$ABC$ est un triangle tel que $AB = 24$ mm, $AC = 18$ mm et $BC = 30$ mm.

1° Justifier l'affirmation suivante : le triangle $ABC$ est rectangle.

2° $M$ est l'image du point $C$ par la translation qui amène $A$ sur $B$.
Que peut-on en déduire pour le quadrilatère $ABMC$ ?

3° Cocher la bonne réponse.

❒ $M$ est l'image du point $B$ par la translation qui amène $B$ sur $C$.

❒ $M$ est l'image du point $B$ par la translation qui amène $A$ sur $C$.

**19** ★★★ 10 min (corrigé p. 202)

Soit $MNP$ un triangle rectangle en $M$. On appelle $D_1$ la droite $(MP)$ et $D_2$ la droite perpendiculaire en $N$ à la droite $(MN)$.

1° Construire le symétrique de $MNP$ par rapport à $D_1$ (noter $N'$ le symétrique de $N$). Construire le symétrique de $MNP$ par rapport à $D_2$ (noter $M'$ et $P'$ les symétriques respectifs de $M$ et $P$).

2° Compléter la phrase.
L'image du triangle $MN'P$ dans la translation qui amène $M$ sur $M'$ est … .

**20** ★★ 10 min (corrigé p. 203)

Soient $A$, $B$, $C$ et $D$ quatre points dans un plan muni d'un repère $(O\ ;\ I\ ;\ J)$

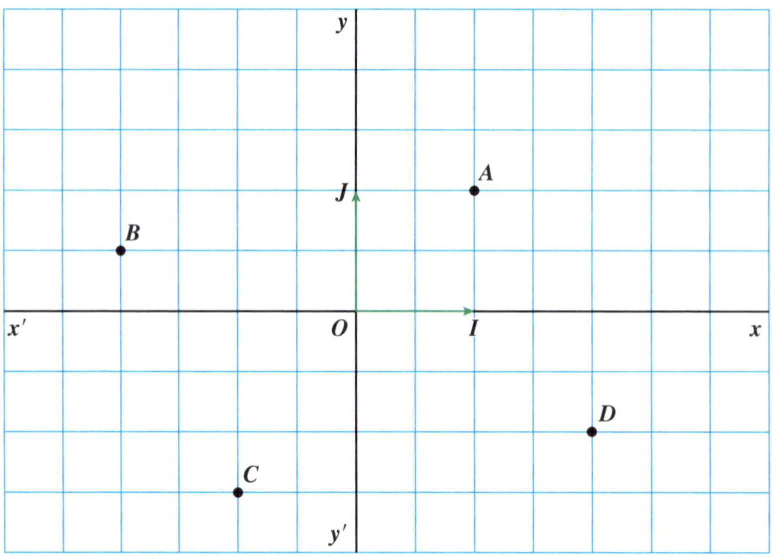


1° Placer les points $A_1$, $B_1$, $C_1$ et $D_1$, images respectives des points $A$, $B$, $C$ et $D$ dans la translation qui amène $O$ sur $I$. Donner les coordonnées de ces points.

2° Placer les points $A_2$, $B_2$, $C_2$ et $D_2$, images respectives des points $A$, $B$, $C$ et $D$, dans la translation qui amène $O$ sur $J$. Donner les coordonnées de ces points.

3° Prouver que $A_2$ est l'image de $A_1$ dans la translation qui amène $I$ sur $J$.

# SUJETS DU BREVET

**21** ★★ 15 min (corrigé p. 203)

*I*, *J* et *K* sont les milieux respcctifs des côtés $[AB]$, $[BC]$ et $[CA]$ du triangle $ABC$.

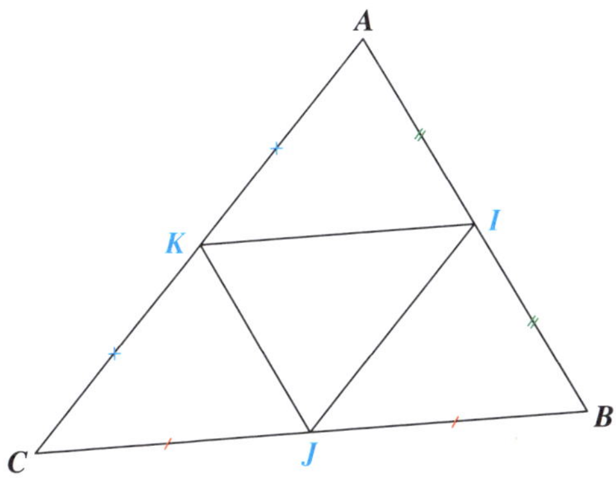


1° Prouver que l'on a : $(IJ) // (AC)$, $(JK) // (BA)$ et $(KI) // (CB)$.
Justifier l'affirmation suivante : la figure contient trois parallélogrammes.

2° Justifier l'affirmation suivante :
dans la translation qui amène $A$ sur $I$, l'image du triangle $AIK$ est le triangle $IBJ$.

3° Quelle est l'image du triangle $IBJ$ dans la translation qui amène $B$ sur $J$ ?

4° Quelle translation amène le triangle le triangle $KJC$ sur le triangle $AIK$ ?

**22** ★★★ 10 min (corrigé p. 204)

Le point $O$ est le centre des deux cercles concentriques $(C)$ et $(C')$.
$[IJ]$ est un diamètre du cercle $(C)$.
$K$ est un point du cercle $(C')$.

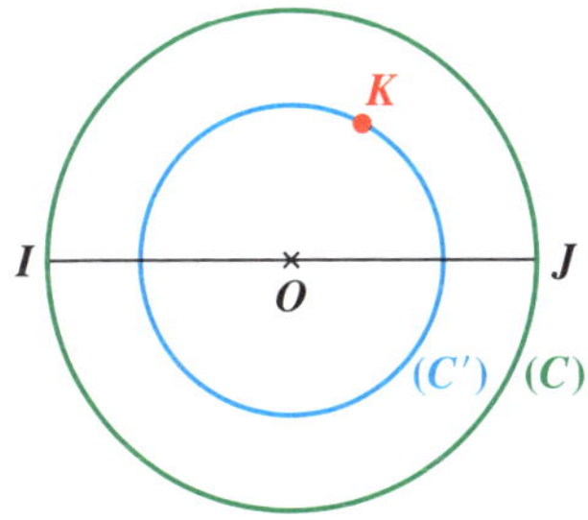


1° Rédiger un programme de construction du point $L$, image du point $J$ dans la translation qui amène $K$ sur $I$. Compléter la figure.
Que peut-on conjecturer pour le point $L$ ?

2° Démontrer que $L$ appartient au cercle $(C')$.

# CORRIGÉS

**1** La droite $(EF)$ est parallèle à la droite $(\boldsymbol{HG})$ ; le segment $[FG]$ a même longueur que le segment $[\boldsymbol{EH}]$ ; le point $O$ est le milieu de $[\boldsymbol{EG}]$ et de $[\boldsymbol{FH}]$ ; l'angle $\widehat{EFG}$ est égal à l'angle $\widehat{\boldsymbol{GHE}}$ et l'angle $\widehat{FGH}$ est égal à l'angle $\widehat{\boldsymbol{HEF}}$.

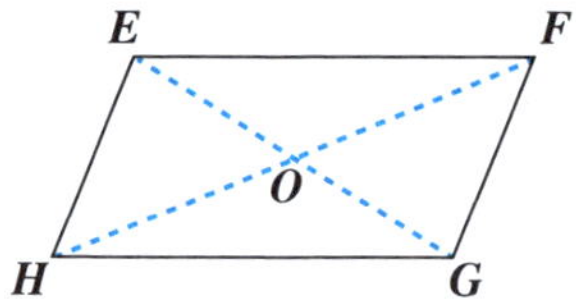


**2** 1° **Vrai** Un parallélogramme a pour centre de symétrie le point de concours de ses diagonales.

2° **Vrai** Un rectangle a deux axes de symétrie (chacun est la médiatrice de deux côtés opposés) ; un carré, qui est un rectangle particulier, en a deux de plus (les supports des diagonales).

3° **Faux** Un losange a deux axes de symétrie (les supports des diagonales) ; il peut en avoir quatre dans le cas particulier du carré.

4° **Vrai** Un carré a un centre de symétrie (le point d'intersection des diagonales) et quatre axes de symétrie (les médiatrices des côtés et les supports des diagonales).

**3**

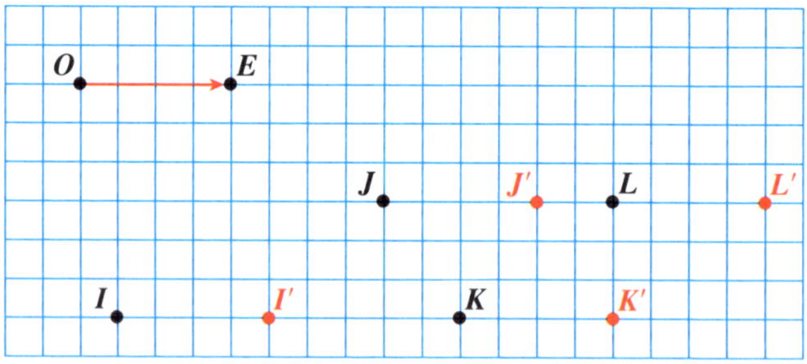


**4** On sait que $M$ est le milieu de $[AB]$, les trois points sont alignés.

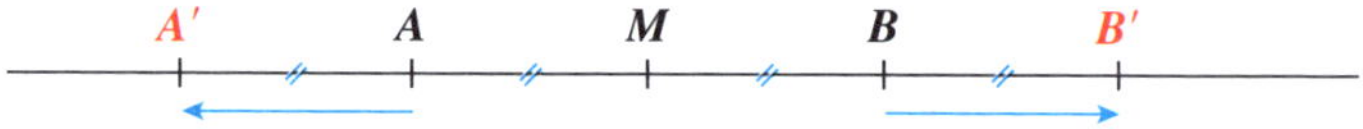


1° **L'image de $M$ dans la translation qui amène $A$ sur $M$ est le point $B$** car on a : $B \in (AM)$ ; $MB = AM$ et le sens de $M$ vers $B$ est le même que le sens de $A$ vers $M$. $B'$, image de $B$ dans la translation qui amène $A$ sur $M$, doit être tel que $B' \in (AM)$ ; $BB' = AM$ et le sens de $B$ vers $B'$ est le même que le sens de $A$ vers $M$.

2° **L'image de $M$ dans la translation qui amène $B$ sur $M$ est le point $A$** car on a : $A \in (BM)$ ; $MA = BM$ et le sens de $M$ vers $A$ est le même que le sens de $B$ vers $M$. $A'$, image de $A$ dans la translation qui amène $B$ sur $M$, doit être tel que $A' \in (BM)$ ; $AA' = BM$ et le sens de $A$ vers $A'$ est le même que le sens de $B$ vers $M$.

**5** Le quadrilatère $ABCD$ a ses diagonales qui se coupent en leur milieu, c'est donc un parallélogramme.

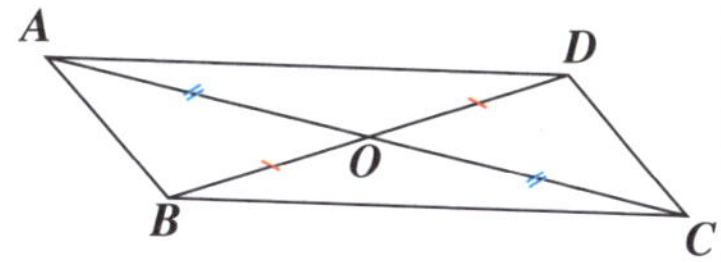


Par suite :

– dans la translation qui amène $A$ sur $B$, **l'image du point $D$ est le point $C$.**

– dans la translation qui amène $A$ sur $D$, **l'image du point $B$ est le point $C$.**

– dans la translation qui amène $C$ sur $O$, **l'image du point $O$ est le point $A$** car : $A \in (CO)$ ; $OA = CO$ et le sens de $O$ vers $A$ est le même que le sens de $C$ vers $O$.

**6** **1°** Les côtés opposés $(AB)$ et $(DC)$ du parallélogramme $ABCD$ sont parallèles ; par suite, $(FB) // (DE)$.
Les droites $(BE)$ et $(DF)$ sont toutes deux perpendiculaires à la droite $(AC)$ ; elles sont donc parallèles.
Le quadrilatère $BEDF$ a ses côtés opposés parallèles ; ***BEDF* est donc un parallélogramme**.

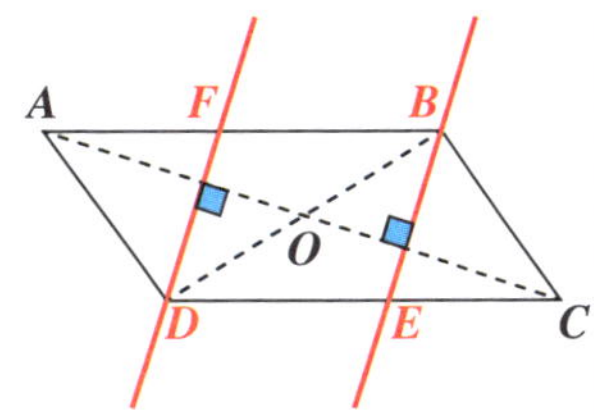


**2°** On sait que : *les diagonales d'un parallélogramme se coupent en leur milieu*.
$ABCD$ est un parallélogramme de centre $O$, donc $O$ est le milieu de la diagonale $[BD]$. $BEDF$ est un parallélogramme (question 1), $O$ étant le milieu de la diagonale $[BD]$, le point **$O$ est aussi le milieu de la diagonale $[EF]$**.

**7** **1°** *Les côtés opposés d'un parallélogramme sont parallèles et de même longueur*.
$EFGH$ est un parallélogramme donc :
– $(EF) // (HG)$ d'où on déduit $(EM) // (HP)$ ;
– $EF = HG$ d'où on déduit $EM = HP$ car $M$ est le milieu de $[EF]$ et $P$ celui de $[HG]$.

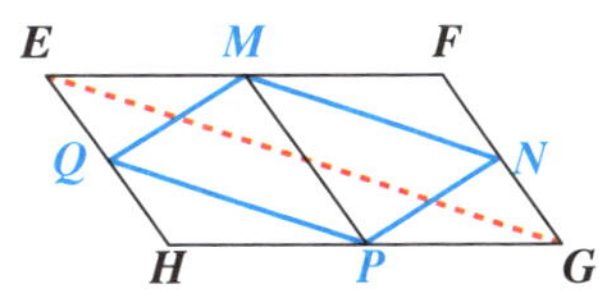


Le quadrilatère convexe (*) $EMPH$ a deux côtés opposés à la fois parallèles et de même longueur, ***EMPH* est donc un parallélogramme**.

**2°** On sait que $M$ et $N$ sont les milieux des côtés $[FE]$ et $[FG]$ du triangle $EFG$.
Or : *dans un triangle, la droite qui joint les milieux de deux côtés est parallèle au troisième côté* et *dans un triangle, le segment qui joint les milieux de deux côtés a pour longueur la moitié de celle du troisième côté*.

Donc : $(MN) // (EG)$ et $MN = \frac{1}{2} EG$.

Dans le triangle $EHG$, on démontre **de même** que $(QP) // (EG)$ et $QP = \frac{1}{2} EG$.
Par suite, pour le quadrilatère convexe (*) $MNPQ$, on a :
– $(MN) // (QP)$ car toutes deux sont parallèles à la droite $(EG)$ ;
– $MN = QP$ car toutes deux sont égales à la moitié de $EG$.
***MNPQ* est un parallélogramme** car c'est un quadrilatère convexe (*) qui a deux côtés opposés à la fois parallèles et de même longueur.

(*) À ce niveau, la convexité se constate. Pour un polygone, cela veut dire qu'il est entièrement contenu dans chaque demi-plan ayant pour frontière un des côtés.

**8** Dire que $A'$ est le symétrique de $A$ par rapport à $M$, c'est dire que $M$ est le milieu de $[AA']$.
$M$ est donc le milieu des diagonales $[BC]$ et $[AA']$ du quadrilatère $ABA'C$.

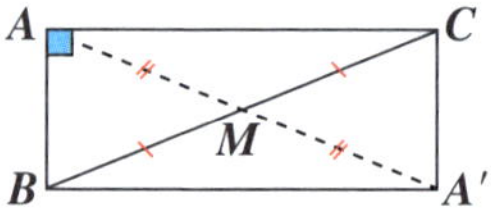


Or : *si un quadrilatère a ses diagonales qui se coupent en leur milieu, alors c'est un parallélogramme*.
Donc **$ABA'C$ est un parallélogramme**.
$ABC$ est un triangle rectangle en $A$, par suite : $\widehat{BAC} = 90°$.
Or : *si un parallélogramme a un angle droit, alors c'est un rectangle*.
Donc **$ABA'C$ est un rectangle**.

**9** 1° On sait que $IJKL$ est un carré ; par suite, ses diagonales se coupent en leur milieu, ont la même longueur et sont perpendiculaires.

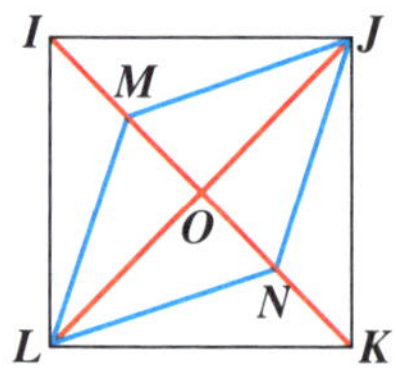


D'où :
– $O$ est le milieu de $[JL]$ et de $[IK]$ ; de $OI = OK$ on déduit $OM = ON$ car $OM$ est la moitié de $OI$ et $ON$ la moitié de $OK$ ;
$O$ est donc le milieu de $[MN]$.
– $(JL) \perp (IK)$ ; on en déduit $(JL) \perp (MN)$.
**Le quadrilatère $JMLN$ est un losange** car ses diagonales ($[MN]$ et $[JL]$) se coupent en leur milieu et sont perpendiculaires.

2° **Vrai** $(JM) // (NL)$ car les côtés opposés d'un losange sont parallèles.
**Vrai** La translation qui amène $J$ sur $M$ amène le point $N$ sur le point $L$ car on a : $(JM) // (NL)$, $JM = NL$ et le sens de $N$ vers $L$ est le même que le sens de $J$ vers $M$.

**10** 1° Dire que le point $D'$ est le symétrique de $D$ par rapport à $I$, c'est dire que $I$ est le milieu de $[DD']$.
D'où le programme de construction de $D'$ :
– on trace la demi-droite $[DI)$ ;
– on place le point $D'$ sur la demi-droite $[DI)$ tel que $ID' = DI$.

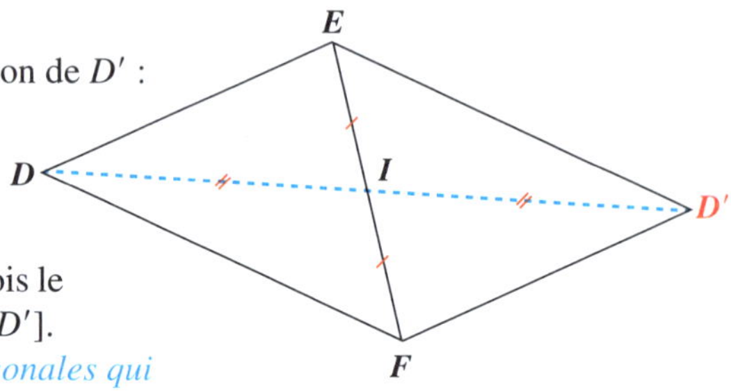


2° On sait que le point $I$ est à la fois le milieu de $[EF]$ et le milieu de $[DD']$.
Or : *Si un quadrilatère a ses diagonales qui se coupent en leur milieu, alors c'est un parallélogramme*.
Donc $EDFD'$ est un parallélogramme.
*Les côtés opposés d'un parallélogramme sont parallèles et de même longueur.*
Donc : **$(FD') // (DE)$ et $FD' = DE$**.
Les demi-droites $[FD')$ et $[DE)$ sont dans un même demi-plan de frontière $(DF)$.
Par suite **la translation qui amène $D$ sur $E$ amène $F$ sur $D'$**.

Sachant que $EDFD'$ est un parallélogramme, on peut aussi dire que $D'$ est l'image de $E$ dans la translation qui amène $D$ sur $F$.

**11** 1°

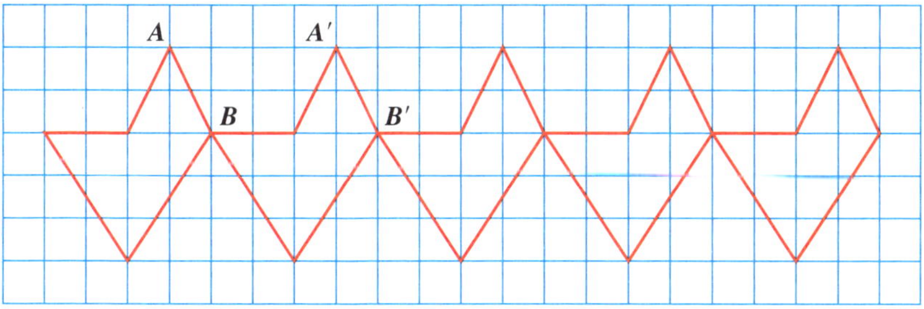


2° On a $(AA') // (BB')$ car les lignes du quadrillage sont parallèles ; $AA' = BB'$ car les côtés des carrés ont tous la même mesure (4 carreaux pour $AA'$ et pour $BB'$) ; le quadrilatère convexe ***AA′B′B* est un parallélogramme** car il a deux côtés opposés à la fois parallèles et de même longueur.
**La translation qui amène *A* sur *A′*** amène *B* sur *B′* ; cette translation amène chacun des sommets du premier motif sur un sommet du deuxième motif. Cette translation amène chaque motif sur celui qui est immédiatement à sa droite.

**12** 1° On doit avoir : $(AE) // (BF) // (CG) // (OI)$ et $AE = BF = CG = OI$ (déplacement de 4 carreaux vers la droite).

2° On doit avoir : $(EM) // (FN) // (GP) // (OJ)$ et $EM = FN = GP = OJ$ (déplacement de 5 carreaux vers le bas).

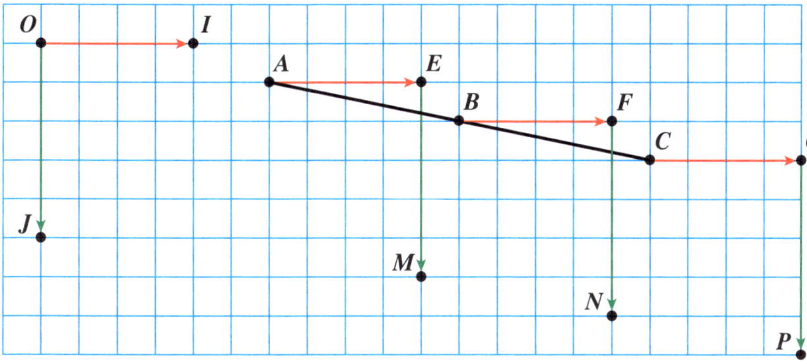


3° La translation conserve l'alignement des points et les égalités des distances.
Sachant que *A*, *B* et *C* sont alignés et *B* est le milieu de [*AC*], on en déduit :
***E*, *F* et *G* sont alignés et *F* est le milieu de [*EG*]**
***M*, *N* et *P* sont alignés et *N* est le milieu de [*MP*]** ;
On sait que *l'image d'une droite dans une translation est une droite parallèle*, donc **les droites (*AC*), (*EG*) et (*MP*) sont parallèles**.

corrigés

**13** 1° On sait que $ABCD$ est un parallélogramme ; on en déduit :

– $(AB)//(DC)$ et, par suite, $(AE)//(DF)$ ;

– $AB = DC$ et, par suite $AE = DF$ car $AE$ est la moitié de $AB$ et $DF$ est la moitié de $DC$.

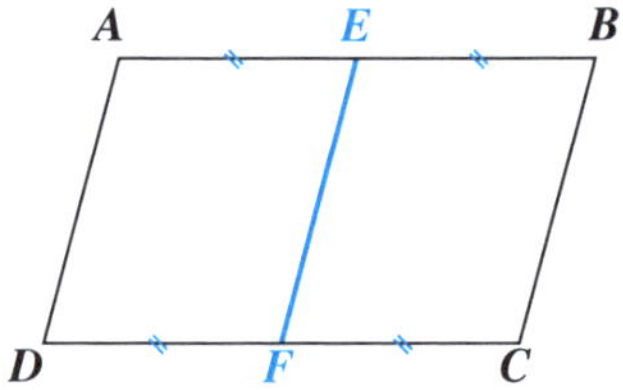


Le quadrilatère convexe ***AEFD* est un parallélogramme** car il a deux côtés opposés à la fois parallèles et de même longueur ; on en déduit $(AD)//(EF)$ et $AD = EF$.

De même ***EBCF* est un parallélogramme** ; on en déduit : $(EF)//(BC)$ et $EF = BC$.

2° Pour la translation qui amène $A$ sur $D$, l'image du point $E$ est le point ***F*** ; l'image du point $B$ est le point ***C*.**

**14** 1° *Dans un triangle, la droite qui joint les milieux de deux côtés est parallèle au troisième côté*.

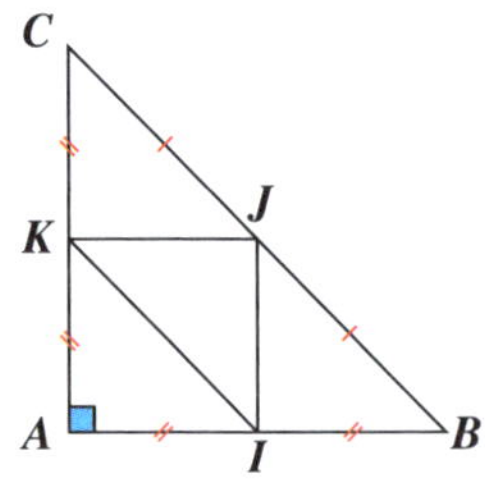


$I$ est le milieu de $[AB]$ et $J$ celui de $[BC]$ ; d'où : $(IJ)//(AC)$.
$J$ est le milieu de $[BC]$ et $K$ celui de $[CA]$ ; d'où : $(JK)//(AB)$.
$K$ est le milieu de $[CA]$ et $I$ celui de $[AB]$ ; d'où : $(KI)//(BC)$.
Par suite, chacun des quadrilatères $CKIJ$, $KIBJ$ et $AIJK$ a ses côtés opposés parallèles.

***CKIJ*, *KIBJ* sont donc des parallélogrammes**.

$AIJK$ est un parallélogramme particulier ; il a un angle droit : c'est donc un rectangle ; il a deux côtés consécutifs de même longueur ($AK = AI$) : c'est donc un losange ; ***AIJK* est un carré** car c'est à la fois un rectangle et un losange.

2° Dans la translation qui amène $A$ sur $I$, le point $I$ a pour image le point $B$ (car $B \in (AI)$ ; $IB = AI$ et le sens de $I$ vers $B$ est le même que le sens de $A$ vers $I$) et le point $K$ a pour image le point $J$ (car $AIJK$ est un parallélogramme) ; par suite, **l'image du triangle *AIK* est le triangle *IBJ***.

3° Dans la translation qui amène $A$ sur $K$, le point $K$ a pour image le point $C$ (car $C \in (AK)$ ; $KC = AK$ et le sens de $K$ vers $C$ est le même que le sens de $A$ vers $K$) et le point $I$ a pour image le point $J$ (car $AKJI$ est un parallélogramme) ; par suite, **l'image du triangle *AIK* est le triangle *KJC***.

**15** 1° $ABCD$ est un parallélogramme ; d'où : $(AB)//(DC)$ et $AB = DC$.

Dans la translation qui amène $A$ sur $B$, **l'image du point *D* est le point *C*** car on a : $(DC)//(AB)$ ; $DC = AB$ et le sens de $D$ vers $C$ est le même que celui de $A$ vers $B$.

**Construction du point *E*, image de *O* dans la translation qui amène *A* sur *B* :**

– on trace la droite $xy$ passant par le point $O$ et parallèle à $(AB)$ ;

– on place sur $xy$ le point $E$ tel que $OE = AB$ et le sens de $O$ vers $E$ est le même que le sens de $A$ vers $B$.

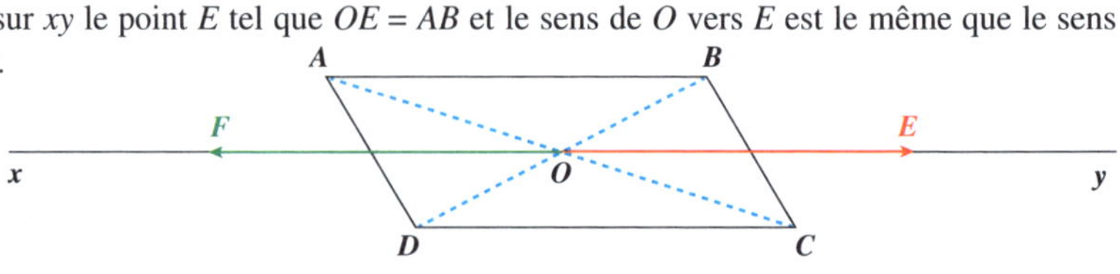

2° Dans la translation qui amène $B$ sur $A$, **l'image du point $C$ est le point $D$** car : $(CD) // (BA)$ ; $CD = BA$ et le sens de $C$ vers $D$ est le même que celui de $B$ vers $A$.

**Construction du point $F$, image de $O$ dans la translation qui amène $B$ sur $A$ :**
– la droite $xy$ (question précédente) passe par le point $O$ et est parallèle à $(AB)$ ;
– on place sur $xy$ le point $F$ tel que $OF = BA$ et le sens de $O$ vers $F$ est le même que le sens de $B$ vers $A$.

3° Les points $O$, $E$ et $F$ sont sur la droite $xy$ ; on a $OE = OF$ car $OE = AB$ et $OF = BA$.
**Le point $O$ est donc le milieu de $[EF]$.**

**16** 1° Dans la translation qui amène $O$ sur $O'$, l'image du cercle $(C)$ est le cercle de centre $O'$ et de même rayon.
**L'image du cercle $(C)$ est donc le cercle $(C')$.**

2° Le point $A$ est à la fois sur la droite $\Delta$ **et** sur le cercle $(C)$.
Dans la translation qui amène $O$ sur $O'$, l'image de $A$ est à la fois sur l'image de $\Delta$ **et** sur l'image de $(C)$.
– La droite $\Delta$ est parallèle à $(OO')$, elle est donc confondue avec son image (chaque point de $\Delta$ a son image sur $\Delta$).
– L'image du cercle $(C)$ est le cercle $(C')$.
L'image de $A$ est située à l'intersection de la droite $\Delta$ et du cercle $(C')$, c'est le point $J$. **L'image du point $A$ dans la translation qui amène le point $O$ sur $O'$ est le point $J$.**

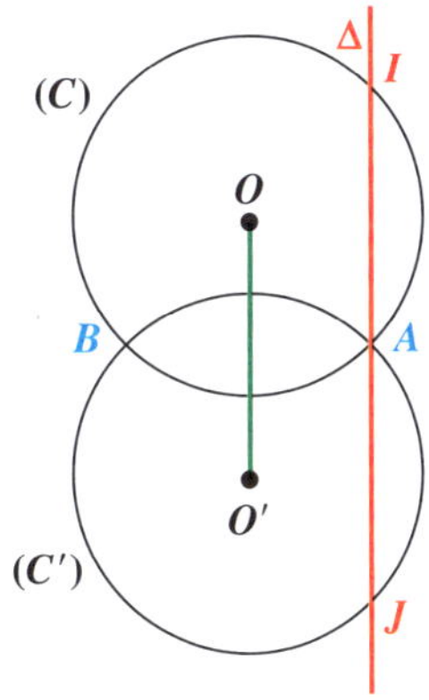


**17** 1° Dans la translation qui amène $O$ sur $A$, l'image de $A$ est le point $A_1$ tel que $A_1 \in x'x$ et $AA_1 = OA$ (3 unités vers la droite) ; **$A_1$ a pour abscisse + 6.**
L'image de $B$ est le point $B_1$ tel que $B_1 \in x'x$ et $BB_1 = OA$ (3 unités vers la droite) ;
**$B_1$ a pour abscisse – 2.**

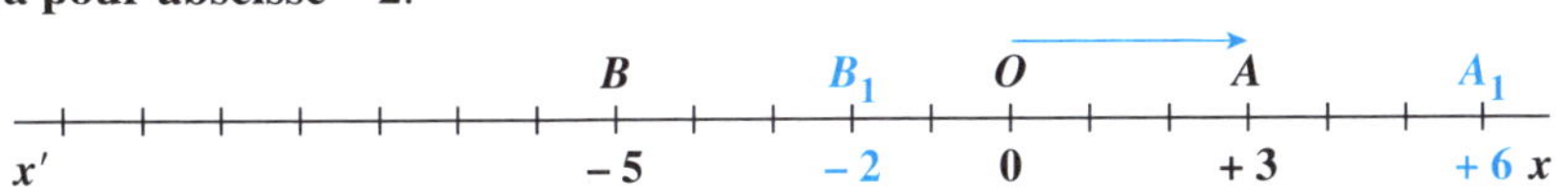


2° Dans la translation qui amène $O$ sur $B$, l'image de $A$ est le point $A_2$ tel que $A_2 \in x'x$ et $AA_2 = OB$ (5 unités vers la gauche) ; **$A_2$ a pour abscisse – 2** (ce point est confondu avec $B_1$). L'image de $B$ est le point $B_2$ tel que $B_2 \in x'x$ et $BB_2 = OB$ (5 unités vers la gauche) ; **$B_2$ a pour abscisse – 10.**

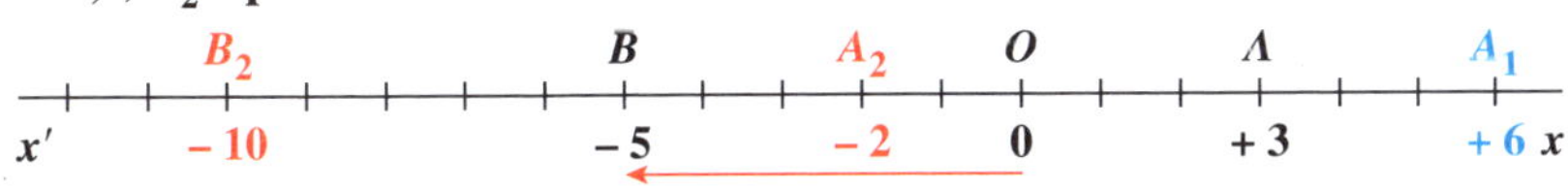


**18** 1° Le plus grand côté est $BC$ ; on a : $BC^2 = 30^2 = 900$ ;
$AB^2 + AC^2 = 24^2 + 18^2 = 900$.
D'où : $BC^2 = AB^2 + AC^2$ (égalité de Pythagore).
**Le triangle $ABC$ est rectangle en $A$** (réciproque du théorème de Pythagore).

corrigés

2° Dire que $M$ est l'image du point $C$ dans la translation qui amène $A$ sur $B$, c'est dire que $(CM)//(AB)$, $CM = AB$ et que le sens de $C$ vers $M$ est le même que le sens de $A$ vers $B$.

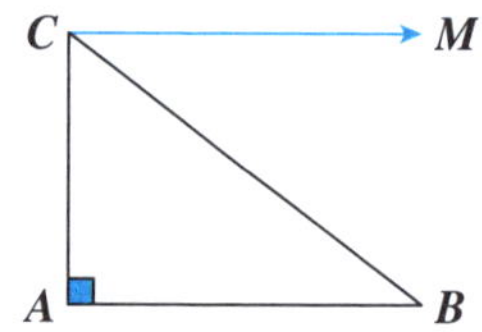


Le quadrilatère convexe $ABMC$ a donc deux côtés opposés à la fois parallèles et de même longueur, c'est donc un parallélogramme ; ce parallélogramme a un angle droit, c'est donc un parallélogramme particulier ; ***ABMC* est un rectangle**.

3° ***M* est l'image du point *B* par la translation qui amène *A* sur *C*** car on sait que $ABMC$ est un parallélogramme et on en déduit $(BM)//(AC)$ ; $BM = AC$ et le sens de $B$ vers $M$ est le même que celui de $A$ vers $C$.

**19** 1° On construit la figure.

• Construction du symétrique du triangle $MNP$ par rapport à $D_1$.

Les points $M$ et $P$ sont sur l'axe $D_1$ ; par suite, $M$ a pour symétrique $M$ et $P$ a pour symétrique $P$ (ce sont deux points invariants).

Programme de construction du point $N'$ symétrique de $N$ par rapport à $D_1$.

– on trace la droite $(MN)$ qui est perpendiculaire à $D_1$ ;

– on place sur la droite $(MN)$ le point $N'$ tel que $M$ soit le milieu de $[NN']$.

La droite $D_1$ est la médiatrice de $[NN']$.

• Construction du symétrique du triangle $MNP$ par rapport à $D_2$.

Le point $N$ est sur l'axe $D_2$ ; par suite, $N$ a pour symétrique $N$ (point invariant).

Programme de construction du point $M'$ symétrique de $M$ par rapport à $D_2$.

– on trace la droite $(MN)$ qui est perpendiculaire à $D_2$ ;

– on place sur la droite $(MN)$ le point $M'$ tel que $N$ soit le milieu de $[MM']$.

La droite $D_2$ est la médiatrice de $[MM']$.

Programme de construction du point $P'$ symétrique de $P$ par rapport à $D_2$.

– on trace la droite $(PH)$ perpendiculaire en $H$ à la droite $D_2$ ;

– on place sur la droite $(PH)$ le point $P'$ tel que $H$ soit le milieu de $[PP']$.

La droite $D_2$ est la médiatrice de $[PP']$.

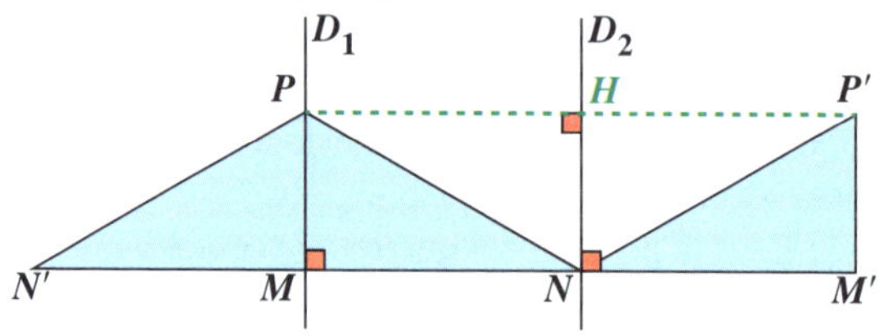


2° L'image du triangle $MN'P$ dans la translation qui amène M sur M′ est $\boldsymbol{M'NP'}$.

On peut justifier ce qui a été conjecturé.

L'image de $M$ est $M'$.

L'image de $N'$ est $N$ car on a : $N \in (MM')$ ; $N'N = MM'$ et on va de $N'$ vers $N$ dans le même sens que de $M$ vers $M'$.

L'image de $P$ est $P'$ car on a : $(PP')//(MM')$ ; $PP' = MM'$ et on va de $P$ vers $P'$ dans le même sens que de $M$ vers $M'$.

**20** 1° $A_1$, $B_1$, $C_1$ et $D_1$ sont tels que $(AA_1)//(BB_1)//(CC_1)//(DD_1)//(OI)$ et $AA_1 = BB_1 = CC_1 = DD_1 = OI$ (2 carreaux vers la droite).
**$A_1(2 ; 1)$ ; $B_1(-1 ; 0{,}5)$ ; $C_1(0 ; -1{,}5)$ et $D_1(3 ; -1)$.**

2° $A_2$, $B_2$, $C_2$ et $D_2$ sont tels que $(AA_2)//(BB_2)//(CC_2)//(DD_2)//(OJ)$ et $AA_2 = BB_2 = CC_2 = DD_2 = OJ$ (2 carreaux vers le haut).
**$A_2(1 ; 2)$ ; $B_2(-2 ; 1{,}5)$ ; $C_2(-1 ; -0{,}5)$ et $D_2(2 ; 0)$.**

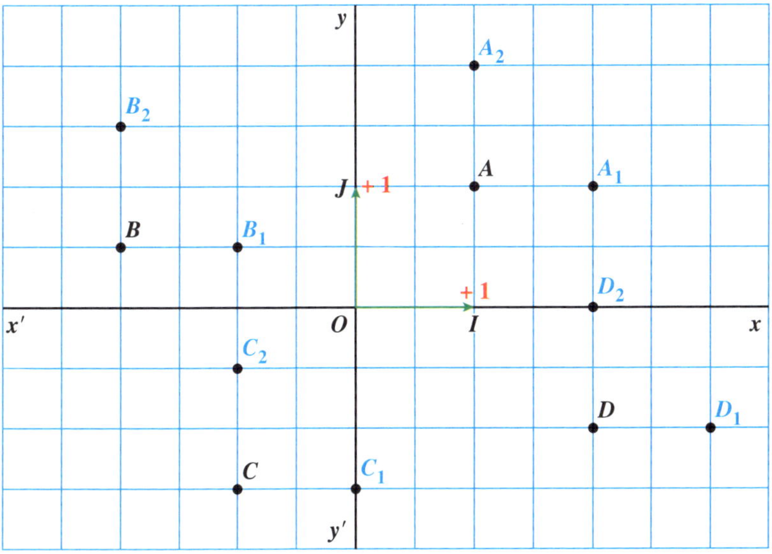


3° Le quadrillage montre que le quadrilatère $IJA_2A_1$ a ses diagonales qui se coupent en leur milieu (le point $A$) ; c'est donc un parallélogramme ; par suite : $(A_1A_2)//(IJ)$ ; $A_1A_2 = IJ$ ; le sens de $A_1$ vers $A_2$ est le même que celui de $I$ vers $J$.
**$A_2$ est donc l'image de $A_1$ dans la translation qui amène $I$ sur $J$.**

**21** 1° *Dans un triangle, la droite qui joint les milieux de deux côtés est parallèle au troisième côté.*

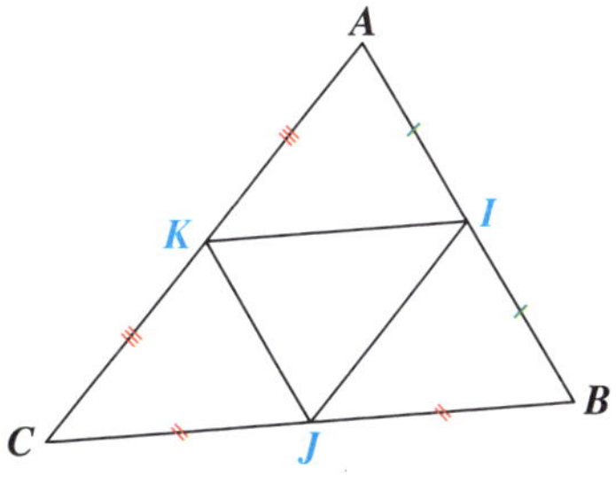


- $I$ et $J$ sont les milieux respectifs des côtés $[AB]$ et $[BC]$ du triangle $ABC$ ; on en déduit : $(IJ)//(AC)$.
- $J$ et $K$ sont les milieux respectifs des côtés $[BC]$ et $[CA]$ du triangle $ABC$ ; on en déduit : $(JK)//(BA)$.
- $K$ et $I$ sont les milieux respectifs des côtés $[CA]$ et $[AB]$ du triangle $ABC$ ; on en déduit : $(KI)//(CB)$.

Par suite : **$AIJK$ est un parallélogramme** car $(AI)//(KJ)$ et $(AK)//(IJ)$ ;
**$BJKI$ est un parallélogramme** car $(BJ)//(KI)$ et $(BI)//(JK)$ ;
**$CJIK$ est un parallélogramme** car $(CJ)//(KI)$ et $(CK)//(JI)$.

2° Dans la translation qui amène $A$ sur $I$ :

– le point $I$ a pour image le point $B$ car $B \in (AI)$ ; $IB = AI$ et le sens de $I$ vers $B$ est le même que le sens de $A$ vers $I$.

– le point $K$ a pour image le point $J$ car $AIJK$ est un parallélogramme ;

– **l'image du triangle *AIK* est donc le triangle *IBJ***.

3° Dans la translation qui amène $B$ sur $J$ :

– le point $J$ a pour image le point $C$ car $C \in (BJ)$ ; $JC = BJ$ et le sens de $J$ vers $C$ est le même que le sens de $B$ vers $J$.

– le point $I$ a pour image le point $K$ car $BJKI$ est un parallélogramme ;

– **l'image du triangle *IBJ* est donc le triangle *KJC***.

4° La translation qui amène le triangle le triangle $KJC$ sur le triangle $AIK$ **est la translation qui amène *C* sur *K*** car :

– le point $K$ a pour image le point $A$ car $A \in (CK)$ ; $KA = CK$ et le sens de $K$ vers $A$ est le même que le sens de $C$ vers $K$.

– le point $J$ a pour image le point $I$ car $CKIJ$ est un parallélogramme ;

– le point $C$ a pour image le pour $K$ (« vecteur » de cette translation).

**22** 1° Programme de construction du point $L$, image du point $J$ dans la translation qui amène $K$ sur $I$ :

– on trace la droite $\Delta$, parallèle à $(KI)$ et passant par le point $J$ ;

– on place le point $L$ sur la droite $\Delta$ tel que $JL = KI$ et le sens de $J$ vers $L$ est le même que le sens de $K$ vers $I$.

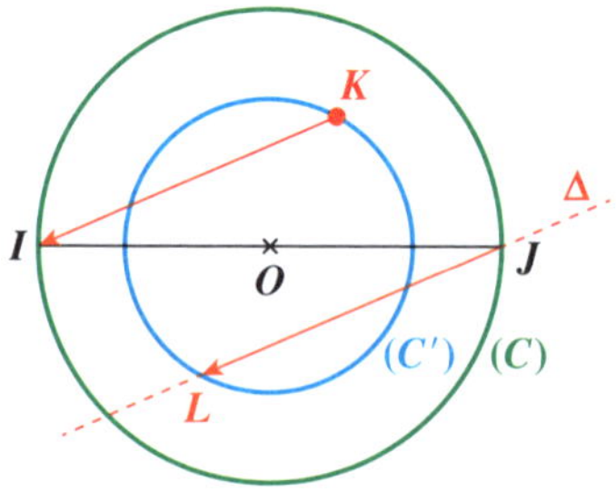


**On peut conjecturer que le point *L* appartient au cercle (*C'*).**

2° Démontrons que le point $L$ appartient au cercle $(C')$.

On sait que quadrilatère convexe $KILJ$ est tel que $(JL) // (KI)$ et $JL = KI$.

Or : *si un quadrilatère convexe a deux côtés opposés à la fois parallèles et de même longueur, alors c'est un parallélogramme*.

Donc $KILJ$ est un parallélogramme.

Or : *dans un parallélogramme, les diagonales se coupent en leur milieu*.

Donc le point $O$, milieu de la diagonale $[IJ]$, est aussi le milieu de la diagonale $[KL]$.

D'où : $OL = OK$ (rayon du cercle $(C')$) ; par suite ***L* est un point du cercle (*C'*)**.

# Cercle et disque
# Rotation

14

# LE COURS

## Cercle et disque

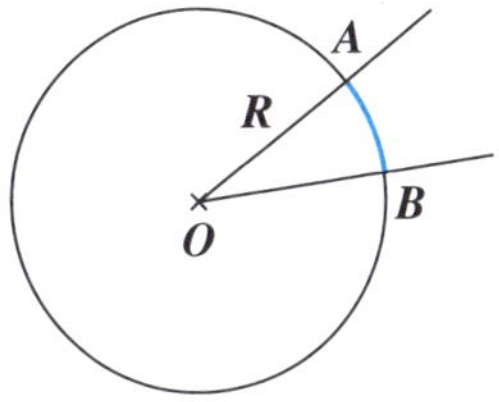


- **Le cercle** de centre $O$ et de rayon $R$ est l'ensemble de tous les points du plan situés à la distance $R$ du centre $O$.

La longueur $L$ du cercle de rayon $R$ est telle que $L = 2\pi R$.

La longueur d'un **arc de cercle** est proportionnelle à l'angle au centre qui intercepte cet arc.

Si $\widehat{AOB} = 30°$, la longueur de l'arc $\widehat{AB}$ est égale à $L \times \frac{30}{360}$.

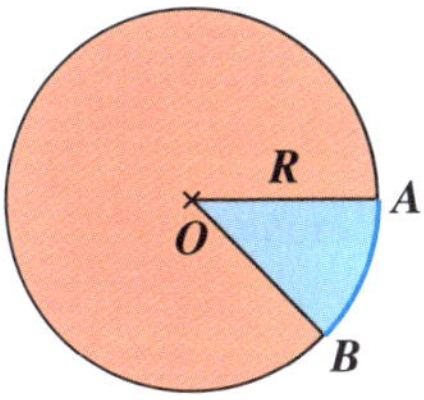


- **Le disque** de centre $O$ et de rayon $R$ est l'ensemble de tous les points du plan situés à une distance inférieure ou égale à $R$ du centre $O$.

L'aire $\mathcal{A}$ du disque de rayon $R$ est tel que $\mathcal{A} = \pi R^2$.

L'aire d'un **secteur de disque** est proportionnelle à l'angle au centre qui détermine ce secteur.

$\widehat{AOB} = 45°$, l'aire du secteur $AOB$ est égale à $\mathcal{A} \times \frac{45}{360}$.

- **Positions relatives d'une droite et d'un cercle**

Soit un cercle $(C)$ de centre $O$ et de rayon $R$.

Soit $D$ une droite et $H$ le pied de la perpendiculaire abaissée de $O$ sur $D$.

Soit $d = OH$ ; $d$ est appelée la distance de $O$ à la droite $D$.

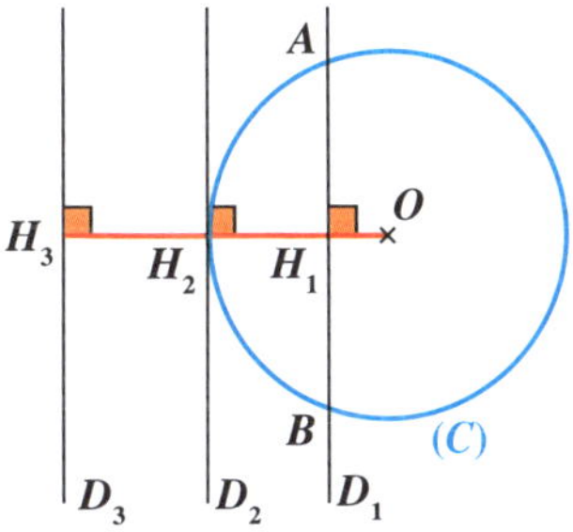


La distance du centre $O$ à la droite $D_1$ est $d_1 = OH_1$.
La distance du centre $O$ à la droite $D_2$ est $d_2 = OH_2$.
La distance du centre $O$ à la droite $D_3$ est $d_3 = OH_3$.

- Si $d < R$, alors la droite $D$ est **sécante** au cercle $(C)$. $D_1$ est sécante au cercle $(C)$ (deux points d'intersection : $A$ et $B$).
- Si $d = R$, alors la droite $D$ est **tangente** au cercle $(C)$. $D_2$ est tangente au cercle $(C)$ (un seul point d'intersection : $H_2$).
- Si $d > R$, alors la droite $D$ est **extérieure** au cercle $(C)$. $D_3$ est extérieure au cercle $(C)$ (aucun point d'intersection).

## Rotation

On a appliqué à une figure $F_1$ des mouvements de rotation de centre $O$ :
– dans une première rotation d'angle 90° (quart de tour) dans le sens des aiguilles d'une montre la figure $F_1$ a été amenée sur la figure $F_2$ ;
– dans une seconde rotation d'angle 180° (demi-tour) dans le sens des aiguilles d'une montre, la figure $F_1$ a été amenée sur la figure $F_3$ ;
– dans une troisième rotation d'angle 270° (trois-quarts de tour) dans le sens des aiguilles d'une montre, la figure $F_1$ a été amenée sur la figure $F_4$.

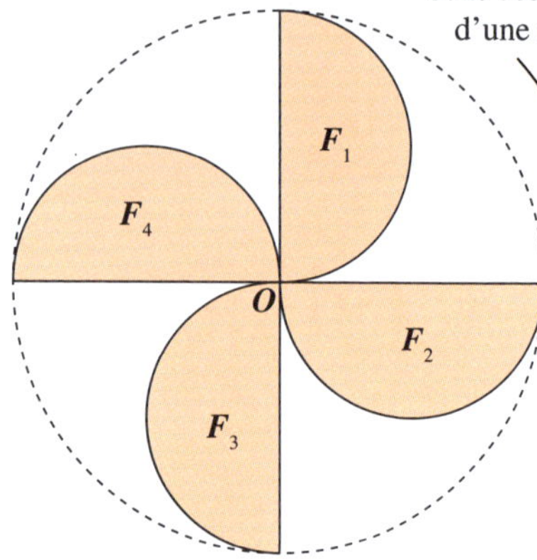


L'ensemble des figures $F_1$, $F_2$, $F_3$ et $F_4$ constitue une rosace.

### • Construction de l'image d'un point dans une rotation

• Construction de l'image du point $P$ dans la rotation de centre $O$ et d'angle 60°, dans le sens des aiguilles d'une montre :
– on trace le cercle $(C)$ de centre $O$ et de rayon $OP$ ;
– on place sur le cercle $(C)$ le point $P'$ tel que $\widehat{POP'} = 60°$ et tel que le déplacement de $P$ vers $P'$ soit dans le sens des aiguilles d'une montre.

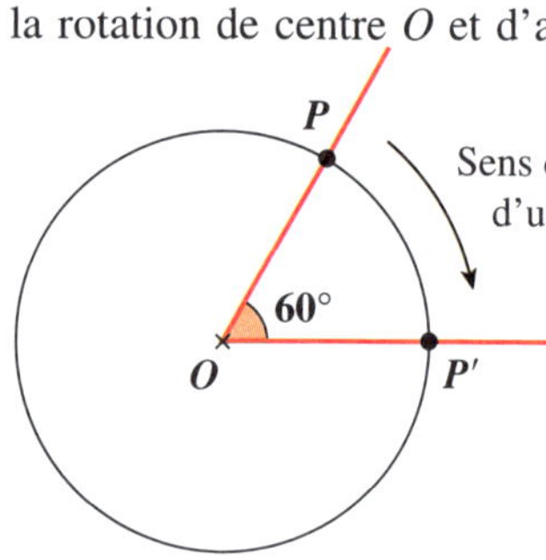


### • Propriétés

• **Une rotation transforme une figure en une figure superposable**.

Par suite, toute rotation conserve l'alignement des points, les longueurs, les angles, les aires ; deux droites perpendiculaires ont pour images deux droites perpendiculaires ; deux droites parallèles ont pour images deux droites parallèles.

• Pour construire l'image d'un polygone dans une rotation, il suffit de construire les images de ses sommets, puis de les joindre comme dans le polygone initial.

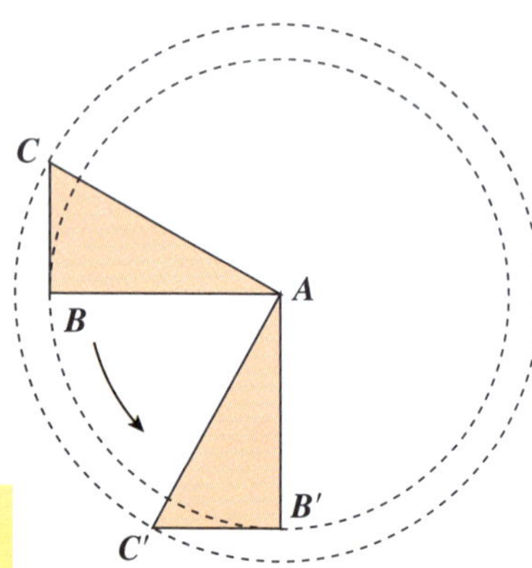


$A$ est le centre de la rotation ; il est invariant.
$B'$ est tel que $AB' = AB$ et $\widehat{BAB'} = 90°$ ;
$C'$ est tel que $AC' = AC$ et $\widehat{CAC'} = 90°$.
$AB'C'$ est l'image de $ABC$ dans la rotation de centre $A$ et d'angle 90° dans le sens contraire des aiguilles d'une montre.

• Pour construire l'image d'un cercle, il suffit de construire l'image de son centre, puis de tracer le cercle ayant le même rayon que le cercle initial.

## Polygones réguliers et rotations

- **Un polygone est régulier s'il a ses côtés de même longueur et ses angles égaux.**

- Un polygone régulier a toujours un **cercle circonscrit**.

Dans un polygone régulier, tous les **angles au centre** dont les côtés passent par deux sommets consécutifs sont égaux ; si le polygone régulier a $n$ côtés, chacun de ces angles au centre est égal à $\dfrac{360°}{n}$.

- **Exemples de polygones réguliers**

• **Triangle équilatéral**
  - 3 côtés égaux,
  - 3 angles de 60°,
  - 3 angles au centre de 120°.

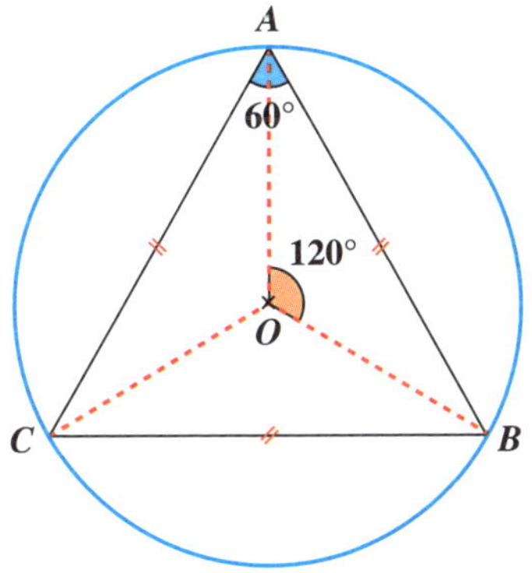


$AB = BC = CA$ ; $\widehat{ABC} = \widehat{BCA} = \widehat{CAB} = 60°$ ;
$OA = OB = OC$ ; $\widehat{AOB} = \widehat{BOC} = \widehat{COA} = 120°$.

*Dans une rotation de centre O et d'angle 120°, quel que soit le sens de rotation, le triangle équilatéral est confondu avec son image (il est globalement invariant).*



• **Carré**
  - 4 côtés égaux,
  - 4 angles de 90°,
  - 4 angles au centre de 90°.

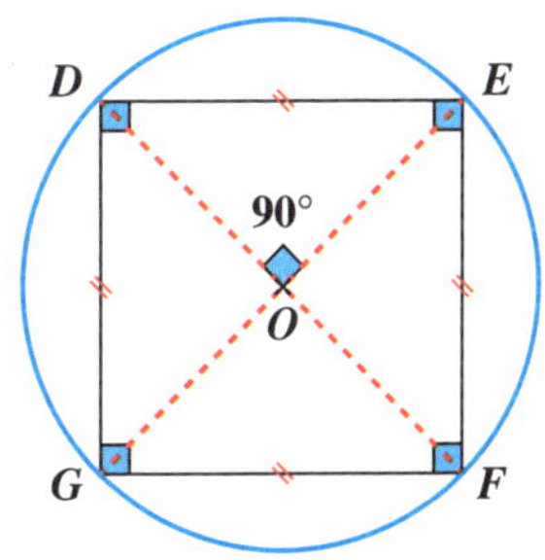


$DE = EF = FG = GD$ ;
$\widehat{DEF} = \widehat{EFG} = \widehat{FGD} = \widehat{GDE} = 90°$ ;
$OD = OE = OF = OG$ ;
$\widehat{DOE} = \widehat{EOF} = \widehat{FOG} = \widehat{GOD} = 90°$.

*Dans une rotation de centre O et d'angle 90°, quel que soit le sens de rotation, le carré est confondu avec son image (il est globalement invariant).*

• **Hexagone régulier**
  - 6 côtés égaux,
  - 6 angles de 120°,
  - 6 angles au centre de 60°.

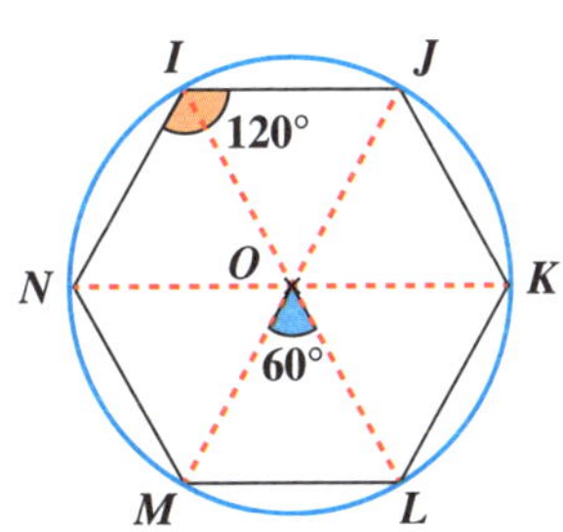


$IJ = JK = KL = LM = MN = NI$ ;
$\widehat{IJK} = \widehat{JKL} = \widehat{KLM} = \widehat{LMN} = \widehat{MNI} = \widehat{NIJ} = 120°$ ;
$OI = OJ = OK = OL = OM = ON$ ;
$\widehat{IOJ} = \widehat{JOK} = \widehat{KOL} = \widehat{LOM} = \widehat{MON} = \widehat{NOI} = 60°$.

*Dans une rotation de centre O et d'angle 60°, quel que soit le sens de rotation, l'hexagone régulier est confondu avec son image (il est globalement invariant).*

# EXERCICES

## Tester ses connaissances

**1** (corrigé p. 214)

Soit $(C)$ un cercle de centre $O$.
$[AB]$ et $[IJ]$ sont deux cordes de même longueur.
Démontrer que les angles au centre $\widehat{AOB}$ et $\widehat{IOJ}$ sont égaux.

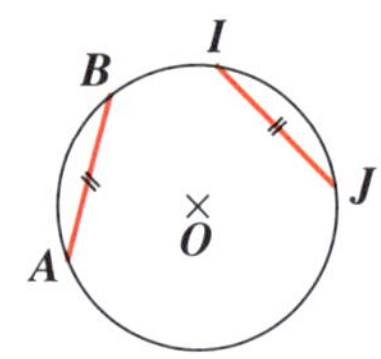


**2** (corrigé p. 214)

Soit $(C)$ un cercle de centre $O$.
Les angles au centre $\widehat{MON}$ et $\widehat{KOL}$ sont égaux.
Démontrer que les cordes $[MN]$ et $[KL]$ sont telles que l'on a $MN = LK$.

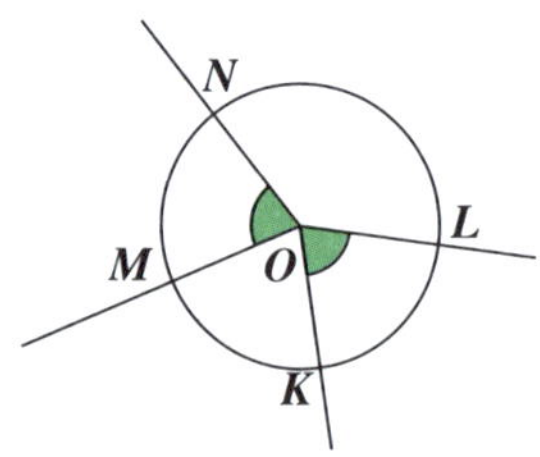


**3** (corrigé p. 214)

Dans la figure ci-contre $(C)$ et $(C')$ sont deux cercles ayant le même centre $O$ (on dit que ce sont des cercles concentriques). Les point $M$, $N$, $P$ et $R$ sont tels que :
$M \in (C)$ ; $N \in (C)$ et $\widehat{MON} = 60°$.
$P \in (C')$ ; $R \in (C')$ et $\widehat{POR} = 60°$.
Compléter les phrases suivantes.

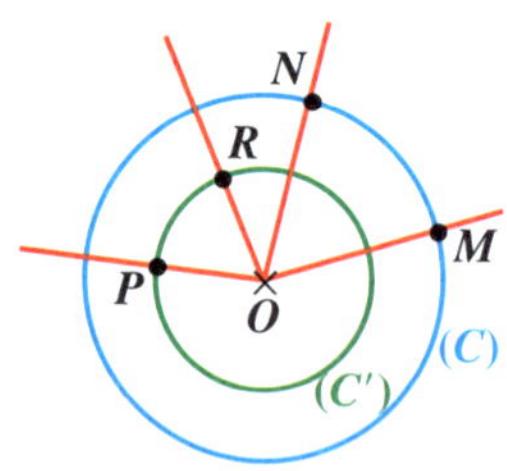


• Dans la rotation de centre $O$ qui amène $M$ sur $N$, le point $R$ a pour image le point … ; cette rotation se fait dans le sens ..................................................

• Dans la rotation de centre $O$ et d'angle 60°, dans le sens des aiguilles d'une montre, le point $P$ a pour image le point … ; le point … a pour image le point $M$.

**4** (corrigé p. 214)

Soit $AOB$ un triangle isocèle tel que la rotation de centre $O$ et d'angle 120° dans le sens des aiguilles d'une montre amène le point $A$ sur le point $B$.

**1°** Construire le point $C$, image du point $B$ dans la rotation de centre $O$ qui amène le point $A$ sur le point $B$.

**2°** Quelle est l'image du triangle $AOB$ dans la rotation de centre $O$ qui amène $B$ sur $A$ ?

# S'entraîner

## Cercle et disque

### 5 ★ 5 min (corrigé p. 215)

$(C)$ est un cercle de centre $O$ et de rayon 24 mm.
$A$ et $B$ sont deux points de $(C)$ tels que $\widehat{AOB} = 50°$.

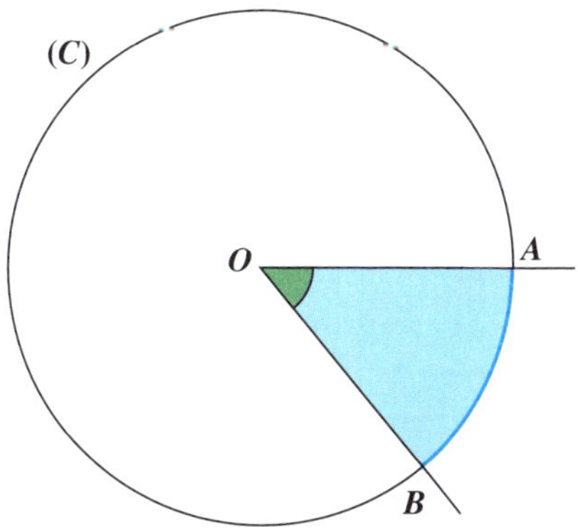


**1°** Calculer la longueur du cercle $(C)$, puis la longueur de l'arc $\overset{\frown}{AB}$.

**2°** Calculer l'aire du disque de centre $O$ et de rayon 24 mm, puis l'aire du secteur de disque $AOB$.

### 6 ★ 10 min (corrigé p. 215)

Soit $(C)$ est un cercle de centre $O$ et de diamètre $[PP']$ tel que $PP' = 30$ mm.
$H$ est le point de $[OP]$ tel que $OH = 9$ mm.
La droite $D$ est perpendiculaire en $H$ à la droite $(PP')$.
La droite $D'$ est perpendiculaire en $P'$ à la droite $(PP')$.

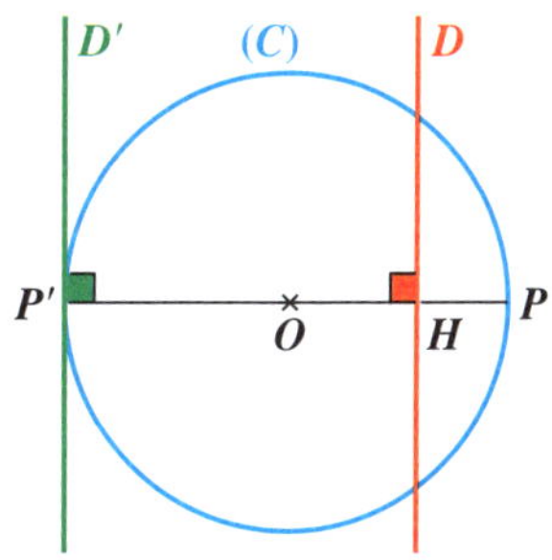


**1°** Cocher la bonne réponse et justifier.

- ❐ $D$ est tangente au cercle $(C)$.
- ❐ $D$ est sécante au cercle $(C)$.
- ❐ $D$ est extérieure au cercle $(C)$.

**2°** Prouver que $D'$ est tangente au cercle $(C)$.

### 7 ★ 10 min (corrigé p. 215)

$(C)$ est un cercle de centre $O$ et $[MN]$ une corde telle que $\widehat{MON} = 80°$.

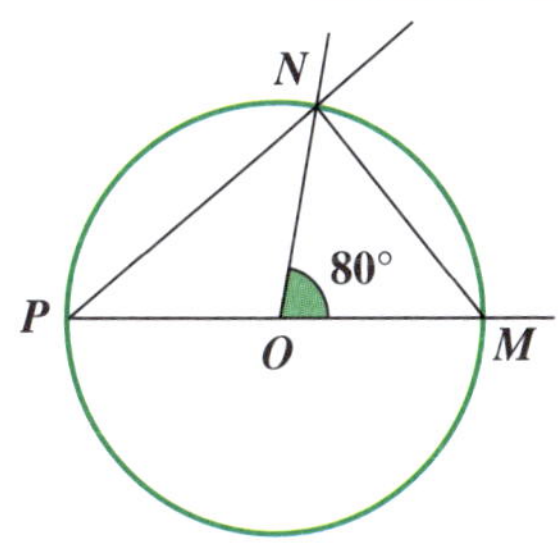


**1°** Calculer les angles $\widehat{OMN}$ et $\widehat{ONM}$.

**2°** On appelle $P$ le point tel que $[MP]$ soit un diamètre du cercle $(C)$ (on dit que $M$ et $P$ sont deux points diamétralement opposés).

Montrer que $\widehat{MPN} = \dfrac{1}{2}\,\widehat{MON}$.

exercices

## Rotation

**8** ★ 5 min (corrigé p. 216)

La figure est constituée de deux cercles concentriques ayant pour centre $O$ et huit angles de 45° ayant pour sommet le centre $O$ des deux cercles.
On considère des rotations de centre $O$, dans le sens contraire des aiguilles d'une montre.

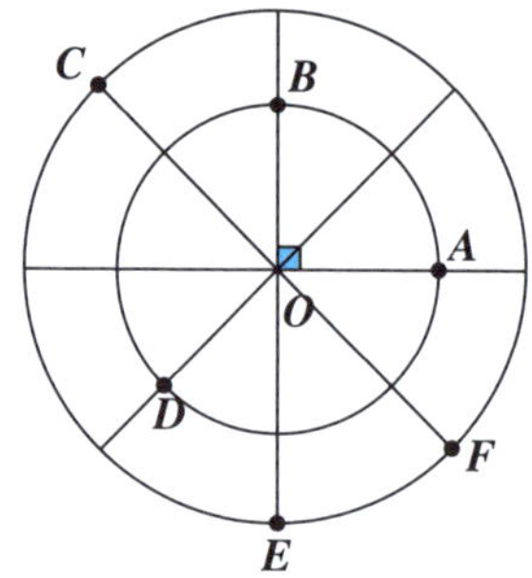


1° Compléter le tableau.

| Angle de la rotation | Point | Image |
|---|---|---|
| 90° | $A$ | … |
| 225° | $A$ | … |
| … | $B$ | $D$ |
| 180° | $C$ | … |
| … | $C$ | $E$ |
| … | $E$ | $F$ |

2° Placer les points $M$, $N$ et $P$, images respectives des points $A$, $E$ et $C$ dans la rotation de centre $O$ et d'angle 45° dans le sens des aiguilles d'une montre.

**9** ★ 5 min (corrigé p. 216)

$ABCD$ est un carré de centre $O$.

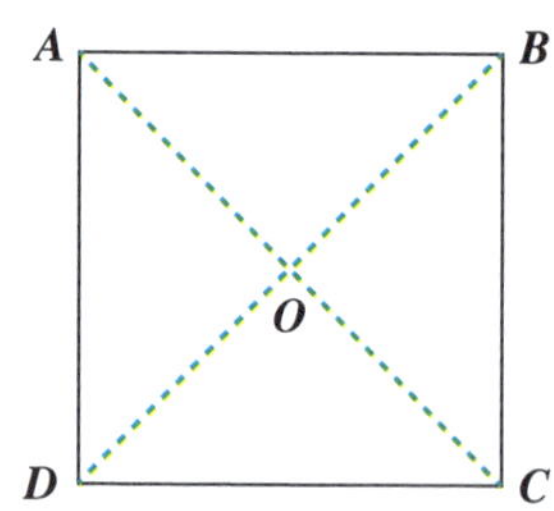


1° Démontrer que le point $B$ est l'image du point $A$ dans une rotation de centre $O$ dont on précisera l'angle et le sens.

2° Dans la rotation qui amène $A$ sur $B$, quelles sont les images de chacun des sommets du carré $ABCD$ ?

3° Quelle est l'image du carré $ABCD$ dans la rotation de centre $O$ et d'angle 180° dans le sens contraire des aiguilles d'une montre ?

**10** ★ 5 min (corrigé p. 216)

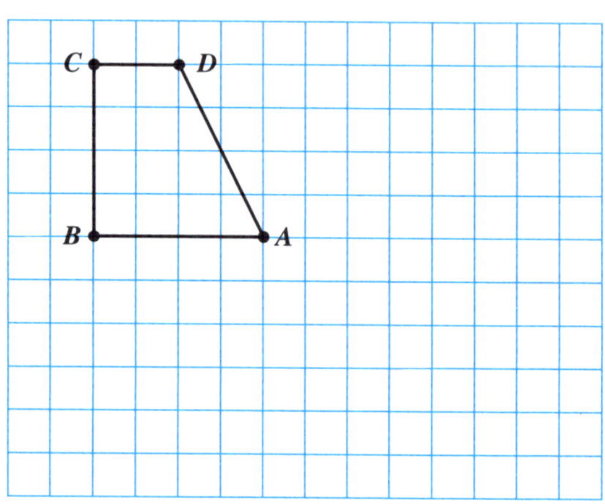


1° En utilisant le quadrillage, construire l'image du quadrilatère $ABCD$ dans la rotation de centre $A$ et d'angle 90°, dans le sens des aiguilles d'une montre.

2° Construire l'image du quadrilatère $ABCD$ dans la rotation de centre $A$ et d'angle 90°, dans le sens contraire des aiguilles d'une montre.

3° Les quadrilatères obtenus sont symétriques par rapport au point $A$.

❒ Vrai ❒ Faux

**11** ★★ 10 min (corrigé p. 217)

*DEF* est un triangle rectangle en *D* tel que $DE = 3$ cm et $DF = 2$ cm.
Construire l'image de *DEF* dans une rotation de 90° dans le sens des aiguilles d'une montre dans chacun des cas suivants.

1° Le centre de la rotation est le point *D*.

2° Le centre de la rotation est le point *E*.

**12** ★★ 10 min (corrigé p. 217)

(*D*) est un disque de centre *O* et de rayon 15 mm.
Le point *P* est tel que $OP = 25$ mm.
Construire l'image du disque (*D*) dans une rotation de centre *P* et d'angle 90° dans chacun des cas suivants.

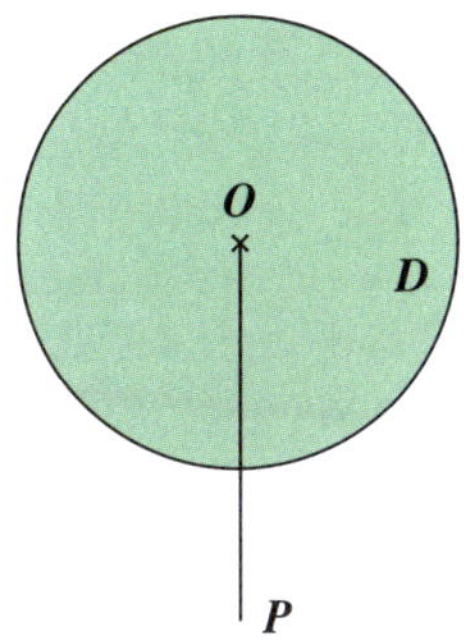


1° La rotation se fait dans le sens des aiguilles d'une montre.

2° La rotation se fait dans le sens contraire des aiguilles d'une montre.

**13** ★★ 10 min (corrigé p. 218)

Construire l'image d'une droite *xy* dans une rotation de centre *O* et d'angle 45°, dans le sens contraire des aiguilles d'une montre, dans chacun des cas suivants.

1° Le point *O* appartient à la droite *xy*.

2° Le point *O* n'appartient pas à la droite *xy*.

**14** ★★★ 15 min (corrigé p. 218)

*ABCD* est un carré de côté 2 cm dont les diagonales se coupent en *O*.
Les points *E*, *F*, *G* et *H* sont tels que :
$E \in [AB)$ et $BE = 1$ cm ; $F \in [BC)$ et $CF = 1$ cm ; $G \in [CD)$ et $DG = 1$ cm ; $H \in [DA)$ et $AH = 1$ cm.
On étudie l'image de la figure dans la rotation de centre *O* et d'angle 90° dans le sens des aiguilles d'une montre.

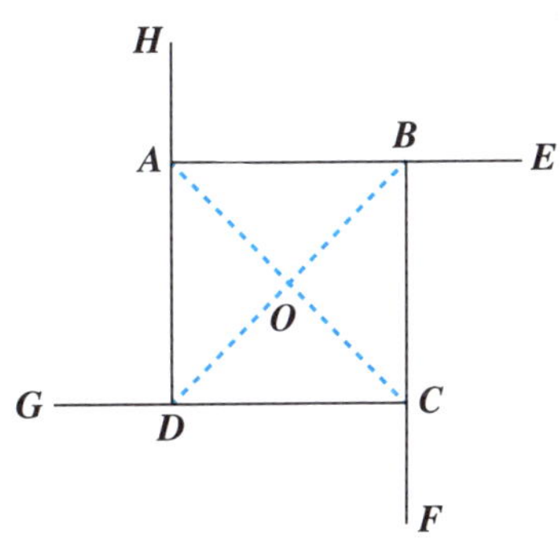


1° Justifier chacune des affirmations suivantes :
« L'image du segment [*AB*] est le segment [*BC*] » ; « l'image de la demi-droite [*AB*) est la demi-droite [*BC*) » ;
« l'image du point *E* est le point *F* ».
Que peut-on en déduire pour l'angle $\widehat{EOF}$ ?

2° Démontrer que *EFGH* est un carré.

exercices

## Polygones réguliers et rotations

### 15 ★★ 10 min

(corrigé p. 218)

[*AC*] et [*BD*] sont deux diamètres perpendiculaires d'un cercle de centre *O*.

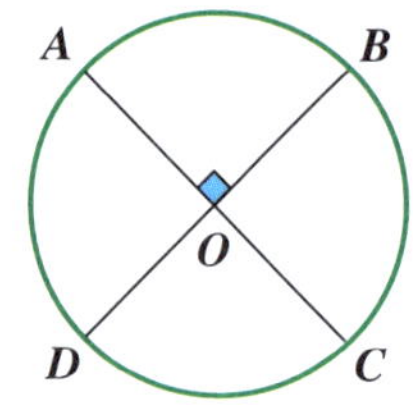


1° Prouver que *ABCD* est un polygone régulier.

2° Déterminer les images des sommets du polygone régulier *ABCD* dans chacune des rotations de centre *O* suivantes.
- Rotation de 90° dans le sens des aiguilles d'une montre.
- Rotation de 180° dans le sens des aiguilles d'une montre.
- Rotation de 270° dans un sens des aiguilles d'une montre.

### 16 ★★ 10 min

(corrigé p. 219)

[*AE*] et [*CG*] sont deux diamètres perpendiculaires d'un cercle de centre *O*. Les points *B*, *D*, *F* et *H* sont les images respectives des points *A*, *C*, *E* et *G* dans la rotation de centre *O* et d'angle 45° dans le sens des aiguilles d'un montre.
Prouver que *ABCDEFGH* est un polygone régulier.

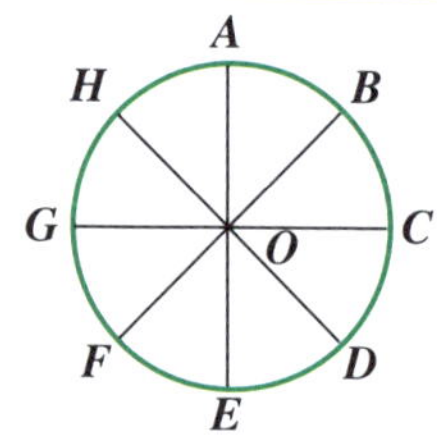


### 17 ★★ 15 min

(corrigé p. 219)

*A, B, C, D, E* et *F* sont six points appartenant au cercle (*C*) de centre *O* et de rayon *R* et tels que $AB = BC = CD = DE = EF = R$.

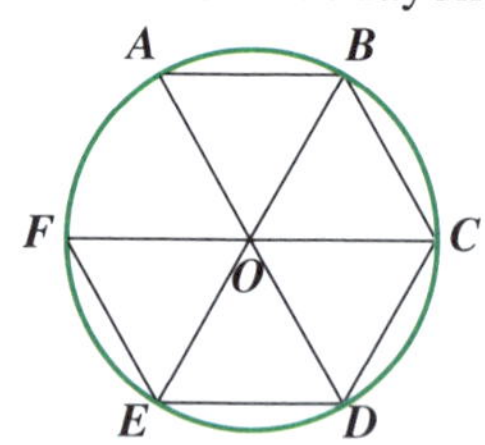


1° Prouver que le triangle *FOA* est équilatéral.

2° Prouver que *ABCDEF* est un polygone régulier.

3° Quelle est l'image de *ABCDEF* dans la rotation de centre *O* qui amène *A* sur *C* ?

### 18 ★★★ 15 min

(corrigé p. 220)

Les points *A*, *B C* et *D* sont alignés et on a $AB = BC = CD = 1$ cm.
Les points *D*, *E*, *F* et *G* sont alignés et on a $DE = EF = FG = 1$ cm.
Les points *G*, *H*, *I* et *A* sont alignés et on a $GH = HI = IA = 1$ cm.

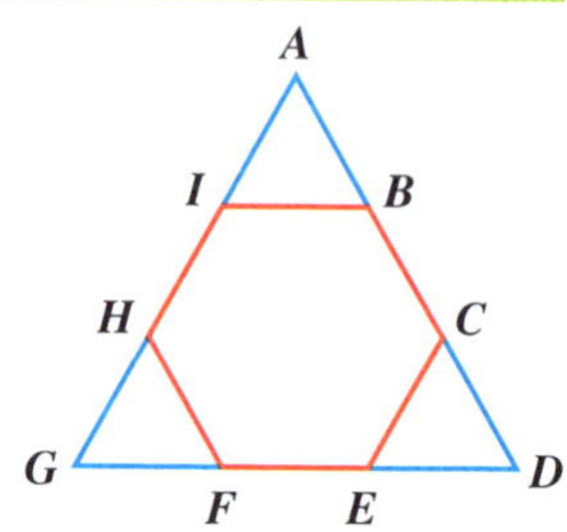


Justifier les affirmations suivantes :

1° *ADG* est un polygone régulier.

2° *IBCEFH* est un polygone régulier.

# SUJETS DU BREVET



## 19 ★★ 5 min

(corrigé p. 220)

Une table de conférence est constituée de cinq carrés de 2 m de côtés et quatre triangles rectangles isocèles juxtaposés comme l'indique la figure ci-contre.

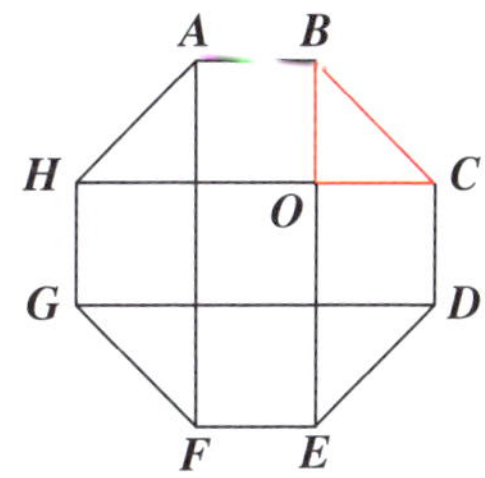


1° Justifier l'affirmation suivante : le polygone *ABCDEFGH* a huit côtés, huit angles égaux, mais il n'est pas régulier.

2° Calculer le périmètre et l'aire de cette table.

3° On envisage de remplacer cette table par une table ronde de 6 m de diamètre. Calculer le périmètre et l'aire de cette nouvelle table.

## 20 ★★★ 15 min

(corrigé p. 220)

*Une rosace dont les traces sont visibles au « Temple de Diane » à Nîmes est constituée d'un hexagone régulier entouré de six carrés et six triangles.*
*L'ensemble constitue un polygone ayant douze côtés (dodécagone).*

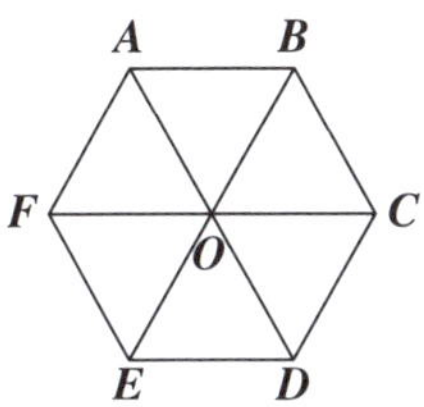


Figure 1

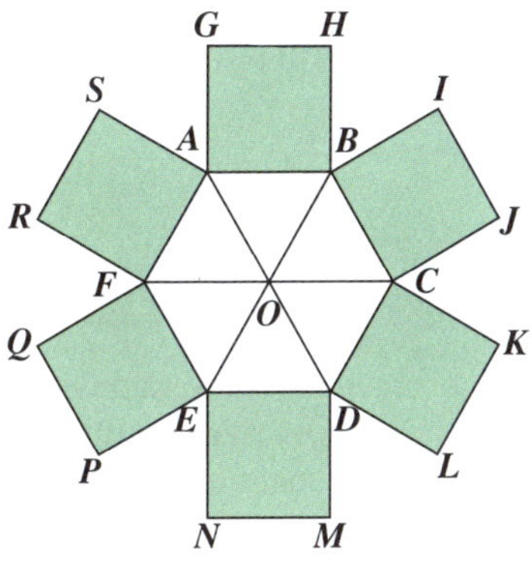


Figure 2

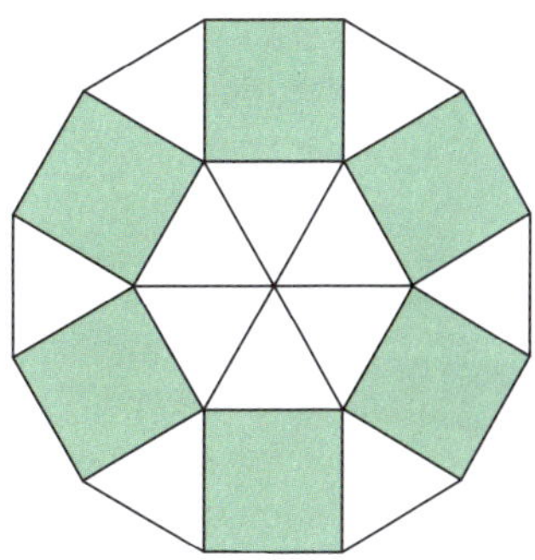

Figure 3

1° On étudie la rotation de centre *O* qui amène le point *A* sur le point *B*.
Quel est l'angle de cette rotation ? Quel est le sens de cette rotation ?
Quelle est l'image du carré *ABHG* ?

2° Prouver que $\widehat{SAG} = 60°$. Que peut-on en déduire pour le triangle *SAG* ?

3° Le dodécagone obtenu est un polygone régulier.

❒ Vrai ❒ Faux

Le périmètre de ce dodécagone est le double de celui de l'hexagone *ABCDEF*.

❒ Vrai ❒ Faux

# CORRIGÉS

**1** Les triangles $AOB$ et $IOJ$ sont tels que : $OA = OI$, $OB = OJ$ (rayons du cercle) et $AB = IJ$ (cordes égales).
*Si deux triangles ont leurs côtés respectivement égaux, alors ces triangles sont superposables* (3e cas d'égalité des triangles).
Les triangles $AOB$ et $IOJ$ sont donc superposables (on dit aussi égaux) ; on en déduit que les angles opposés aux côtés égaux sont égaux ; d'où : $\boldsymbol{\widehat{AOB} = \widehat{IOJ}}$.

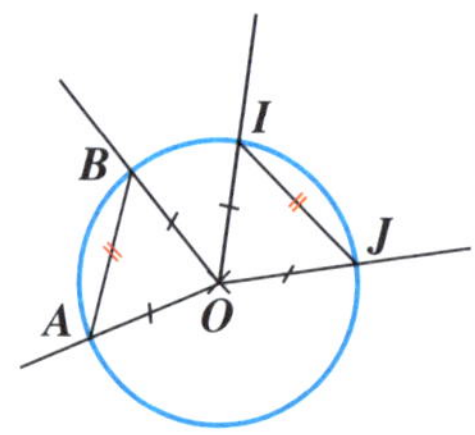


Deux cordes d'un même cercle qui ont la même longueur déterminent des angles au centre égaux.

**2** Les triangles $MON$ et $LOK$ sont tels que : $OM = OL$, $ON = OK$ (rayons du cercle) et $\widehat{MON} = \widehat{LOK}$ (angles au centre égaux).
*Si deux triangles ont un angle égal compris entre deux côtés respectivement égaux, alors ces triangles sont superposables* (2e cas d'égalité des triangles).
Les triangles $MON$ et $LOK$ sont donc superposables (on dit aussi égaux) ; on en déduit que les côtés opposés aux angles égaux sont égaux ; d'où : $\boldsymbol{MN = LK}$.

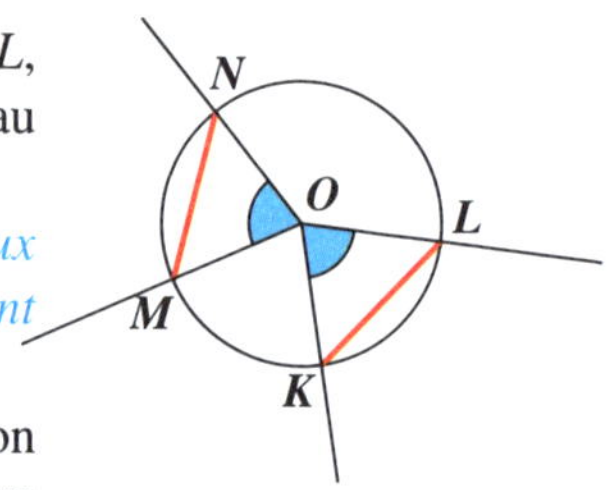


Deux angles au centre égaux d'un même cercle déterminent des cordes de même longueur.

**3** Dans la rotation de centre $O$ qui amène $M$ sur $N$, le point $R$ a pour image le point $\boldsymbol{P}$ ; cette rotation se fait dans le sens **contraire des aiguilles d'une montre**.
Dans la rotation de centre $O$ et d'angle 60°, dans le sens des aiguilles d'une montre, le point $P$ a pour image le point $\boldsymbol{R}$ ; le point $\boldsymbol{N}$ a pour image le point $M$.

**4** 1° $C$ est le point du cercle de centre $O$ et de rayon $OB$ tel que $\widehat{BOC} = 120°$ (dans le sens des aiguilles d'une montre).

2° Dans la rotation de centre $O$ qui amène $B$ sur $A$ (angle 120° dans le sens contraire des aiguilles d'une montre) le point $A$ a pour image le point $C$ car $OA = OC$ et $\widehat{AOC} = 360° - (\widehat{AOB} + \widehat{BOC}) = 360° - 240° = 120°$.
**L'image du triangle *AOB* est le triangle *COA*.**

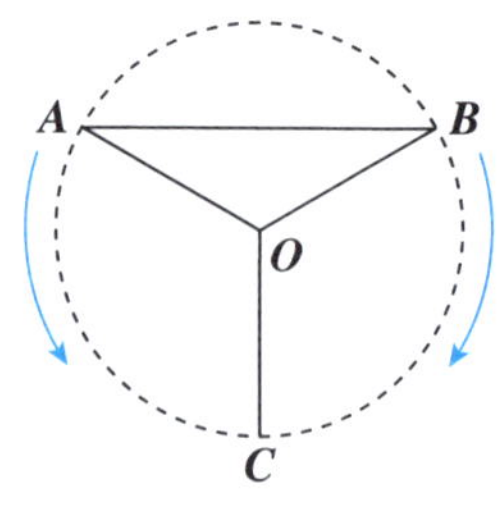

**5** 1° La longueur $L$ du cercle ($C$) est telle que $L = 2\pi R$.
Avec $R = 24$ mm ; $\mathbf{L = 48\,\pi}$ **mm, soit environ 151 mm.**

*La longueur d'un arc de cercle est proportionnelle à l'angle au centre qui l'intercepte.*

Si on appelle $L'$ la longueur de l'arc $\overset{\frown}{AB}$, on a :

$L' = 48\pi \times \dfrac{50}{360}$ ; $\mathbf{L' = \dfrac{20}{3}\,\pi}$ **mm, soit environ 21 mm.**

2° L'aire $\mathscr{A}$ d'un disque de rayon $R$ est telle que $\mathscr{A} = \pi R^2$.
Avec $R = 24$ mm ; $\mathbf{\mathscr{A} = 576\,\pi\ mm^2}$ **soit environ 1 810 mm²**.

*L'aire d'un secteur de disque est proportionnelle à l'angle au centre qui l'intercepte.*

Si on appelle $\mathscr{A}'$ l'aire du secteur $AOB$, on a : $\mathscr{A}' = 576\,\pi \times \dfrac{50}{360}$ ;
$\mathbf{\mathscr{A}' = 80\,\pi\ mm^2}$**, soit environ 251 mm²**.

**6** 1° La distance du centre du cercle à la droite $D$ est inférieure au rayon du cercle car $OH = 9$ mm ; $R = 15$ mm et $9 < 15$. Par suite : **$D$ est sécante au cercle ($C$).**

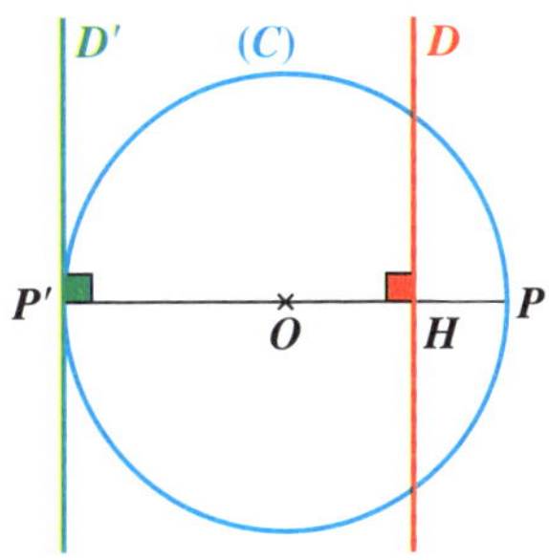


2° La distance du centre du cercle à la droite $D'$ est égale au rayon du cercle car $OP' = 15$ mm. Par suite : **$D'$ est tangente en $P'$ au cercle ($C$).**

**7** 1° Le triangle $MON$ a deux côtés de même longueur, c'est donc un triangle isocèle. Les angles à la base d'un triangle isocèle sont égaux ; par suite : $\widehat{OMN} = \widehat{ONM}$.

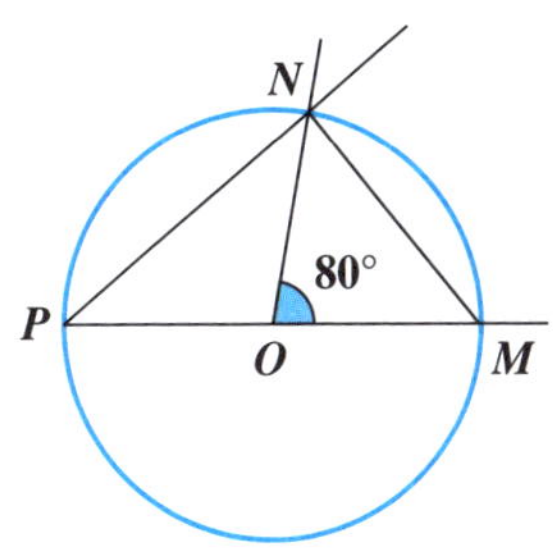


*Dans un triangle, la somme des angles est égale à 180°.*

$\widehat{MON} + \widehat{OMN} + \widehat{ONM} = 180°$ ;
$80° + 2 \times \widehat{OMN} = 180°$ ;
$2 \times \widehat{OMN} = 180° - 80°$ ; $2 \times \widehat{OMN} = 100°$ ;
$\mathbf{\widehat{OMN} = \widehat{ONM} = 50°}$.

2° Le triangle $PON$ a deux côtés de même longueur, c'est donc un triangle isocèle.
Les angles à la base d'un triangle isocèle sont égaux ; par suite : $\widehat{ONP} = \widehat{OPN}$.
L'angle $\widehat{NOP}$ a pour mesure 100 ° car $\widehat{POM}$ est un angle plat et $180° - 80° = 100°$.

*Dans un triangle, la somme des angles est égale à 180°.*

$\widehat{NOP} + \widehat{ONP} + \widehat{OPN} = 180°$ ; $100° + 2 \times \widehat{OPN} = 180°$ ; $2 \times \widehat{OPN} = 180° - 100°$ ;
$2 \times \widehat{OPN} = 80°$ ; $\widehat{OPN} = 40°$, c'est-à-dire $\widehat{MPN} = 40°$ et $\mathbf{\widehat{MPN} = \dfrac{1}{2}\,\widehat{MON}}$.

**8** **1°**

| Angle de la rotation | Point | Image |
|---|---|---|
| 90° | $A$ | $B$ |
| 225° | $A$ | $D$ |
| 135° | $B$ | $D$ |
| 180° | $C$ | $F$ |
| 135° | $C$ | $E$ |
| 45° | $E$ | $F$ |

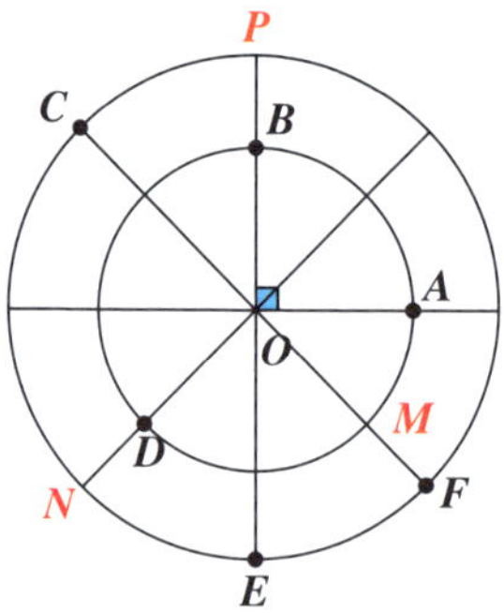


**2°** Le point $M$ est sur le cercle de rayon $[OA]$ et $\widehat{AOM} = 45°$ (dans le sens des aiguilles d'une montre) ; les points $N$ et $P$ sont sur le cercle de rayon $[OE]$ et $\widehat{EON} = \widehat{COP} = 45°$ (dans le sens des aiguilles d'une montre).

**9** **1°** Les diagonales d'un carré se coupent en leur milieu, ont la même longueur et sont perpendiculaires. Par suite : $OA = OB$ et $\widehat{AOB} = 90°$.
***B* est donc l'image du point *A* dans la rotation de centre *O*, d'angle 90°, dans le sens des aiguilles d'une montre**.

**2°** Dans la rotation qui amène $A$ sur $B$, le point $B$ a pour image le point ***C*** car $OB = OC$ et $\widehat{BOC} = 90°$ ; de même, le point $C$ a pour image le point ***D*** et le point $D$ a pour image le point ***A*** (le carré $ABCD$ est confondu avec son image, on dit qu'il est globalement invariant).

**3°** Dans la rotation de centre $O$ et d'angle 180° dans le sens contraire des aiguilles d'une montre, $A$ a pour image ***C***, $B$ a pour image ***D***, $C$ a pour image ***A*** et $D$ a pour image ***B***.
**Le carré *ABCD* est confondu avec son image** : il est globalement invariant.
*Cette rotation est une symétrie de centre O.*

**10** **1°** L'image du quadrilatère $ABCD$ dans la rotation de centre $A$ et d'angle 90°, dans le sens des aiguilles d'une montre est le quadrilatère $AEFG$ (en violet sur le quadrillage).

**2°** L'image du quadrilatère $ABCD$ dans la rotation de centre $A$ et d'angle 90°, dans le sens contraire des aiguilles d'une montre est le quadrilatère $AMNP$ (en rouge sur le quadrillage).

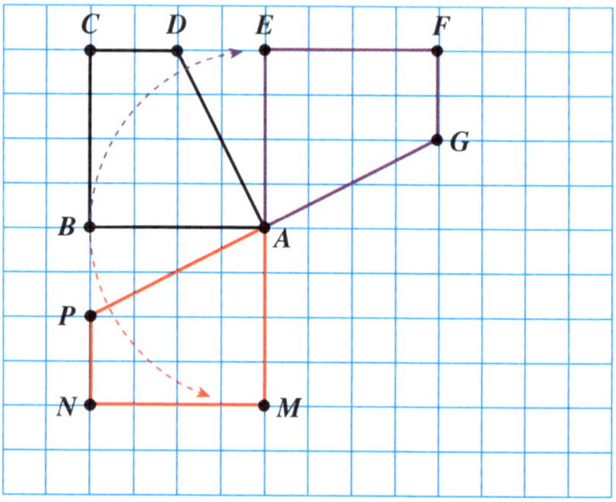

$3°$ **Vrai** Le quadrillage permet de constater que $A$ est le milieu des segments $[EM]$, $[FN]$ et $[GP]$ ; par suite, les quadrilatères $AEFG$ et $AMNP$ sont symétriques par rapport au point $A$ ; on passe du quadrilatère $AEFG$ au quadrilatère $AMNP$ par une rotation de centre $A$, d'angle 180° dans un sens ou dans l'autre (demi-tour).

**11** $1°$ Le point $D$ est invariant (centre de rotation).
Le point $E$ a pour image le point $E'$ tel que $DE' = DE$ et $\widehat{EDE'} = 90°$ (sens des aiguilles d'une montre).
Le point $F$ a pour image le point $F'$ tel que $DF' = DF$ et $\widehat{FDF'} = 90°$ (sens des aiguilles d'une montre).

$2°$ Le point $E$ est invariant (centre de rotation).
Le point $D$ a pour image le point $D''$ tel que $ED'' = ED$ et $\widehat{DED''} = 90°$ (sens des aiguilles d'une montre).
Le point $F$ a pour image le point $F''$ tel que $EF'' = EF$ et $\widehat{FEF''} = 90°$ (sens des aiguilles d'une montre).

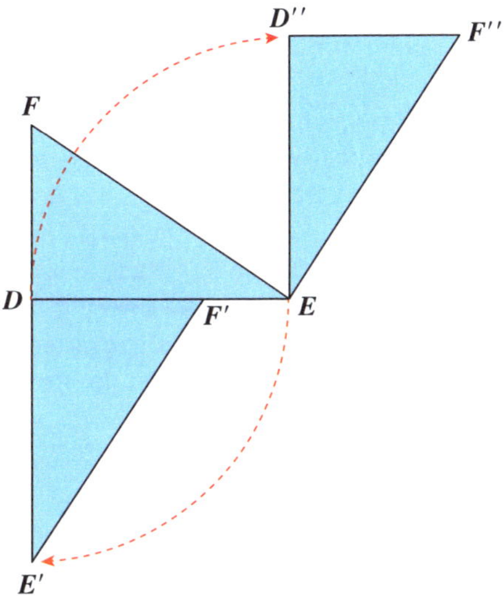


**12** Pour construire l'image d'un cercle (ou d'un disque), il suffit de construire l'image du centre, puis de tracer le cercle (ou le disque) de même rayon que le cercle (ou le disque) initial.

$1°$ On trace $O_1$ tel que $PO_1 = PO$ et $\widehat{OPO_1} = 90°$ (dans le sens des aiguilles d'une montre), puis on trace le cercle de centre $O_1$ et de rayon 15 mm.

$2°$ On trace $O_2$ tel que $PO_2 = PO$ et $\widehat{OPO_2} = 90°$ (dans le sens contraire des aiguilles d'une montre), puis le cercle de centre $O_2$ et de rayon 15 mm.

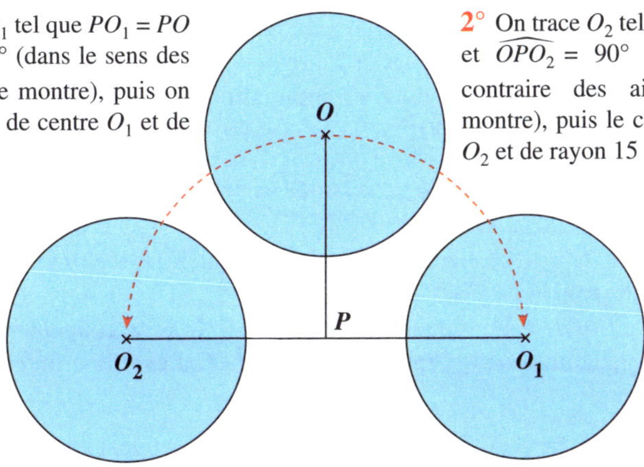

**13** 1° Le point $O$ appartient à la droite $xy$.
Le point $O$ est invariant (centre de rotation).
Il suffit de construire l'image $P'$ d'un point $P$ quelconque de la droite $xy$ ($P \neq O$).
$P'$ est tel que $OP' = OP$ et $\widehat{POP'} = 45°$ (sens contraire des aiguilles d'une montre).
**L'image de la droite $xy$ est la droite $(OP')$.**

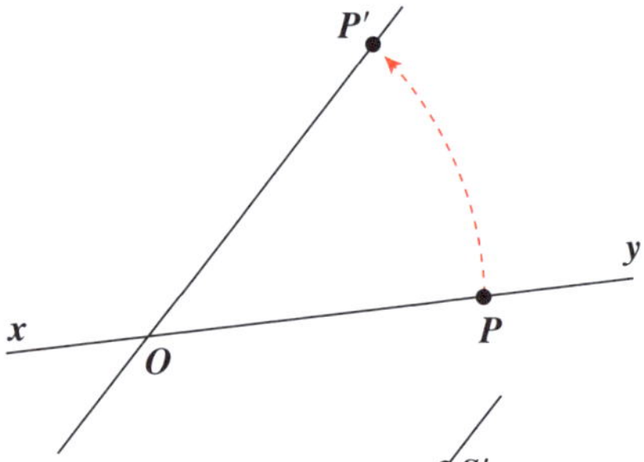


2° Le point $O$ n'appartient pas à la droite $xy$.
Il suffit de construire les images $R'$ et $S'$ de deux points $R$ et $S$ quelconques de la droite $xy$ ($R \neq S$).

- $R'$ est tel que $OR' = OR$ et $\widehat{ROR'} = 45°$ (sens contraire des aiguilles d'une montre).
- $S'$ est tel que $OS' = OS$ et $\widehat{SOS'} = 45°$ (sens contraire des aiguilles d'une montre).

**L'image de la droite $xy$ est la droite $(R'S')$.**

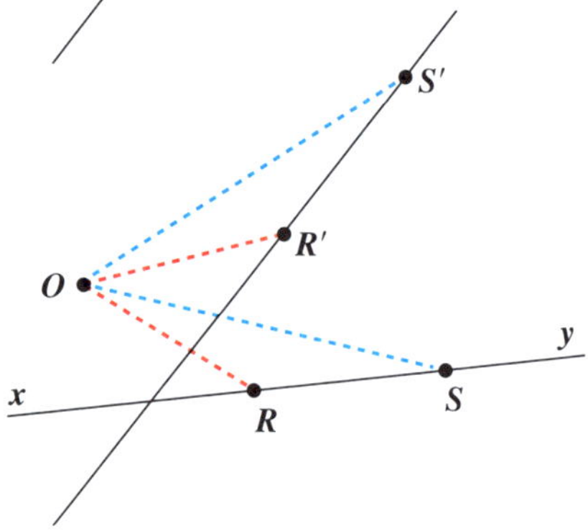


**14** 1° *Les diagonales d'un carré se coupent en leur milieu, ont la même longueur et sont perpendiculaires*. D'où :
$OA = OB$ et $\widehat{AOB} = 90°$ ; dans la rotation de centre $O$ et d'angle 90° dans le sens des aiguilles d'une montre l'image du point $A$ est le point $B$.
$OB = OC$ et $\widehat{BOC} = 90°$ ; dans la rotation de centre $O$ et d'angle 90° dans le sens des aiguilles d'une montre l'image du point $B$ est le point $C$.
Par suite, « **l'image du segment $[AB]$ est le segment $[BC]$** » ; « **l'image de la demi-droite $[AB)$ est la demi-droite $[BC)$** ».

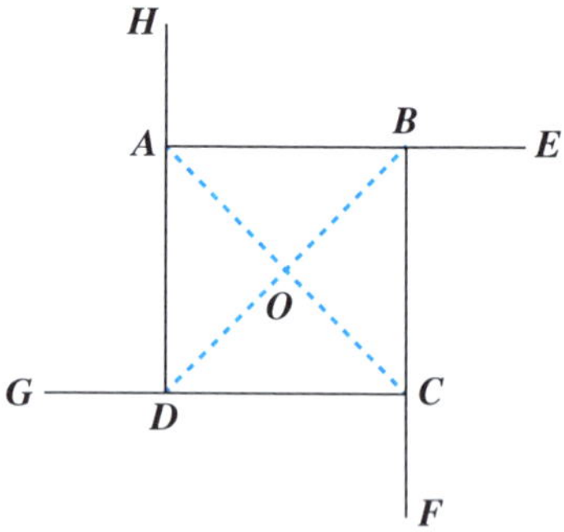


Le point $E$ est sur la demi-droite $[AB)$ à 1 cm du point $B$ ; son image est sur la demi-droite $[BC)$, à 1 cm du point $C$ ; donc « **l'image du point $E$ est le point $F$** ».
On en déduit que $OE = OF$ et $\widehat{EOF} = 90°$.

2° On démontre de même que $OF = OG$ et $\widehat{FOG} = 90°$ ; $OG = OH$ et $\widehat{GOH} = 90°$ ; $OH = OE$ et $\widehat{HOE} = 90°$.
On en déduit : $\widehat{EOG} = \widehat{EOF} + \widehat{FOG} = 180°$ et $\widehat{FOH} = \widehat{FOE} + \widehat{EOH} = 180°$.
Par suite $O$ est le milieu de $[EG]$ et de $[FH]$.
Le quadrilatère $EFGH$ a ses diagonales $[EG]$ et $[FH]$ qui se coupent en leur milieu, ont la même longueur et sont perpendiculaires ; ***EFGH* est donc un carré**.

**15** 1° Le quadrilatère $ABCD$ a ses diagonales qui se coupent en leur milieu, ont la même longueur et sont perpendiculaires ; $ABCD$ est donc un carré ; un carré a quatre côtés de même longueur et quatre angles de 90° ; ***ABCD* est donc un polygone régulier**.

2° Trois rotations de centre $O$ dans le sens des aiguilles d'une montre.

- Rotation d'angle 90° :

$A$ a pour image $B$ ; $B$ a pour image $C$ ; $C$ a pour image $D$ et $D$ a pour image $A$.

- Rotation d'angle 180° :

$A$ a pour image $C$ ; $B$ a pour image $D$ ; $C$ a pour image $A$ et $D$ a pour image $B$.

- Rotation d'angle 270° :

$A$ a pour image $D$ ; $B$ a pour image $A$ ; $C$ a pour image $B$ et $D$ a pour image $C$.

*Dans les trois rotations, l'image du carré ABCD est confondue avec le carré ABCD ; le carré est globalement invariant pour chacune de ces rotations.*

**16** On a : $OA = OB = OC = OD = OE = OF = OG = OH$ (rayon du cercle).

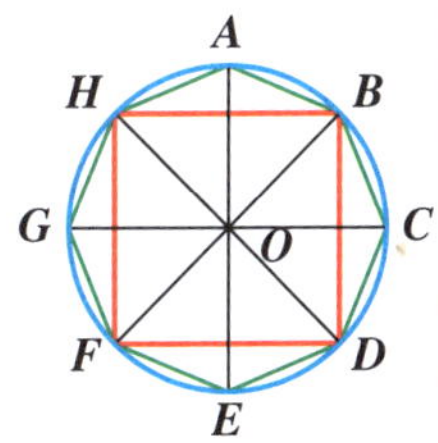


On sait que $\widehat{AOC} = 90°$ (diamètres perpendiculaires) et $\widehat{AOB} = 45°$ (rotation de centre $O$ qui amène $A$ sur $B$) ; on en déduit $\widehat{BOC} = 45°$ car $\widehat{BOC} = \widehat{AOC} - \widehat{AOB}$.

On prouve de même que

$\widehat{COD} = \widehat{DOE} = \widehat{EOF} = \widehat{FOG} = \widehat{GOH} = \widehat{HOA} = 45°$.

Dans la rotation qui amène $A$ sur $B$ (sens des aiguilles d'une montre) :

- l'image de $[AB]$ est $[BC]$, l'image de $[BC]$ est $[CD]$, l'image de $[CD]$ est $[DE]$, … ; d'où : $AB = BC = CD = DE = EF = FG = GH = HA$.

*ABCDEFGH* a donc huit côtés de même longueur.

- l'image de $\widehat{ABC}$ est $\widehat{BCD}$ ; l'image de $\widehat{BCD}$ est $\widehat{CDE}$ l'image de $\widehat{CDE}$ est $\widehat{DEF}$ … ; d'où : $\widehat{ABC} = \widehat{BCD} = \widehat{CDE} = \widehat{DEF} = \widehat{EFG} = \widehat{FGH} = \widehat{GHA} = \widehat{HAB}$.

*ABCDEFGH* a donc huit côtés de même longueur et huit angles égaux.

***ABCDEFGH* est donc un polygone régulier** (c'est un octogone régulier).

**17** 1° Les triangles *AOB*, *BOC*, *COD*, *DOE* et *EOF* sont équilatéralux (3 côtés égaux) ; par suite $\widehat{AOB} = \widehat{BOC} = \widehat{COD} = \widehat{DOE} = \widehat{EOF} = 60°$.

D'où : $\widehat{FOA} = 360° - (5 \times 60°) = 60°$. On a : $OF = OA = R$ (rayon du cercle).

Le triangle *FOA* a deux côtés égaux et un angle de 60°.

*Si un triangle isocèle a un angle de 60°, alors il est équilatéral.*

***FOA* est donc équilatéral**. (On en déduit $FA = R$ et $\widehat{OAF} = \widehat{OFA} = 60°$).

2° On a : $AB = BC = CD = DE = EF = R$ (énoncé) et $FA = R$ (question 1).

$\widehat{ABC} = \widehat{ABO} + \widehat{OBC} = 60° + 60° = 120°$ ; $\widehat{BCD} = \widehat{BCO} + \widehat{OCD} = 60° + 60° = 120°$ ; de même pour chacun des autres angles de *ABCDEF*.

*ABCDEF* a six côtés de même longueur et six angles de 120° ;

***ABCDEF* est donc un polygone régulier** (c'est un hexagone régulier).

3° Dans la rotation de centre $O$ qui amène $A$ sur $C$ (120° dans le sens des aiguilles d'une montre), les points $A$, $B$, $C$, $D$, $E$, $F$ ont respectivement pour images $C$, $D$, $E$, $F$, $A$ et $B$ ; **l'image de l'hexagone *ABCDEF* est confondue avec *ABCDEF*** (on dit qu'il est globalement invariant).

**18** 1° On a $AD = DG = GA = 3$ cm ; $ADG$ a trois côtés de même longueur, c'est un triangle équilatéral ; il a donc trois angles de 60° ; ***ADG* est donc un polygone régulier**.

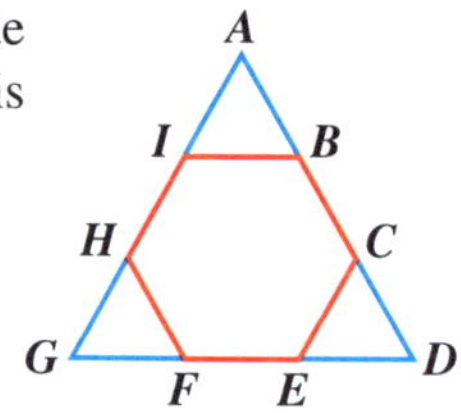


2° Le triangle $ABI$ a deux côtés égaux ($AB = AI = 1$ cm) et un angle de 60° ($\widehat{IAB} = \widehat{GAD} = 60°$).

*Un triangle isocèle qui a un angle de 60° est équilatéral.*

Le triangle $ABI$ est donc équilatéral ; on en déduit $IB = 1$ cm.

On montre de même que $CE = 1$ cm et $HF = 1$ cm ; $IBCEFH$ a six côtés de 1 cm.

$\widehat{IBC} = \widehat{ABC} - \widehat{ABI} = 180° - 60° = 120°$. De même $\widehat{BCE} = 120°$, $\widehat{CEF} = 120°$ …

$IBCEFH$ a six côtés de 1 cm et six angles de 120° ; ***IBCEFH* est donc un polygone régulier** (c'est un hexagone régulier).

**19** On a : $\widehat{ABC} = \widehat{ABO} + \widehat{OBC} = 90° + 45° = 135°$.

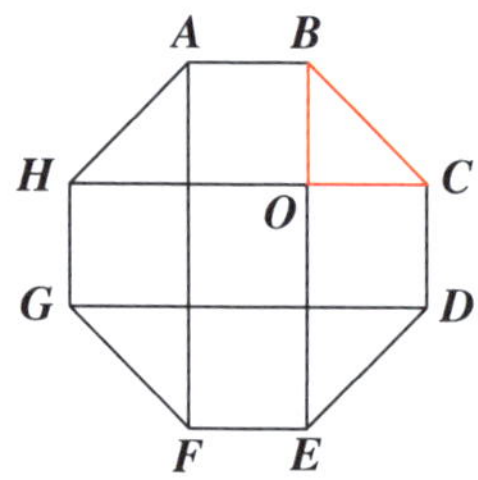


Il en est de même pour les sept autres angles.

Dans le triangle $BOC$ rectangle en $O$, on a :

$BC^2 = BO^2 + OC^2$ (égalité de Pythagore) ;

$BC^2 = 2^2 + 2^2 = 8$ ; $BC = \sqrt{8}$ m (environ 2,8 m).

Cela suffit pour affirmer que **cet octogone n'est pas régulier**.

2° **Périmètre : 19, 31 m** car $4 \times 2 + 4 \times \sqrt{8} \approx 19{,}31$.

**Aire : 28 m²** car les quatre moitiés de carrés ont la même aire que deux carrés ; soit en tout 7 carrés de 4 m² qui ont pour aire 28 m².

3° **Périmètre de la nouvelle table : 6π m** (environ 18,85 m).

**Aire de la nouvelle table : 9π m²** (environ 28,27 m²).

**20** 1° L'hexagone $ABCDEF$ est constitué de six triangles équilatéraux $AOB$, $BOC$ …

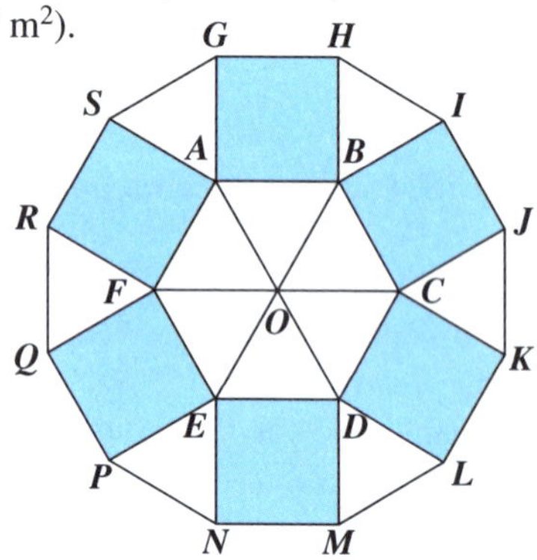


Par suite $OA = OB$ et $\widehat{AOB} = 60°$.

**La rotation de centre *O* qui amène le point *A* sur le point *B* a pour angle 60° et pour sens celui des aiguilles d'une montre.**

Dans cette rotation, l'image du point $A$ est le point $B$, celle du point $B$ est le point $C$ et celle du segment [$AB$] est le segment [$BC$].

*Une figure a pour image une figure superposable.*

Le carré $ABHG$ a pour image un carré superposable dont un côté est [$BC$] ;

**l'image de *ABHG* est le carré *BCJI*.**

2° $\widehat{SAG} = 360° - (\widehat{SAF} + \widehat{FAB} + \widehat{BAG}) = 360° - (90° + 120° + 90°) = \mathbf{60°}$.

Le triangle $SAG$ est équilatéral car il a deux côtés égaux ($SA = SG$) et un angle de 60°.

3° Le polygone $GHIJKLMNPQRS$ a douze côtés de même longueur ($GH = HI … = SG$) et douze angles de 150° ($\widehat{SGH} = \widehat{SGA} + \widehat{AGH} = 60° + 90° = 150°$).

**Le polygone *GHIJKLMNPQRS* est donc régulier** (dodécagone régulier).

**Vrai** Le périmètre de ce dodécagone ($12 \times GH$, soit $12 \times AB$) est le double de celui de l'hexagone $ABCDEF$ ($6 \times AB$).

# Géométrie dans l'espace

# 15

# LE COURS

## Droite et plan dans l'espace

• Si une droite Δ est perpendiculaire en $H$ à deux droites d'un plan $\mathcal{P}$, alors elle est perpendiculaire à toutes les droites de ce plan qui passent par le point $H$.
On dit que **la droite et le plan sont perpendiculaires**.
Si $A$ est un point de Δ, la **distance** du point $A$ au plan $\mathcal{P}$ est égale à $AH$.

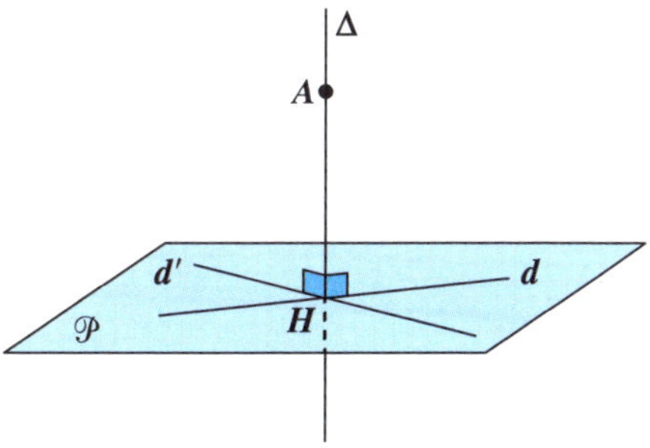


• Si deux plans sont perpendiculaires à une même droite, alors ces plans sont parallèles.
On sait que les plans $\mathcal{P}$ et $\mathcal{P}'$ sont perpendiculaires à la droite Δ.
On en déduit que les plans $\mathcal{P}$ et $\mathcal{P}'$ sont parallèles.

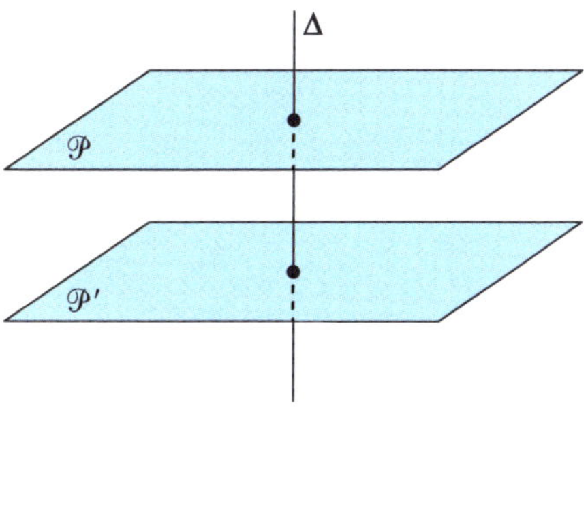


• Si deux plans sont parallèles, alors toute droite perpendiculaire à l'un est perpendiculaire à l'autre.
On sait que les plans $\mathcal{P}$ et $\mathcal{P}'$ sont parallèles et que la droite Δ est perpendiculaire au plan $\mathcal{P}$.
On en déduit que la droite Δ est perpendiculaire au plan $\mathcal{P}'$.

• Si deux plans sont parallèles, tout plan qui coupe l'un coupe l'autre et les droites d'intersection sont parallèles.
On sait que les plans $\mathcal{P}$ et $\mathcal{P}'$ sont parallèles.
On sait que le plan $\mathcal{R}$ coupe le plan $\mathcal{P}$ suivant la droite $d$.
On en déduit :
Le plan $\mathcal{R}$ coupe le plan $\mathcal{P}'$ suivant la droite δ et on a $\delta // d$.

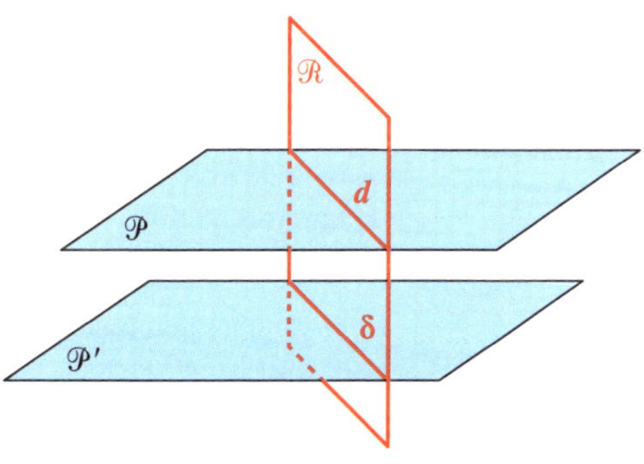

## Parallélépipède rectangle et cylindre de révolution

● **Un parallélépipède rectangle** (pavé droit) est un solide limité par 6 faces rectangulaires (deux à deux parallèles et de même dimension) ; il a 12 arêtes (quatre à quatre parallèles et de même longueur) et 8 sommets.

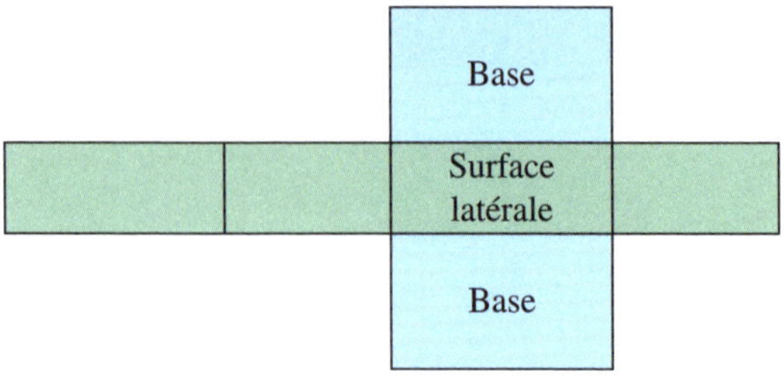


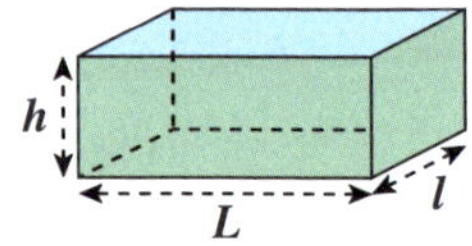


Aire latérale : $2(L + l) \times h$.
Aire de base : $L \times l$.
Volume : $V = L \times l \times h$.

● **Sections d'un parallélépipède rectangle par un plan**

Si le plan est parallèle à une face (figure 1) ou parallèle à une arête (figure 2), l'intersection d'un parallélépipède rectangle et d'un plan est un rectangle.

Fig. 1

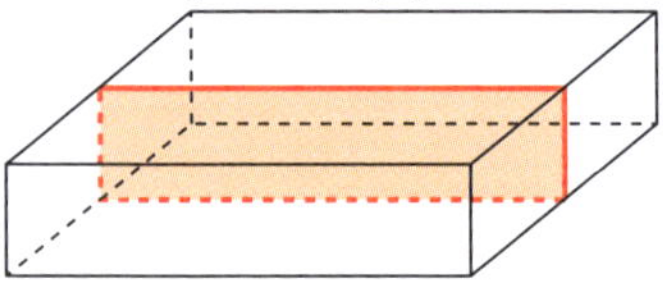

Fig. 2

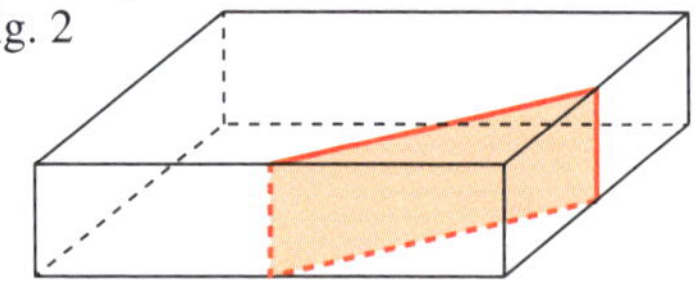

● **Un cylindre de révolution** (cylindre droit à base circulaire) est un solide limité par deux disques (bases) de même rayon situés dans des plans parallèles et une surface latérale appelée surface cylindrique.

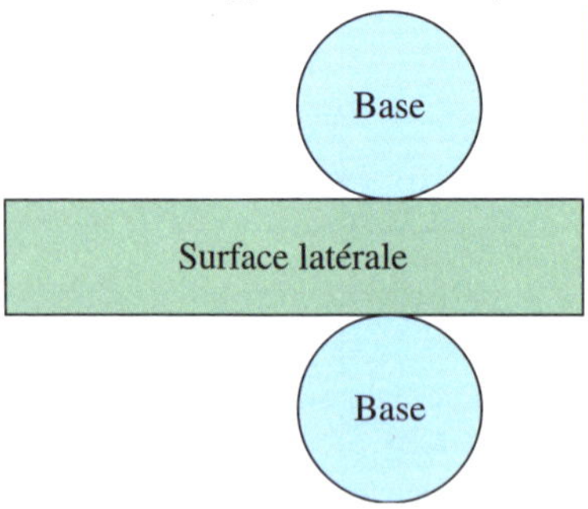


Rayon de la base : $R$.
Aire de la base : $B = \pi R^2$.
Longueur de la surface latérale : $2\pi R$.
Hauteur du cylindre : $h$.
Aire de la surface latérale : $2\pi R \times h$.
Volume du cylindre : $B \times h = \pi R^2 \times h$.

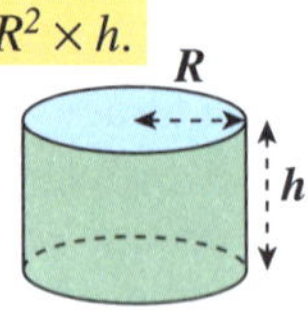


● **Sections d'un cylindre de révolution par un plan**

Si le plan est perpendiculaire à l'axe du cylindre (figure 1), l'intersection du cylindre et du plan est un disque de même rayon que la base du cylindre.

Si le plan est parallèle à l'axe du cylindre (figure 2), l'intersection du cylindre et du plan est un rectangle dont deux côtés sont des génératrices du cylindre.

Fig. 1

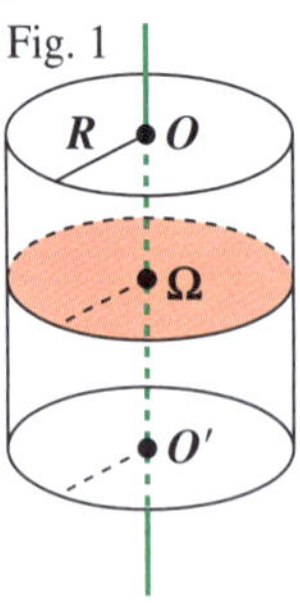


Rayon de la base : $OA = R$.
Hauteur du cylindre : $OO' = h$.
Génératrice : $AA' = BB' = h$.

La droite $(OO')$ est **l'axe du cylindre**. Dans une **révolution** (tour complet) autour de l'axe $(OO')$, le rectangle $OAA'O'$ engendre le cylindre et le segment $[AA']$ engendre la surface cylindrique.

Fig. 2

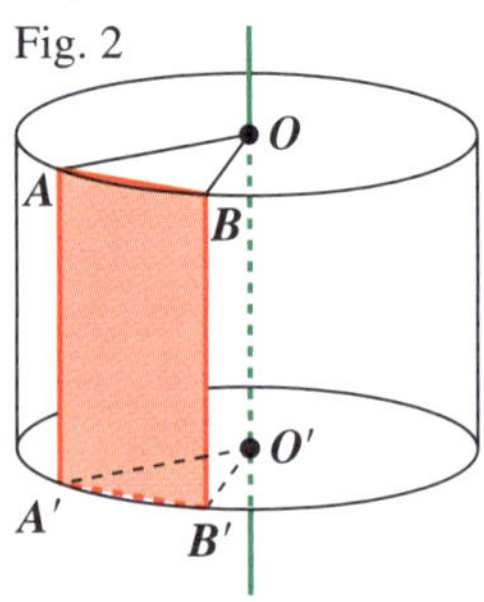

## Cône de révolution et pyramide

● **Un cône de révolution** est un solide limité par un disque de base et une surface conique. Il peut être engendré par la révolution (tour complet) d'un triangle rectangle $SOG$ autour de l'axe $(SO)$ (figure 1) ; dans cette révolution, le segment $[OG]$ engendre le disque de base et le segment $[SG]$ engendre la surface conique ; pour cette raison $[SG]$ est appelé « **génératrice** » du cône.

Rayon de base : $OG = R$ – Hauteur : $SO = h$ – Génératrice : $SG = g$.
Les longueurs $g$, $R$ et $h$ sont telles que $g^2 = R^2 + h^2$.
L'aire $\mathcal{A}$ de la surface conique est telle que $\mathcal{A} = \pi R g$.
Le volume $V$ du cône est tel que $V = \dfrac{\pi R^2 h}{3}$.

Fig. 1

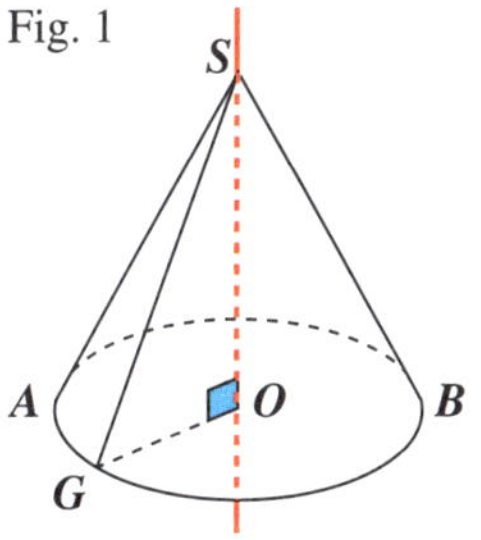


Fig. 2

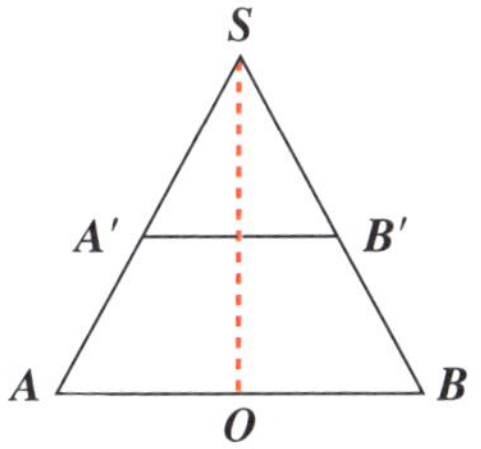


Fig. 3

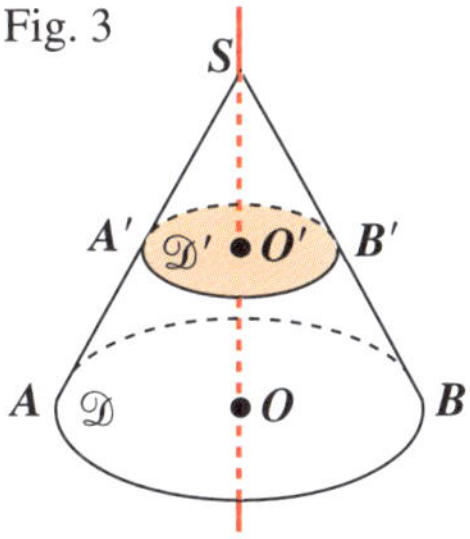


● **Sections d'un cône de révolution par un plan**
Si le plan contient l'axe du cône (fig. 2) la section est un triangle isocèle.
Si le plan est parallèle au disque de base (fig. 3) la section est un disque $\mathcal{D}'$.

Avec $(A'B') // (AB)$, on a : $\dfrac{SA'}{SA} = \dfrac{SB'}{SB} = \dfrac{SO'}{SO} = k$ (théorème de Thalès).

Par suite : Aire du disque $\mathcal{D}'$ de centre $O'$ = (Aire du disque $\mathcal{D}$ de centre $O$) $\times k^2$.
Volume du cône de base $\mathcal{D}'$ = (Volume du cône de base $\mathcal{D}$) $\times k^3$.

● **Une pyramide** est un solide limité par une base polygonale et des faces latérales triangulaires ayant un sommet commun, le sommet de la pyramide.
Une **pyramide régulière** a pour base un polygone régulier (triangle équilatéral, carré…) et son sommet appartient à l'axe du polygone de base ; les faces latérales sont des triangles isocèles.

Hauteur : $SH = h$. Volume : $V = \dfrac{B \times h}{3}$.
Aire de base : $B$

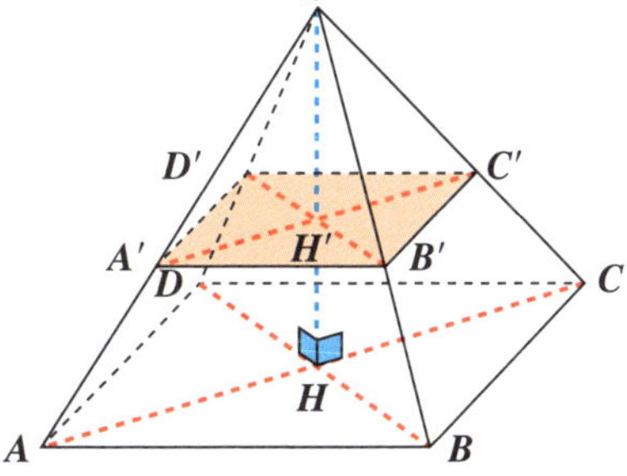


● **Section d'une pyramide par un plan parallèle à la base**
C'est un polygone, réduction du polygone de base et on a : $\dfrac{SA'}{SA} = \dfrac{SB'}{SB} = \dfrac{A'B'}{AB} = k$ (théorème de Thalès).
Aire de $A'B'C'D'$ = (Aire de $ABCD$) $\times k^2$.
Volume de la pyramide $SA'B'C'D'$ = (Volume de la pyramide $SABCD$) $\times k^3$.

## Boule et sphère

● **La boule** de centre $O$ et de rayon $R$ est le solide constitué de tous les points de l'espace dont la distance à $O$ est inférieure ou égale à $R$.

Volume de la boule : $V = \frac{4}{3}\pi R^3$.

● **La sphère** de centre $O$ et de rayon $R$ est la surface constituée de tous les points de l'espace dont la distance à $O$ est égale à $R$.
La sphère est la surface de la boule.
Aire de la sphère : $\mathcal{A} = 4\pi R^2$.

● **Sections d'une boule (ou d'une sphère) par un plan**
L'intersection d'une boule (ou d'une sphère) de centre $O$ et de rayon $R$ avec un plan $\mathcal{P}$ dépend de la distance du point $O$ au plan $\mathcal{P}$.

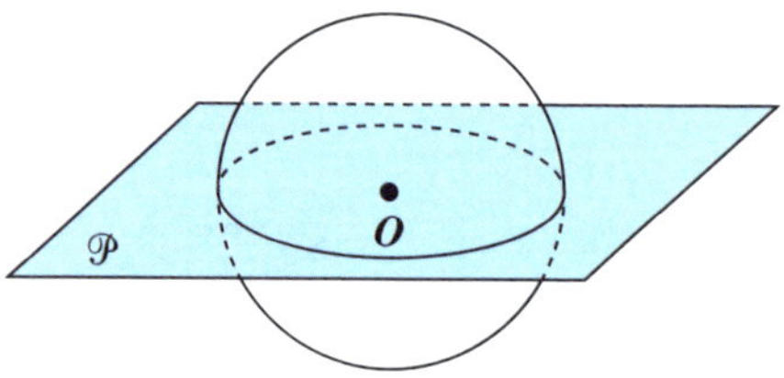


La distance $d$ du point $O$ au plan $\mathcal{P}$ est nulle. $d = 0$.
Le plan $\mathcal{P}$ coupe la **boule** de centre $O$ et de rayon $R$ selon un **disque** de centre $O$ et de rayon $R$.
Le plan $\mathcal{P}$ coupe la **sphère** de centre $O$ selon un **cercle** de centre $O$ et de rayon $R$ *appelé « grand cercle »*.

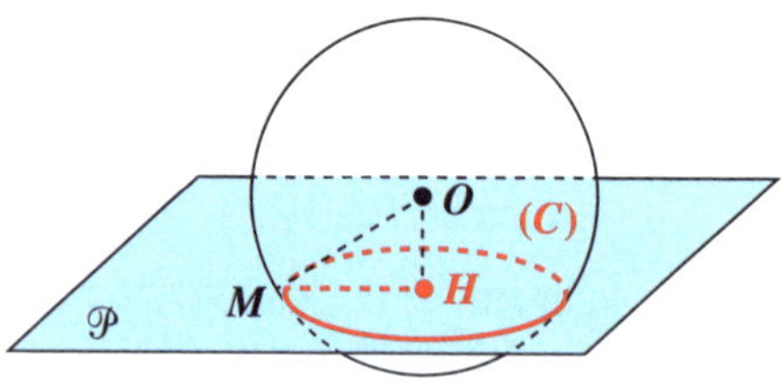


La distance $d$ du point $O$ au plan $\mathcal{P}$ est strictement inférieure au rayon $0 < d < R$.
• Le plan $\mathcal{P}$ coupe la **boule** de centre $O$ et de rayon $R$ selon un **disque** de centre $H$ et de rayon $r$.
• Le plan $\mathcal{P}$ coupe la **sphère** de centre $O$ et de rayon $R$ selon un **cercle** de centre $H$ et de rayon $r$.
• Avec $d = OH$, $R = OM$ et $r = HM$, on a :

$$R^2 = r^2 + d^2.$$

(égalité de Pythagore dans $OMH$ rectangle en $H$).

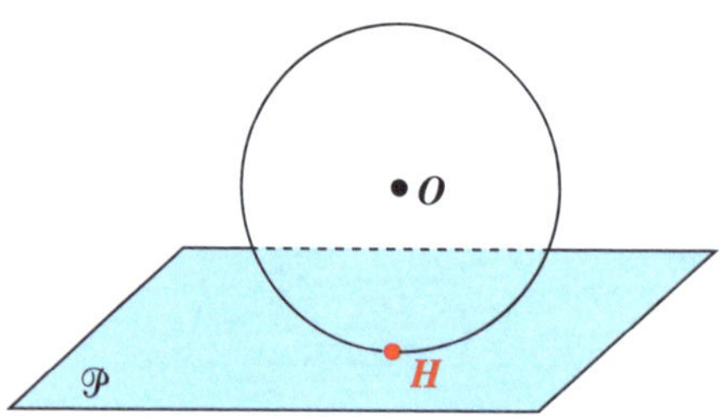


La distance $d$ du point $O$ au plan $\mathcal{P}$ est égale au rayon $d = R$.
Le plan $\mathcal{P}$ et la **boule** de centre $O$ et de rayon $R$ ont un seul point commun, le point $H$ ; **le plan et la boule sont tangents** en $H$.
Le plan $\mathcal{P}$ et la **sphère** de centre $O$ et de rayon $R$ ont un seul point commun, le point $H$ ; **le plan et la sphère sont tangents** en $H$.

## Se repérer dans l'espace

● **Coordonnées dans un parallélépipède rectangle**

*OABCDEFG* est un parallélépipède rectangle.
On gradue avec la même unité les arêtes [*OA*], [*OC*] et [*OD*].
On construit ainsi un **repère orthonormé de l'espace**.
La demi-droite [OA) porte **l'axe des abscisses**.
La demi-droite [*OC*) porte **l'axe des ordonnées**.
La demi-droite [*OD*) porte **l'axe des altitudes**.

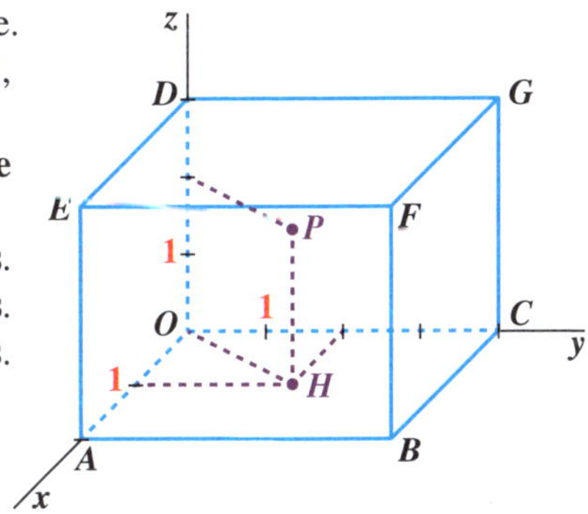


Chaque point du parallélépipède est alors repéré par **trois coordonnées** : son abscisse, son ordonnée et son altitude. Dans le repère ci-dessus on a :

| Point | Abcisse | Ordonnée | Altitude | Coordonnées |
|---|---|---|---|---|
| *O* | 0 | 0 | 0 | (0 ; 0 ; 0) |
| *B* | 2 | 4 | 0 | (2 ; 4 ; 0) |
| *F* | 2 | 4 | 3 | (2 ; 4 ; 3) |
| *H* | 1 | 2 | 0 | (1 ; 2 ; 0) |
| *P* | 1 | 2 | 2 | (1 ; 2 ; 2) |

● **Coordonnées géographiques**

La surface de la Terre est approximativement une sphère de **rayon 6 370 km**.

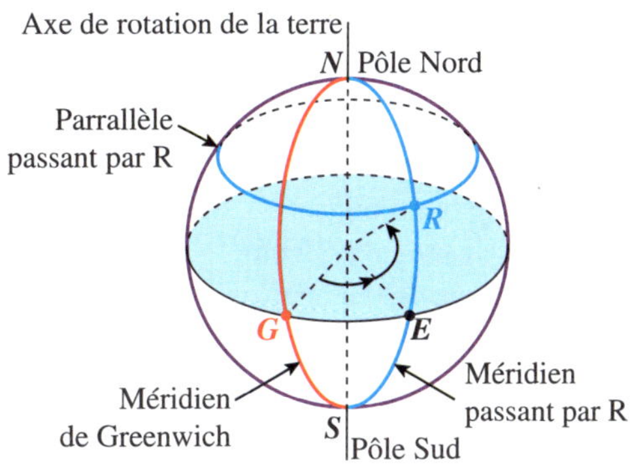


• Un **méridien** est un demi-cercle joignant le pôle Nord au pôle Sud.
L'arc d'équateur *GE*, compris entre le méridien de Greenwich et le méridien passant par la ville R, détermine la **longitude de R**.
La longitude est comptée de 0° à 180° Est ou de 0° à 180° Ouest, selon que la ville est située à l'Est ou à l'Ouest du méridien de Greenwich (méridien choisi comme origine).

• Un **parallèle** est un cercle, section de la sphère par un plan parallèle au plan équatorial.
L'arc de méridien ER, compris entre l'équateur (choisi comme origine) et le parallèle passant par la ville R détermine la **latitude de R**. La latitude est comptée de 0° à 90° Nord ou de 0 à 90° Sud, selon que la ville est située dans l'hémisphère Nord ou dans l'hémisphère Sud.

• Chaque point de la Terre est repéré par sa longitude et sa latitude ; ce sont les **coordonnées géographiques** de ce point.
Pour la ville de **R**eims : 4° 2' Est et 49° 12' Nord.

cours

# EXERCICES

## Tester ses connaissances

**1** (corrigé p. 233)

Un parallélépipède rectangle a pour longueur 5 cm, pour largeur 3 cm et pour hauteur 2 cm.
Cocher la bonne réponse.

| | | |
|---|---|---|
| Son aire totale est égale à 30 $cm^2$. | ❒ Vrai | ❒ Faux |
| Son volume est égal à 30 $cm^3$. | ❒ Vrai | ❒ Faux |

**2** (corrigé p. 233)

Un cylindre droit a pour rayon 3 cm et pour hauteur 3 cm.
Cocher la bonne réponse.

| | | |
|---|---|---|
| Son aire latérale est égale à $18\pi$ $cm^2$. | ❒ Vrai | ❒ Faux |
| Son volume est égal à $27\pi$ $cm^3$. | ❒ Vrai | ❒ Faux |

**3** (corrigé p. 233)

Un cône de révolution a pour diamètre de base 6 cm et pour hauteur 6 cm.
Cocher la bonne réponse.

| | | |
|---|---|---|
| Son aire de base est égale à 28 $cm^2$. | ❒ Vrai | ❒ Faux |
| Son volume est égal à 57 $cm^3$. | ❒ Vrai | ❒ Faux |

**4** (corrigé p. 233)

Une pyramide a pour base un carré de 5 cm de côté et une hauteur de 3 cm.
Cocher la bonne réponse.

| | | |
|---|---|---|
| Son volume est égal à 25 $cm^2$. | ❒ Vrai | ❒ Faux |
| Son volume est égal à environ 75 $cm^3$. | ❒ Vrai | ❒ Faux |

**5** (corrigé p. 233)

Un ballon de basket peut être assimilé à une sphère de rayon 12 cm.
Cocher la bonne réponse.

| | | |
|---|---|---|
| Son aire est égale à environ 1 810 $cm^2$. | ❒ Vrai | ❒ Faux |
| Son volume est environ égal à 7 238 $cm^3$. | ❒ Vrai | ❒ Faux |

**6** (corrigé p. 233)

Les coordonnées géographiques d'un point sont (0° Nord ; 0° Est)
Cocher les bonnes réponses.

❒ Ce point est sur l'équateur.
❒ Ce point est sur le méridien de Greenwich.
❒ On ne peut pas savoir.

# S'entraîner

## Droite et plan dans l'espace

**7** ★ 5 min (corrigé p. 233)

*ABCDEFGH* est un parallélépipède rectangle.

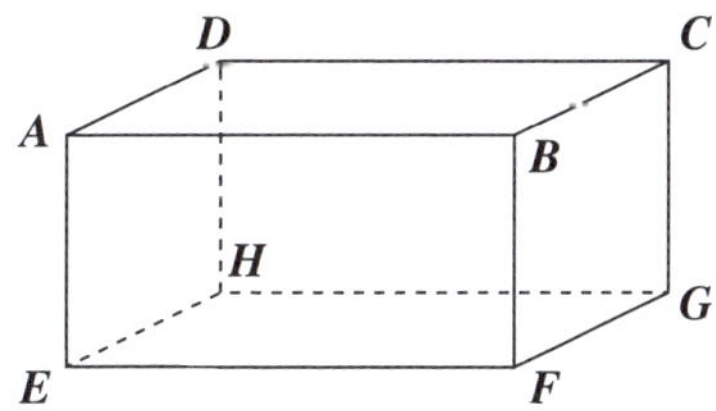


**1°** Justifier l'affirmation suivante : la droite (*AE*) est perpendiculaire au plan *EFGH*.

**2°** Nommer deux droites perpendiculaires au plan *BCGF*.

**3°** Nommer un plan parallèle au plan *ABCD*.

**8** ★ 5 min (corrigé p. 234)

*ABCDEFGH* est un parallélépipède rectangle.
On sait que $J \in [AB]$, $K \in [CD]$ et $L \in [HG]$ et $(KL) // (DH)$. Soit $\mathcal{P}$ le plan passant par les points *J*, *K* et *L*.

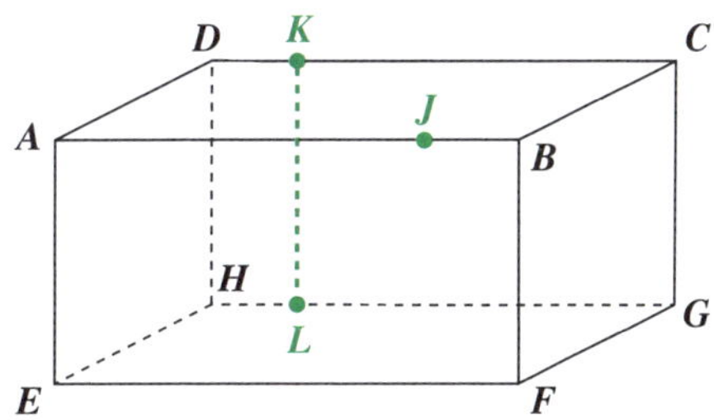


**1°** Le plan $\mathcal{P}$ coupe l'arête [*EF*] en *M*.
Justifier l'affirmation suivante :
la droite (*JM*) est parallèle à la droite (*KL*).

**2°** Que peut-on dire des droites (*JK*) et (*LM*) ?

## Parallélépipède rectangle et cylindre

**9** ★ 5 min (corrigé p. 234)

Un bassin parallélépipédique de 8 m de long, 4 m de large et 2,4 m de hauteur.

**1°** Quelle est la capacité de ce bassin ?

**2°** On verse dans ce bassin 60 000 L d'eau.
Quelle est la hauteur d'eau dans le bassin ?

**10** ★ 10 min (corrigé p. 234)

*ABCDEFGH* est un cube de 2,4 cm de côté.
On le coupe par un plan *MNPQ* parallèle à l'arête [*AE*] avec *EM* = 1,2 cm et *EN* = 2 cm.

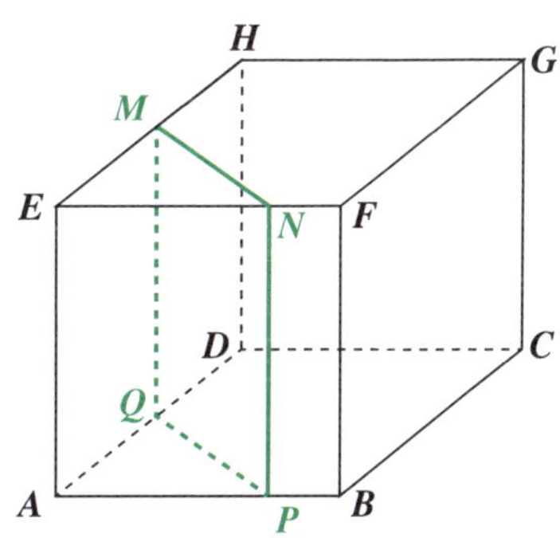


**1°** Calculer le volume et l'aire totale de ce cube.

**2°** Le plan *MNPQ* partage le cube en deux prismes droits. Le prisme *APQENM* a pour base le triangle *APQ* et pour hauteur [*AE*].
*Le volume d'un prisme égal au produit de l'aire de la base par la hauteur.*
Calculer le volume du prisme *APQENM*.

**11** ★ 10 min *(corrigé p. 234)*

Une citerne cylindrique a une hauteur de 6 m et un rayon de base de 2,4 m.

1° Calculer l'aire du disque de base et le volume de la citerne.

2° On verse 80 m$^3$ d'eau dans cette citerne. Calculer la hauteur de l'eau dans la citerne.

**12** ★★ 10 min *(corrigé p. 235)*

On coupe un cylindre de révolution de hauteur 22 mm et de rayon 16 mm par un plan parallèle à l'axe $(OO')$ comme le montre la figure. On a $\widehat{AOB} = 90°$.

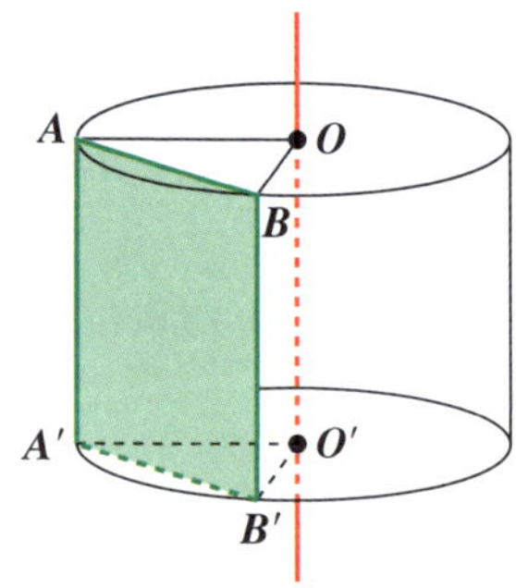


1° Cocher la bonne réponse et justifier.

❐ La section $ABB'A'$ est un parallélogramme.

❐ La section $ABB'A'$ est un rectangle.

❐ La section $ABB'A'$ est un carré.

2° Calculer l'aire de la section $ABB'A'$.

## Cône et pyramide

**13** ★ 5 min *(corrigé p. 235)*

Un cône de révolution de hauteur 2,4 cm a un rayon de base de 1,2 cm.

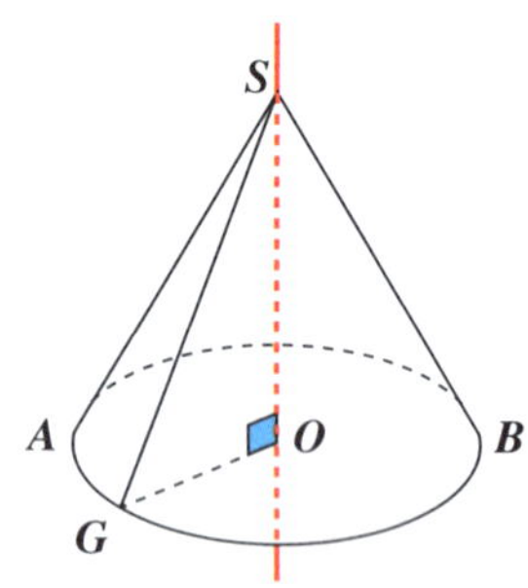


1° Dans une révolution autour de l'axe du cône, la génératrice $[SG]$ engendre la surface conique.
Calculer $SG$, puis l'aire de cette surface conique.

2° Calculer le volume de ce cône.

**14** ★★ 5 min *(corrigé p. 235)*

On coupe un cône de révolution par un plan contenant l'axe $(SO)$ du cône.
La section est un triangle isocèle tel que : $SA = 32$ mm et $OA = 24$ mm.

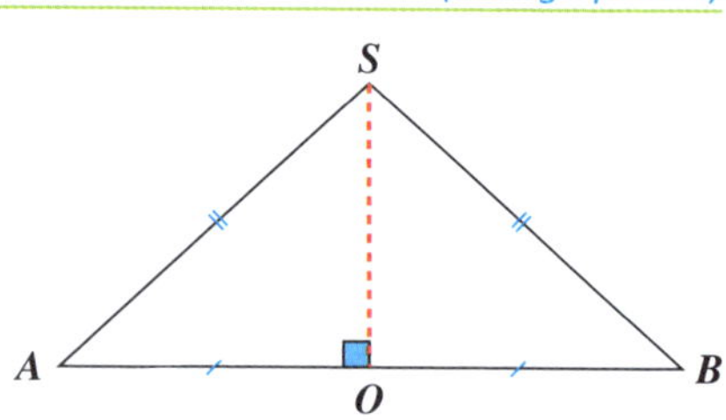


1° Calculer $SO$, puis l'aire du triangle $SAB$.

2° Calculer la mesure de chacun des angles du triangle $SAB$.

**15** ★★ 15 min *(corrigé p. 236)*

La figure représente un cône de révolution de sommet $S$ ayant pour base le disque $(D)$ de centre $O$.
On a : $SO = 24$ mm et $OA = 16$ mm.

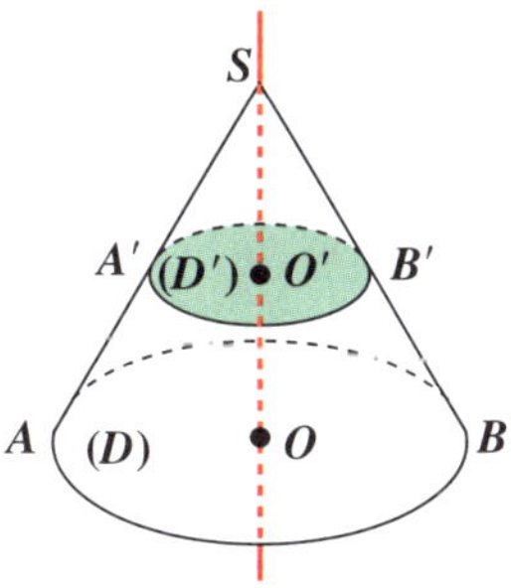


1° Calculer l'aire du disque de base et le volume de ce cône.

2° On coupe ce cône par un plan parallèle à sa base passant par le point $O'$, milieu de $[SO]$.
Le cône de sommet $S$ ayant pour disque de base $(D')$ est une réduction du cône de sommet $S$ ayant pour base le disque $(D)$.
Calculer l'aire du disque $(D')$, puis le volume du cône de sommet $S$ ayant pour disque de base $(D')$.

**16** ★ 5 min *(corrigé p. 236)*

La pyramide de Chéops (Égypte) a une base carrée de 227 m de côté et une hauteur de 138 m. La pyramide du Louvre (Paris) a une base carrée de 35,4 m de côté et une hauteur de 21,65 m.
Calculer le volume de chacune de ces pyramides.

**17** ★★ 10 min *(corrigé p. 236)*

On coupe une pyramide régulière à base carrée par un plan parallèle à sa base.
On a : $AB = 33$ mm et $SH = 28$ mm et $SH' = 16$ mm.

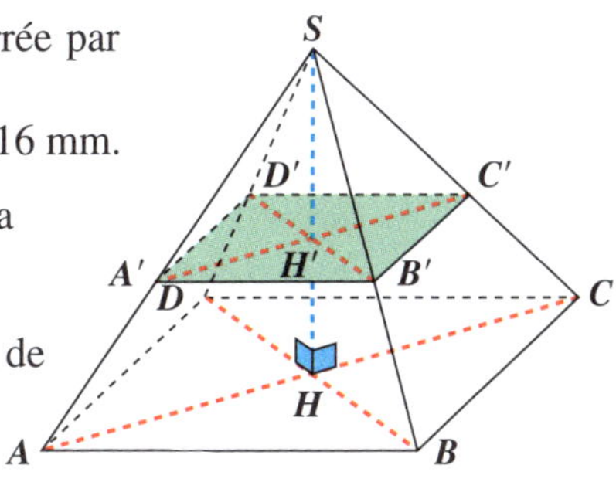


1° Calculer l'aire de la base et le volume de la pyramide $SABCD$.

2° La pyramide $SA'B'C'D'$ est une réduction de la pyramide $SABCD$.
Calculer le rapport de réduction $k$.
En déduire l'aire de la base et le volume de la pyramidee $SA'B'C'D'$.

## Sphère et boule

**18** ★ 5 min *(corrigé p. 237)*

Le Spoutnik, premier satellite artificiel, a été mis en orbite en octobre 1957.
C'était une boule de 29 cm de rayon.
Quels étaient l'aire et le volume de ce satellite ?

exercices

**19** ★ 5 min (corrigé p. 237)

Une bille de métal a un rayon de 6 mm.

**1°** Quel est le volume de cette bille ?

**2°** Le métal qui la compose pèse 8,9 g par $cm^3$.
Quelle est la masse de cette bille ?

**20** ★ 10 min (corrigé p. 237)

Une boîte cylindrique contient cinq balles de « ping-pong » de 3,8 cm de diamètre.

**1°** Quelles sont les dimensions intérieures minimales de la boîte ?

**2°** Justifier l'affirmation suivante : les balles occupent les deux tiers du volume intérieur de la boîte de dimension minimale.

**21** ★★ 10 min (corrigé p. 237)

$[NS]$ est un diamètre d'une sphère de centre $O$.
Un plan $\mathcal{P}$, perpendiculaire en $H$ à $[NS]$ coupe la sphère selon un cercle $(C)$ de centre $H$.
On sait que $NS = 24$ m et $OH = 6$ m.

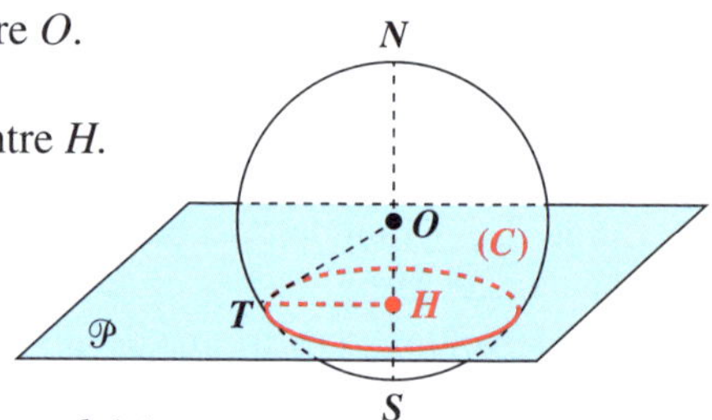


**1°** Calculer le rayon, puis le périmètre du cercle $(C)$.

**2°** La partie de la sphère située au-dessus du plan $\mathcal{P}$ constitue une « *calotte sphérique* ».

Le volume d'une telle calotte sphérique est $V = \frac{1}{3} \times \pi \times h^2(3R - h)$

avec $R$ = rayon de la sphère et $h$ = hauteur de la calotte (ici, $h = NH$).
Calculer le volume de la calotte sphérique située au-dessus du plan $\mathcal{P}$ (arrondir à 1 $m^3$ près).

**22** ★★ 10 min (corrigé p. 238)

Un jouet nommé « culbuto » est formé d'une demi-boule surmontée d'un cône de même rayon.
On a $BC = 12$ cm et $AD = 15$ cm.

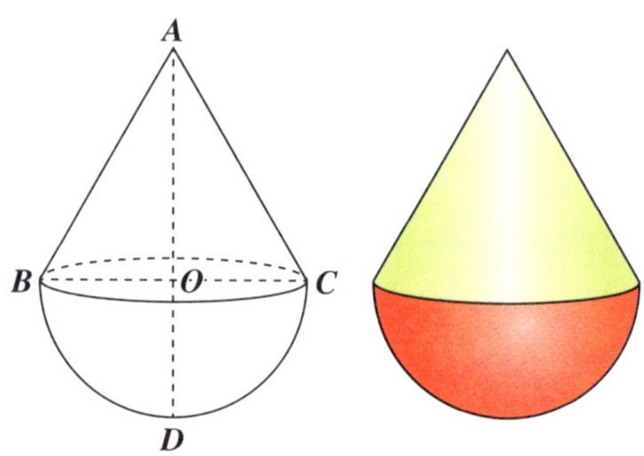


**1°** Calculer le volume de ce jouet (résultat arrondi au $cm^3$ près).

**2°** La demi-boule est peinte en rouge et la surface conique en jaune. Faut-il plus de peinture rouge ou de peinture jaune ?

## Se repérer dans l'espace

**23** ★★ 10 min (corrigé p. 238)

*OPNMDABC* est un parallélépipède rectangle.
On gradue avec la même unité les arêtes [*OP*], [*OM*] et [*OD*].
La demi-droite [OP) porte **l'axe des abscisses**.
La demi-droite [*OM*) porte **l'axe des ordonnées**.
La demi-droite [*OD*) porte **l'axe des altitudes**.

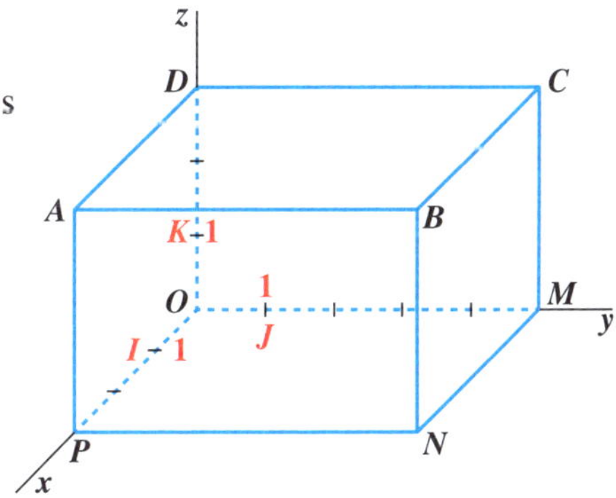


1° Compléter le tableau donnant les trois coordonnées de chacun des points considérés.

| Point | Abcisse | Ordonnée | Altitude | Coordonnées |
|---|---|---|---|---|
| *N* | 3 | 5 | 0 | (3 ; 5 ; 0) |
| *P* | 3 | … | … | (3 ; … ; …) |
| *D* | 0 | … | … | (0 ; … ; …) |
| *A* | … | … | 3 | (… ; … ; 3) |
| *C* | … | 5 | … | (… ; 5 ; …) |

2° Un point a la même abscisse que *P*, la même ordonnée que *M* et la même altitude que *D*.
Quel est ce point ?

3° Nommer les points de la figure ayant la même abscisse que *A*, les points ayant la même ordonnée que *N* et les points ayant la même altitude que *B*.

**24** ★★ 10 min (corrigé p. 239)

1° Les coordonnées géographiques de Paris sont 2° 20' Est et 48° 50' Nord.
Que peut-on dire des coordonnées géographiques des points du globe :
– situés sur le même parallèle que Paris ?
– situés sur le même méridien que Paris ?

2° Les coordonnées géographiques de Lima (Pérou) sont 77° 07' Ouest et 12° 00' Sud.
Déterminer les coordonnées géographiques d'un point du globe :
– ayant le même longitude que Paris et la même latitude que Lima ;
– ayant le même longitude que Lima et la même latitude que Paris.

# SUJETS DU BREVET

**25** ★★★ 15 min (corrigé p. 239)

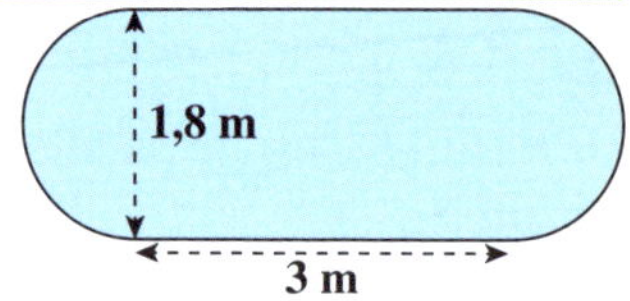


Un réservoir est constitué de deux demi-sphères identiques de 1,8 m de diamètre et d'une partie cylindrique de 3 m de long.

**1°** Quelle est la capacité totale de ce réservoir ?

**2°** On veut recouvrir de deux couches de peinture la surface extérieure de ce réservoir. La peinture utilisée est vendue en seau de 3 L au prix de 60 € le seau. La notice précise qu'un litre permet de couvrir environ 5 m$^2$.
À combien revient la peinture nécessaire pour peindre cette citerne ?

**26** ★★★ 15 min (corrigé p. 239)

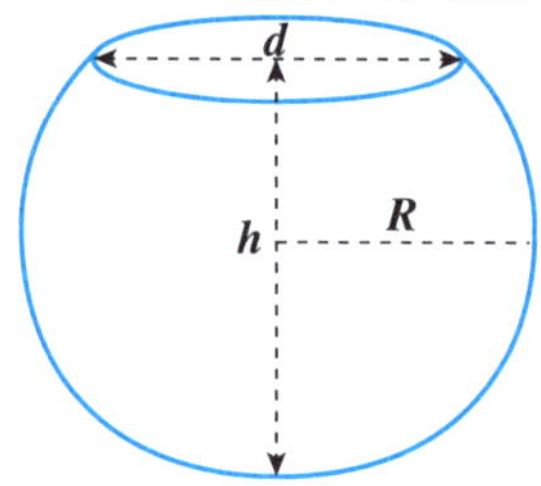


Un aquarium a la forme d'une sphère de rayon $R$ coupée en sa partie haute : c'est une « *calotte sphérique* ».
Le volume $V$ d'une calotte sphérique est donné par la formule : $\boldsymbol{V = \frac{\pi}{3} \times h^2 \times (3R - h)}$ dans laquelle $R$ est le rayon de la sphère et $h$ la hauteur totale de la calotte sphérique.

**1°** Que devient cette formule lorsque $h = R$ ?

**2°** On considère un aquarium pour lequel $R = 15$ cm et $h = 21$ cm.
Exprimer en litres la capacité de cet aquarium.
Quel est le diamètre $d$ du cercle bordant le haut de l'aquarium ?

**27** ★★★ 15 min (corrigé p. 240)

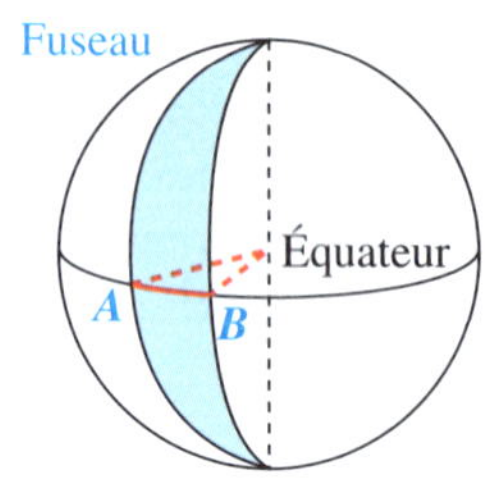


L'équateur est un grand cercle de la Terre dont la longueur est approximativement 40 000 km.

**1°** La surface du globe terrestre est divisée en 24 fuseaux horaires délimités par des méridiens.
Quelle est la longueur de l'arc $\widehat{AB}$, sur l'équateur et contenu dans un fuseau horaire ?

**2°** L'équateur peut être divisé en 360 arcs de 1° d'arc ; chaque arc de 1° peut être divisé en 60 arcs de 1 minute d'arc.
Le « *mille marin* » est une unité de longueur utilisée par les marins ; c'est la longueur d'un arc de l'équateur de 1 minute d'arc.
Exprimer en mètres la longueur d'un « *mille marin* ».

**3°** Les marins utilisent aussi le « *nœud marin* » qui est la longueur d'une demi-seconde d'arc (1 minute d'arc = 60 seconde d'arc). Quelle est la longueur d'un « *nœud marin* » ?

# CORRIGÉS

**1** **Faux** Son aire totale est égale à 62 cm$^2$ car $(5 \times 3 + 2 \times 5 + 2 \times 3) \times 2 = 62$.
**Vrai** Son volume est égal à 30 cm$^3$ car $5 \times 3 \times 2 = 30$.

**2** **Vrai** Son aire latérale est égale à 18π cm$^2$ car $(2 \times \pi \times 3) \times 3 = 18\pi$.
**Vrai** Son volume est égal à 27π cm$^3$ car $\frac{1}{3} \times 5^2 \times 3 = 25$.

**3** **Faux** Son aire de base est égale à $\pi \times 3^2$ cm$^2$ soit environ 28,27 cm$^2$.
**Faux** Son volume est égal à $\frac{9\pi \times 6}{3}$ cm$^3$ ou 18π cm$^3$ après simplification, soit environ 56,55 cm$^3$.

28 cm$^2$ et 57 cm$^3$ sont des approximations et non des valeurs exactes.

**4** **Faux** car l'unité cm$^2$ est une unité d'aire.
**Faux** Son volume est égal à 25 cm$^3$ car $\frac{1}{3} \times 5^2 \times 3 = 25$.

**5** **Vrai** Son aire est égale à environ 1 810 cm$^2$ car $4 \times \pi \times 12^2 \approx 1\,810$.
**Vrai** Son volume est environ égal à 7 238 cm$^3$ car $\frac{4}{3} \times \pi \times 12^3 \approx 7\,238$.

**6** **Ce point est sur l'équateur** car sa latitude est 0° Nord (ou Sud) comme pour tous les points de l'équateur.
**Ce point est sur le méridien de Greenwich** car sa longitude est 0° Est (ou Ouest) comme tous les points de ce méridien choisi comme origine.

**7** 1° $(AE) \perp (EF)$ (dans le rectangle *AEFB*) ; $(AE) \perp (EH)$ (dans le rectangle *AEHD*) ; la droite $(AE)$ est perpendiculaire en *E* à deux droites du plan *EFGH* ;
**$(AE)$ est donc perpendiculaire au plan *EFGH*.**

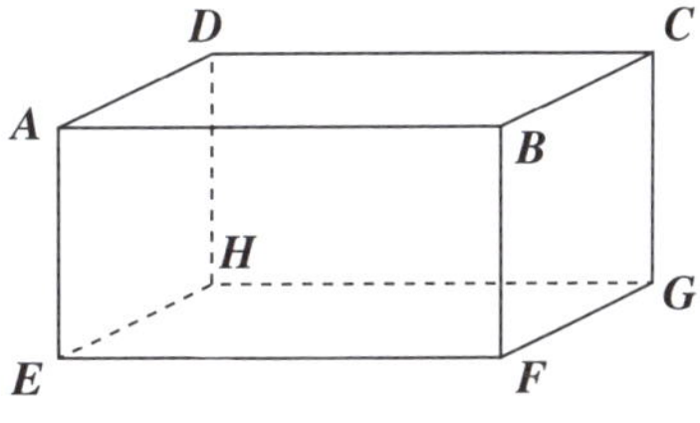


2° **La droite $(AB)$ est perpendiculaire au plan *BCGF*** (car elle est perpendiculaire à $(BC)$ et à $(BF)$) ; **la droite $(DC)$ est perpendiculaire au plan *BCGF*** (car elle est perpendiculaire à $(BC)$ et à $(CG)$).

Il y a 4 droites perpendiculaires à *BCGF*, ce sont les droites $(AB)$, $(DC)$, mais aussi $(EF)$ et $(HG)$.

3° **Le plan *EFGH* est parallèle au plan *ABCD*** car tous deux sont perpendiculaires à une même droite (par exemple la droite $(AE)$).

**8** 1° On sait que : *Si deux plans sont parallèles, tout plan qui coupe l'un coupe l'autre et les droites d'intersection sont parallèles.*
Les plans $ABFE$ et $DHGC$ sont parallèles ; le plan $\mathscr{P}$ contient le point $J$ qui est dans le plan $ABFE$ il coupe donc ce plan suivant une droite **($JM$) parallèle à la droite ($KL$)**.

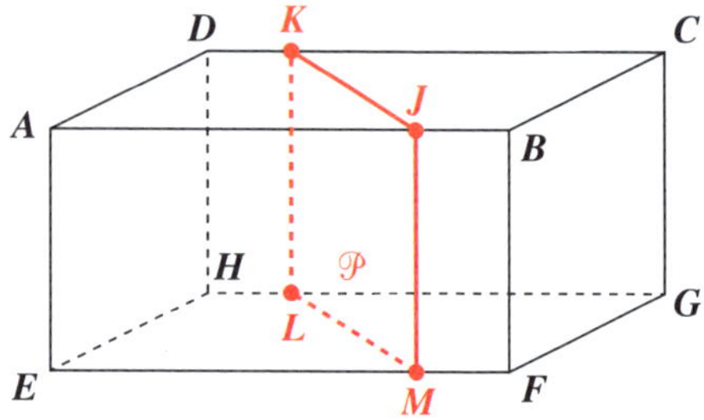


2° Les droites ($JK$) et ($LM$) ont parallèles car ce sont les intersections du plan $\mathscr{P}$ avec les plans parallèles $ABCD$ et $EFGH$.

**9** 1° **La capacité de ce bassin est égale à 76,8 m$^3$** (soit 76 800 L) car $8 \times 4 \times 2{,}4 = 76{,}8$ et $76{,}8\text{ m}^3 = 76\,800\text{ dm}^3 = 76\,800\text{ L}$.

2° L'eau occupe un parallélépipède dont la base est un rectangle de 32 m$^2$ et dont la hauteur, exprimée en mètres, est égale à $h$. Le volume de l'eau est égal à 60 m$^3$ car $60\,000\text{ L} = 60\,000\text{ dm}^3 = 60\text{ m}^3$. Par suite : $32 \times h = 60$ ; $h = \dfrac{60}{32}$ ; $h = 1{,}875$.
**La hauteur de l'eau est égale à 1,875 m**.

**10** 1° Le volume $V$ d'un cube d'arête $a$ est tel que $V = a^3$.
**Volume : 13,824 cm$^3$** car $2{,}4^3 = 13{,}824$.
L'aire totale $\mathscr{A}$ d'un cube d'arête $a$ est telle que $\mathscr{A} = 6a^2$.
**Aire totale : 34,56 cm$^2$** car $6 \times 2{,}4^2 = 34{,}56$.

2° *Le volume d'un prisme égal au produit de l'aire de la base par la hauteur.*

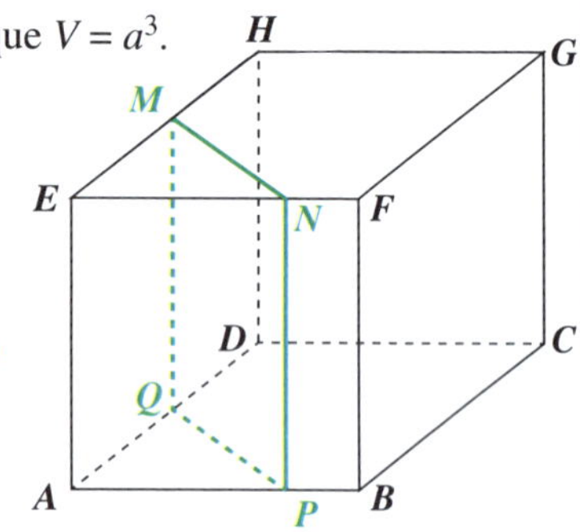


Aire du triangle de base : 1,2 cm$^2$ car $\dfrac{1{,}2 \times 2}{2} = 1{,}2$.
Hauteur du prisme : 2,4 cm.
**Volume du prisme $APQENM$ : 2,88 cm$^3$** car $1{,}2 \times 2{,}4 = 2{,}88$.

**11** 1° **Aire du disque de base :** $5{,}76\pi$ m$^2$, car $\pi \times 2{,}4^2 = 5{,}76\pi$, soit environ 18,10 m$^2$ (arrondi à 1 dm$^2$ près).
**Volume de la citerne : 34,56π m$^3$**, car $5{,}76\pi \times 6 = 34{,}56\pi$ soit environ 108,573 m$^3$ (arrondi à 1 dm$^3$ près).

2° L'eau occupe un cylindre dont la hauteur (en m) est $h$ et l'aire de base (en m$^2$) est $5{,}76\pi$.
Soit $V$ (en m$^3$) le volume ; on a : $V = 5{,}76\pi \times h$ et $V = 80$.
L'équation $5{,}76\pi \times h = 80$ a pour solution $80 : 5{,}76\pi$, soit une **hauteur d'eau d'environ 4,42 m** (arrondi à 1 cm près).

**12** 1° **La section $ABB'A'$ est un rectangle** car :
*la section d'un cylindre par un plan parallèle à l'axe du cylindre est un rectangle dont deux côtés sont des génératrices du cylindre*.
On peut prouver que ce rectangle n'est pas un carré.
Dans le triangle $AOB$, rectangle en $O$, on a :
$AB^2 = OA^2 + OB^2$ (égalité de Pythagore) ;
$AB^2 = 16^2 + 16^2$ ; $AB^2 = 512$ ; $AB = \sqrt{512}$ ; $AB \approx 22{,}6$ mm.
On sait que $BB' = 22$ mm, donc $\boldsymbol{AB \neq BB'}$ et $\boldsymbol{ABB'A'}$ **n'est pas un carré**.

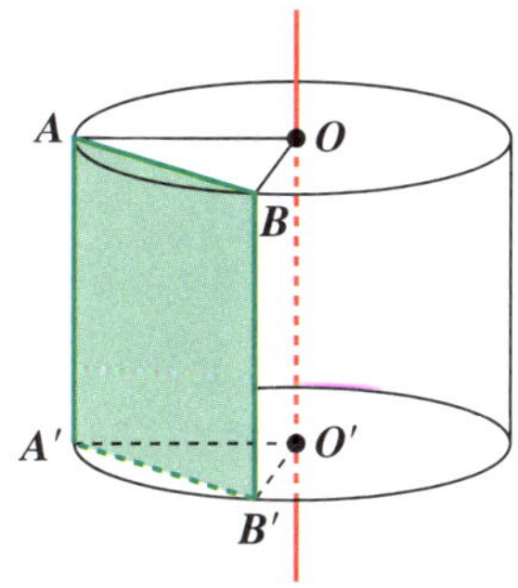


2° **L'aire du rectangle $ABB'A'$ est égale à $22\sqrt{512}$ cm², soit environ 497,80 mm².**

**13** 1° On sait que la génératrice $g$, la hauteur $h$ et le rayon $R$ d'un cône de révolution sont tels que $g^2 = h^2 + R^2$.
$SG^2 = SO^2 + OG^2$ ; $SG^2 = 2{,}4^2 + 1{,}2^2$ ; $SG^2 = 7{,}2$ ;
$\boldsymbol{SG = \sqrt{7{,}2}}$ **cm** soit environ 2,7 cm.
L'aire $\mathscr{A}$ d'une surface conique est telle que $\mathscr{A} = \pi R g$.
Avec $R = 1{,}2$ et $g = \sqrt{7{,}2}$, **l'aire de cette surface conique est égale à environ 10,12 cm²** car $\pi \times 1{,}2 \times \sqrt{7{,}2} \approx 10{,}12$.

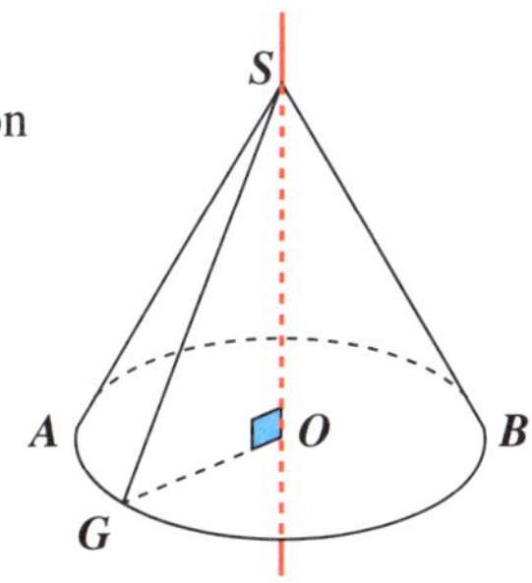


2° On sait que le volume $V$ d'un cône de base $B$ et de hauteur $h$ est tel que $V = \dfrac{B \times h}{3}$.

**Le volume du cône est égal à 1,152π cm³, soit environ 3,619 cm³**
car $\dfrac{1}{3}(\pi \times 1{,}2^2) \times 2{,}4 = 1{,}152\pi$ et $1{,}152\pi \approx 3{,}619$.

**14** 1° Dans le triangle $SOA$, rectangle en $O$, on a :
$SA^2 = SO^2 + OA^2$ (égalité de Pythagore) ;
$32^2 = SO^2 + 24^2$ ; $SO^2 = 32^2 - 24^2$ ;
$SO^2 = 448$ ; SO $= \sqrt{448}$ mm, soit environ 21 mm.
*L'aire d'un triangle est égale au demi-produit d'un côté par la hauteur associée à ce côté.*
Pour le triangle $SAB$, avec $AB = 48$ mm, et $SO = \sqrt{448}$ mm, on a :

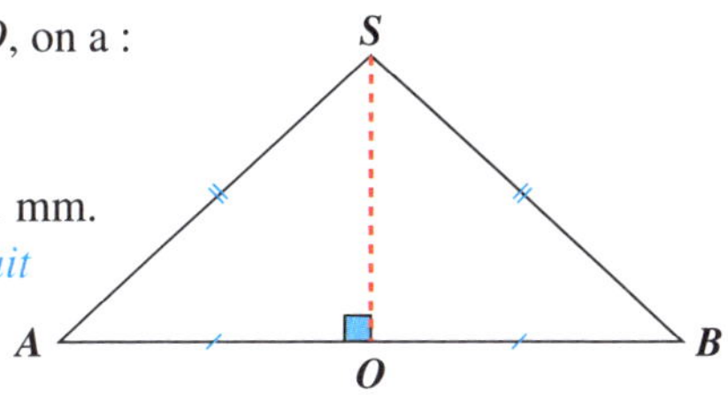


$\mathscr{A} = \dfrac{AB \times SO}{2}$ ; $\mathscr{A} = \dfrac{48 \times \sqrt{448}}{2}$ cm² ;

$\boldsymbol{\mathscr{A} = 24\sqrt{448}}$ **cm² soit environ 507,98 cm².**

2° Dans le triangle $SAO$, rectangle en $O$, on a : $\cos \widehat{SAO} = \dfrac{\text{côté adjacent}}{\text{hypoténuse}} = \dfrac{24}{32} = 0{,}75$ ;

la séquence arc cos 0,75 donne $\boldsymbol{\widehat{SAO} \approx 41{,}4°}$ ; on en déduit : $\boldsymbol{\widehat{SBO} \approx 41{,}4°}$ car : *les angles à la base d'un triangle isocèle sont égaux*, puis $\boldsymbol{\widehat{ASB} \approx 97{,}2°}$ car:
*la somme des angles d'un triangle est égale à 180°* et $180° - (41{,}4° + 41{,}4°) = 97{,}2°$.

corrigés

**15** 1° **Aire du disque $(D)$ : $256\pi$ mm², soit environ 804 mm²** car $\pi \times 16^2 = 256\pi \approx 804$ (arrondi à 1 mm² près).

**Volume du cône : 2 048 $\pi$ mm³, soit environ 6 434 mm³**

car $\frac{1}{3}(\pi \times 16^2) \times 24 = 2\,048\pi \approx 6\,434$ (à 1 mm³ près).

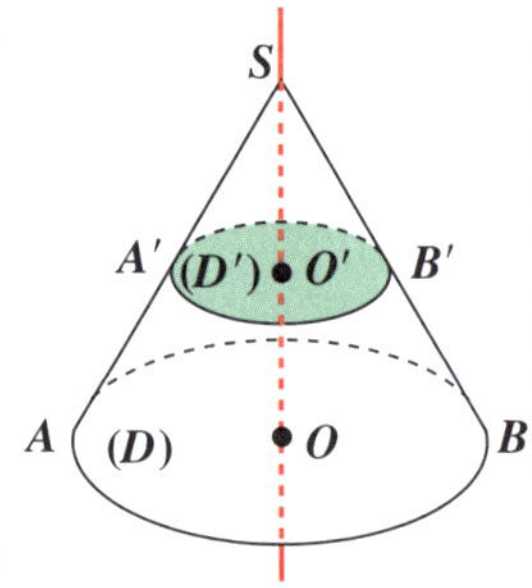


2° Le point $O'$ est le milieu de $[SO]$, par suite le rapport de réduction $k$ est tel que $k = \frac{SO'}{SO} = \frac{1}{2}$.

*L'aire du disque $(D')$ s'obtient en multipliant par $k^2$ l'aire du disque $(D)$.*

**Aire du disque $(D')$ = $64\pi$, soit environ 201 mm²** car $\left(\frac{1}{2}\right)^2 \times 256\pi = 64\pi \approx 201$.

*Le volume du cône de sommet S ayant pour base le disque $(D')$ s'obtient en multipliant par $k^3$ le volume du cône de sommet S ayant pour base le disque $(D)$.*

**Volume du cône = $256\pi$ mm³, soit environ 804 mm³**

car $\left(\frac{1}{2}\right)^3 \times 2\,048\,\pi = 256\pi$ et $256\pi \approx 804$.

Côté du carré : $c$
Aire de la base : $c^2$
Hauteur : $h$
Volume de la pyramide :
$V = \frac{c^2 \times h}{3}$.

**16** **Volume de la pyramide de Chéops (Égypte) :**

**2 370 334 m³** car $\frac{227^2 \times 138}{3} = 2\,370\,334$.

**Volume de la pyramide du Louvre (Paris) : 9 044 m³**

car $\frac{35{,}4^2 \times 21{,}65}{3} \approx 9\,044$.

**17** 1° **Aire du carré ABCD : 1 089 mm²** car $33^2 = 1\,089$.

**Volume de la pyramide *SABCD* : 10 164 mm³**

car $\frac{33^2 \times 28}{3} = 10\,164$.

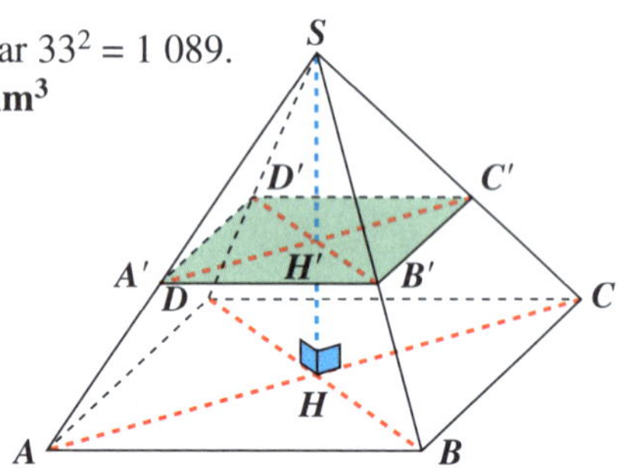


2° Le rapport de réduction $k$ est tel que

$k = \frac{SH'}{SH} = \frac{16}{28} = \frac{4}{7}$.

*L'aire du carré A'B'C'D' s'obtient en multipliant par $k^2$ l'aire du carré ABCD.*

**Aire de $A'B'C'D'$ = $\frac{17\,424}{49}$ mm², soit environ 356 mm²**

car $\left(\frac{4}{7}\right)^2 \times 1\,089 = \frac{16}{49} \times 1\,089 = \frac{17\,424}{49} \approx 356$ mm².

*Le volume de la pyramide SA'B'C'D' s'obtient en multipliant par $k^3$ le volume de la pyramide SABCD.*

**Volume de $SA'B'C'D'$ = $\frac{650\,496}{343}$ mm³, soit environ 1 896 mm³**

car $\left(\frac{4}{7}\right)^3 \times 10\,164 = \frac{64}{343} \times 10\,164 = \frac{650\,496}{343} \approx 1\,896$.

**18** L'aire $\mathscr{A}$ d'une sphère de rayon $R$ est telle que $\mathscr{A} = 4\pi R^2$.
**Aire de la surface du Spoutnik : 10 568 cm²** car $4 \times \pi \times 29^2 = 3\,364\pi \approx 10\,568$.
Le volume $V$ d'une boule de rayon $R$ est tel que $V = \frac{4}{3}\pi R^3$.

**Volume du Spoutnik : 102 160 cm³** car $\frac{4}{3} \times \pi \times 29^3 \approx$ **102 160**.

**19** 1° Le volume $V$ d'une boule de rayon $R$ est tel que $V = \frac{4}{3}\pi R^3$.
Avec $R = 6$, on a : $V = \frac{4}{3} \times \pi \times 6^3$ ; **$V = 288\pi$ mm³ soit environ 905 mm³**.

2° $905\text{ mm}^3 = 0{,}905\text{ cm}^3$ ; $0{,}905 \times 8{,}9 \approx 8{,}05$.
**La masse de la bille est égale à environ 8,1 g**.

**20** 1° Le diamètre intérieur minimum de la boîte doit être égal au diamètre d'une balle soit **3,8 cm**.
La hauteur minimale de la boîte doit être égale à cinq fois le diamètre d'une balle, soit **19 cm** car $3{,}8 \times 5 = 19$.

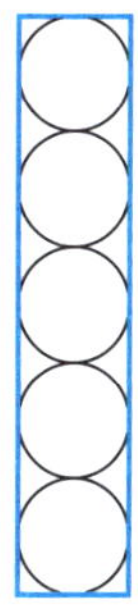

2° Volume des cinq balles : $\frac{137{,}18}{3} \times \pi\text{ cm}^3$

car $5 \times \frac{4}{3} \times \pi \times 1{,}9^3 = \frac{137{,}18}{3} \times \pi$.

Volume intérieur du cylindre : $68{,}59\,\pi\text{ cm}^3$ car : $\pi \times 1{,}9^2 \times 19 = 68{,}59\pi$.

On a : $\frac{2}{3} \times 68{,}59\pi = \frac{137{,}18}{3}\pi$.

**Les balles occupent les $\frac{2}{3}$ du volume intérieur de la boîte**.

**21** 1° On sait que le rayon $r$ du cercle $(C)$, le rayon $R$ de la sphère et la distance $h$ du centre de la sphère au plan sont tels que $R^2 = r^2 + h^2$ (égalité de Pythagore dans le triangle $OHT$ rectangle en $H$). Ici, on a $R = 12$ car le diamètre $NS$ est égale à 24 m et $h = 6$ car $OH = 6$ m.
$12^2 = r^2 + 6^2$ ; $r^2 = 12^2 - 6^2$ ;
$r^2 = 144 - 36$ ; $r^2 = 108$. D'où : $r = \sqrt{108}$.

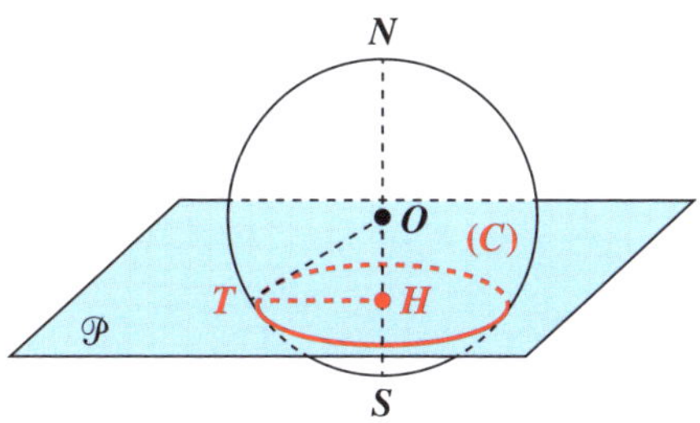


**Le rayon de la section est égal à $\sqrt{108}$ m, soit environ 10,39 m**.

**Le périmètre de la section est égal à $2\pi\sqrt{108}$ m, soit environ 65,3 m**.

2° On sait que $V = \frac{1}{3} \times \pi \times h^2(3R - h)$ avec $R = 12$ (rayon de la sphère) et $h = 18$ (hauteur de la calotte) car $NH = NO + OH = 12\text{ m} + 6\text{ m} = 18\text{ m}$.

corrigés

$V = \frac{1}{3} \times \pi \times 18^2 \times (3 \times 12 - 18) = 1\,944\,\pi \approx 6\,107$ (à 1 $m^3$ près).

**Le volume de la calotte sphérique située au-dessus du plan $\mathscr{P}$ est égal à 6 107 $m^3$.**

**22** 1° Le rayon de la demi-boule et de la base du cône est égal à 6 cm car 12 : 2 = 6.
Volume de la demi-boule : $144\pi$ $cm^3$

car $\frac{1}{2} \times \frac{4}{3} \times \pi \times 6^3 = 144\pi$.

Hauteur du cône : 9 cm car $OA = AD - OD$ ;
$15 - 6 = 9$.
Volume du cône : $108\pi$ $cm^3$

car $\frac{1}{3} \times \pi \times 6^2 \times 9 = 108\pi$.

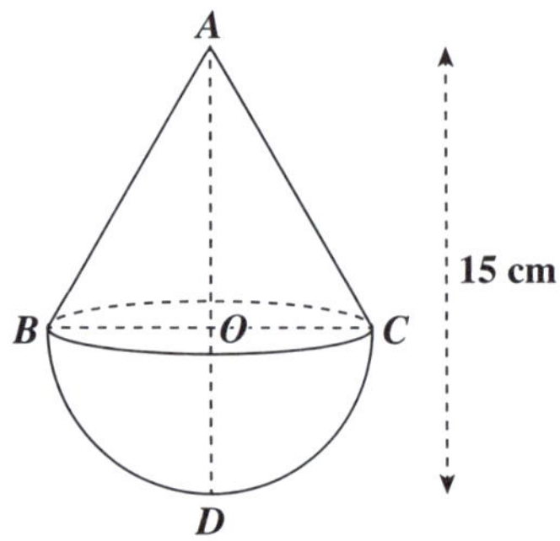


**Volume du jouet : $252\pi$ $cm^3$ (environ 792 $cm^3$)** car $144\pi + 108\pi = 252\pi$.

2° **Aire de la demi-boule : $72\pi$ $cm^2$** car $(4 \times \pi \times 6^2) : 2 = 72\pi$.
Génératrice du cône : $g^2 = h^2 + R^2$ ; $g^2 = 9^2 + 6^2$ ;
$g^2 = 117$ ; $g = \sqrt{117}$ cm.
**Aire de la surface conique : $\pi \times 6 \times \sqrt{117}$ $cm^2$.**
**Il faut plus de peinture rouge que de peinture jaune**
car $64 < 6 \times \sqrt{117} < 65$ et $65 < 72$,
soit $6 \times \sqrt{117} < 72$, puis
(en multipliant les deux membres par $\pi$) $6\sqrt{117}\pi < 72\pi$.

> L'aire $\mathscr{A}$ de la surface conique est telle que $\mathscr{A} = \pi R g$.
> $R$ : rayon de base.
> $g$ : génératrice.

**23** 1°

| Point | Abcisse | Ordonnée | Altitude | Coordonnées |
|---|---|---|---|---|
| *N* | 3 | 5 | 0 | (3 ; 5 ; 0) |
| *P* | 3 | **0** | **0** | (3 ; **0** ; **0**) |
| *D* | 0 | **0** | **3** | (0 ; **0** ; **3**) |
| *A* | **3** | **0** | 3 | (**3** ; **0** ; 3) |
| *C* | **0** | 5 | **3** | (**0** ; 5 ; **3**) |

2° Abscisse de *P* : 3 ; ordonnée de *M* : 5 ; altitude de *D* : 3.
**Le point de coordonnées (3 ; 5 ; 3) est le point *B*.**

3° L'abscisse de *A* est 3 ; **les points *P, N* et *B* ont la même abscisse que *A*.**
L'ordonnée de *N* est 5 ; **les points *M, C* et *B* ont la même ordonnée que *N*.**
L'altitude de *B* est 3 ; **les points *D, A* et *C* ont la même altitude que *B*.**

**24** 1° *Les coordonnées géographiques de Paris sont 2° 20' Est et 48° 50' Nord.*
Les points situés sur le même parallèle que Paris ont tous pour latitude 48° 50' Nord.
Les points situés sur le même méridien que Paris ont tous pour longitude 2° 20' Est.

2° *Les coordonnées géographiques de Lima (Pérou) sont 77° 07' Ouest et 12° 00' Sud.*
Le point du globe ayant le même longitude que Paris et la même latitude que Lima a pour coordonnées géographiques (**2° 20' Est ; 12° 00' Sud**).
Le point du globe ayant la même longitude que Lima et la même latitude que Paris a pour coordonnées géographiques (**77° 07' Ouest ; 48° 50' Nord**).

**25** 1° Le cylindre a pour rayon de base 0,9 m car 1,8 : 2 = 0,9 et pour hauteur 3 m.
Volume du cylindre : $2{,}43\pi$ m$^3$ car $\pi \times 0{,}9^2 \times 3 = 2{,}43\pi$.
Les deux demi-sphères ont le même volume qu'une sphère de rayon 0,9 m.
Volume de la sphère : $0{,}972\pi$ m$^3$ car $\frac{4}{3} \times \pi \times 0{,}9^3 = 0{,}972\pi$.

**Volume de la citerne : $3{,}402\pi$ m$^3$, soit environ 10,688 m$^3$**
car $2{,}43\pi + 0{,}972\pi = 3{,}402\pi$ et $3{,}402\pi \approx 10{,}688$.

2° Aire de la surface cylindrique : $5{,}4\pi$ m$^2$ car $2 \times \pi \times 0{,}9 \times 3 = 5{,}4\pi$.
Aire de la sphère : $3{,}24\pi$ m$^2$ car $4 \times \pi \times 0{,}9^2 = 3{,}24\pi$.
Aire de la citerne : $(5{,}4\pi + 3{,}24\pi)$ m$^2$ = $8{,}64\pi$ m$^2$, soit environ 27,14 m$^2$.
Avec deux couches de peinture, la surface à peindre est environ 55 m$^2$ (arrondi à l'unité par excès) ; il faut 11 L de peinture car 55 : 5 = 11.
Il faut acheter 4 seaux de 3 L peinture car $4 \times 3 = 12$ et $12 > 11$.
**Soit une dépense totale de 240 €** car $4 \times 60 = 240$.

**26** 1° Si $h = R$, on a

$V = \frac{\pi}{3} \times R^2 \times (3R - R) = \frac{\pi}{3} \times R^2 \times 2R$ ;

$\boldsymbol{V = \frac{2}{3}\pi R^3}$ ; soit la moitié du volume d'une boule de rayon $R$.
Dans ce cas, l'aquarium serait une demi-sphère.

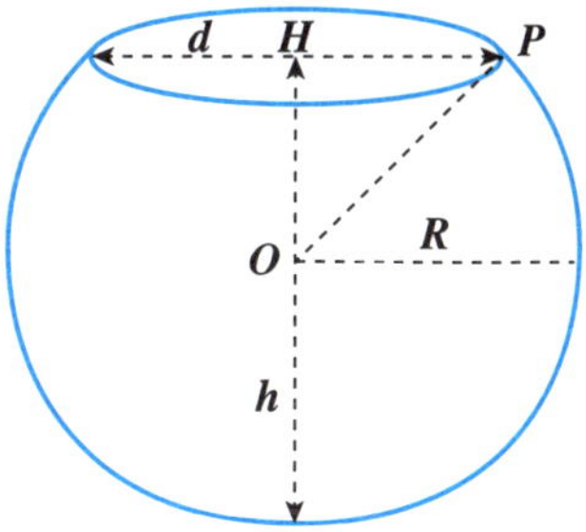


2° Avec $R = 15$ cm et $h = 21$ cm on a :
$V = 3\,528\,\pi$ cm$^3$ car $\frac{\pi}{3} \times 21^2 \times (3 \times 15 - 21) = \frac{\pi}{3} \times 441 \times 24 = 3\,528\,\pi$.
$3\,528\pi$ cm$^3$ $\approx 11\,084$ cm$^3$ et 11 084 cm$^3$ = 11,084 dm$^3$ = 11,084 L.
**L'aquarium a une capacité d'environ 11 L.**
Dans le triangle $OPH$, rectangle en $H$, on a : $OP^2 = OH^2 + PH^2$ (égalité de Pythagore).
$OH = 6$ cm car $OH = h - R = 21 - 15 = 6$.
$15^2 = 6^2 + PH^2$ ; $PH^2 = 225 - 36$ ; $PH^2 = 189$ ; $PH = \sqrt{189}$, soit environ 13,7 cm.
D'où, avec $d = 2HP$, $\boldsymbol{d \approx 27{,}5}$ **cm** car $2 \times \sqrt{189} \approx 27{,}5$.

**27** 1° La longueur de l'arc $\widehat{AB}$ (sur l'équateur et contenu dans un fuseau horaire) a pour longueur environ **1 667 km** car 40 000 : 24 ≈ 1 666,666…

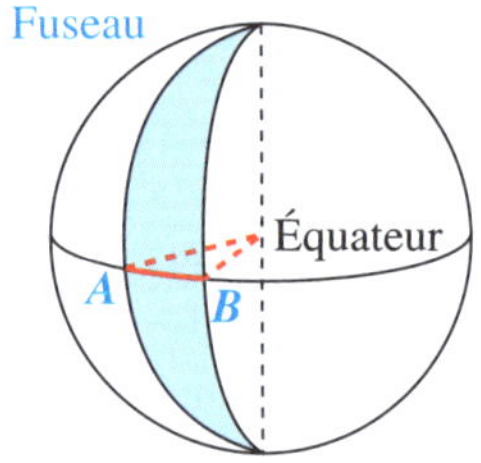


2° Un degré d'arc a pour longueur environ 111 km car 40 000 : 360 ≈ 111,111…
Une minute d'arc a pour longueur environ 1,852 km car (40 000 : 360) : 60 ≈ 1,852 (arrondi au millième)
**Le « mille marin » a pour longueur 1,852 km soit 1 852 m**.

3° Une demi-seconde d'arc a pour longueur environ 15,4 m car (1 852 : 60) : 2 ≈ 15,4.
**Le « nœud marin » a pour longueur environ 15,4 m**.

1 852 m est la définition officielle du « mille marin » que l'on appelle aussi « mille nautique ».

Les marins expriment la vitesse d'un bateau en « nœud ».
Dire qu'un bateau « *file 20 nœuds* » c'est dire qu'il parcourt 20 nœuds en une demi-minute.
Naguère, on jetait à la mer une bouée à laquelle était accrochée une corde avec des nœuds espacés de 15,4 m et on comptait le nombre de nœuds qui filaient en une demi-minute.
« Filer 20 nœuds » c'est parcourir 40 nœuds en une minute, 2 400 nœuds en une heure soit environ 37 km en une heure car 2 400 × 15,4 = 36 960 et 36 960 m ≈ 37 km.
« Un nœud correspond à un mille marin par heure » (Wikipédia) soit une vitesse de 1,852 km/h.
« Filer 20 nœuds » correspond à environ 37 km/h car 1,852 × 20 = 37,04.

Achevé d'imprimer en Slovaquie par Polygraf
Dépôt légal : Août 2019 - Collection n° 21 - Édition 03
80/7344/0